MY BEST

毎日の勉強と定期テスト対策に
For Everyday Studies and Exam Prep for High School Students

よくわかる
高校生物基礎+生物

Basic Biology + Advanced Biology

赤坂甲治

東京大学大学院理学系研究科　名誉教授・特任研究員

Gakken

　私たちは生きています。生きているということは，どういうことでしょうか。45億年前に地球に生命が誕生しました。現在生きている生物は，細菌や植物，ヒトを含めて，すべてその共通の祖先から命を引き継いでいます。したがって，命のしくみはどの生物もほとんど共通しています。共通のしくみで営まれている生命ですが，人間が名前をつけた生物だけでも190万種もいます。どのように多様な生物が進化してきたのでしょうか。

　生物では，生命のしくみを理解するための基礎を学びます。理科の中でも「生物」は，私たちに最も身近な分野です。

　人間は環境の中で活動しています。環境は，空気や水のような非生物的環境ばかりでなく，生物も環境の構成要素です。生物たちも食べたり食べられたり，侵入したり，侵入を防御したり，互いに影響を及ぼし合っています。また，生物は非生物的環境にも影響を与えています。もちろん，人間の活動は環境に大きな影響を与えており，環境の変化は人間にも大きな影響を与えます。多様な生物と環境とのかかわり合いを理解することは，人類が生存できる環境を保全するためにも重要です。

　生物も宇宙の物理法則にしたがって生きています。整然と区画化されたものは，常に雑然に向かうという法則です。岩は風化していずれ砂になります。生物も，生きていれば一定の形を保てますが，死ねば朽ちて土になります。生命活動にはエネルギーが必要です。生命活動に使われるエネルギーのほぼすべては太陽から供給されています。太陽の物理的状態も徐々に雑然とした方向に向かっており，その時に放出されるエネルギーが太陽光です。植物は太陽光エネルギーを利用して化学エネルギーをつくり出し，そのエネルギーを利用してすべての生物が生きています。その巧妙なしくみを学びましょう。

　この本は，生命科学に長年取り組んできた研究者の視点から書きました。『マイベスト生物基礎＋生物』が生物学への扉となり，自分自身を知り，自分と環境とのかかわりを学んでいただければと思います。

赤坂甲治

本書の使い方

1 学校の授業の理解に役立ち，
基礎をしっかり学べる参考書

本書は，高校の授業の理解に役立つ生物基礎＋生物の参考書です。
授業の予習や復習に使うと授業を理解するのに役立ちます。

2 図や表，写真が豊富で，見やすく，わかりやすい

カラーの図や表，写真を豊富に使うことで，学習する内容のイメージがつかみやすく，
また，図中に解説を入れることでポイントがさらによくわかります。

3 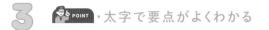 POINT・太字で要点がよくわかる

POINT で「覚えておきたいポイント」，「問題を解くためのポイント」がわかります。
色のついた文字や，太字になっている文章は特に注目して学習しましょう。

4 章末の**定期テスト対策問題**でしっかり確認

章末にある「この章で学んだこと」で重要用語を再確認しましょう。また，「定期テスト対策問題」にチャレンジすることで学習内容の理解度を知ることができます。問題を解いたら解答・解説で答え合わせをし，知識の定着度をはかりましょう。

5 QandAで学習の疑問を解決

学習をしているときによくある疑問や悩みについて，先生がていねいに回答しており，理解を深めながら学習を進めることができます。

Q 単純な生物は原核生物と覚えてしまってもよいですか？

A 真核生物にも酵母など，単純なものもいます。

CONTENTS もくじ

生物基礎

第 1 部 │ 生物の特徴 021

第 1 章 │ 生物の共通性と多様性 022

第 2 章 │ 生物とエネルギー 046

第 2 部 │ 遺伝子とその働き 065

第 1 章 │ 遺伝情報とDNA 066

生　物

よくわかる

高校の勉強ガイド

中学までとどう違うの?

勉強の不安, どうしたら解消できる!?

高校3年間のスケジュールを知ろう！

中学までとのギャップに要注意！

　中学までの勉強とは違い，**高校の学習はボリュームも難易度も一気に増す**ので，テスト直前の一夜漬けではうまくいきません。部活との両立も中学以上に大変です！

　また，高校では入試によって学力の近い人が多く集まっているため，中学までは成績上位だった人でも，初めての定期テストで予想以上に苦戦し，**中学までとのギャップ**にショックを受けてしまうことも…。しかし，そこであきらめず，勉強のやり方を見直していくことが重要です。

高3は超多忙！
高1・高2のうちから勉強しておくことが大事。

　高2になると，**文系・理系クラスに分かれる**学校が多く，より現実的に志望校を考えるようになってきます。そして，高3になると，一気に受験モードに。

　大学入試の一般選抜試験は，早い大学では高3の1月から始まるので，**高3では勉強できる期間は実質的に9か月程度しかありません。**おまけに，たくさんの模試を受けたり，志望校の過去問を解いたりするなどの時間も必要です。高1・高2のうちから，計画的に基礎をかためていきましょう！

一般的な高校3年間のスケジュール

※3学期制の学校の一例です。くわしくは自分の学校のスケジュールを調べるようにしましょう。

高1	4月	●入学式　●部活動仮入部
	5月	●部活動本入部　●一学期中間テスト
	7月	●一学期期末テスト　●夏休み
	10月	●二学期中間テスト
	12月	●二学期期末テスト　●冬休み
	3月	●学年末テスト　●春休み
高2	4月	●文系・理系クラスに分かれる
	5月	●一学期中間テスト
	7月	●一学期期末テスト　●夏休み
	10月	●二学期中間テスト
	12月	●二学期期末テスト　●冬休み
	2月	●部活動引退（部活動によっては高3の夏頃まで継続）
	3月	●学年末テスト　●春休み
高3	5月	●一学期中間テスト
	7月	●一学期期末テスト　●夏休み
	9月	●総合型選抜出願開始
	10月	●大学入学共通テスト出願　●二学期中間テスト
	11月	●模試ラッシュ　●学校推薦型選抜出願・選考開始
	12月	●二学期期末テスト　●冬休み
	1月	●私立大学一般選抜出願　●大学入学共通テスト　●国公立大学二次試験出願
	2月	●私立大学一般選抜試験　●国公立大学二次試験（前期日程）
	3月	●卒業式　●国公立大学二次試験（後期日程）

部活との両立をしたいな

受験に向けて基礎をかためなきゃ

やることがたくさんだな

高1・高2のうちから受験を意識しよう！

基礎ができていないと，高3になってからキツイ！

高1・高2で学ぶのは，**受験の「土台」になるもの。基礎の部分に苦手が残ったままだと，高3の秋以降に本格的な演習を始めたとたんに，ゆきづまってしまうことが多い**です。特に，英語・数学・国語の主要教科に関しては，基礎からの積み上げが大事なので，不安を残さないようにしましょう。

また，文系か理系か，国公立か私立か，さらには目指す大学や学部によって，受験に必要な科目は変わってきます。**いざ進路選択をする際に，自分の志望校や志望学部の選択肢をせばめてしまわないよう，**苦手だからといって捨てる科目のないようにしておきましょう。

暗記科目は，高1・高2で習う範囲からも受験で出題される！

社会や理科などのうち**暗記要素の多い科目は，受験で扱われる範囲が広いため，高3の入試ギリギリの時期までかけてようやく全範囲を習い終わる**ような学校も少なくありません。受験直前の焦りやつまずきを防ぐためにも，高1・高2のうちから，習った範囲は受験でも出題されることを意識して，マスターしておきましょう。

増えつつある，学校推薦型や総合型選抜

《 国公立大学の入学者選抜状況 》

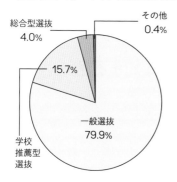

《 私立大学の入学者選抜状況 》

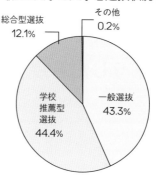

文部科学省「令和2年度国公私立大学入学者選抜実施状況」より
AO入試→総合型選抜、推薦入試→学校推薦型選抜として記載した

私立大学では入学者の50％以上！　国公立大でも増加中。

大学に入る方法として，一般選抜以外に近年増加傾向にあるのが，**学校推薦型選抜（旧・推薦入試）**や**総合型選抜（旧・AO入試）**です。

学校推薦型選抜は，出身高校長の推薦を受けて出願できる入試で，大きく分けて，「公募制」と「指定校制（※私立大学と一部の公立大学のみ）」があります。推薦基準には，学校の成績（高校1年から高校3年1学期までの成績の状況を5段階で評定）が重視されるケースが多く，スポーツや文化活動の実績などが条件になることもあります。

総合型選抜は，大学の求める学生像にマッチする人物を選抜する入試です。書類選考や面接，小論文などが課されるのが一般的です。

高1からの成績が重要。毎回の定期テストでしっかり点を取ろう！

学校推薦型選抜，総合型選抜のどちらにおいても，学力検査や小論文など，**学力を測るための審査**が必須となっており，大学入学共通テストを課す大学も増えています。また，**高1からの成績も大きな判断基準になる**ため，**毎回の定期テストや授業への積極的な取り組みを大事にしましょう。**

Q

高校に入って急にわからなくなった…！
どうしたら授業についていける？

A

授業の前に，予習をしておこう！

　高校の勉強は中学に比べて難易度が格段に上がるため，授業をまじめに聞いていたとしても難しく感じられる場合が少なくないはずです。

　授業についていけないと感じた場合は，授業前に参考書に載っている要点にサッとでもいいので目を通しておくことをおすすめします。予習の段階ですから，理解できないのは当然なので，完璧な理解をゴールにする必要はありません。それでも授業の「下準備」ができているだけで，授業の内容が頭に入りやすくなるはずです。

Q

今日の授業，よくわからなかったけど，
先生に今さら聞けない…どうしよう!?

A

参考書を活用して，わからなかったところは
その日のうちに解決しよう。

　先生に質問する機会を逃してしまうと，「まあ今度でいいか…」とそのままにしてしまいがちですよね。

　ところが，高校の勉強は基本的に「積み上げ式」です。「新しい学習」には「それまでの学習」の理解が前提となっている場合が多く，ちょうどレンガのブロックを積み重ねていくように，「知識」を段々と積み上げていく必要があるのです。そのため，わからないことをそのままにしておくと，欠けたところにはレンガを積み上げられないのと同じで，次第に授業の内容がどんどん難しく感じられるようになってしまいます。

　そこで役立つのが参考書です。参考書を先生代わりに活用し，わからなかった内容は，その日のうちに解決する習慣をつけておくようにしましょう。

Q

テスト直前にあわてたくない！
いい方法はある!?

A

試験日から逆算した「学習計画」を練ろう。

　定期テストはテスト範囲の授業内容を正確に理解しているかを問うテストですから，よい点を取るには全範囲をまんべんなく学習していることが重要です。すなわち，試験日までに授業内容の復習と問題演習を全範囲終わらせる必要があるのです。

　そのためにも，毎回「試験日から逆算した学習計画」を練るようにしましょう。事前に計画を練って，いつまでに何をやらなければいけないかを明確にすることで，テスト直前にあわてることもなくなりますよ。

部活で忙しいけど，成績はキープしたい！ 効率的な勉強法ってある？

通学時間などのスキマ時間を効果的に使おう。

　部活で忙しい人にとって，勉強と部活を両立するのはとても大変なことです。部活に相当な体力を使いますし，何より勉強時間を捻出するのが難しくなるため，意識的に勉強時間を確保するような「工夫」が求められます。

　具体的な工夫の例として，通学時間などのスキマ時間を有効に使うことをおすすめします。実はスキマ時間のような「限られた時間」は，集中力が求められる暗記の作業の精度を上げるには最適です。スキマ時間を「効率のよい勉強時間」に変えて，部活との両立を実現しましょう。

生物 の勉強のコツ Q&A

 Q

生物ってどんな科目なの?

 A

計算問題が少ないが, 暗記力と読解力が求められるのが特徴。

生物は, 化学や物理に比べて計算問題は多くありません。しかし, 重要な用語が多く, 暗記が求められることがよくあります。また, グラフや表, 実験結果を読み取るような問題も多く, 読解力も必要です。まずはしっかりと基礎知識を理解し, 問題演習を通して読解力を向上させるようにしましょう。

 Q

暗記が苦手です…

 A

"覚える"のではなく, "理解する"ことが大事。

ひとつひとつの用語をバラバラに覚えるのではなく, 現象の流れや仕組みを理解するようにしましょう。理解することを意識して勉強すれば, 自然と用語も覚えやすくなっていくでしょう。図や表を使って整理するのもおススメです。

 Q

読解問題を攻略するコツはありますか?

 A

問題文の読み取りに慣れておこう。

実験結果を考察したり, 思考力を求められたりする問題は, 一見難しく感じられるかもしれませんが, 文中のチェックするポイントさえ押さえておけば必ず読み解くことができます。チェックすべきポイントにすばやく気づくことができるように, 参考書や問題集で演習を重ねていきましょう。

MY BEST

Basic Biology

生物基礎

第 **1** 部

生物の特徴

第 1 章　生物の共通性と多様性

1 | 進化と生物の多様性

　生物は多様である。地球上には，顕微鏡でしか見ることができない小さな細菌から，体長が 20 m を超える動物のシロナガスクジラ，高さが 80 m にもなる樹木のセコイアなどさまざまな生物がいる。**生物は多様ではあるが，共通性もある。それは，生物は，すべて共通の祖先から進化によって生じてきたからである。**これまでに知られている生物種の数は約 190 万種であるが，これは研究者が学術誌に記載した数であり，実際には数千万種以上いると予想されている。

昆虫類	脊椎動物	植物	菌類	その他
				ゾウリムシや大腸菌など
約100万種	約6万種	約31万種	約10万種	約43万種

図1-1　既知の生物種の数

　親のもつ形態や機能といった形質が，子やそれ以降の世代に伝わる現象を**遺伝**といい，集団内において遺伝する形質が変化することを**進化**という。遺伝する形質のもとは**遺伝子**であり，DNA（→**p.67**）の塩基配列（→**p.72**）が遺伝子の情報を担っている。DNA の塩基配列が変化すると遺伝子の情報が変化し，形質が変わる。進化は遺伝的な性質の変化が累積して起きる。遺伝的な性質の変化は一様ではなく，その結果，さまざまな形質が生じ，さらに変化と淘汰を繰り返しながら新しい世代へとつながってゆく。

　マイア（1940〜1969）による「生物学的種概念」では，「相互に交配しあい，かつ他の集団から生殖的に隔離されている自然集団の集合体」として種が定義されている。形態がよく似ているウマとロバが交配すると子孫はできる。しかしその子孫には生殖能力がない。したがって，マイアの定義によればウマとロバは別種となる。一方，非常に小さいチワワと，大きく形態も異なるシェパードが交配すると生殖能力のある子孫が生じる。そのため，チワワとシェパードは同じイヌという種に分類される。概ねマイアの概念があてはまるが，異なる種として定義されている種間でも，まれに交配して生じた子孫が生殖能力をもつこともある。

Q 新種はどうやって認定されるのですか？

A 　普段，私たちが目にするほとんどの生物には名前がつけられています。しかし，実際には名前がない生物はたくさん存在します。新種を発見するのは意外と簡単ですが，新種であることを証明するには大変な作業が必要です。新種として認定されるには，発見した生物が「タイプ標本」と明らかに異なることを証明し，専門の学会で認められなくてはなりません。タイプ標本とは，ある生物種の基準となる標本のことです。ひとつの種のタイプ標本は世界にひとつしかなく，世界のどこかの博物館か大学に大切に保管されています。この認定作業は大変な労力を要するため，実は，新種として登録できていない生物がたくさんいます。間違った分類や新種登録は，学術の発展の妨げになるため，厳しい審査が必要なのです。

2 | 生物に共通する特徴

生物には多様性があるが，以下のような共通する特徴がある。

●細胞を単位として形づくられている。

1個の細胞からなるゾウリムシなどの単細胞生物や，多くの細胞からなるヒトなどの多細胞生物がいる。細胞の内部は細胞膜によって外界から隔てられている。

●生命活動にエネルギーを利用する。

細胞内でのエネルギーの受け渡しにATP(→p.49)を利用する。

●親の形質は遺伝子によって子に伝えられる。

遺伝子の遺伝情報はDNA(→p.67)が担う。

●自己複製する。

自分と同じ構造をもつ個体をつくる。

●体内環境を一定に保つ。

体外の環境が変化しても，体内の環境を一定に保つ恒常性(→p.101)がある。

生物にこのような共通性が見られるのは，すべての生物は共通の祖先に由来するからである。例えば，ヒトが属す脊椎動物は，すべて共通して脊椎をもつ。それは，脊椎動物の共通祖先である生物が，脊椎をもっていたからである。魚類は四肢をもたないが，両生類，は虫類，鳥類，哺乳類は四肢をもつ。両生類は水中に産卵するが，は虫類，鳥類，哺乳類は陸上で産卵か出産を

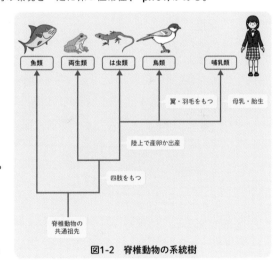

図1-2　脊椎動物の系統樹

する。生物が進化してきた経路をもとにした，種や集団の類縁関係を系統といい，進化経路を1本の幹から枝分かれしている樹木に例えて図にしたものを系統樹という。系統は，DNAの塩基配列(→p.72)や，生物の形態などを比較することで推定する。

3 │ 生物体を構成する細胞

すべての生物は細胞を単位としてできている。細胞とは，細胞膜に囲まれることで外部と隔てられ，内部には染色体や生命の維持に必要な物質をもつ機能的基本単位である。

1 生命の単位

顕微鏡が開発されると，生物体の微細な構造を観察することができるようになった。**ロバート・フック**(英)はコルクの薄片(はくへん)を顕微鏡で観察したとき，ハチの巣のように壁で仕切られた小さな部屋があることに気付き，この部屋を**細胞**(Cell：小部屋の意味)と名付けた(1665 年)。

補足 コルクは，コルクガシというブナ科の樹木のコルク組織を乾燥させたものである。コルク組織は樹木の表皮のすぐ内側にある。ロバート・フックが見たのは，死んだ細胞の**細胞壁**だった。

コルク片　　　　コルク切片のスケッチ

図1-3　フックの顕微鏡とコルク切片の顕微鏡像

19 世紀になると，顕微鏡の性能が向上し，細胞の中は単なる中空ではないことが明らかになってきた。**シュライデン**(独)は 1838 年に植物について，**シュワン**(独)は 1839 年に動物について，それぞれ「生物の体は細胞でできている」と提唱し，**細胞が生物体の基本単位である**という**細胞説**が生まれた。

補足 その後，1852 年にレマーク(独)が，細胞の増殖は細胞の分裂によると主張し，1855 年にフィルヒョーが「すべての細胞は細胞からできる(どの細胞も細胞分裂でできる)」と発表して，細胞説が広く認められるようになった。

2　単細胞生物と多細胞生物

　生物には，ひとつの細胞で構成される**単細胞生物**と，複数の細胞で構成される**多細胞生物**がある。多細胞生物は，上皮細胞や筋細胞など体を構成する**体細胞**と，生殖のための特別な細胞である**生殖細胞**からなる。

A　単細胞生物

　池の水をとって顕微鏡で観察すると，小さな生物が泳いでいるのがわかる。ゾウリムシ（200 μm）やミドリムシ（65 μm），クラミドモナス（20 μm）は**細胞1個で生活する**単細胞生物である。単細胞生物の中には，オオヒゲマワリ（ボルボックス）のように複数の細胞が集まって**細胞群体**をつくるものもある。

　光学顕微鏡では，ほとんど点にしか見えない大腸菌や乳酸菌などの**細菌**（1 μm～4 μm）も単細胞生物である。

補足　$1\,\mu m = 1 \times 10^{-6}\,m = \dfrac{1}{1000}\,mm,\ \ 1\,nm = 1 \times 10^{-9}\,m = \dfrac{1}{1000}\,\mu m$

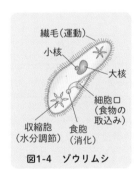

繊毛（運動）
小核
大核
細胞口（食物の取込み）
収縮胞（水分調節）
食胞（消化）

図1-4　ゾウリムシ

図1-5　オオヒゲマワリ

B　多細胞生物

　ヒトの体は数十兆個もの細胞でできており，上皮細胞，神経細胞，筋細胞など**細胞の種類は200種**に及ぶ。細胞には役割に応じてさまざまな形や大きさがある。例えば，骨格筋のように，複数の細胞が融合して機能を発揮するものもある。また，神経細胞は長いものが多く，ヒトの坐骨神経細胞の突起（軸索）は1mにも及ぶ。さらに，生殖細胞である卵は，さまざまな物質を蓄積していることもあり，比較的大きく，ヒトでは約140 μm，ニワトリの卵細胞は約2.5 cmもある。

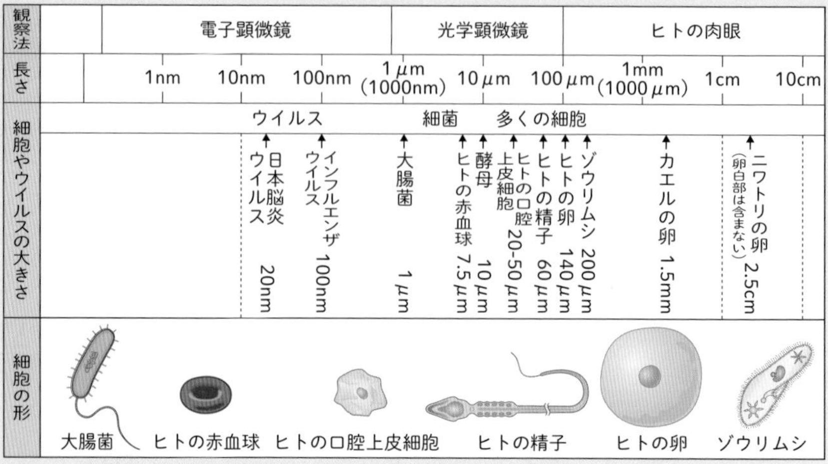

観察法	電子顕微鏡			光学顕微鏡		ヒトの肉眼		
長さ	1nm　10nm　100nm			1μm(1000nm)　10μm		100μm　1mm(1000μm)	1cm	10cm
細胞やウイルスの大きさ	ウイルス		細菌	多くの細胞				

細胞やウイルスの大きさ（個別）：
- 日本脳炎ウイルス 20nm
- インフルエンザウイルス 100nm
- 大腸菌 1μm
- ヒトの赤血球 7.5μm
- 酵母 10μm
- ヒトの口腔上皮細胞 20-50μm
- ヒトの精子 60μm
- ヒトの卵 140μm
- ゾウリムシ 200μm
- カエルの卵 1.5mm
- ニワトリの卵 2.5cm（卵白部は含まない）

細胞の形：大腸菌　ヒトの赤血球　ヒトの口腔上皮細胞　ヒトの精子　ヒトの卵　ゾウリムシ

図1-6　さまざまな細胞の大きさと形

POINT

● すべての生物は細胞を単位としてできている。

Q "ウイルス"も単細胞生物に含まれますか？

A ウイルス（20 nm～100 nm）は細胞の構造をもたないため、厳密には生物とはいえません。しかし細胞に感染して増殖することができます。ウイルスには遺伝情報を担う物質としてDNAをもつもののほか、コロナウイルスやインフルエンザウイルスなどRNA（→p.87）をもつものもいます。

参考　生物の階層性

　多細胞生物の体は，分子，細胞，組織，器官，個体といった，いくつもの階層構造をもつものとしてとらえることができる。

　タンパク質や脂質などの分子が組み合わさると，細胞構造が形成される。同じ形と働きをもつ細胞が集まると，結合組織や筋組織などの組織を構成する。さらに，組織が組み合わされることにより，腎臓や眼などの器官が形成される。器官の働きが統合されると個体となり，個体は他の生物や環境も含めた生態系の一員となる。

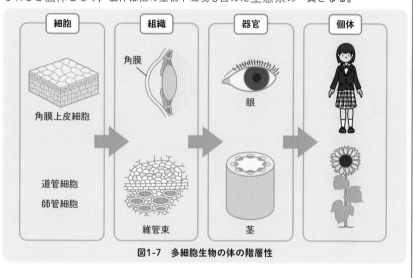

図1-7　多細胞生物の体の階層性

1 動物に共通する体の構成

動物の組織は，形態や機能により上皮組織，結合組織，筋組織，神経組織の4つに分けられる。

上皮組織　体の表面や，体の中にある器官の表面にある。体の中と外，他の器官との境界になっている。外分泌腺や内分泌腺があり，それらから分泌される物質は恒常性（→p.101）にかかわる。

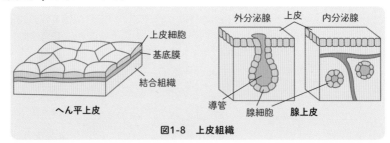

図1-8　上皮組織

結合組織　組織や器官の間にあり，体構造の支持にかかわっている。血液は結合組織に分類される。

図1-9　結合組織

筋組織　運動を担う。骨格筋と心筋を構成する横紋筋，腸など内臓の筋肉を構成する平滑筋がある。

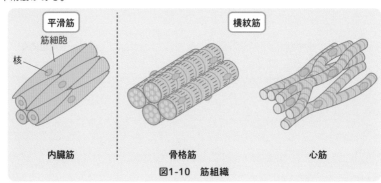

図1-10　筋組織

神経組織　すばやい情報伝達にかかわり，神経細胞と支持細胞からなる。神経細胞は細胞体，樹状突起，軸索で構成されている。

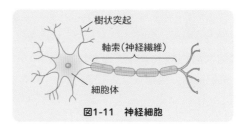

図1-11　神経細胞

2 植物に共通する体の構成

　植物体は，細胞分裂が盛んな分裂組織と，分裂組織から形成された組織系に大別される。分裂組織は，茎や根の先端にある頂端分裂組織と，維管束の中の形成層にある。頂端分裂組織は植物体の伸長成長にかかわり，形成層は茎や根の肥大成長(太くなる成長)にかかわる。

　植物体の葉，茎，根の器官は3つの組織系で構成される。体の表面には表皮系が，体の内部には水や養分の通路となる維管束系がある。表皮系と維管束系以外の組織をまとめて基本組織系という。

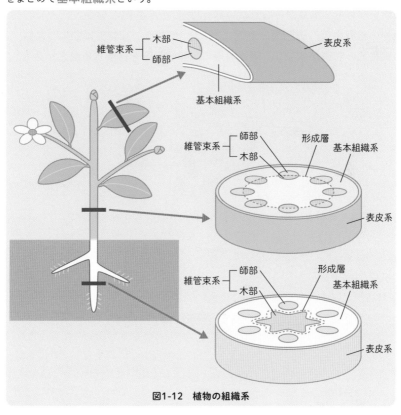

図1-12　植物の組織系

3 細胞の構造

細胞は細胞膜によって囲まれ，細胞の中に外界とは異なる環境をつくっている。細胞には，核をもつ真核細胞と，核をもたない原核細胞がある。

A 真核細胞

細胞には通常，核とよばれる球形の構造がひとつある。核の最外層に核膜があり，核膜の内側に染色体がある。**染色体には遺伝情報を担う DNA が含まれる。**核をもつ細胞を真核細胞という。体が真核細胞でできている生物を真核生物といい，動物や植物は真核生物である。

B 真核細胞の構造

真核細胞の細胞膜と，細胞膜に包まれた内部は，核と細胞質に分けられる。真核細胞にはさまざまな特有の働きや構造をもつ細胞小器官がある。細胞小器官の間をうめる，構造がみられない部分は細胞質基質という。

植物の細胞には，細胞膜の外側に細胞壁がある。細胞壁は主にセルロースなどの繊維状の物質からなり，細胞の形の維持や細胞を保護する働きがある。

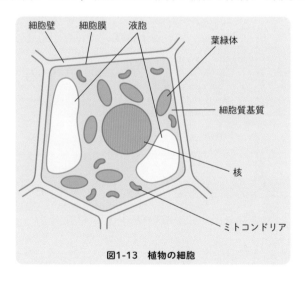

細胞壁　細胞膜　液胞　葉緑体　細胞質基質　核　ミトコンドリア

図1-13　植物の細胞

C 原核細胞とその構造

核をもたない細胞を**原核細胞**という。原核細胞でできている生物を**原核生物**という。身近な原核生物には，大腸菌や乳酸菌などの細菌がある。またアーキア（古細菌）も原核生物である。原核生物の DNA は核膜に包まれない状態で細胞質に存在する。原核細胞も植物と同様に細胞膜の外側に細胞壁をもつ。

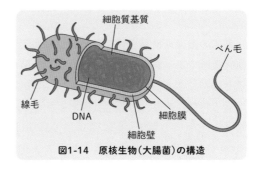

図1-14　原核生物（大腸菌）の構造

原核細胞の構造は真核細胞に比べると単純であり，細胞の内部に細胞小器官をもたない。しかし，細胞の中にミトコンドリア（→p.35）と同じ働きをする構造をもつ。また，**シアノバクテリア**（ラン藻）とよばれる細菌は，葉緑体（→p.35）と同じ働きをする構造をもち，光合成を行うことができる。

POINT

真核生物の細胞は核をもち，DNA が核膜に包まれている。原核生物の細胞は核をもたず，DNA はむき出しの状態になっている。

  単純な生物は原核生物と覚えてしまってもよいですか？

  真核生物にも酵母など，単純なものもいます。

4 細胞小器官

　細胞の微細な構造を観察するには顕微鏡が用いられる。細胞小器官は、ふつう無色透明であり見ることができないが、染色したり屈折率の違いを利用したりすると識別できる。可視光を用いる**光学顕微鏡**は、さまざまな色を識別して観察できる特徴があり、**分解能**（識別できる2点の間の最小距離）は約 0.2 μm である。電子線を用いる**電子顕微鏡**は色の識別はできないが、分解能は光学顕微鏡の1000倍もあり 0.2 nm 以下まで観察できる。

補足 光学顕微鏡では見えにくい構造や、電子顕微鏡でしか見ることができない微細な構造については『生物』で学ぶ。

A 核

　通常、真核細胞はひとつの核をもつ。直径は 10 〜 20 μm が多い。核の最外層には**核膜**があり、核膜によって核の内部と細胞質は仕切られている。核には**染色体**があり、染色体は遺伝情報を担う DNA をもつ。**核は細胞の生存と増殖に必要であり、形質の発現にかかわる。**

　染色体は**酢酸カーミン**などの塩基性色素によく染まる。細胞分裂期以外は核の中に分散して存在しており、個々の染色体は区別がつかない。しかし、細胞分裂期には凝集して光学顕微鏡で見える棒状の染色体になる。また、染色体の数は生物によって異なる。例えば、ヒトの体を構成する細胞は 46 本の染色体をもつ。

補足 核は細胞の中央にある構造という意味で名付けられた。

発展　核の構造

　電子顕微鏡で核を観察すると、核膜は二重の膜でできていることがわかる。核膜には、**核膜孔**とよばれる穴がいくつも開いており、核膜孔を通じて、核の中と細胞質との間を物質が行き来している。また、核には 1 〜数個の**核小体**とよばれる構造がある。

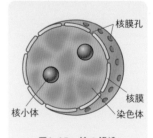

図1-15　核の構造

B　ミトコンドリア

　長さ 1 μm ～ 10 μm，太さ約 0.5 μm の粒または棒状の構造をしている。**呼吸を行う場**であり，酸素を消費して有機物を分解し，ATP の形でエネルギーを取り出している。代謝が活発で，酸素の消費量が多い細胞に多く存在し，肝臓では細胞あたり約 2500 個含まれている。

C　葉緑体

　光合成を行う細胞小器官であり，多くの植物の細胞にみられる。直径 5 μm ～ 10 μm，厚さ 2 μm ～ 3 μm の粒状の構造をしており，細胞あたり数十～数百個含まれる。光合成色素である**クロロフィル**をもつ。

> **補足** 　根などの白色の部分の細胞には，葉緑体に似ているが色素をもたない**白色体**がある。白色体にはデンプンの合成と蓄積を行う働きがある。ニンジンの根などには色素を含む**有色体**がある。葉緑体，白色体，有色体をあわせて**色素体**とよぶ。

発展　ミトコンドリアと葉緑体の構造

1　ミトコンドリアの構造

　ミトコンドリアは染色色素のヤヌスグリーンによって特異的に染色されるため，光学顕微鏡で見ることができる。二重の生体膜で構成されており，内側の膜を**内膜**，外側の膜を**外膜**という。内膜はひだのような突起になっており，これを**クリステ**という。内膜には ATP を合成するための酵素が含まれている。内膜の内側は**マトリックス**とよぶ。

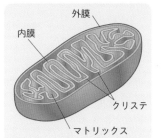

外膜
内膜
クリステ
マトリックス

図1-16　ミトコンドリアの構造

2　葉緑体の構造

　葉緑体は，外膜と内膜に包まれた構造をしており，内膜の内側に**チラコイド**とよばれる扁平な袋状の構造をもつ。チラコイドは**チラコイド膜**で囲まれており，**クロロフィルはチラコイド膜に含まれている**。葉緑体内膜の内側でチラコイド以外の部分を**ストロマ**という。

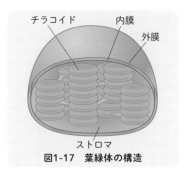

チラコイド
内膜
外膜
ストロマ

図1-17　葉緑体の構造

D 液胞

　成長した植物細胞で発達している。**液胞膜**で囲まれており，中は**細胞液**で満たされている。植物では，細胞の成長にともない，細胞の体積に占める割合が大きくなる。**細胞内の水分含量の調節や，老廃物の貯蔵**にかかわっている。動物細胞にはほとんどみられず，あっても小さい。

> **補足** 細胞液に，有機物や無機塩類のほか，赤・青・紫などの**アントシアン**とよばれる色素を含む細胞もある。赤シソの葉や赤キャベツの色は細胞液のアントシアンの色である。

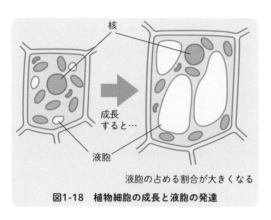

図1-18　植物細胞の成長と液胞の発達

POINT

光学顕微鏡で観察できる細胞小器官には，核，ミトコンドリア，葉緑体，液胞などがある。
核→遺伝情報を担うDNAを内部にもつ。
ミトコンドリア→ATPをつくる。
葉緑体→光合成を行う。
液胞→水分含量の調節などにかかわる。

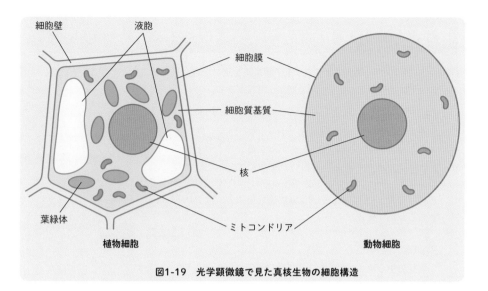

図1-19　光学顕微鏡で見た真核生物の細胞構造

（図中のラベル）

細胞壁　液胞

細胞膜

細胞質基質

核

葉緑体

ミトコンドリア

植物細胞　　　　　動物細胞

| コラム | 細胞と環境 |

　真核生物の細胞は，細胞の中を膜で区画化し，細胞小器官を進化させた。細胞小器官は
それぞれ専門的な役割を果たしており，細胞小器官が連携することにより，より効率的な
生命活動ができるようになった。原核生物は細胞小器官をもたないが，ひとつの区画の中
ですべての生命活動を行っている。

　原核生物は単純なため，個々はほとんど環境に対して適応せず，栄養などの環境が悪く
なると多くは死滅する。一部は休眠状態に入り，耐え続け，環境がよくなると再び爆発的
に増殖する。一方，真核生物の多くは，爆発的な増殖はしないが，恒常性を維持し，環境
の変化に適応しながら生きている。

　解像度のよい光学顕微鏡や，電子顕微鏡を用いなければ見ることができないが，生命活動に重要な働きをしている細胞小器官がある。

1 ゴルジ体

　扁平な袋が重なった構造をしており，袋の中には細胞外に分泌されるタンパク質が入っている。活発に分泌を行う細胞では，ゴルジ体はよく発達している。ゴルジ（伊）が開発した銀染色という染色法で染めることができる。

図1-20　ゴルジ体

2 中心体

　粒状の中心粒を2つもつ。主に動物細胞にみられ，動物細胞では，紡錘体*の形成にかかわる。細胞分裂では，中心体が2つに分かれ，それぞれ核の反対側に移動する。植物ではコケ植物やシダ植物などの精子をつくる細胞にみられる。

*染色体の分離に関与する構造体。

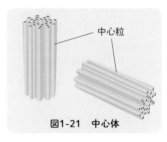

中心粒

図1-21　中心体

3 リボソームと小胞体

　リボソームは微小な粒状の構造であり，**タンパク質の合成の場**となる。小胞体は核膜とつながった膜構造をとり，膜からなる扁平な袋状の構造をもつ。小胞体の中にはリボソームが結合しているものもある。細胞膜のタンパク質や細胞外に分泌されるタンパク質は，小胞体に結合したリボソームで合成される。一方，細胞質基質や核，ミトコンドリア，葉緑体で働くタンパク質は，遊離したリボソームで合成される。

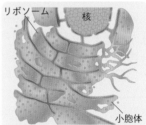

リボソーム　核

小胞体

図1-22　リボソームと小胞体

発展　電子顕微鏡で見た細胞の構造のまとめ

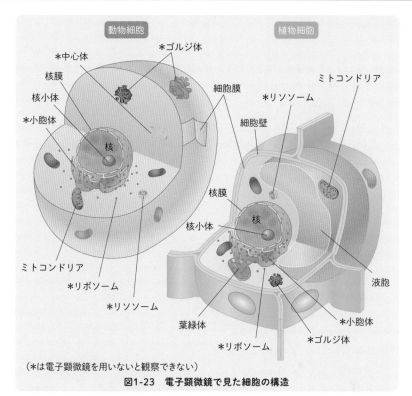

（＊は電子顕微鏡を用いないと観察できない）

図1-23　電子顕微鏡で見た細胞の構造

　動物細胞には，植物細胞にある葉緑体や細胞壁はない。中心体はおもに動物細胞にみられ，高等植物には存在しないが，繊毛やべん毛をもつ一部の植物細胞には存在する。また，液胞は，植物細胞では大きく発達するが，正常な動物細胞では発達しない。リソソームは物質の分解にかかわる。

細胞の観察

目的 顕微鏡の特性と取り扱い，ミクロメーターの使用法を理解する。いろいろな細胞を観察し，大きさを測定する。

生物の体はすべて細胞からできている。植物細胞はおよそ $100\,\mu m$，動物細胞はおよそ $10\,\mu m$，細菌（バクテリア）の多くは $1 \sim 5\,\mu m$ である。顕微鏡の使い方を復習し，自在に使いこなして細胞を観察しよう。

[準備]　材料…新聞紙，オオカナダモ，ヒトの口腔上皮細胞など

器具…光学顕微鏡，（光源内蔵タイプの顕微鏡でない場合は）光源装置，スライドガラス，カバーガラス，ピンセット（または柄つき針），ろ紙，つまようじ，メチレンブルー，スポイト，接眼ミクロメーター，対物ミクロメーター

実験 I　顕微鏡の使い方と特性

実験手順

❶ 顕微鏡を持ち運ぶときは，きき手でアームを握り，もう一方の手で鏡台を下から支え，体につけてしっかり持つ。

❷ 接眼レンズを先に取り付け，次に対物レンズを取り付ける。外すときは逆に，対物レンズを先にレボルバーから外す。これは鏡筒内にごみが入らないようにするためである。はじめは低倍率のレンズの組み合わせで観察する。接眼レンズと対物レンズの倍率をかけ合わせたものが総合倍率となる。しぼりを開け，反射鏡の平面鏡側を用いて光が視野によく入るように調節する。直射日光を光源にしてはならない。

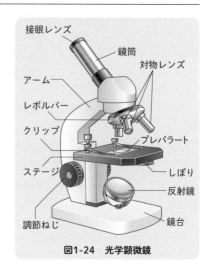

接眼レンズ
鏡筒
対物レンズ
アーム
レボルバー
クリップ
プレパラート
ステージ
しぼり
反射鏡
調節ねじ
鏡台

図1-24　光学顕微鏡

❸ 新聞紙のなるべく小さな活字の部分を $1\,cm$ 四方くらいに切り取り，スライドガラスに乗せ，水を一滴スポイトでたらしてカバーガラスをかける。カバーガラスをかける際はピンセットか柄つき針を使い，気泡が入らないようにする。余分な水はろ紙で吸い取り，プレパラートをつくる。

❹ プレパラートをステージに乗せてクリップでおさえ，新聞紙が対物レンズの真下にくるように固定する。

⑤ 横から対物レンズを見ながら，プレパラートに最大限近づける。接眼レンズをのぞき
ながら調節ねじをゆっくり動かし，ステージを遠ざけながらピントを合わせる。粗動
ねじと微動ねじがあれば，まず粗動ねじで大まかな位置を決め，微動ねじで微調節する。

⑥ プレパラートを動かして，小さな文字を視野の中央に入れる。

⑦ 平面鏡の角度を調節し，最も明るい視野にする。しぼりを絞り，見やすい明るさに調
節する。絞ると暗くなるが見え方はシャープになる。観察対象によってその都度より
よい視野になるよう調節する。

⑧ 調節ねじは動かさず，レボルバーを回転させて対物レンズを高倍率に変える。観察す
る部分が視野の中央にあれば，すでに視野には像が見えている。反射鏡を凹面に変え，
改めて絞りを調節する。調節ねじをわずかに上下して(微動ねじがあれば粗動ねじは使
わなくてもよい)ピント合わせをする。

結果 　新聞紙の繊維が観察できた。インクの点が繊維に乗っているのがわかった。プレパ
ラートを右に動かすと顕微鏡の像は左，上に動かすと下に動いた。顕微鏡の像は上
下左右が逆であった。対物レンズは低倍率より高倍率のほうが長く，レンズの先端
がプレパラートにより近かった。高倍率のほうが視野は狭く，暗くなった。

実験Ⅱ　ミクロメーターの使い方

実験手順

① 接眼レンズのふたを外し，接眼ミクロメーターを入れる。表裏を間違えないよう注意
する。

② 対物ミクロメーターをステージに乗せ，低倍率でピントを合わせる。対物ミクロメー
ターには1目盛り10 μm の目盛りが刻まれている。

③ 接眼ミクロメーターをまわして，対物ミクロメーターの目盛りと平行にする。対物ミ
クロメーターの位置を調節して，両方の目盛りを重ねる。両方の目盛りがぴったり重
なっている2か所を探し，その間の目盛り数を数えて接眼ミクロメーター1目盛りの
長さを計算する。対物レンズを変えて，各倍率における値を計算する。

$$\frac{対物ミクロメーターの目盛り数}{接眼ミクロメーターの目盛り数} \times 10\,\mu\mathrm{m} = 接眼ミクロメーター1目盛りの長さ(\mu\mathrm{m})$$

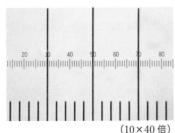

←接眼ミクロメーターの目盛り

←対物ミクロメーターの目盛り

(10×40倍)

結果 写真の場合は,

$$\frac{5}{20} \times 10 \ \mu m = 2.5 \ \mu m \quad となる。$$

実験Ⅲ　細胞の観察

実験手順

❶ プレパラートをつくる。

　A．オオカナダモの葉を1枚取り,表を上にして水に浸し,カバーガラスをかける。

　B．つまようじの丸い端で軽くほほの内側をこする。スライドガラスになすりつけ,
　　少し乾かしてから,メチレンブルーで2分間ほど染色する。スライドガラスの裏側
　　からそっと水をかけて洗う。カバーガラスをかける。

❷ それぞれのプレパラートで,適した倍率を選び,細胞の形や細胞小器官の見え方,原
　形質流動のようすなどを観察してスケッチする。

❸ プレパラートを動かし,より観察に適した部分を探して観察する。各部の大きさを測
　定する。倍率を変えると接眼ミクロメーターの1目盛りの大きさが変わるので注意す
　る。スケッチには,日付,材料名,倍率,試薬名,各部の名称のほか,観察してわかっ
　たことや気付いたことを書いておくとよい。

結果 オオカナダモの葉では,大きさ約5 μm(写真の接眼ミクロメーター1目盛りは2.5
　μm)の葉緑体(緑色の粒)がたくさん見られた。細胞壁にそって動いていた(原形質
　流動)。ヒトの口腔上皮細胞では,メチレンブルーに染まった核が観察できた。

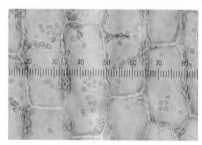

▲オオカナダモの葉

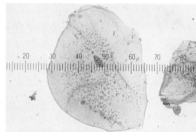

▲口腔上皮細胞

この章で学んだこと

　地球上に生息する生物は実に多様であるが，すべての生物は共通の祖先から進化によって生じてきた。親の形質が子やそれ以降の世代に現れる現象を遺伝といい，遺伝する形質が変化することを進化という。この章では，生物に共通する形質と，共通する形質から生み出される多様性について学んだ。

1 生物の共通性と多様性

❶ 生物の多様性　生物は共通の祖先から生じた。親のもつ形質が，あとの世代に受け継がれることを遺伝といい，進化は集団内において遺伝する形質が変化することで起きる。進化をもとにした種や集団の類縁関係を系統という。

❷ 生物の共通性　生物は細胞を単位としてできており，自身とほぼ同じ形質の子をつくる。親の形質は遺伝子によって子に伝えられる。また，ATP を合成し生命活動に利用するとともに，環境からの刺激に応答して体内環境を一定に保つ。

2 細胞の発見と研究

❶ 細胞とは　細胞膜に囲まれることで外部と隔てられ，内部に染色体など生命の維持に必要な物質をもつ生物の基本単位。ロバート・フックにより発見された。

❷ 細胞説　生物の体は細胞でできており，細胞は生物体の基本単位であるとする考え。シュライデンとシュワンにより提唱された。

❸ 単細胞生物と多細胞生物　単細胞生物はひとつの細胞で構成され，多細胞生物は複数の細胞で構成される。多細胞生物は体細胞と生殖細胞から成る。

❹ 生物の階層性　多細胞生物の体は，細胞→組織→器官→個体といった階層構造をもつ。

3 細胞の構造

❶ 真核生物　染色体が核膜に包まれており，核をもつ細胞。真核細胞でできている生物を真核生物という。

❷ 原核生物　核をもたない細胞。原核細胞でできている生物を原核生物という。

❸ 真核細胞の構造　真核細胞は，特有の働きを担う細胞小器官をもつ。細胞小器官の間をうめる，構造がみられない部分を細胞質基質という。

❹ 動物細胞と植物細胞　細胞膜，核，ミトコンドリアは両方にある。細胞壁，葉緑体は植物細胞のみにある。

4 細胞小器官の働き

❶ 核　染色体を保持し，細胞の生存と増殖，形質の発現にかかわる。

❷ ミトコンドリア　呼吸を行い，ATP の形でエネルギーを取り出している。

❸ 葉緑体　植物の細胞に存在し，光合成を行う。

❹ 液胞　植物細胞内において，水分含量の調節や老廃物の貯蔵にかかわっている。

（発展）**リボソーム**　タンパク質の合成にかかわる。

（発展）**ゴルジ体**　タンパク質の輸送にかかわる。

（発展）**中心体**　細胞分裂にかかわる。

定期テスト対策問題 1

解答・解説は p.528

1 生物の特徴について述べた文を読み，以下の問いに答えよ。

　これまでに学術誌に記載された生物は約（　**ア**　）種であり，大きさや形質，生息する環境は（　**イ**　）である。一方，生物は皆，共通する特徴をもつ。（　**イ**　）な生物はすべて（　**ウ**　）の祖先から生じ，進化してきたと考えられる。親のもつ形質が子に現れる現象を（　**エ**　）という。（**エ**）する形質のもとは（　**オ**　）である。（**オ**）の情報を担っているのは（　**カ**　）という分子の塩基配列である。（**カ**）の塩基配列が変化すると，情報が変化し，形質が変化する。この変化が累積して生物は進化した。生物が進化してきた経路をもとに生物の類縁関係を示した図を（　**キ**　）という。

(1)　文中の（**ア**）～（**キ**）に適する語を語群から選べ。

```
 ┌─語群
 │ 細胞    DNA    ATP    RNA    遺伝    多様
 │ 一様    共通    遺伝子   酵素    3000   190万
 │ 1億    形質    進化    模式図   系統樹   分類図
```

(2)　次の①～⑤は，生物の共通性について述べたものである。空欄に適する語を
　　答えよ。

①　（　　　　）を単位として形づくられている。

②　生命活動に（　　　　）を利用する。

③　親の（　　　　）が遺伝子によって子に伝えられる。

④　（　　　　）を複製する。

⑤　（　　　　）を一定に保つ。

2 次の(1)～(5)の（　）に適する語を答えよ。

(1)　生物には，体がひとつの細胞でできている（　**ア**　）と，多くの細胞で構成される（　**イ**　）がある。

(2)　多細胞生物の体を構成する細胞を（　**ア**　）といい，ヒトには上皮細胞や筋細胞などさまざまな種類がある。

(3)　細胞には，核をもつ細胞である（　**ア**　）細胞と，核をもたない細胞である（　**イ**　）細胞がある。（**ア**）細胞には，核のほかにも，特有の働きや構造をもつ（　**ウ**　）とよばれる構造体がある。

(4)　多細胞生物の体は階層構造をもつ。細胞が集まると(　**ア**　)となり，(**ア**)が集まると(　**イ**　)となる。そして，(**イ**)の働きが統合されて個体となる。

(5)　核の中には，酢酸カーミンなどの色素でよく染まる(　**ア**　)がある。(**ア**)には遺伝情報を担う DNA が含まれる。

3　　図は，光学顕微鏡で観察した植物細胞の模式図である。e は，クロロフィルを含む細胞小器官である。以下の問いに答えよ。

(1)　a～f の名称を次の**ア～ク**から選べ。

ア　液胞　　　**イ**　核　　　　**ウ**　染色体

エ　細胞壁　**オ**　細胞膜　　**カ**　細胞質基質

キ　ミトコンドリア　　　　**ク**　葉緑体

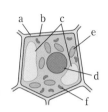

(2)　a～f から，動物細胞に含まれないものを 2 つ，成長した植物細胞で発達している構造を 1 つ記せ。

(3)　次の **ア～エ**に関連のある構造を a～f から選べ。

ア　DNA をもつ。細胞の生存と増殖に必要で，形質の発現にかかわる。

イ　呼吸を行う場として機能する。

ウ　細胞の水分含量の調節や，老廃物の貯蔵にかかわる。

エ　光合成を行う。

4　　光学顕微鏡について，次の文中の{ }内から適切なものを選べ。

(1)　対物レンズの長さは，倍率が高いほど{長い，短い}。

(2)　焦点(ピント)があったときの対物レンズと試料との距離は，倍率が高いほど{長い，短い}。

(3)　コントラストを強くするには，しぼりを{しぼる，開く}とよい。

(4)　活字 p を光学顕微鏡で見ると，{b，d，p，q}に見える。

(5)　総合倍率を 100 倍から 400 倍にすると，視野に見える試料の範囲の面積は，

$$\left\{8\,倍,\ 4\,倍,\ 2\,倍,\ 同じ,\ \frac{1}{2},\ \frac{1}{4},\ \frac{1}{8},\ \frac{1}{16}\right\}になる。$$

(6)　はじめは{低倍率，高倍率}で観察する。反射鏡には，平面鏡と凹面鏡があるが，低倍率のときは{平面鏡，凹面鏡}を用いる。

Basic Biology

第2章 生物と
エネルギー

1 | 生命活動とエネルギー

1　生物とエネルギー

　生物が生命活動を行うには，エネルギーを必要とする。私たち動物は，食べた食物を分解して，化学エネルギーを取り出している。また，取り出した化学エネルギーを使って有機物を合成する。このような**合成や分解といった生体内での化学反応の過程をまとめて代謝**という。

A 代謝とエネルギー

　代謝の過程では化学物質が変化する。**化学物質が変化するとエネルギーの移動が起こる。**エネルギーの移動とは，エネルギーが放出されたり（エネルギー放出反応），吸収（エネルギー吸収反応）されたりすることを指す。

　光合成は，光エネルギーを吸収して二酸化炭素と水から炭水化物などの有機物を合成するエネルギー吸収反応である。一方，呼吸は炭水化物などの有機物を二酸化炭素と水に分解するエネルギー放出反応である。化学エネルギーをもつ物質が分解されるときにはエネルギーの放出が起こる。

補足 光合成では，光エネルギーが化学エネルギーに変換される。

POINT

代謝の過程では，**エネルギーの移動**が起こる。

B 同化と異化

　光合成では，二酸化炭素や水のような単純な物質から，複雑な物質である有機物が合成される。このように，単純な物質から，体を構成する化学的に複雑な物質や，生命活動に必要な物質を合成する代謝の過程を**同化**という。

　一方，体内の複雑な物質を化学的に単純な物質に分解する過程は**異化**という。呼吸のように，有機物を分解してエネルギーを放出する過程は異化である。

補足 植物の葉のような，光合成を行う器官を**同化器官**という。木の幹や枝，根のような，光合成を行わない器官は**非同化器官**とよぶ。

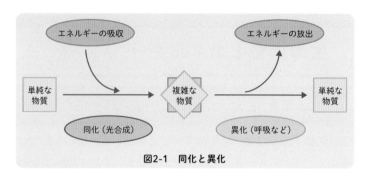

図2-1　同化と異化

- **同化**→光合成のように，単純な物質から複雑な物質を合成すること。
- **異化**→呼吸のように，複雑な物質を単純な物質に分解すること。

C 独立栄養生物と従属栄養生物

　光合成を行う植物のように，外界から取り入れた無機物だけを利用して有機物を合成し，生命を維持することができる生物を独立栄養生物という。一方，動物や菌類のように，無機物だけでは有機物を合成することができない生物を従属栄養生物という。従属栄養生物は，食べたり吸収したりした有機物を取り込み，その有機物を分解することで体を構成する物質の素材を得ている。また，分解する過程で生じるエネルギーを利用して，体を構成する物質を合成している。

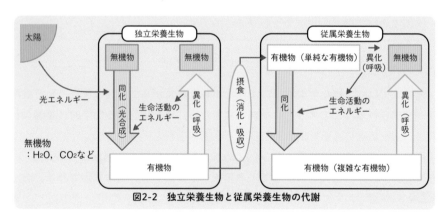

図2-2　独立栄養生物と従属栄養生物の代謝

2　エネルギー通貨ATP

　代謝の過程ではエネルギーの移動が起こる。エネルギーの移動には，ATP（アデノシン三リン酸）とよばれる化合物が重要な働きをしている。

　ATPは，糖の一種であるリボースと塩基の一種であるアデニンが結合したアデノシンに，3つのリン酸が結合している。ATP内のリン酸どうしの結合を高エネルギーリン酸結合という。生体の中でATPは，ADP（アデノシン二リン酸）と1つのリン酸に分解される。**分解の際に，高エネルギーリン酸結合が切れることで大きなエネルギーが放出される。**ATPから放出されるエネルギーは，生体物質の合成や筋肉の運動，発熱や発光などさまざまな場面で使われる。

　ATPは，すべての生物で共通してエネルギーの移動の仲立ちとして使われている。そのため通貨に例えられ，**エネルギーの通貨**ともよばれる。**ATPはおもに呼吸と光合成で合成される。**ATPが合成される反応は，エネルギーを吸収してADPとリン酸が結合するエネルギー吸収反応である。

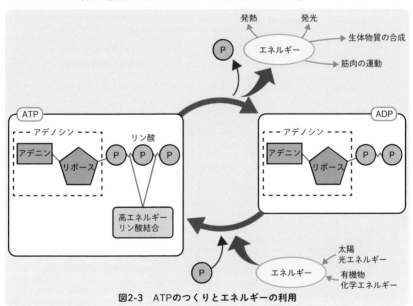

図2-3　ATPのつくりとエネルギーの利用

POINT

● **ATPはエネルギーの移動の仲立ちとして使われる。**

● ATPのリン酸どうしの結合を，高エネルギーリン酸結合という。

3 代謝と酵素

A 酵素

　ある化学物質が別の化学物質に変化する化学反応は，一般的には起こりにくい。人工的に化学反応を起こすには，強酸または強アルカリ，高温，高圧にする必要がある。特定の化学反応を促進し，それ自体は反応の前後で変化しない物質を触媒といい，**触媒によって反応条件を緩和することができる**。生体では**酵素**とよばれるタンパク質が触媒として働き，代謝を促進している。酵素の触媒作用により，中性，体温という穏やかな条件でも，化学反応は速やかに進行する。

　触媒は化学物質の変化を促進するが，それ自体は変化しないため，酵素は何度も働くことができる。

　また，酵素の作用を受ける物質を**基質**といい，酵素が特定の物質だけに作用する性質を**基質特異性**という。

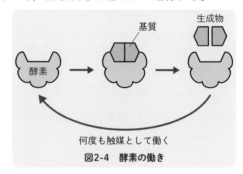

図2-4　酵素の働き

B 代謝と酵素

　ヒトの小腸では，アミラーゼとマルターゼとよばれる酵素が働き，デンプンはマルトースを経てグルコース（ブドウ糖）に分解される。デンプンをマルトースに分解するのはアミラーゼ，マルトースをグルコースに分解するのはマルターゼである。アミラーゼやマルターゼなど，消化にかかわる酵素を消化酵素とよぶ。

　デンプンを人工的に分解するには，強い酸性の条件下で100℃に加熱しなくてはならない。しかし消化酵素の働きにより，デンプンは中性，体温という条件でも速やかに分解される。

図2-5　デンプンの分解

POINT

生物の体内では，**酵素が代謝を促進**している。酵素の働きにより，化学反応は速やかに進行する。

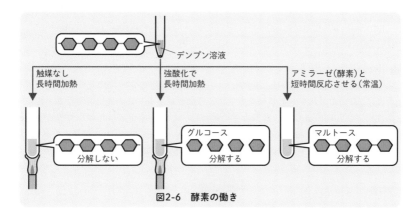

図2-6　酵素の働き

　消化酵素は細胞外に分泌されて働く酵素であるが，多くの酵素は細胞内で働く。細胞内で働く酵素は，細胞の生命活動に必要な化学反応にかかわっている。

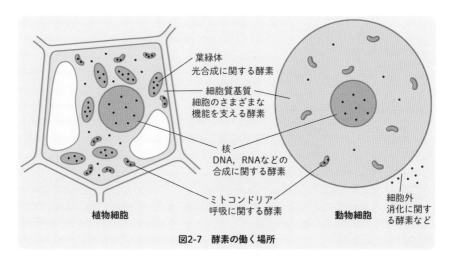

図2-7　酵素の働く場所

 Q　ヒトの体内で働く酵素はいくつあるんですか？

 A　生体内では，化学反応のひとつひとつをそれぞれ専門の酵素が担当しています。そのため，反応は流れ作業のようにスムーズに進みます。ヒトの場合，体内で3000種類以上の酵素が働いています。

1 活性化エネルギー

　化合物は一般に安定であり，変化しにくい。化学反応により別の化合物に変化するときには，高いエネルギーの状態を乗り越える必要がある。この時に必要なエネルギーを活性化エネルギーという。酵素などの触媒は，この活性化エネルギーを低くする作用がある。そのため，体温のような穏やかな温度でも，酵素により化学反応が起こる。

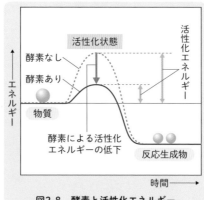

図2-8　酵素と活性化エネルギー

2 基質特異性と活性部位

　基質特異性には分子の立体構造がかかわる。酵素タンパク質にはそれぞれ固有の立体構造があり，触媒作用を担う活性部位は立体構造の凹みの中にある。その凹みの立体構造と，凸凹(カギとカギ穴)のように相補的に結合できる物質(基質)のみが，酵素－基質複合体を形成する。

　このようなしくみがあるため，アミラーゼはデンプンに作用してマルトースに分解するが，マルトースをグルコースにする働きはない。また，マルトースをグルコースに分解するのはマルターゼである。

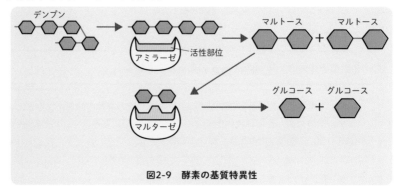

図2-9　酵素の基質特異性

③ 酵素反応の速度と温度

　化学反応の速度は，温度が高ければ高いほど大きくなる。熱エネルギーにより分子の動きが活発になると，分子がぶつかり合う確率が高くなるからである。酵素反応も温度が高くなると酵素と基質が出合う確率が高くなり，反応速度が大きくなる。しかし，酵素はタンパク質でできているため，温度が高くなりすぎると立体構造が変化し，触媒として働くことができなくなる。多くの酵素は，40℃以上になると反応速度が急激に下がる。酵素反応の速度が最大になる温度を最適温度という。

④ 酵素反応の速度と pH

　pH はタンパク質の立体構造に影響を与える。そのため，酵素反応の速度は pH の影響を受ける。反応速度が最大のときの pH を最適 pH という。だ液中で働くアミラーゼのように，多くの酵素は中性の pH 7 付近に最適 pH がある。働く環境によっては，最適 pH が中性でない酵素もある。強い酸性の胃液が分泌される胃で働くペプシンの最適 pH は 2，弱アルカリ性の小腸で働くトリプシンは 8，アルカリ性のすい液に含まれる脂肪分解酵素リパーゼは 9 である。

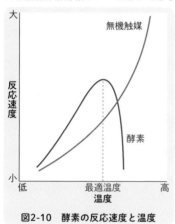

図2-10　酵素の反応速度と温度

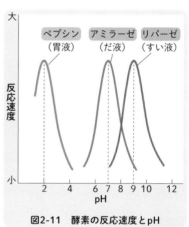

図2-11　酵素の反応速度とpH

コラム　｜　**インフルエンザウイルスの特効薬タミフルと基質特異性**

　インフルエンザウイルスは，細胞に感染すると増殖し，さらに細胞から出て拡散し，感染の範囲を爆発的に広げる。ウイルスが細胞から出るためには，ウイルスと細胞を結びつけている結合を切断する必要がある。この反応を促進する触媒として働くのが，ウイルスのノイラミニダーゼとよばれる酵素である。ノイラミニダーゼの活性部位にはまり込むように設計されたのがタミフルやリレンザ，イナビルであり，これらの薬が活性部位をふさぐと酵素の活性が失われる。その結果，ウイルスは細胞に閉じ込められたままになり，免疫細胞によって，感染した細胞ごと死滅させられる。

2 | 光合成と呼吸

1 光合成

　生物が光エネルギーを利用して，二酸化炭素（CO_2）と水（H_2O）から有機物を合成することを**光合成**という。植物や藻類では，光合成は葉緑体で行われる。

　光合成には多くの種類の酵素がかかわっており，これらの酵素が，吸収した光エネルギーを利用して ATP を合成する。さらに ATP に蓄えられたエネルギーを使って二酸化炭素と水から有機物を合成する。植物体に取り込まれた二酸化炭素の多くは，デンプンや細胞壁を構成するセルロースになる。

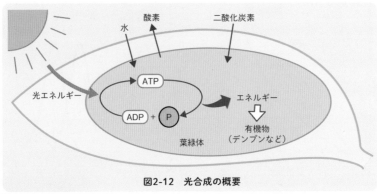

図2-12　光合成の概要

 POINT

光合成…**二酸化炭素＋水＋光エネルギー→有機物＋酸素**

コラム　｜　**2種類のデンプン**

　光合成によって葉緑体の中に生じたデンプンを**同化デンプン**という。同化デンプンはスクロース（ショ糖）に変えられ，植物体のさまざまな場所に移動し，生命活動に利用される。養分をためる器官（貯蔵器官）に移動したスクロースはデンプンに変えられる。このようにして，貯蔵器官に蓄えられたデンプンを**貯蔵デンプン**という。イモや豆，米などのデンプンは貯蔵デンプンである。

2　呼吸

　酸素（O₂）を用いて体内にある炭水化物や脂肪，タンパク質などの有機物からエネルギーを取り出し，ATP を合成することを呼吸という。炭水化物や脂肪，タンパク質など呼吸の材料となる物質を**呼吸基質**という。多くの生物の主な呼吸基質はグルコース（$C_6H_{12}O_6$）である。呼吸によりグルコースは段階的に分解され，最終的に二酸化炭素と水になる。この過程で多量の ATP が生成される。真核細胞において，呼吸で重要な働きを担っているのはミトコンドリアである。

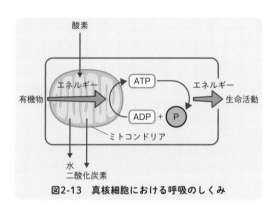

図2-13　真核細胞における呼吸のしくみ

　グルコース（有機物）は燃えると二酸化炭素と水になる。燃焼は呼吸とよく似た現象であるが，燃焼ではグルコースに蓄えられたエネルギーは，熱と光になって放散してしまう。呼吸では，さまざまな酵素がグルコースを段階的に分解することで発熱を抑え，エネルギーを効率的に ATP の合成に使っている。

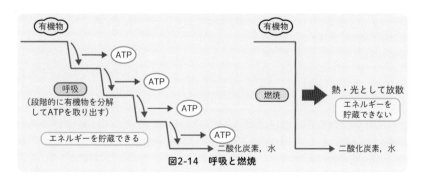

図2-14　呼吸と燃焼

呼吸 …有機物＋酸素→二酸化炭素＋水＋ATP

コラム ┃ ATP がエネルギー通貨として広まった理由

　ATP がエネルギー通貨として用いられているのはなぜだろうか。結合エネルギーの大きさは，結合が切れるときに放出されるエネルギー量で表される。C-C(炭素-炭素結合)やC-H(炭素-水素結合)などの一般的な化学結合は，ATP のリン酸の結合より 10 倍も大きなエネルギーをもつ。しかし，大きなエネルギーをもつ結合とは，それだけ強い結合であることも意味しており，取り出しにくい。ATP のリン酸結合は，比較的高いエネルギーをもちながら，体温という条件で簡単に切断され，エネルギーを取り出しやすい特徴がある。また，ATP は，遺伝情報の伝達を担う RNA の素材でもあり，細胞内に十分な量がある。

　エネルギーを取り出しやすく，量も豊富。生物界にエネルギー通貨として広まったのはそのためだと考えられている。

発 展　光合成のしくみ

　光合成により有機物がつくられる過程は大きく 2 つに分けられる。第 1 は，光エネルギーを利用して水を水素と酸素に分解し，ATP をつくる過程(**1**)である。第 2 は，ATP の化学エネルギーを利用して二酸化炭素と水から有機物を合成する過程(**2**)である。

1 吸収した光エネルギーを利用する ATP の生成

●光エネルギーの吸収

　光エネルギーが，葉緑体のチラコイド膜にあるクロロフィルに吸収されると，クロロフィルから電子が飛び出す。この電子のエネルギーを利用して水素イオン(H^+)がチラコイド膜内に蓄積され，最終的に ATP が合成される。

●水の分解

　電子を放出したクロロフィルは，電子を補充しようとして水を分解して電子を獲得する。その結果，酸素が発生する。光合成により生成される酸素は，この酸素である。

●ATP の生成

　クロロフィルから放出された電子は高いエネルギーをもっている。電子がチラコイド膜の電子伝達系とよばれる反応系を通る過程で，電子のエネルギーを使って H^+ がチラコイド膜の内側に運搬される。その結果，H^+ がチラコイドの中に濃縮される。濃縮された H^+ がチラコイド外に吹き出る際に生じる物理的エネルギーを利用して，ATP 合成酵素が ADP とリン酸を連結し，ATP が合成される。

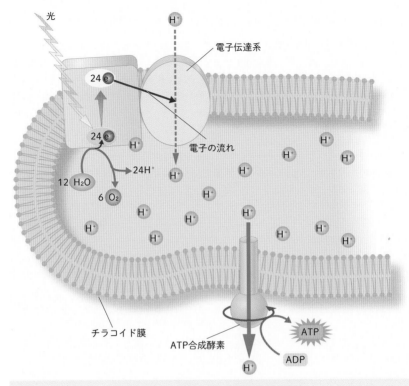

図2-15　光エネルギーの吸収とATP合成

2 二酸化炭素の固定

　気体の二酸化炭素が有機物に取り込まれる過程を炭酸固定という。二酸化炭素が有機物として固定される反応は，ストロマ(→**p.35**)で行われる。ストロマでATPの化学エネルギーを利用して，二酸化炭素と水から有機物が合成される。

　1と**2**をまとめると，光合成全体として次のような式が得られる。

光エネルギー

$$6CO_2 + 12H_2O \rightarrow \underset{同化産物}{C_6H_{12}O_6} + 6H_2O + 6O_2$$

　この過程で，二酸化炭素が還元されて有機物(グルコース)が生じる。
(詳しくは p.305 参照)

　呼吸によりATPが合成される過程は大きく3つに分かれる。第1は，グルコースを分解してピルビン酸にする過程（■）である。第2は，ピルビン酸を分解して二酸化炭素と水素にする過程（■），第3は水素を電子（e⁻）と水素イオン（H⁺）に分離し，電子のエネルギーを利用してATPを合成する過程（■）である。第3の過程で酸素が消費される。

■ 解糖系

　グルコースが分解されてピルビン酸になる一連の化学反応には，多くの種類の酵素がかかわる。この一連の反応系を**解糖系**という。解糖系は細胞質基質で行われる。解糖系では，炭素を6つもつグルコース1分子が，炭素を3つもつピルビン酸2分子になる。この過程で，2分子のATPが消費され，4分子のATPが合成される。差し引き，グルコース1分子あたり2分子のATPが合成されることになる。酸素は消費されない。

■ クエン酸回路

　細胞質基質で生成したピルビン酸はミトコンドリアの中に入り，二酸化炭素と水素が取り出される。この化学反応の過程にも多くの酵素がかかわっている。一連の反応過程でクエン酸が生じることと，反応が回路のように循環することから，この反応経路は**クエン酸回路**とよばれる。クエン酸回路を巡る間に，炭素を3つもつピルビン酸1分子から，炭素を1つもつ二酸化炭素3分子と1分子のATPが合成される。

　解糖系では1分子のグルコースから2分子のピルビン酸が生成するため，クエン酸回路では解糖系で生成された2分子のピルビン酸から，6分子の二酸化炭素と2分子のATPが合成されることになる。

■ 電子伝達系

　クエン酸回路で生成された，電子（e⁻）と水素イオン（H⁺）がマトリックスで取り出される。この電子は高いエネルギーをもっている。電子が，ミトコンドリアの内膜にある**電子伝達系**とよばれる反応系を通る間に，電子のエネルギーが利用されてH⁺はマトリックスから内膜と外膜の間に運搬され，そこで濃縮される。濃縮されたH⁺がマトリックスに吹き出る際に生じる物理的エネルギーを利用して，ATP合成酵素がADPとリン酸を連結し，ATPが合成される。一方，H⁺は酸素と結合して水になり，この時に酸素が消費される。この過程で，1分子のグルコースあたり，最大で34分子のATPが合成される。

　解糖系で合成されるATP2分子と，クエン酸回路で合成される2分子を合わせて，グルコース1分子あたり，最大で38分子のATPが合成されることになる。

$$C_6H_{12}O_6 + 6H_2O + 6O_2 \rightarrow 6CO_2 + 12H_2O + エネルギー　（最大38ATP）$$

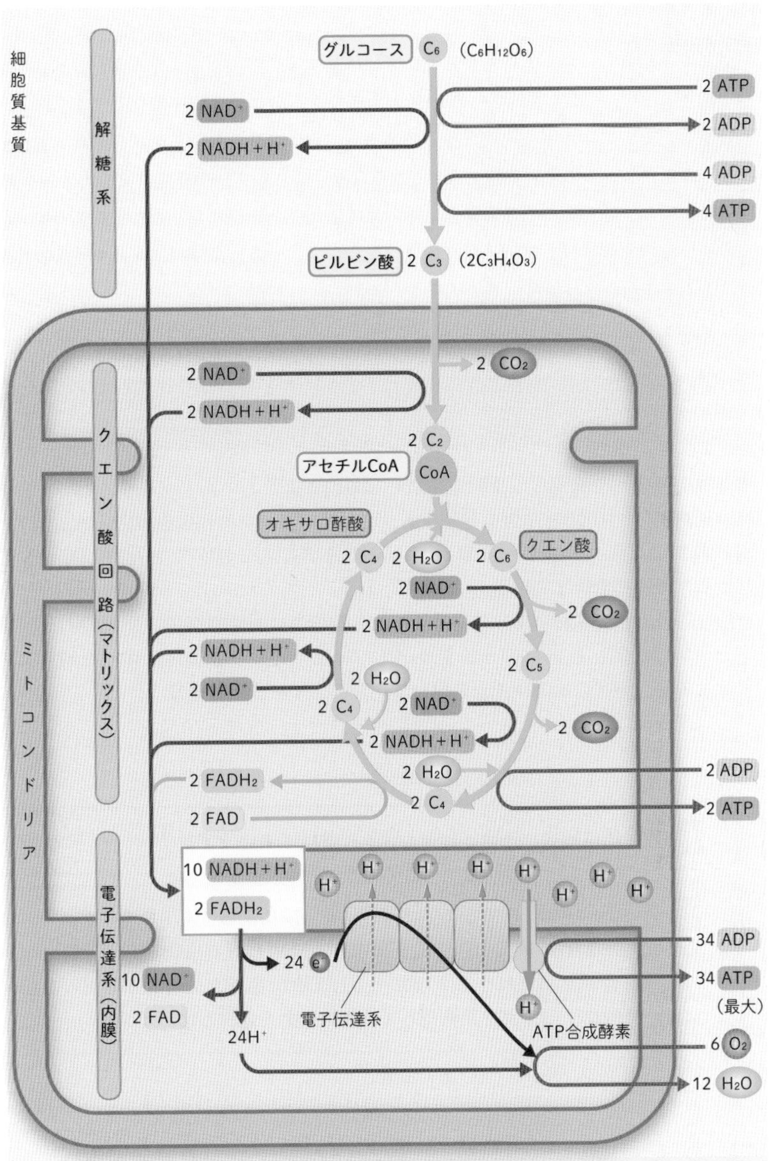

細胞質基質

解糖系

$グルコース$ C_6　$(C_6H_{12}O_6)$

2 ATP

2 ADP

2 NAD^+

2 $NADH + H^+$

4 ADP

4 ATP

$ピルビン酸$ 2 C_3　$(2C_3H_4O_3)$

2 NAD^+

2 $NADH + H^+$

2 CO_2

2 C_2

$アセチルCoA$ CoA

$オキサロ酢酸$

2 C_4 2 H_2O　2 C_6 $クエン酸$

2 NAD^+

2 $NADH + H^+$

2 CO_2

2 C_5

2 $NADH + H^+$

2 NAD^+

2 H_2O

2 C_4 2 NAD^+

2 $NADH + H^+$

2 CO_2

2 H_2O

2 $FADH_2$

2 FAD

2 C_4

2 ADP

2 ATP

クエン酸回路（マトリックス）

ミトコンドリア

電子伝達系（内膜）

10 $NADH + H^+$

2 $FADH_2$

H^+ H^+ H^+ H^+ H^+ H^+ H^+

10 NAD^+

2 FAD

24 e^-

24H^+

電子伝達系

H^+

ATP合成酵素

34 ADP

34 ATP

（最大）

6 O_2

12 H_2O

図2-16　呼吸のしくみ

（詳しくは p.296 参照）

エネルギーは常に，高いところから低い方に移動する。動物が，エネルギーレベルの低いリン酸とADPから高エネルギーのATPを合成できるのは，食物を酸化してエネルギーを取り出し，そのエネルギーを使うからである。ATPは合成されるものの，酸化された食物はエネルギーレベルの低い二酸化炭素と水になり，エネルギーの収支はマイナスとなる。地球上の生物が生きていられるのは，太陽の光エネルギーを植物が利用してエネルギーレベルの高い有機物を合成しているからにほかならない。一方，太陽はエネルギーを放出し続け，エネルギーレベルは常に下がり続けている。

発展　生命体とエネルギー

生命体を構成する物質は，複雑で整然としているほどエネルギーを多くもつ。二酸化炭素(CO_2)や水(H_2O)は単純な分子であり，エネルギーレベルは極めて低い。

光合成では，光エネルギーを用いてATPを合成し，このATPを利用してCO_2とH_2Oから有機物を合成している。

生物は呼吸の過程において，エネルギーレベルの高い脂肪やグルコース($C_6H_{12}O_6$)を酸素を用いて，CO_2とH_2Oに分解する。その過程で発生するエネルギーを利用してATPを合成し，ATPのエネルギーを用いてさまざまな生命活動を行う。

Q 光合成は植物，呼吸は動物と覚えておけばよいですか？

A いいえ，植物も呼吸します。植物は光合成によってATPを合成し，それをエネルギーとして有機物を合成しますが，合成した有機物からも呼吸によってATPを合成し，それをエネルギーとして有機物を合成します。光がない時には，呼吸によってATPを合成して，生命活動を維持しています。

この章で学んだこと

　光合成をする細胞は，光のエネルギーを利用して有機物を合成する。従属栄養生物の細胞は，外界から物質を取り込み，有機物を分解して得たエネルギーを利用して有機物を合成する。この章では，生命活動に必要なエネルギーの取り出し方や，エネルギーを取り出す細胞の構造について学んだ。

---

1 生命活動とエネルギー

❶ **代謝**　合成や分解といった，生体内での化学反応の過程のこと。

❷ **エネルギーの移動**　代謝の過程で起きる，エネルギーの放出や吸収。

❸ **同化**　二酸化炭素や水などの単純な物質から，複雑な物質である有機物を合成すること。エネルギーは吸収される。

❹ **異化**　有機物を二酸化炭素や水などに分解すること。エネルギーは放出される。

❺ **独立栄養生物**　無機物だけを利用して有機物を合成できる生物。緑色植物，藻類，シアノバクテリアなど。

❻ **従属栄養生物**　無機物だけでは有機物を合成できない生物。動物，菌類，大腸菌など。

2 エネルギー通貨 ATP

❶ **ATP**　代謝の過程で起こるエネルギーの移動には，ATP（アデノシン三リン酸）がかかわっている。ATP はおもに呼吸と光合成で合成される。

❷ **エネルギー通貨**　ATP はすべての生物で共通してエネルギーの移動の仲立ちをしていて，エネルギーの通貨ともよばれる。

❸ **ATP の構造**　アデニンとリボースが結合したアデノシンに，３つのリン酸が結合している。

❹ **高エネルギーリン酸結合**　ATP 内のリン酸どうしの結合のこと。この結合が

切れる際に，大きなエネルギーが放出される。

3 代謝と酵素

❶ **触媒**　触媒は，化学反応を促進するが，自身は変化しない。

❷ **酵素**　生体内で，代謝を促進する触媒として働く。おもにタンパク質でできている。酵素が働きかける物質は基質という。

❸ **基質特異性**　酵素が，特定の基質だけに働きかける性質。

発展 **酵素の性質**　最適温度,最適 pH がある。酵素は活性部位で基質と結合する。活性部位に合わないと，結合できない。

4 光合成

❶ **光合成**　光のエネルギーを利用して，二酸化炭素と水から有機物を合成すること。

❷ **葉緑体**　緑色植物では，葉緑体が光合成の場となる。

5 呼吸

❶ **呼吸**　酸素を消費して，呼吸基質からエネルギーを取り出し，ATP を合成すること。

❷ **ミトコンドリア**　真核細胞では，ミトコンドリアが呼吸の場となる。

発展 **呼吸のしくみ**　解糖系，クエン酸回路，電子伝達系の３つのステップがある。

定期テスト対策問題 2

解答・解説は p.528

1 次の文中の( )に適する語を語群から選べ。

生体内での合成，分解などの化学反応の過程をまとめて（　**ア**　）という。
（　**イ**　）は，化学反応を促進する触媒として働く。（ア）において，物質が変化する
と，（　**ウ**　）の移動や変換が起こる。

簡単な物質から複雑な有機物を合成する過程を（　**エ**　）といい，代表的な反応
に（　**オ**　）がある。この反応では光エネルギーが（　**カ**　）される。植物は，無機
物だけを利用して生命を維持できるので（　**キ**　）栄養生物という。

複雑な有機物を分解する過程を（　**ク**　）といい，代表的な反応は（　**ケ**　）であ
る。この反応では，エネルギーが（　**コ**　）される。

語群

異化　　エネルギー　　従属　　酵素　　呼吸　　吸収
細胞　　光合成　　代謝　　同化　　独立　　基質
放出　　活性化

---

2 右下の図は ATP の構造を示したものである。
(1) ATP は何という物質の略号か。
(2) **ア〜ウ**の名称を答えよ。
(3) **イ**が1つとれると，何という
　　物質ができるか。

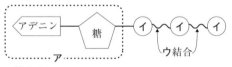

(4) ATP を合成する細胞小器官を2つ答えよ。
(5) ATP はすべての生物でエネルギーの移動を仲介することから，何とよばれて
　　いるか。

3 次の文中の( )に適する語を答えよ。

酵素の本体は（　**ア**　）である。デンプンを分解してマルトース(麦芽糖)にする
のが（　**イ**　）であり，マルトースを分解してグルコース(ブドウ糖)にするのが
（　**ウ**　）である。酵素には微量で効率的に化学反応を促進する（　**エ**　）作用があ
る。

酵素の作用を受ける物質を（　**オ**　）といい，酵素が特定の物質だけに作用する
性質を（　**カ**　）という。

4　光合成と呼吸について，以下の問いに答えよ。

(1)　次の文中の（　）に適する語を語群から選べ。

　　呼吸の材料には，炭水化物や脂肪，タンパク質などが使われるが，主な呼吸基質は（　**ア**　）である。呼吸により，（**ア**）は段階的に分解され，最終的に（　**イ**　）と（　**ウ**　）となる。そして取り出されたエネルギーで（　**エ**　）がつくられる。真核細胞で，酸素を用いた呼吸を行う細胞小器官は（　**オ**　）である。

　　光合成では，（　**カ**　）エネルギーが吸収されて（**エ**）がつくられる。そのエネルギーを用いて（**イ**）と（**ウ**）からグルコースやデンプンが合成され，（　**キ**　）が放出される。光合成は，真核生物の植物や藻類の細胞小器官である（　**ク**　）で行われる。

> **語群**
>
> ATP　　ADP　　DNA　　グルコース　　スクロース　　光
>
> タンパク質　　デンプン　　ミトコンドリア　　化学　　呼吸
>
> 光合成　　酸素　　燃焼　　二酸化炭素　　水　　葉緑体

(2)　①　細胞内で行われる呼吸の反応全体を，まとめて1つの式で示せ。
　　　②　光合成の反応全体を，まとめて1つの式で示せ。

5　次の①〜⑤の中から誤っているものをすべて選べ。

①　代謝にともない，エネルギーの移動が起こる。

②　ATPからリン酸が1つ取れるとき，エネルギーは吸収される。

③　体温でも化学反応がスムーズに進むのは，酵素の働きによるものである。

④　呼吸では，グルコースに蓄えられたエネルギーが熱と光になって一気に放出される。

⑤　光合成では，光エネルギーを利用してATPが合成されるので，酵素は使われない。

第 **2** 部

遺伝子とその働き

第 1 章

遺伝情報と DNA

1 | 遺伝子とDNA

　個々の生物に現れる形や性質などの特徴を**形質**といい，親の形質が子やそれ以降の世代に伝わる現象を**遺伝**という。形質の遺伝には一定の法則がある。遺伝の法則を発見したのは**メンデル**だった。形質を決める要素を**遺伝子**といい，現在では，遺伝子の情報は染色体に含まれる**DNA（デオキシリボ核酸）**にあることがわかっている。

補足 メンデルが遺伝の法則を発表した当時（1865年）は，遺伝子が細胞のどこにあるのかわからなかった。細胞に関する理解が次第に深まり，細胞分裂にともなう染色体の動きが明らかになると，染色体のふるまいが遺伝子のふるまいと同じであることがわかった。

Ⓐ 染色体のふるまい

　1個の体細胞には，形や大きさが同じ染色体が2本ずつあり，この対になる染色体を**相同染色体**という。1対の相同染色体は減数分裂の際，分かれて別々の細胞に入るが，受精によって再び新たな対をつくる。

Ⓑ 遺伝子のふるまい

　各個体は，ひとつの形質に関して1対の遺伝子をもつ。1対の遺伝子は，減数分裂の際，分かれて別々の細胞に入るが，受精によって再び新たな対をつくる。

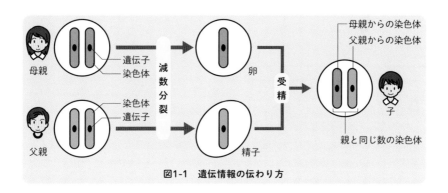

図1-1　遺伝情報の伝わり方

2 | 相同染色体

　相同染色体の片方は父方由来であり，他方は母方由来である。ヒトの体細胞の染色体数は 23 対，46 本である。減数分裂によって**配偶子**(卵や精子)が形成されるときは，1 対の相同染色体の片方だけが配偶子に受け継がれる。

> 補足 　相同染色体の対の数を n で表すと，体細胞の染色体の数は $2n$ となる。
> 　　　配偶子は n となり，受精によって $2n$ に戻る。

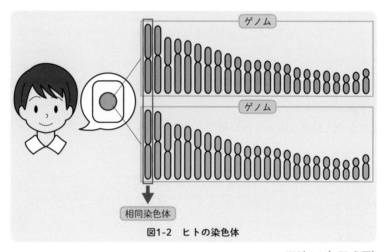

図1-2　ヒトの染色体

※ゲノム(p.73 参照)

コラム　｜　**遺伝子の本体**

1 グリフィスの実験

　1928 年，グリフィスは肺炎球菌(肺炎双球菌)の形質を人為的に変えられることに気付いた。肺炎球菌には，外側にカプセルをもち病原性のある菌(S 型菌)と，カプセルをもたず病原性のない菌(R 型菌)がある。グリフィスが病原性のない肺炎球菌と，加熱して死滅させた病原性のある肺炎球菌の両方を混ぜてネズミに注射したところ，ネズミの血液中に病原性のある菌が増殖してくることを発見した。一方，死滅させた病原性のある肺炎球菌を注射しただけでは菌の増殖はなかった。これは，死んだはずの病原性肺炎球菌が生き返ったのではなく，**死滅させた病原菌の中に，非病原性の肺炎球菌を病原性に転換させる物質がある**ことを意味している。

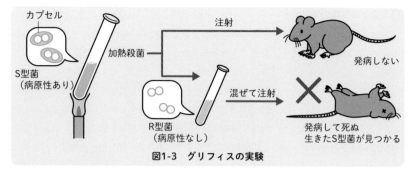

図1-3 グリフィスの実験

2 エイブリーらの実験

　その後，エイブリーらは病原性のある肺炎球菌の抽出液を病原性のない肺炎球菌の培地に混ぜた。すると，病原性のない肺炎球菌が病原性のある肺炎球菌に変化することがわかった。そして，このような形質の変化は，細菌の遺伝的性質の変化であると考え，この現象を形質転換と名付けた。さらに，エイブリーらは形質転換を引き起こす物質が何であるかを調べた。病原性のある肺炎球菌の抽出物にDNAを分解する酵素を働かせ，DNAを除去すると，抽出物は形質転換させる働きを失った。一方，病原性のある肺炎球菌の抽出物にタンパク質を分解する酵素を働かせ，タンパク質を除去しても，抽出物には形質転換させる働きが残っていた。このことから，**形質転換を起こさせる物質はDNAである**ことが示された（1944年）。

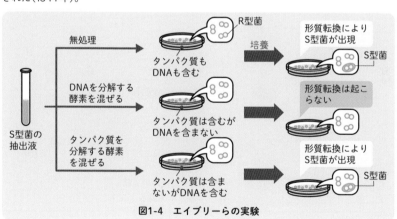

図1-4 エイブリーらの実験

3 遺伝子の本体の解明

　1950年頃には，ウイルスが細菌に感染すると細菌の形質が変わることや，ウイルスが細菌の中で増殖することから，ウイルスは遺伝子をもっていると考えられるようになった。しかし，遺伝子の本体については謎のままであった。

　1952年，ハーシーとチェイスはバクテリオファージを用いた実験により，遺伝子の本体を解明することに成功した。バクテリオファージは細菌を宿主とするウイルスである。感染すると細菌の中で複製を繰り返し，最後に宿主の細菌を溶かして飛び出す。感染するときには，バクテリオファージの全体が細菌に入るのではなく，一部だけが入ることがわかっていたが，何が入るのかは不明であった。細菌に入った物質からバクテリオファージの全体ができることから，その物質こそが遺伝子の本体であると考えられた。ウイルスはタンパク質とDNAからできている。そこで，ハーシーとチェイスはバクテリオファージのタンパク質とDNAにそれぞれ目印をつけ，どちらが細菌に入るかを調べた。その結果，DNAだけが細菌に入ることがわかり，**DNAが遺伝子の本体**であることが確定した。

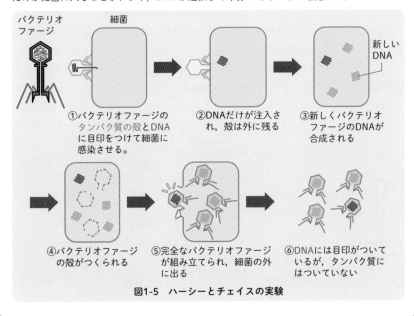

図1-5　ハーシーとチェイスの実験

3 | DNAの構造

1 DNAをつくる物質

DNA（デオキシリボ核酸）は，ヌクレオチドがいくつも連結した鎖状の分子である。 ヌクレオチドは，**塩基，糖，リン酸**からなる。DNAを構成するヌクレオチドの糖はデオキシリボースで，塩基には**アデニン（A），グアニン（G），シトシン（C），チミン（T）** の４種類がある。

ヌクレオチドどうしは，糖とリン酸の間で結合し，鎖状に連なっている。

補足 エネルギー通貨のATPもヌクレオチドである。核酸とは，核にある酸性の物質という意味で名付けられた。

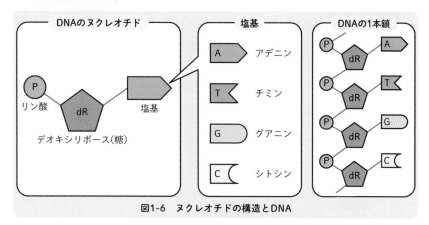

図1-6 ヌクレオチドの構造とDNA

2 DNAの二重らせん構造

DNAは，鎖状のヌクレオチドが２本一組となり，らせん構造をとっている。 この構造をDNAの**二重らせん構造**という。**ワトソン**と**クリック**が1953年に二重らせん構造のモデルを提唱した。

AとT，GとCは，それぞれ互いにぴたりとはまり合うように結合する性質がある。そのため，DNAの塩基の割合を調べると，どのDNAでもAとTの割合は等しく，GとCの割合も等しい。分子の凹凸が補い合うように結合する性質のことを**相補性**という。

DNAの二重らせんモデルでは，糖とリン酸が結合してできる鎖の糖の部分から，塩基が内側に突き出ている。片方の鎖の塩基がAならば反対側の鎖の塩基はT，GならばCというように相補的な塩基が対をつくり，らせん階段のような構造になっている。塩基の並び順を塩基配列といい，塩基配列が遺伝子の情報を担っている。

発展 塩基どうしは，水素結合とよばれる弱い結合でつながっている。AとTでは2ヶ所，GとCでは3ヶ所で，それぞれ水素結合が形成されている。

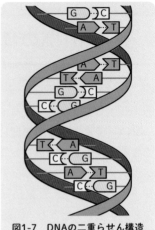

図1-7　DNAの二重らせん構造

 POINT

- DNAはヌクレオチドが連結した分子である。
- ヌクレオチドは，塩基，糖，リン酸で構成されている。
- 塩基には，**A，G，C，T**の4種類があり，AとT，CとGが結合する。

3 DNAの塩基組成

DNAのAとT，GとCの割合が等しいことを発見したのは**シャルガフ**（1950年）である。

表1-1　DNAの塩基組成〔％〕（DNA中の塩基の数の割合）

	A	T	G	C
酵母菌	31.3	32.9	18.7	17.1
コムギの胚	26.8	28.0	23.2	22.0
ニワトリの赤血球	28.8	29.2	20.5	21.5
ウシの精子	28.6	27.2	22.2	22.0
ヒトの肝臓	30.3	30.3	19.5	19.9

※塩基組成の割合〔％〕は実測値であり，誤差を含む。

4 遺伝子とゲノム

　真核生物では，体細胞がもつ1対の相同染色体のうち，どちらか片方の組に含まれるすべての遺伝情報を**ゲノム**という。そのゲノムの塩基配列をすべて明らかにして，すべての遺伝情報を解読しようとすることを**ゲノムプロジェクト**という。ヒトゲノムプロジェクトは2003年に完了した。現在では，イネやキイロショウジョウバエ，アメリカムラサキウニなど，さまざまな生物のゲノムも解読されている。

　ゲノムプロジェクトにより，ゲノムの大部分は遺伝子ではなく，ゲノムの一部のみが遺伝子であること，遺伝子はゲノムの中に点在していることが明らかになった。

参考　ゲノムサイズ

　ゲノムを構成する塩基の数を**ゲノムサイズ**といい，**ヒトのゲノムサイズは約30億塩基対**である。ヒトには**約2万個**の遺伝子があり，遺伝子には，タンパク質の情報を含む領域と，遺伝子の発現を調節するための情報を含む領域がある。ヒトでは，遺伝子はゲノムの約25％を占めるが，**タンパク質の情報を含む領域は，約1.5%**である。

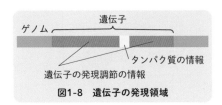

図1-8　遺伝子の発現領域

表1-2　いろいろな生物のゲノムサイズと遺伝子の数

生物名	塩基対の数(100万)	遺伝子の数
大腸菌	4.64	4289
酵母	12	6286
キイロショウジョウバエ	176	約13600
アメリカムラサキウニ	814	約23000
ヒト	3000	約20000

● DNA＋タンパク質＝染色体

● 体細胞がもつ1対の相同染色体のうち，片方の組に含まれるすべての遺伝情報＝ゲノム

● ヒトゲノムの25%＝遺伝子

　　　　　　タンパク質の情報 (1.5%) ＋遺伝子発現調節の情報 (23.5%)

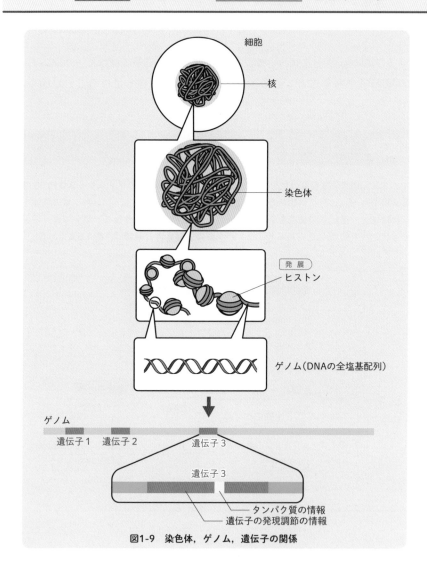

図1-9　染色体，ゲノム，遺伝子の関係

74

| コラム | DNA を DVD に例えると… |

　遺伝子の本体は DNA であり，遺伝情報は DNA の塩基配列として書かれている。しかし，DNA のすべてが遺伝子であるわけではない。英語のアルファベットをランダムに並べても意味をなさないが，ある特定の並べ方をすると意味をもつのと同じように，遺伝子ではない DNA の塩基配列はランダムであり意味をなさないが，遺伝子の部分は特定の意味をなすように塩基が並んでいる。

　書き込みができる DVD を購入したとしよう。購入したばかりの DVD は情報をもたない。録画するとその部分は情報をもつが，その他の部分には情報がない。DNA を DVD のような記録媒体に例えると，情報が書き込まれている部分が遺伝子にあたる。DVD の映像情報に始まりと終わりの印となる情報が書かれているように，遺伝子も塩基の配列によって，遺伝子の始まりと終わりの情報が記されている。

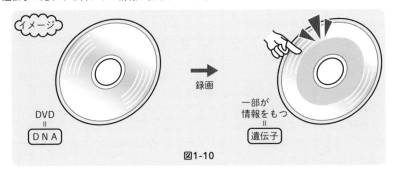

図1-10

 Q 真核生物の染色体の中では，DNAはどのようにして存在しているの？

 A 真核生物のDNAは，ヒストンとよばれるタンパク質に巻き付いています。細胞分裂のときは，その巻き付いたものが規則正しく集合して，光学顕微鏡で見える棒状の染色体となります。

 Q 73ページで真核生物のゲノムの説明がありました。原核生物のゲノムはどうなっているのですか？

 A 原核生物の細胞の中には，DNAは1セットしかありません。したがって，「DNAのもつすべての遺伝情報」がゲノムです。

この章で学んだこと

親と子，兄弟の姿は少しずつ違うがよく似ている。親から子に伝えられる形や性質の情報はDNAが担っている。この章では，DNAの構造や遺伝情報の伝わり方について学んだ。

1 遺伝子と染色体

❶ **遺伝** 親の形質が，あとの世代に伝わることを遺伝という。形質の遺伝には法則性があり，メンデルによって発見された。

❷ **遺伝子** 形質を決める要素を遺伝子という。遺伝子の情報は，染色体に含まれるDNA(デオキシリボ核酸)にある。

❸ **相同染色体** 体細胞には，形や大きさが同じ染色体が1対ある。この対になる染色体をいう。

❹ **染色体のふるまい** 相同染色体は，減数分裂の際に分かれて別々の細胞に入るが，受精により新たな対をつくる。

❺ **遺伝子のふるまい** 染色体のふるまいと遺伝子のふるまいは同じである。

2 遺伝子の本体の解明

❶ **グリフィス** 非病原性の肺炎球菌が病原性の肺炎球菌に変化する現象を発見した。

❷ **形質転換** 遺伝的な性質が変化することをいう。

❸ **エイブリーら** DNAは形質転換を引き起こすことを示した。

❹ **ハーシーとチェイス** バクテリオファージを用いた実験で，遺伝子の本体はDNAであることを証明した。

3 DNAの構造

❶ **DNAの構造** DNAはヌクレオチドがいくつも連結した鎖状の分子であり，2本一組となって二重らせん構造をとっている。二重らせん構造のモデルは，ワトソンとクリックが提唱した。

❷ **DNAのヌクレオチド** 塩基，糖(デオキシリボース)，リン酸で構成されている。

❸ **DNAの塩基** アデニン(A)，グアニン(G)，シトシン(C)，チミン(T)の4つの種類がある。

❹ **塩基配列** 塩基の並び順のこと。塩基配列が遺伝情報となる。

❺ **相補性** AとT，GとCがそれぞれ対になって結合する性質。この性質のため，どのDNAでもAとT，GとCの割合は等しくなる。AとT，GとCの割合が等しいことを発見したのはシャルガフである。

[発展] ❻ **水素結合** 塩基どうしは水素結合でつながっている。

4 遺伝子とゲノム

❶ **ゲノム** 真核生物では，体細胞がもつ1対の相同染色体のうち，どちらか片方の組に含まれるすべての遺伝情報をゲノムという。

❷ **ゲノムサイズ** ゲノムを構成する塩基(対)の数をいい，ヒトの場合は約30億塩基対である。

❸ **ゲノムと遺伝子** 遺伝子はゲノムのごく一部である。ヒトでは，ゲノムの約25％が遺伝子である。遺伝子は，タンパク質の情報をもつ部分と発現調節の情報をもつ部分がある。前者は，ゲノムの約1.5％である。

[発展] ❹ **ヒストン** DNAはヒストンというタンパク質に巻きつき，染色体を構成している。

定期テスト対策問題 1

解答・解説は p.529

1 次の文章の空欄にあてはまる語を答えよ。

① 個々の生物に現れる形や性質などの特徴を(**ア**)といい，(**ア**)を決める要素は(**イ**)である。

② 遺伝子の情報は，染色体に含まれる(**ウ**)にある。

③ DNA は(**エ**)が鎖状に連なったものが2本1組となり，らせん構造をとる。この構造を(**オ**)という。

④ DNA の塩基は，A と(**カ**)，G と(**キ**)が結合する。このような分子の凹凸が補い合うように結合する性質を(**ク**)性という。

⑤ 真核生物においてゲノムとは，体細胞がもつ1対の(**ケ**)のうち，どちらか片方の組に含まれるすべての遺伝情報のことである。

2 次の図は DNA のヌクレオチドを示している。問いに答えよ。

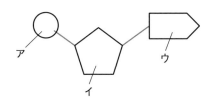

(1) 図の**ア**～**ウ**は何を表しているか答えよ。また，**ウ**には4つの種類がある。すべて答えよ。

(2) ヌクレオチドを3つつなげ，ヌクレオチド鎖を図示せよ。

3 遺伝子とゲノムに関する以下の文中に適切な語を答えよ。

ヒトのゲノムサイズは，約(**1**)塩基対である。ヒトの DNA の分析を行った(**2**)計画は2003年に完了し，その結果に基づいて遺伝子は約(**3**)個あることがわかった。DNA 全体の中で，タンパク質の情報をもつ部分は(**4**)％にすぎない。ヒトの細胞核にある(**5**)は，DNA とタンパク質からなる。そして，ヒトの遺伝情報は，DNA の塩基配列として保存されている。

4 DNA に関して次の問いに答えよ。

(1) ある DNA の片方の鎖の塩基配列が「GCGTAACGTCAC」であるとき，もう一方の鎖の塩基配列を答えよ。

(2) ある DNA において，アデニンの割合が 20% であるとき，シトシンの割合は何%となるか。

(3) 次の①〜⑤の記述のうち，誤っているものをすべて選べ。

①真核生物の DNA は，核の中に収まっている。

②ヒトの体細胞がもつ染色体の本数は，22 対 46 本である。

③ファージの実験で，遺伝子の本体が DNA であることを発見したのは，シャルガフである。

④DNA の塩基の並びが，遺伝情報として機能する。

⑤ヒトのゲノムにおいて，遺伝子が占める割合はおよそ 60% である。

5 ゲノムに関する次の文章を読み，(1)〜(4)の問いに答えよ。

ゲノムを構成する塩基の数をゲノムサイズという。大腸菌のゲノムサイズは約 500 万塩基対，遺伝子数は約 4000 個である。酵母のゲノムサイズは約 1200 万塩基対，遺伝子数は約 6000 個である。

(1) 酵母のゲノムサイズは，大腸菌の何倍か。

(2) 酵母の遺伝子の数は，大腸菌の何倍か。

(3) ゲノムのすべてが遺伝子であると仮定し，次の(i)〜(iii)に答えよ。

(i) 大腸菌の遺伝子一つあたりの平均的なサイズをゲノムサイズから推定せよ。

(ii) 酵母の遺伝子一つあたりの平均的なサイズをゲノムサイズから推定せよ。

(iii) ヒトのゲノムサイズは，約 30 億である。酵母の平均的な遺伝子サイズから，ヒトの遺伝子の数を推定せよ。

(4) ヒトの遺伝子の実際の数は，約 20000 である。このことと(3)の(iii)からゲノムサイズと遺伝子について考えられることを答えよ。

Basic Biology

第  章 遺伝子と
その働き

1 | DNAの複製

　多細胞生物の体を構成する体細胞は，**体細胞分裂**によって増殖する。分裂する前の細胞を母細胞といい，分裂によって新しく生じる細胞を娘細胞という。細胞が分裂する前にはDNAが複製され，**全く同じ染色体がもう一組つくられる**。複製された染色体は，分裂によって生じた2つの娘細胞に均等に分配される。したがって，娘細胞は母細胞と同じ遺伝情報をもつ。

　DNAが複製されるときは，DNAの2重らせんがほどける。1本鎖になったそれぞれのDNAを鋳型にして，AにはT，GにはCのように，相補的な塩基をもつヌクレオチドが鋳型の塩基に結合して複製が進む。複製されたDNA2本鎖のうち一方はもとのDNAに由来し，片方は新しくつくられるため，このような複製様式を**半保存的複製**という。

　補足　1958年，メセルソンとスタールにより，半保存的複製は証明された。

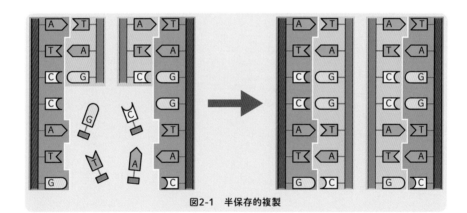

図2-1　半保存的複製

 Q なぜDNAはこのような増え方をするのですか？

 A できあがったDNAを見比べてみよう。全く同じDNAが2本に増えているのがわかりますね。この，「半保存的方法」で増えることで，全く同じDNAを何度でもつくることができるのです。

2 | 遺伝情報の分配

1 細胞周期

細胞が分裂して娘細胞が生じ，娘細胞が母細胞になる一連の周期的な現象を**細胞周期**という。細胞周期は，細胞分裂が行われる**分裂期(M 期)**と，分裂期以外の時期である**間期**に分けられる。

補足 M 期の M は，英語で分裂の意味を表す Mitosis の頭文字である。

A 分裂期

細胞分裂は，染色体が分配される**核分裂**と，細胞質が 2 つに分かれる**細胞質分裂**からなる。分裂の過程は，染色体の形や分布の状態によって，**前期・中期・後期・終期**に分けられる。細胞質分裂は終期の最後に起こる。

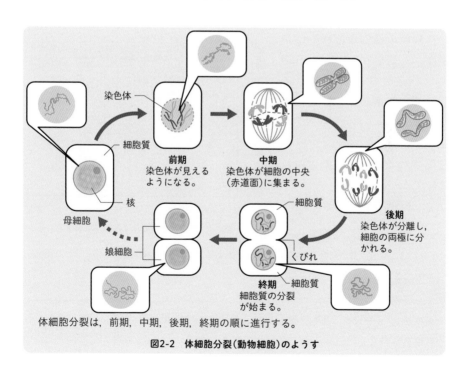

染色体

細胞質

核

母細胞

前期
染色体が見える
ようになる。

中期
染色体が細胞の中央
(赤道面)に集まる。

細胞質

後期
染色体が分離し，
細胞の両極に分
かれる。

娘細胞

くびれ

終期　細胞質
細胞質の分裂
が始まる。

体細胞分裂は，前期，中期，後期，終期の順に進行する。

図2-2 体細胞分裂(動物細胞)のようす

分裂が終わってから，次の分裂が始まるまでの間を間期という。DNA が複製される時期は DNA の合成が起こるため，合成の意味を表す英語の Synthesis の頭文字をとって S 期(DNA 合成期)という。M 期が終わってから S 期が始まるまでの間を G₁ 期(DNA 合成準備期)，S 期が終わってから M 期が始まるまでの間を G₂ 期(分裂準備期)という。G 期の G は，空白の意味を表す Gap の頭文字である。

G₁ 期で長時間止まっている細胞がある。このような細胞は，細胞周期に入っていないと考え，G₀ 期にあるとする。

補足 神経細胞や心臓の心筋細胞のほとんどは G₀ 期に入っている。

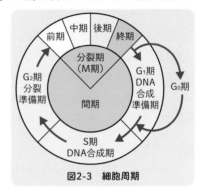

図2-3　細胞周期

2　細胞のDNA量

体細胞の核に含まれる DNA 量は，G₁ 期を 2 とすると，S 期には DNA 合成にともなって DNA 量が増加し，G₂ 期には 4 になる。M 期に核分裂が終了し，2 つの娘細胞に均等に DNA が分配されると，DNA 量は再び 2 に戻る。

発展 生殖細胞をつくる減数分裂では，染色体が半数になる。そのため，精子や卵では，核の DNA 量は体細胞の半分(1)になる。受精により，精子と卵が合体すると，DNA 量は体細胞と同じ 2 になる。

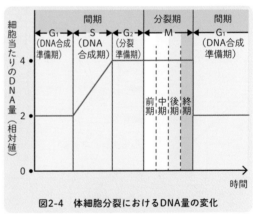

図2-4　体細胞分裂におけるDNA量の変化

 POINT

- 体細胞分裂ではDNAが複製され，G₂期のDNA量はG₁期の2倍になる。
- 複製されたDNAは均等に娘細胞に分配される。

この章で学んだこと

細胞が分裂して娘細胞が生じ，娘細胞が母細胞になる現象を細胞周期という。遺伝情報を担うDNAはその過程で複製され，分配される。この章では，遺伝情報がどのように分配され，受け継がれていくのかを学んだ。細胞分裂にともなって起こる染色体の変化についても理解を深めた。

1 DNAの複製

❶ **体細胞分裂**　体を構成する体細胞の分裂のこと。分裂する前の細胞を母細胞といい，分裂によって生じた細胞を娘細胞という。

❷ **DNAの複製**　細胞が分裂する前にDNAが複製され，全く同じ染色体がもう一組つくられる。

❸ **染色体の分配**　複製された染色体は，娘細胞に均等に分配される。

❹ **半保存的複製**　DNAの複製様式。DNAの二重らせんがほどけ，1本鎖になったDNAを鋳型として複製される。

2 細胞周期

❶ **細胞周期**　細胞分裂が行われる分裂期と，分裂期以外の時期である間期に分けられる。

❷ **分裂期(M期)**　複製された染色体を均等に分配する核分裂のあと，娘細胞を生じる細胞質分裂が起こる。

❸ **分裂の過程**　核分裂は，染色体の形や動きから，前期，中期，後期，終期に分けられる。

❹ **細胞質分裂**　終期の最後に起こる。動物細胞では，細胞がくびれて分裂する。

❺ **間期**　分裂が終わってから，次の分裂が始まるまでの期間のこと。G_1期，S期，G_2期に分けられる。

❻ **G_1期**　分裂期が終わってから，S期が始まるまでの時期。

❼ **S期**　DNAが複製される時期。

❽ **G_2期**　S期が終わってから分裂期が始まるまでの時期。

❾ **G_0期**　G_1期で止まっている細胞があるが，これは細胞周期に入ってないと考え，G_0期にあるとする。

3 細胞のDNA量

❶ **体細胞のDNA量**　DNAは間期のS期に複製される。G_1期を2とすると，G_2期は4となる。M期に核分裂が起き，2つの娘細胞にDNAが分配されると，再び2に戻る。

❷ **生殖細胞のDNA量**　減数分裂では染色体が半数になるため，DNA量は体細胞の半分(1)になる。

❸ **受精によるDNA量の変化**　精子と卵が合体すると，DNA量は体細胞と同じ2になる。

4 分裂期の染色体のようす

❶ **前期**　ひも状になり，見えるようになる。

❷ **中期**　太い棒状になる。細胞の中央(赤道面)に集まる。

❸ **後期**　分離し，細胞の両極に分かれる。

❹ **終期**　核が形成され，細胞質分裂が起き，2つの娘細胞に分配される。

定期テスト対策問題 2

解答・解説は p.530

1 　細胞は，DNA 合成準備期(G_1 期)，DNA 合成期(S 期)，分裂準備期(G_2 期)および分裂期(M 期)という細胞周期とよばれるサイクルを繰り返すことにより増殖する。マウスの体細胞分裂および細胞周期に関する正しい記述を，次の①〜⑧から 3 つ選べ。

① 　体細胞分裂では，まず細胞質分裂が起こり，続いて核分裂が起こる。
② 　体細胞分裂では，まず核分裂が起こり，続いて細胞質分裂が起こる。
③ 　M 期終了から次の M 期の開始までの間を間期とよぶ。
④ 　G_1 期と S 期をあわせた期間を間期とよぶ。
⑤ 　多くの動物の体細胞では，M 期の前期になると染色体が中央に並ぶ。
⑥ 　多くの動物の体細胞では，細胞の中央部の表面がくびれた後，細胞質が 2 つに分かれる。
⑦ 　各染色体は，M 期の中期になると分離して移動を始める。
⑧ 　体細胞分裂では，娘細胞と母細胞のもつ DNA は同じだが，量は異なる。

（北里大学　改題）

2 　DNA の働きには，もとの DNA と全く同じ DNA をつくること(複製)や，遺伝情報を他の物質に伝達して，形質として表すこと(形質発現)がある。以下の問いに答えよ。

(1) 　ある DNA の 2 本のヌクレオチド鎖の一方が ATGGCAGCTA の塩基配列をもつ場合，これと対になる他方のヌクレオチド鎖の塩基配列はどのようになるか。
(2) 　DNA 複製のしくみは，原核生物も真核生物も同じである。DNA 複製の方法を何と言うか。
(3) 　次の図は体細胞分裂の周期における DNA 量の変化を表したものである。図の記号(a)〜(e)に該当する時期はどれか。あとの(ア)〜(オ)から選び，記号を答えよ。

核あたりの DNA 量(相対値)

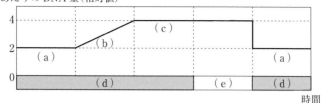

（**ア**）G₁期　（**イ**）G₂期　（**ウ**）S期　（**エ**）分裂期　（**オ**）間期

（九州産業大学　改題）

3　次の図は，体細胞分裂における各時期の染色体を模式的に示したものである。
(1)〜(3)に答えよ。

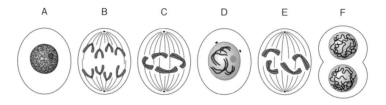

　盛んに分裂を繰り返している細胞を，光学顕微鏡を用いて任意の視野ですべて
数え，図の A 〜 F に示した各時期に対応させて表にまとめた。この細胞が分裂期
（B 〜 F：順序不同）に要する時間は 2 時間であった。ただし，A は間期の図とする。
また，観察したすべての細胞の細胞周期の長さは同じであると仮定する。

時期	A	B	C	D	E	F
細胞数	560	8	13	21	20	18

(1)　この細胞の細胞周期に要する時間は何時間か(小数点以下が出る場合は四捨五
　　入しなさい)。

(2)　分裂期の後期に要する時間は何分か(小数点以下が出る場合は四捨五入せよ)。

(3)　A 〜 F を，A を先頭として細胞周期が進む順に並べよ。

（岡山大学　改題）

第 **3** 章　遺伝情報と
タンパク質の
合成

1 | 遺伝情報とRNA

　タンパク質には，体の構造をつくるタンパク質や，酵素の働きをするタンパク質など，多くの種類がある。タンパク質は，生命の活動のさまざまな場面で重要な役割を果たしている。遺伝子の情報をもとにタンパク質が合成されることを遺伝子の発現という。特定のタンパク質は，特定の遺伝子の情報をもとにつくられる。

　タンパク質はアミノ酸が連なって構成されており，**タンパク質の種類ごとに，アミノ酸の配列が決まっている。タンパク質のアミノ酸の配列は，DNAの塩基配列によって決められている。**

1 遺伝情報の流れ

　遺伝情報は，DNAの塩基配列として保存されている。DNAの塩基配列は，まず**RNA（リボ核酸）**に写し取られる（転写）。次にRNAの情報をもとにアミノ酸が連結し，最終的にタンパク質が合成される（翻訳）。情報の流れの方向は決まっており，タンパク質のアミノ酸配列の情報からRNAやDNAが合成されることはない。この**DNA → RNA →タンパク質**の順に情報が一方向に流れる原則を，**セントラルドグマ**とよぶ。

2 RNAの構造

　RNAはヌクレオチドがいくつも連結した鎖状の構造をしており，DNAの構造とよく似ている。RNAの糖は，**リボース**であり，DNAのデオキシリボースと異なる。塩基はA，G，C，Uの4種類である。DNAではTが用いられるが，RNAでは代わりに**ウラシル（U）**となっている。

　タンパク質のアミノ酸配列の情報をもつRNAを特に，**mRNA（伝令RNA）**という。

Q 遺伝情報が一方向に流れる，という原則は，絶対的なものなのですか？

A セントラルドグマはクリックによって1958年に提唱された原則です。しかし，現在ではRNAからDNAへの情報の流れもあることがわかっています。

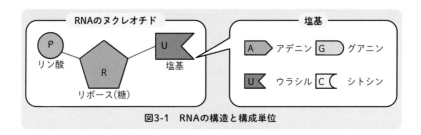

図3-1　RNAの構造と構成単位

3 RNAの種類

RNA には，mRNA 以外に，アミノ酸を運搬する tRNA(転移 RNA)などがある。これらはいずれも，DNA の塩基配列を鋳型に写し取られてつくられる。

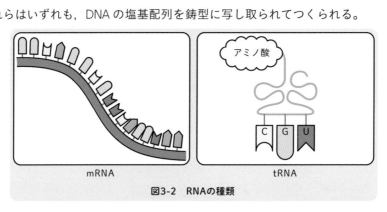

図3-2　RNAの種類

発展　リボースとデオキシリボースの構造

　酸素原子の位置から時計回りに２つ目にある炭素原子に，リボースは-OH(ヒドロキシ基)が，デオキシリボースは-H(水素)がそれぞれ結合している。

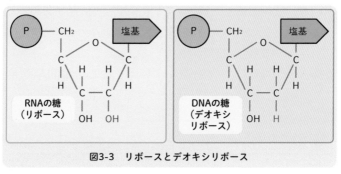

図3-3　リボースとデオキシリボース

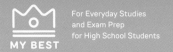
2 | 転写

　DNA の塩基配列が RNA に写し取られることを転写という。転写の際，DNA はまず 1 本ずつのヌクレオチド鎖となる。そして，1 本鎖となった DNA の A, G, C, T に対して，それぞれ相補的な U, C, G, A をもつヌクレオチドが配列し，連結されて RNA となる。

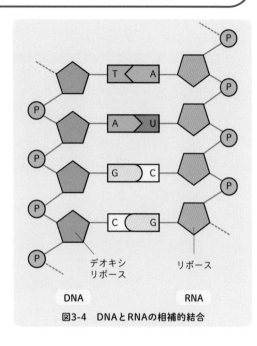

図3-4　DNAとRNAの相補的結合

● 転写→DNAの塩基配列がRNAに写し取られること。
● DNAとRNAの塩基は相補的に結合する。
● DNAのAとRNAのUは相補的に結合する。

遺伝子のもつタンパク質の情報は、DNA 2 本鎖の片方の鎖にある。DNA 2 本鎖がほどけ、片方の鎖の塩基に相補的なヌクレオチドが連結することにより、DNA の塩基配列はタンパク質の情報として RNA に転写される。反対側の DNA鎖は転写されない。

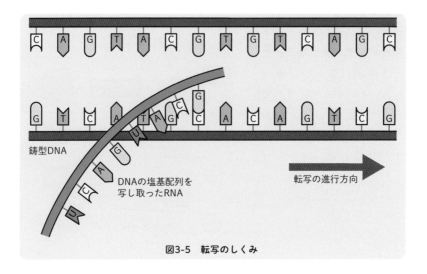

図3-5　転写のしくみ

Q DNAは、まずRNAに写し取られるのですね！　どうして、DNAから直接タンパク質をつくらないのですか？

A DNAは貴重な遺伝情報の原本と考えることができます。DNAが傷つくと、間違った情報をもつ原本になってしまいます。そのため、真核生物ではDNAは核に大切に保管されています。タンパク質を合成するときは、原本からコピーを取り、コピーの情報をもとにタンパク質がつくられます。コピーに相当するのがRNAです。コピーは何度もつくることができます。タンパク質をたくさんつくる必要がある時には、たくさんのコピーをつくり、タンパク質をつくる必要がないときには、コピーをつくらないという調節もできます。

3 | 翻訳

　DNA の塩基配列は mRNA に写し取られたあと，アミノ酸の配列に読みかえられる。タンパク質を構成するアミノ酸は 20 種類ある。mRNA の塩基配列の情報がアミノ酸の配列に読みかえられる過程を**翻訳**とよぶ。**mRNA の 3 つの塩基が一組となって，1 つのアミノ酸が指定される。**

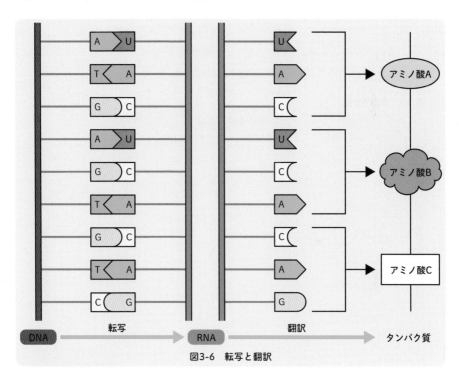

図3-6　転写と翻訳

POINT

- mRNAの塩基配列の情報をもとに，タンパク質を合成することを**翻訳**という。
- mRNAの3つの塩基一組で1つのアミノ酸を指定する。

mRNA の塩基 3 つで特定の 1 つのアミノ酸を指定する。アミノ酸を指定する 3 つ一組の塩基配列を**トリプレット**（3 つ一組の意味）とよぶ。トリプレットは暗号に見立てられるため，**コドン**（暗号の意味）とよばれる。

3 つ一組の塩基配列の組み合わせは 64 通りある。これとアミノ酸を対応させた表を**遺伝暗号表**という。64 通りのコドンで 20 種類のアミノ酸を指定するため，複数種類のコドンが一つのアミノ酸を指定する例も多い。メチオニンを指定する AUG は，タンパク質の合成の開始点も指定しているため，開始コドンとよばれる。また，UAA，UAG，UGA はアミノ酸を指定せず，このコドンでタンパク質の合成を停止するため，終止コドンとよばれる。

表 3-1　遺伝暗号表

		第 2 番目の塩基				
		ウラシル(U)	シトシン(C)	アデニン(A)	グアニン(G)	
第1番目の塩基	U	UUU UUC }フェニルアラニン UUA UUG }ロイシン	UCU UCC UCA UCG }セリン	UAU UAC }チロシン UAA （終止） UAG （終止）	UGU UGC }システイン UGA （終止） UGG トリプトファン	U C A G
	C	CUU CUC CUA CUG }ロイシン	CCU CCC CCA CCG }プロリン	CAU CAC }ヒスチジン CAA CAG }グルタミン	CGU CGC CGA CGG }アルギニン	U C A G
	A	AUU AUC イソロイシン AUA AUG メチオニン(開始)*	ACU ACC ACA ACG }トレオニン	AAU AAC }アスパラギン AAA AAG }リシン	AGU AGC }セリン AGA AGG }アルギニン	U C A G
	G	GUU GUC }バリン GUA GUG	GCU GCC GCA GCG }アラニン	GAU GAC }アスパラギン酸 GAA GAG }グルタミン酸	GGU GGC GGA GGG }グリシン	U C A G

第3番目の塩基

＊開始コドン…メチオニンを指定するコドンであると同時に，タンパク質の合成を開始する目印としての働きをもつ。
＊＊終止コドン…アミノ酸を指定せず，翻訳を停止させる。

翻訳の過程では，mRNA のコドンの情報に基づき，アミノ酸が次々に連結れる。アミノ酸を運ぶのは **tRNA**（転移 RNA，運搬 RNA）である。20 種類のア

ミノ酸それぞれに専門に対応する tRNA があり，特定の tRNA は特定のアミノ酸を結合している。

　tRNA はコドンに相補的に結合する**アンチコドン**をもっている。アンチコドンの部分で mRNA のコドンに結合すると，mRNA 上に並んだ tRNA がもつアミノ酸が連結していく。その結果，mRNA のコドンの情報にしたがってタンパク質が合成される。

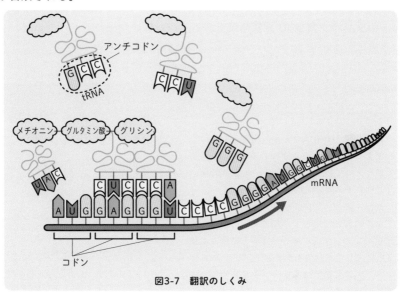

図3-7　翻訳のしくみ

コラム　｜　**RNA は分解されやすい**

　細胞分裂期以外は，DNA は大切に核の中に収められている。DNA の遺伝子の情報は RNA としてコピーされ，RNA の情報をもとにタンパク質が合成される。DNA 分子は分解されにくい性質があるが，RNA は分解されやすく，すぐに消失する。DNA は遺伝情報の原本であり，正確に複製して娘細胞に分配しなければならないため，安定した分子なのである。では，RNA が分解されやすいのはなぜだろうか。

　細胞は環境に合わせて，特定の遺伝子を発現する。環境は変化するため，遺伝子の発現も変化させ，適切なタンパク質を合成する必要がある。いつまでも同じタンパク質をつくっていては状況の変化に対応できなくなる。使い終わったタンパク質の遺伝情報のコピー（mRNA）は速やかに捨てて，そのときに必要な新しいタンパク質を合成することが重要なのだ。

4 | タンパク質のさまざまな働き

タンパク質の種類は多く，生命活動のさまざまな場面で働いている。**酵素**や動物の組織の構造を保つ**コラーゲン**，血糖濃度を調節するホルモンの**インスリン**などは，どれもタンパク質でできている。

ヒトのタンパク質は10万種類以上ある。赤血球に含まれるヘモグロビン，白血球が産生する**抗体**もタンパク質である（**p.131**）。

発展 | タンパク質の構造

アミノ基とカルボキシ基の両方をもつ化合物をアミノ酸という。タンパク質は20種類のアミノ酸で構成されている。側鎖Rの違いによりアミノ酸の種類は決まる。

アミノ酸とアミノ酸が，アミノ基とカルボキシ基の部分で結合する様式を，**ペプチド結合**という。アミノ酸がペプチド結合により多数結合した鎖状のものを**ポリペプチド**と

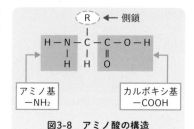

図3-8 アミノ酸の構造

いい，タンパク質はポリペプチドでできている。ポリペプチドは，鎖の中や，鎖の間で弱く結合することにより，一定の立体的な構造をとる。タンパク質の立体構造は，ポリペプチドを構成するアミノ酸の側鎖の影響を受けるため，**タンパク質の種類ごとに立体構造が異なる**。タンパク質の立体構造は，生命活動におけるタンパク質の働きと深くかかわっている。

コラム | 細胞の構成成分とタンパク質

ヒトなどの哺乳類の細胞では，構成成分である水やタンパク質の割合については，細胞の種類によってあまり差はみられない。それは，細胞の生命活動にはタンパク質が重要な役割を果たすからで，「適切な量と種類のタンパク質が，約70％の水に溶けていること」が必要だからである。

一方，脂質の割合は細胞によって大きく異なる。脂質は，細胞膜や小胞体などを構成するリン脂質以外に，細胞内にエネルギー源として貯蔵される分がある。栄養状態によって細胞に蓄積される脂肪の量は異なるため，脂質の割合には違いがみられるのである。

5 | 遺伝子の発現と生命活動

　多細胞生物は受精したあと，細胞分裂を繰り返して体の細胞数を増やすとともに，やがて細胞は特定の働きをもつようになる。たとえば肝臓の細胞は肝臓として，脳神経の細胞は脳神経としての機能を果たすようになる。

　細胞は，体細胞分裂の過程でDNAを複製し，娘細胞に均等に分配している。したがって，**どの種類の細胞も，すべての遺伝子をもっている**ことになる。すべての遺伝子をもちながら，細胞が特定の働きをもつようになるのは，**特定の遺伝子を選択的に発現させている**からである。細胞が特定の働きをもつようになることを**細胞分化**といい，分化した細胞では特定の遺伝子が発現している。

表 3-2　さまざまな細胞と発現する遺伝子

	クリスタリン遺伝子	ヘモグロビン遺伝子	インスリン遺伝子	アミラーゼ遺伝子	呼吸関連遺伝子
水晶体細胞	＋	－	－	－	＋
赤血球	－	＋	－	－	＋
すい臓の細胞	－	－	＋	－	＋
だ腺細胞	－	－	－	＋	＋

＋は発現していることを，－は発現していないことを示す。

補足 ヒトでは約200種類の細胞があるが，呼吸にかかわる酵素のように，**どの細胞にも必要なタンパク質の遺伝子は，どの細胞でも発現している。**

　水晶体細胞がつくる眼のレンズは，クリスタリンとよばれるタンパク質で構成されている。

 POINT

● 細胞が特定の働きをもつようになることを**細胞分化**という。
● 特定の**遺伝子を選択的に発現**させることにより細胞は分化する。

この章で学んだこと

生命活動を担うタンパク質は，遺伝情報をもとに合成される。この章では，DNA のもつ遺伝情報が，どのようにしてタンパク質に置き換えられるのか，その過程について詳しく学んだ。また，タンパク質のもつさまざまな働きについても理解を深めた。

1 遺伝情報の流れ
❶ 遺伝情報の保持 遺伝情報は DNA の塩基配列として保存されている。

❷ 遺伝情報の流れ DNA の塩基配列は RNA に写し取られ，RNA の情報をもとにタンパク質が合成される。

❸ セントラルドグマ DNA → RNA → タンパク質という一方向への情報の流れの原則をいう。

❹ 遺伝子の発現 遺伝子の情報をもとにタンパク質が合成されること。

2 RNA
❶ RNA の構造 RNA のヌクレオチドは，リボースにリン酸と塩基が結合している。

❷ RNA の塩基 アデニン(A)，グアニン(G)，シトシン(C)，ウラシル(U) の 4 種類がある。

❸ mRNA タンパク質のアミノ酸配列の情報をもつ RNA のこと。

❹ tRNA アミノ酸を運搬する RNA のこと。

3 転写
❶ 転写 DNA の塩基配列が RNA に写し取られること。

❷ 塩基の相補性 DNA と RNA の塩基は相補的に結合する。DNA の A には RNA の U が結合する。

4 翻訳
❶ 翻訳 mRNA の塩基配列の情報が，アミノ酸の配列に読みかえられること。

❷ アミノ酸の種類 タンパク質を構成するアミノ酸は 20 種類ある。

❸ タンパク質の構造 タンパク質はアミノ酸が連なって構成されている。

❹ アミノ酸の配列 タンパク質の種類によって決まっている。

❺ アミノ酸の指定 mRNA の 3 つの塩基が一組となって，1 つのアミノ酸が指定される。アミノ酸を指定する 3 つの塩基の並びをコドンという。

❻ アンチコドン tRNA のアンチコドンは mRNA のコドンと相補的に結合する。

❼ 翻訳のしくみ mRNA のコドンの情報に基づき，tRNA がアミノ酸を運んでくる。アミノ酸は連結され，タンパク質がつくられる。

5 タンパク質の働き
❶ タンパク質の種類 ヒトでは，10 万種類以上ある。

❷ 酵素 代謝にかかわる。

❸ コラーゲン 動物の体の構造を保つ。

❹ インスリン 血糖濃度を調節するホルモン。

❺ 抗体 免疫にかかわる。

6 遺伝子の発現と生命活動
❶ 細胞の分化 細胞が特定の働きをもつようになること。

❷ 選択的な遺伝子発現 細胞が特定の働きをもつのは，特定の遺伝子を選択的に発現させているためである。

定期テスト対策問題 3

解答・解説は p.531

1　次の文章の空欄に適当な語句を入れて文章を完成させよ。

　　遺伝子発現の第1段階は，DNA鎖中の塩基配列を，RNA鎖の塩基配列に写す反応である。RNAは糖・塩基・（　1　）が結合した（　2　）を構成成分としており，この点ではDNAと共通である。しかしDNAとRNAは，次の点で違っている。DNAの糖が（　3　）であるのに対しRNAの糖は（　4　）であること，RNAはDNAの塩基に含まれる（　5　）を含まず，代わりに（　6　）を含んでいること，さらにDNAは（　7　）本鎖だが，ほとんどのRNAは（　8　）本鎖であることの3点である。RNAは，DNAの2本鎖の片方を鋳型として，その塩基と相補的な塩基をもつ（　2　）から合成される。これを（　9　）という。（　9　）に続き，遺伝子発現の第2段階である（　10　）が始まる。（　10　）は，RNAの情報をもとに，タンパク質が合成される反応である。

（大阪医科大学　改題）

2　次の問いに答えよ。
(1)　次のDNAの塩基と相補的に結合するRNAの塩基を答えよ。
①　アデニン　　②　グアニン　　③　シトシン　　④　チミン
(2)　RNAに関する記述のうち正しいものを，次の①〜③の中から選べ。
　　①　RNAは，アデニンとウラシルの割合，グアニンとシトシンの割合がそれぞれ同じである。
　　②　転写によって2本鎖のRNAが合成される。
　　③　RNAは，リボースという糖を含んでいる。

3　次の問いに答えよ。
(1)　「GCATCCATGAAG」というDNAが転写されると，どのようなRNA鎖がつくられるか。塩基配列を答えよ。
(2)　遺伝暗号表（次ページ参照）を参考にし，(1)でつくられたRNA鎖から形成される可能性のあるアミノ酸鎖をすべて答えよ。ただし，翻訳の方向は左から右に進むものとする。
(3)　3つの塩基で1つのアミノ酸が指定されるが，なぜ2つの塩基では対応できないのか。その理由を簡単に述べよ。

4 次の文章の空欄にあてはまる語を答えよ。

① DNA → RNA →タンパク質の順に情報が一方向に流れる原則を(　ア　)という。

② アミノ酸を指定する3つ一組の塩基配列は，暗号に見立てられることから(　イ　)とよばれる。

③ mRNA の情報に基づいてアミノ酸を運ぶのは(　ウ　)である。(　ウ　)の(　エ　)は mRNA のコドンと相補的に結合する。

④ 細胞が特定の働きをもつようになるのは，特定の遺伝子を選択的に(　オ　)させているからである。

⑤ 細胞が特定の働きをもつようになることを(　カ　)という。

5 ホルモンXの mRNA を調べたところ，以下のような塩基配列が認められた。

塩基配列　……　AAGCCACUGGAAUGCAUC　……

⟶　翻訳される方向

塩基配列から特定できるアミノ酸配列として正しいものを，遺伝暗号表を参考にして次の①～⑤の中から選べ。なお，ホルモンXのこの部分で翻訳されるアミノ酸には必ずグリシンがあることがわかっている。

① リシン・プロリン・ロイシン・グリシン・システイン
② セリン・グルタミン・トリプトファン・グリシン・アラニン
③ アラニン・トレオニン・グリシン・メチオニン・ヒスチジン
④ リシン・プロリン・ロイシン・グルタミン酸・グリシン
⑤ アラニン・トレオニン・グルタミン・グリシン・メチオニン

(麻布大学)

遺伝暗号表

第1番目の塩基		第2番目の塩基 ウラシル(U)	シトシン(C)	アデニン(A)	グアニン(G)	第3番目の塩基
	U	UUU, UUC　フェニルアラニン UUA, UUG　ロイシン	UCU, UCC, UCA, UCG　セリン	UAU, UAC　チロシン UAA　(終止) UAG　(終止)	UGU, UGC　システイン UGA　(終止) UGG　トリプトファン	U C A G
	C	CUU, CUC, CUA, CUG　ロイシン	CCU, CCC, CCA, CCG　プロリン	CAU, CAC　ヒスチジン CAA, CAG　グルタミン	CGU, CGC, CGA, CGG　アルギニン	U C A G
	A	AUU, AUC, AUA　イソロイシン AUG　メチオニン(開始)	ACU, ACC, ACA, ACG　トレオニン	AAU, AAC　アスパラギン AAA, AAG　リシン	AGU, AGC　セリン AGA, AGG　アルギニン	U C A G
	G	GUU, GUC, GUA, GUG　バリン	GCU, GCC, GCA, GCG　アラニン	GAU, GAC　アスパラギン酸 GAA, GAG　グルタミン酸	GGU, GGC, GGA, GGG　グリシン	U C A G

Basic Biology

第 3 部

生物の体内環境の
維持

第 **1** 章

ヒトの体内環境と恒常性

1 | 恒常性とは

　体の内部の状態を一定に保とうとする性質を**恒常性(ホメオスタシス)**という。恒常性により体内の状態が一定に保たれることで，細胞は安定してその機能を果たすことができる。

　単細胞生物は，**外部環境**(細胞を囲む外の環境)の影響を細胞が直接受ける。ゾウリムシは体内より塩類濃度が低い外部環境中にすんでおり，水が体の中に侵入する。そのため，収縮胞を働かせて水を排出することで，体内の塩類濃度を一定に保つ。

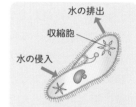

図1-1　ゾウリムシの収縮胞

　一方，動物では，細胞は**体液**とよばれる液体に囲まれており，体液がつくる環境を**体内環境(内部環境)**とよぶ。動物にとっては，体液が直接的な環境となる。

　脊椎動物の体液は，外部環境が変化しても，塩類濃度，pH，血糖の濃度，酸素濃度などがほぼ一定に保たれている。

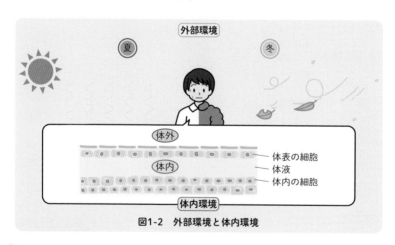

図1-2　外部環境と体内環境

POINT

- **恒常性**により体の内部の環境は一定に保たれる。
- 動物の細胞は**体液**で囲まれており**体内環境**の中にある。

2 | 体液と循環系

1 ヒトの体液

　脊椎動物の体液は，血管の中を流れる血液と，リンパ管の中を流れるリンパ液，細胞に直接触れている組織液に分けられる。

　血液は，有形成分の血球と，液体成分の血しょうからなる。血球には赤血球，白血球，血小板があり，すべて骨髄の造血幹細胞（→p.128）からつくられる。

　組織液は，血しょうが毛細血管から組織にしみ出たものをいう。組織液は毛細血管に戻って血液となるが，一部はリンパ管に入ってリンパ液となる。リンパ液には免疫に関与する働きをもつリンパ球が含まれている。リンパ管の途中にはリンパ節があり，リンパ球が集まっている。

> 補足　ヒトの赤血球や血小板には核がなく，分裂はしない。一方，白血球には核があり，分裂する。

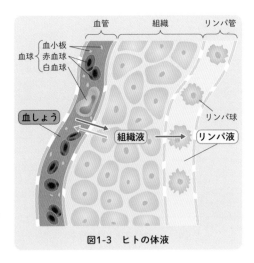

図1-3　ヒトの体液

POINT

- 脊椎動物の体液は，血液，リンパ液，組織液に分かれる。
- 血液は，血球と血しょうからなる。

2 循環系

　脊椎動物の血液は，心臓から送り出されると，動脈を通って毛細血管に達し，静脈を通って心臓に戻る。毛細血管からしみ出た組織液の一部は，リンパ管に入ってリンパ液となる。血液が流れる血管で構成される**血管系**と，リンパ液が流れるリンパ管で構成される**リンパ系**を合わせて**循環系**という。

　心臓は，心臓の収縮と弁の働きによって，一定方向に血液を送り出す。

補足 哺乳類では，肺から来る血液は左心房と左心室を通って全身の組織に送られ，再び心臓に戻る。これを**体循環**という。全身から戻ってきた血液は，右心房と右心室を通って肺に送られ，再び心臓に戻る。これを**肺循環**という。

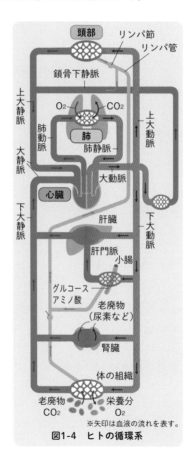

図1-4　ヒトの循環系

3 | 神経系と内分泌系

1 神経系

　脊椎動物の恒常性は，おもに神経系と内分泌系がかかわる。脊椎動物の神経系は，脳や脊髄からなる**中枢神経系**と，中枢神経系以外の**末梢神経系**からなる。末梢神経系には，感覚器官からの情報を中枢に伝える**感覚神経**と，中枢からの指令を筋肉に伝える**運動神経**，恒常性にかかわる**自律神経系**がある。自律神経系は**交感神経**と**副交感神経**からなる。

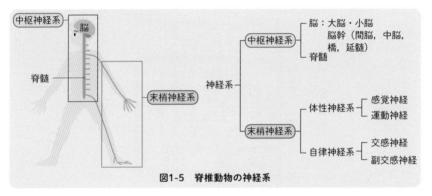

図1-5　脊椎動物の神経系

A 脳の構造

　ヒトの脳は，**大脳**，**小脳**，**脳幹**の領域に分けられ，脳幹はさらに**間脳**，**中脳**，**橋**，**延髄**に分けられる。大脳は感覚や随意運動，そして言語活動や思考にかかわる。脳幹は，意識，呼吸，循環を調節するなど，生命の維持に重要な働きをしている。

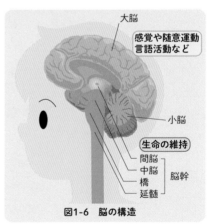

図1-6　脳の構造

2　内分泌系

　体内環境の維持には，**内分泌系**(ないぶんぴ)もかかわっている。内分泌系では，体内の特定の部位から，**ホルモン**とよばれる情報伝達物質が分泌される。ホルモンは血液によって運ばれ，特定の器官に到達すると，その器官の働きを調節する。

　分泌腺には，分泌物を体外に放出する**外分泌腺**と，血管内に放出する**内分泌腺**がある。ホルモンは，内分泌腺から分泌される。

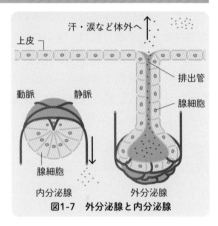

図1-7　外分泌腺と内分泌腺

 Q 自律神経系と内分泌系の違いがよくわかりません。

 A どちらも恒常性の維持にかかわりますが，大きな違いは「情報伝達のスピード」です。

　自律神経系は，神経を介する調節システムで，情報を瞬時に伝えることができますが，内分泌系では情報伝達が少し遅くなります。

　内分泌系は情報物質であるホルモンが，血液によって運ばれるため，全身に行き渡るには20秒程度必要なのです（心臓を出た血液が，再び心臓に戻るためにおよそ20秒かかる）。しかし，効果は自律神経系より長続きします。

For Everyday Studies
and Exam Prep
for High School Students

4 | 自律神経系による調節

ヒトは緊張すると，意識していなくても脈拍が上がり呼吸も速くなる。落ち着くと脈拍は下がり，呼吸も遅くなる。これは，自律神経系が心臓や肺の運動を調節しているからである。

1 自律神経系

自律神経系は，**交感神経**と**副交感神経**からなる。自律神経系によって調節されている器官の多くは，交感神経と副交感神経の両方によって調節されている。**交感神経と副交感神経は，互いに反対の作用をする。**片方が器官の働きを促進すれば，もう片方が抑制するように，拮抗的(きっこう)に働く。

交感神経は脊髄から出て，心臓や気管支，胃・小腸・肝臓などの内臓，涙腺やだ腺に分布する。副交感神経は，中脳，延髄，脊髄下部から出て，標的の器官に分布する。

POINT

● 自律神経系は器官の働きを調整し，恒常性にかかわる。
● 交感神経と副交感神経は，互いに反対の作用をする。

表 1-1　ヒトの自律神経系の働き

器官	交感神経の興奮	副交感神経の興奮
瞳孔	拡大	縮小
心臓	拍動促進	拍動抑制
気管支	拡張	収縮
皮膚の血管	収縮	－
腸	運動抑制	運動促進
ぼうこう	排尿抑制	排尿促進

補足 緊張する場面では，酸素の取り込みを盛んにし，血流を増やして酸素を全身に届ける必要がある。酸素量が増えれば代謝が盛んになるので，環境の変化に素早く対応できるようになるからである。

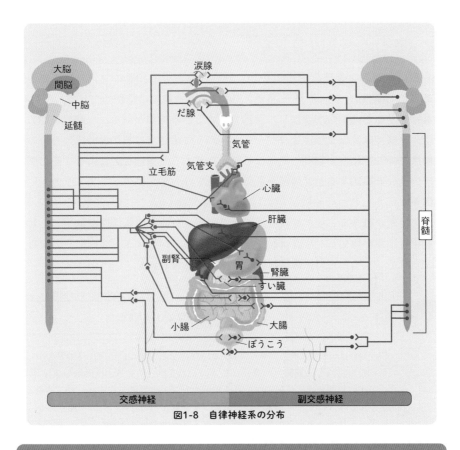

大脳
間脳
　中脳
　延髄
涙腺
だ腺
気管
立毛筋
気管支
心臓
肝臓
副腎
胃
腎臓
すい臓
小腸
大腸
ぼうこう
脊髄

| 交感神経 | 副交感神経 |

図1-8　自律神経系の分布

発　展　　**神経細胞の情報伝達**

　神経細胞は，核のある細胞体と，
１本の長い軸索からなる。細胞体
からは多数の樹状突起が突き出し
ている。樹状突起には，ほかの神
経細胞の軸索の末端が接しており，
他の神経細胞からの情報を受け取
る働きがある。受け取った情報は，

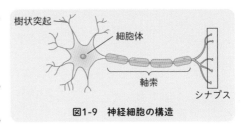

樹状突起
細胞体
軸索
シナプス

図1-9　神経細胞の構造

細胞体に伝えられ，細胞体は情報を統合して，軸索を介して，他の神経細胞に情報を
伝える。軸索の末端は，情報を細胞から細胞に伝えるためのシナプスとよばれる構造
を形成している。シナプスでは，軸索の先端から神経伝達物質が放出され，軸索末端
と接している細胞が，情報伝達物質を受け取ることで，神経細胞からの情報が受容さ
れる。

2 自律神経系による心拍数の調節

心臓の周期的な収縮を拍動といい，哺乳類における拍動のリズムは，右心房にある洞房結節（ペースメーカー）とよばれる特殊な心筋がつくりだしている。

運動をすると心拍数が増加し，運動をやめると心拍数が減る。心臓の拍動の調節は，交感神経と副交感神経がペースメーカーに働きかけることで行われている。

血液中の二酸化炭素濃度の変化は延髄が検知する。運動などによる二酸化炭素濃度の上昇を検知すると，延髄から交感神経を介して心臓のペースメーカーにその情報が伝えられ，心拍数が増加して血流量が増える。一方，運動をやめると，酸素消費量が減って二酸化炭素濃度が低下する。二酸化炭素濃度が低下したという情報も延髄が検知し，今度は副交感神経を介してペースメーカーにその情報が伝えられる。すると，心拍数は減少し，血流量も減る。

 Q ペースメーカーって，医療機器のことではないのですか？

 A それはいわゆる「人工ペースメーカー」のことですね。心臓には拍動をつくりだす特殊な心筋細胞の集団があり，これをペースメーカーといいます。この細胞集団が適切に働かないと，拍動のリズムが乱れてしまったり，拍動が停止してしまったりします。このような症状がある患者に対して使うのが人工ペースメーカーなのです。人工ペースメーカーは，一定のリズムで電流を発して心筋を刺激します。そして，正常な拍動が起こるようにするのです。

For Everyday Studies
and Exam Prep
for High School Students

5 ホルモンによる調節

1 内分泌腺とホルモン

　動物体内の特定の部位でつくられ，血液中に分泌されて他の場所に運ばれ，そこに存在する特定の組織や器官の働きを調節する物質を**ホルモン**とよぶ。ホルモンは，**内分泌腺**でつくられ分泌される。ホルモンの調節を受ける特定の器官を**標的器官**という。

　標的器官には，標的細胞があり，特定のホルモンが結合する**受容体**がある。受容体はタンパク質でできていて，ホルモンの種類ごとに対応する受容体がある。ホルモンが受容体に結合すると，受容体を介して細胞の内部に情報が伝達され，細胞の活動が調節される。

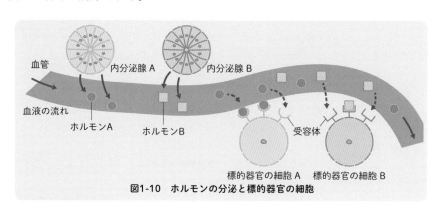

図1-10　**ホルモンの分泌と標的器官の細胞**

 POINT

● ホルモンの調節を受ける**標的器官**にはホルモンの**受容体**がある。

Q 焼肉のホルモンって，内分泌系のホルモンと同じものですか？

A 焼肉のホルモンと，内分泌系のホルモンは，全く別のものです。焼肉のホルモンは，おもに胃や腸などの内臓のことですね。内分泌系のホルモンは，体内の恒常性を調節する化学物質のことです。

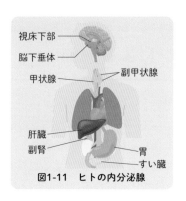

視床下部
脳下垂体
甲状腺
副甲状腺
肝臓
副腎
胃
すい臓

図1-11　ヒトの内分泌腺

表1-2　さまざまな内分泌腺とホルモンの作用

内分泌腺	ホルモン名		作　　用
視床下部	放出ホルモン 抑制ホルモン		脳下垂体前葉ホルモンの分泌促進と抑制
脳下垂体前葉	成長ホルモン		血糖濃度を上げる 全身の成長促進
	甲状腺刺激ホルモン		甲状腺からのチロキシンの分泌を促進
	副腎皮質刺激ホルモン		副腎皮質からの糖質コルチコイドの分泌を促進
脳下垂体後葉	バソプレシン(抗利尿ホルモン)		腎臓での水の再吸収促進
甲状腺	チロキシン		代謝促進
副甲状腺	パラトルモン		血中 Ca^{2+} 濃度の上昇
副腎皮質	糖質コルチコイド		血糖濃度を上げる
	鉱質コルチコイド		血中での Na^+ と K^+ の量の調節
副腎髄質	アドレナリン		血糖濃度を上げる
すい臓 (ランゲルハンス島)	A細胞	グルカゴン	血糖濃度を上げる
	B細胞	インスリン	血糖濃度を下げる

コラム　│　**ホルモンの受容のしくみ**

　ホルモンのシステムは，放送局とその受信者に例えることができる。内分泌腺は特定の周波数の電波を発する放送局だ。放送局ごとに，電波の周波数は異なる。一方，標的器官は受信者で，受信者は特定の電波だけを受信する固定チューナーしかもたない。そのため，特定の放送局の番組は見ることができるが，他の放送局の番組は見られない。放送局側も，不特定多数に発信するよりも，特定の周波数の電波(ホルモン)とチューナー(受容体)を使うことにより，特定の人(標的器官)だけに情報を送り届けることができる。体内も同じで受容体をもたない器官は，ホルモンがやってきても応答することはない。器官の役割と無関係な情報は無視して，無駄なエネルギーを使わないようにしている。

2　ホルモンの分泌の調節

　脳には間脳とよばれる領域がある。間脳は視床と**視床下部**に分けられる（p.111）。**視床下部とそれにつながる脳下垂体は，前葉と後葉で構成され，ホルモンの分泌量を調節する中枢**として働く。

補足 脳下垂体は，脳から脳の一部が垂れ下がっているように見えることから名付けられた。

Ⓐ　視床下部

　ホルモンを分泌する神経細胞を**神経分泌細胞**とよぶ。視床下部の神経分泌細胞からは，**放出ホルモン**と**抑制ホルモン**が分泌される。放出ホルモンは，脳下垂体前葉のホルモンの分泌を促進し，抑制ホルモンは分泌を抑制する。

　視床下部と脳下垂体前葉は毛細血管でつながっている。視床下部の神経分泌細胞から放出されたホルモンは，血流によって脳下垂体前葉に運ばれる。脳下垂体前葉の細胞には，放出ホルモンと抑制ホルモンの受容体があり，視床下部からのホルモンの影響を受ける。その結果，脳下垂体前葉のホルモンの分泌量が調節される。

Ⓑ　脳下垂体

　脳下垂体前葉からは，**甲状腺刺激ホルモン**と副腎皮質刺激ホルモンが分泌される。甲状腺刺激ホルモンは，甲状腺に働きかけ，**チロキシン**とよばれるホルモンの分泌を促進する。副腎皮質刺激ホルモンは，副腎皮質に働きかけ，糖質コルチコイドとよばれるホルモンの分泌を促進する。また，脳下垂体前葉は他に**成長ホルモン**も分泌している。

　脳下垂体後葉からは**バソプレシン**(抗利尿ホルモン)が分泌される。バソプレシンがつくられているのは視床下部である。視床下部の神経分泌細胞の軸索とよばれる突起は，脳下垂体後葉に入り込んでおり，視床下部でつくられたホルモンはその先端から放出される。

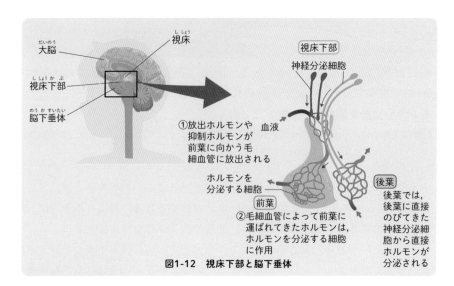

図1-12　視床下部と脳下垂体

視床
大脳
視床下部
脳下垂体

視床下部
神経分泌細胞

①放出ホルモンや抑制ホルモンが前葉に向かう毛細血管に放出される　血液

ホルモンを分泌する細胞

前葉
②毛細血管によって前葉に運ばれてきたホルモンは、ホルモンを分泌する細胞に作用

後葉
後葉では、後葉に直接のびてきた神経分泌細胞から直接ホルモンが分泌される

POINT

● 間脳の**視床下部**と**脳下垂体**がホルモンの分泌調節の中枢である。
● ホルモンを分泌する神経細胞を**神経分泌細胞**という。

補足　視床下部から分泌されるホルモンは、脳下垂体前葉の活動を調節する。脳下垂体前葉から分泌されるホルモンは、甲状腺や副腎皮質でつくられるホルモンの分泌量を調節している。このように、それぞれの内分泌腺は、一連のホルモン情報伝達系統の中の一員として働いている。

コラム　|　**ホルモンが作用するしくみ**

　ホルモンにはコルチコイドのように脂に溶ける脂溶性ホルモンと、インスリンのように水に溶ける水溶性ホルモンがある。脂溶性ホルモンは細胞膜を通過して、細胞質にある受容体に結合する。受容体にホルモンが結合すると、受容体は核に入り、遺伝子の発現を調節して特定のタンパク質を合成する。その結果、ホルモンの情報に応答して細胞が活動することになる。水溶性ホルモンの受容体は細胞膜にある。細胞膜の受容体がホルモンを受け取ると、その情報を細胞内に伝達し、代謝などの細胞の活動を変化させたり遺伝子の発現を調節したりする。

C ホルモンと恒常性

ホルモンの分泌は，**フィードバック**とよばれるしくみによって調節されている。フィードバックとは，**結果が原因にさかのぼって作用するメカニズム**をいう。特に，生産しすぎた産物がその産物の合成段階に働きかけ，合成を抑えるような抑制的なフィードバックを**負のフィードバック**とよぶ。**負のフィードバックが適切に働くことにより，恒常性が保たれる。**

●チロキシンの調節の場合

体液中のチロキシンの濃度が下がると，まず，それを感知した視床下部が甲状腺刺激ホルモン放出ホルモンを分泌する。すると，脳下垂体前葉から甲状腺刺激ホルモンが分泌され，刺激を受けた甲状腺はチロキシンを分泌するようになる。チロキシンの濃度が高くなりすぎると，チロキシン自身が視床下部や脳下垂体前葉に作用して，甲状腺刺激ホルモンの分泌を抑える。甲状腺に甲状腺刺激ホルモンが来ないと，チロキシンの分泌は抑えられるため，体液中のチロキシン濃度は下がる。

●副甲状腺ホルモンの調節の場合

副甲状腺ホルモンは骨からカルシウムを溶け出させる作用がある。体液のカルシウム濃度が低くなると，副甲状腺ホルモンが分泌され，カルシウム濃度が高くなる。体液中のカルシウム濃度が高くなると，カルシウムが副甲状腺に働きかけ，副甲状腺ホルモンの分泌を抑える。これも負のフィードバックが働いている。

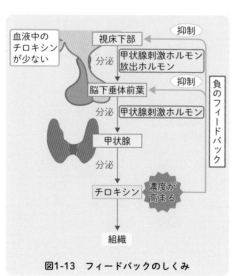

図1-13　フィードバックのしくみ

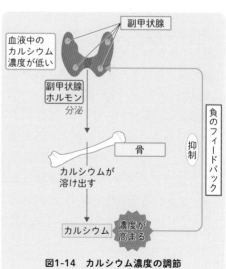

図1-14　カルシウム濃度の調節

6 | 血糖濃度の調節

血糖濃度は自律神経系とホルモンの共同作用によって一定の濃度に保たれている。

1 血糖

グルコースは，細胞の活動のエネルギー源として最もよく使われる糖である。血液に含まれるグルコースのことを血糖という。糖分を多量に摂った時も空腹時も，血糖の濃度はほぼ一定に保たれており，細胞の活動が常に滞りなく行えるようになっている。

補足 血糖は，血液 100 mL あたり，60 ～ 140 mg の範囲内に収まるように調節されている。

2 血糖濃度を上昇させるしくみ

A アドレナリン，グルカゴンの分泌

血糖濃度は自律神経系と内分泌系が連携して調節している。空腹や激しい運動によって血糖濃度が下がると，まずは視床下部の血糖調節中枢がそれを感知する。血糖濃度が低下したという情報は，血糖調節中枢から交感神経を通じて，副腎髄質とすい臓に伝えられる。すると副腎髄質からは**アドレナリン**が，すい臓の**ランゲルハンス島のA細胞**からは**グルカゴン**がそれぞれ分泌される（A細胞自体も低血糖を感知して，グルカゴンを分泌する）。肝臓や筋肉にはグルコースが多数連結したグリ

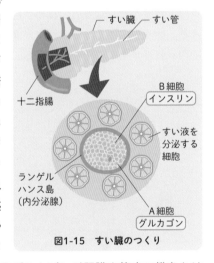

図1-15 すい臓のつくり

コーゲンが蓄えられており，アドレナリンやグルカゴンが肝臓や筋肉に働きかけるとグリコーゲンはグルコースに分解され，血糖濃度が上がる。

B 糖質コルチコイド，成長ホルモンの分泌

　視床下部からの低血糖濃度の情報は，脳下垂体前葉を介して，副腎皮質にも伝えられる。低血糖濃度の情報を受け取った副腎皮質からは，副腎皮質ホルモンの**糖質コルチコイド**が分泌される。糖質コルチコイドは，タンパク質の分解を促してグルコースを合成する代謝経路を活性化し，血糖濃度を上げる。

補足 視床下部から低血糖濃度の情報を受け取った脳下垂体前葉からは，成長ホルモンも分泌される。成長ホルモンには，成長を促進する作用以外に，血糖濃度を上げる働きもある。

3　血糖濃度を下げるしくみ

　血糖濃度が上がると，視床下部は副交感神経を通じて，すい臓のランゲルハンス島のB細胞に情報を伝える。B細胞自体も高血糖の情報を受け取り，B細胞から**インスリン**が分泌される。インスリンは各細胞のグルコースの消費を高める。それと同時に，肝臓や筋肉の細胞に対してはグルコースを取り込み，グリコーゲンを合成するよう促す。その結果，血糖濃度が下がる。

　2，3のように，血糖濃度は，視床下部やすい臓に常にフィードバックされ，血糖濃度の恒常性が保たれている。

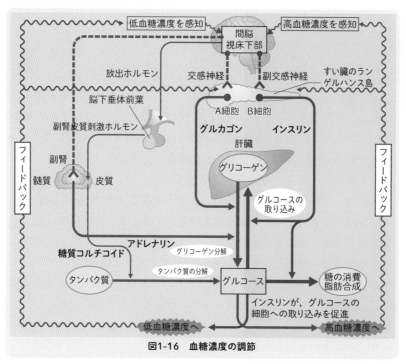

図1-16　血糖濃度の調節

Q 血糖濃度を下げるしくみは1つなのに，上げるしくみはいくつもあるのは
なぜですか？

A 血糖濃度が低下すると，頭痛がしたり，吐き気がしたりするなど，体調が
悪くなる場合があります。また，血糖濃度が低い状態が長く続くと意識をな
くすこともありますし，最悪の場合は，死に至ることもあります。そのくら
い血糖濃度の維持は大切なものなので，血糖濃度を上げるしくみはいくつも
あるわけです。
　血糖濃度が下がると，まずはグリコーゲンを分解してすぐにグルコースが
つくられて対応することになります。もしもグリコーゲンをすべて消費して
しまったら，今度は脂質やタンパク質を分解してグルコースをつくるしくみ
が働きます。こうして血糖濃度をなんとしてでも保とうとするのです。

4　糖尿病

　インスリンの分泌量の調節が異常になり，インスリンの血中濃度が低下したま
まになると，血糖濃度が上がる。過剰な血糖は再吸収が追いつかず尿に排出され
るため，このような症状の病気を**糖尿病**という。血糖濃度が異常に高くなると，
毛細血管が破壊され，失明，脳梗塞，心筋梗塞や神経障害，腎臓機能不全などが
起き，全身の器官が正常に働かなくなる。
　糖尿病には，原因の違いにより1型と2型がある。**１型糖尿病**はすい臓から
インスリンが分泌されなくなることにより発症する。1型糖尿病の症状はインス
リンを注射で補うことにより改善する。**２型糖尿病**は，インスリンがあっても
受容体にインスリンが結合できなくなったり（インスリン抵抗性），インスリンの
分泌量が低下したりすることにより発症する。2型糖尿病は，遺伝的な要因や，
運動不足，食べすぎなどの生活習慣，加齢が原因と考えられている。

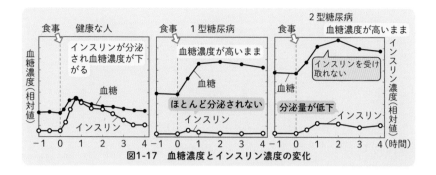

図1-17　血糖濃度とインスリン濃度の変化

5　体温の調節

　ヒトなどの恒温動物では，外気温が高くても低くても**体温はほぼ一定に保たれ
ている。**体温が下がると，皮膚の血管が収縮して血流による放熱を防ぎ，肝臓や
筋肉が発熱して体温を保つ。体温が上がると，皮膚の血管が拡張して放熱する。
また，発汗による水の気化熱で体を冷やす。このような体温の調節は，**視床下部
にある体温調節中枢**が担っている。

　体温が低下した時，視床下部がそれを認識すると，交感神経を介して皮膚の血
管を収縮させる。また，脳下垂体前葉からホルモンを分泌させ，副腎髄質と副腎
皮質，甲状腺のホルモンの分泌を促進させる。副腎髄質からはアドレナリン，副
腎皮質からは糖質コルチコイド，甲状腺からはチロキシンがそれぞれ分泌される。
アドレナリン，糖質コルチコイド，チロキシンは肝臓や筋肉の代謝を活発にして
発熱を促す。また，アドレナリンには，皮膚の血管を収縮させることで放熱を防
ぐ働きもある。

　一方，体温が上昇した時，中枢がそれを認識すると，汗腺からの発汗の促進や
皮膚の血管の拡張により，体内に熱を貯めないようにしたり，心臓の拍動を抑制
し血流を抑えたりする。

　このように，**自律神経とホルモンが共同**して体温を調節している。

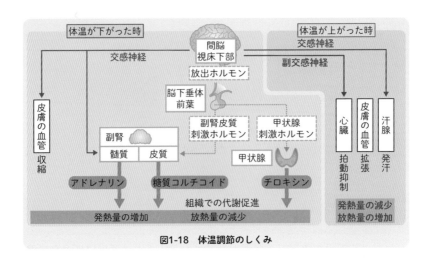

図1-18　体温調節のしくみ

Q 熱中症は，体温調節がきかない状態，ということですか？

A そうですね。体温が高くなると，体温調節中枢が働いて汗をかきます。この状態が長時間続くと，体液の水分含量が減り，熱中症になります。熱中症は水を飲んだだけでは収まりません。発汗とともに塩類も排出されるからです。細胞が正常に活動するためには，塩類濃度を一定に保つ必要があり，水分を補給しただけでは体液の塩類濃度が下がってしまうのです。塩類濃度が低下したことを視床下部が認識すると，自律神経系と内分泌系に働きかけ，水分を尿として排出させ，塩類濃度を一定に保とうとします。そのため，体液の量が減り，発汗が抑えられて，さらに体温が上昇することになります。熱中症は恒常性のシステムが誤作動することで引き起こされるのです。

熱中症を防ぐためには，水と塩類の両方の補給が必要なのです。「塩の飴」をなめるとよいと言われるのは，このためです。

参考　肝臓と腎臓の働き

体内環境の恒常性には，肝臓と腎臓もかかわっている。

1 肝臓の働き

ヒトでは，心臓から送り出された血液の約 $\frac{1}{3}$ が肝臓を通過する。多量の血液が流入する肝臓は，**物質の合成や分解**にかかわるさまざまな働きをもち，**体液の恒常性を保つ**重要な働きをしている。

● **血糖濃度の調節**

　肝臓は血糖濃度の調節に重要な役割を果たしている。血糖が過剰になると，副交感神経やインスリンの働きにより，小腸で吸収されたグルコースは肝門脈を通って肝臓に入り，肝細胞の中でグリコーゲンに変えられて蓄えられる。低血糖濃度になれば交感神経やグルカゴン，チロキシン，アドレナリンの働きにより，肝臓に蓄えられたグリコーゲンを分解してグルコースを血液に供給する。

● **有害物質の解毒**

　タンパク質などが分解されて生じる有害なアンモニアは，肝臓で毒性の低い尿素に変えられる。アルコールなどの有害な物質も，肝臓で分解され無毒化される。これらを解毒作用という。

● **胆汁の生成**

　胆のうから十二指腸に分泌される胆汁は，肝細胞でつくられる。胆汁は，脂肪を分解する酵素の働きを助け，脂肪の吸収を促進する働きがある。胆汁は，肝臓の解毒作用で生じた物質や，古くなった赤血球の分解産物も含んでおり，不要な物質を便として体外に排出する役割もある。

補足 　肝臓では活発に代謝が行われており，代謝にともなう発熱で体温を維持する働きもある。

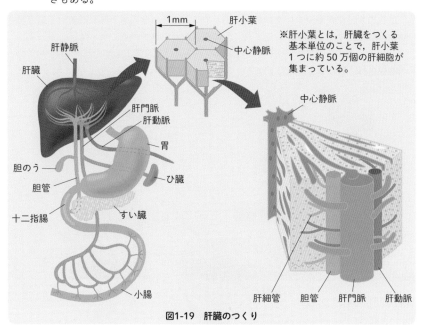

図1-19　肝臓のつくり

2 腎臓の構造と働き

腎臓は，肝臓でつくられた尿素や老廃物を尿としてぼうこうに送る。ヒトでは，心臓から送り出された血液の約 $\frac{1}{4}$ が腎臓を通過する。腎臓には，**血液中の水分量や塩類濃度を調節する**働きもあり，体液の恒常性にかかわっている。

●腎臓の構造

ヒトの腎臓は一対ある。腎臓には**ネフロン**（**腎単位**）とよばれる尿を生成する構造単位があり，腎臓ひとつあたり約 100 万個ある。ネフロンは**腎小体**とそれに続く**細尿管**（腎細管）で構成されている。腎小体は**糸球体**とそれを包む**ボーマンのう**とよばれる構造からなる。

●尿の排出

心臓から送り込まれた血液は糸球体でろ過され，血液の血球やタンパク質以外の成分の大部分がボーマンのうに出る。ボーマンのうにこし出された液を**原尿**という。原尿には栄養素や必要な無機塩類が含まれている。原尿は細尿管に送られ，グルコースやアミノ酸，無機塩類，水が毛細血管に再吸収される。次に，原尿は**集合管**を通過し，集合管では原尿からさらに水が再吸収され，残りが尿となる。尿素などの老廃物は再吸収されずに尿に濃縮される。尿は**腎う**を通ってぼうこうに送られ，排出される。

体液の水分量が減少し，塩類濃度が高くなると，それを視床下部が感知して脳下垂体後葉からバソプレシンが分泌され，水の再吸収が促進される。ヒトでは，ボーマンのうにこし出される原尿は，1 日に約 170 リットルにもなる。しかし，その約 99％は再吸収され，尿となるのはわずか 1〜2 リットルである。

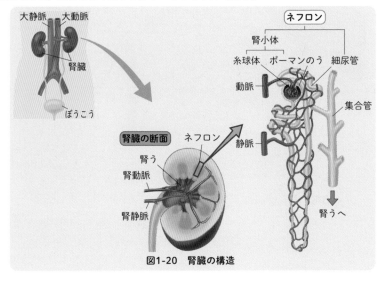

図1-20　腎臓の構造

この章で学んだこと

1 恒常性とは
❶ **恒常性** 体の内部の状態を一定に保とうとする性質。
❷ **外部環境** 生物の体の外の環境のこと。
❸ **体内環境** 動物の細胞は，体液という体内環境の中にある。

2 体液と循環系
❶ **ヒトの体液** 脊椎動物の体液は，血液，組織液，リンパ液に分けられる。
❷ **循環系** 血管系とリンパ系からなる。

3 神経系と内分泌系
❶ **神経系** 中枢神経系と末梢神経系からなる。末梢神経系には，感覚神経，運動神経，自律神経系がある。
❷ **ヒトの脳の構造** 大脳，小脳，脳幹に分けられ，脳幹は間脳，中脳，橋，延髄からなる。
❸ **内分泌系** 体内環境の維持にかかわる。分泌腺には外分泌腺と内分泌腺がある。

4 自律神経系による調節
❶ **自律神経系** 交感神経と副交感神経からなる。
❷ **拍動** 心臓の周期的な収縮。拍動のリズムをつくるのは洞房結節である。

5 ホルモンによる調節
❶ **ホルモン** 内分泌腺でつくられる。組織や器官の働きを調節する。
❷ **標的器官** ホルモンの調節を受ける器官。ホルモンの受容体をもつ。
❸ **神経分泌細胞** ホルモンを分泌する神経細胞。
❹ **視床下部と脳下垂体** 間脳にある。ホルモンの分泌を調整する中枢。
❺ **視床下部** 視床下部の神経分泌細胞からは，放出ホルモンと抑制ホルモンが分泌される。放出ホルモンは脳下垂体前葉のホルモン分泌を促進し，抑制ホルモンは分泌を抑える。
❻ **脳下垂体** 前葉からは甲状腺刺激ホルモン，副腎皮質刺激ホルモン，成長ホルモンが分泌される。後葉からはバソプレシンが分泌される。
❼ **甲状腺刺激ホルモン** 甲状腺に働きかけ，チロキシンの分泌を促す。

6 ホルモンと恒常性
❶ **フィードバック** 結果が原因にさかのぼって作用するしくみ。
❷ **負のフィードバック** 生産しすぎた産物がその産物の合成段階に働きかけ，合成を抑えるような抑制的なフィードバック。恒常性の維持に必要なしくみ。

7 血糖濃度の調節
❶ **血糖濃度の調節** 視床下部が，血糖濃度の低下・上昇を感知し，血糖濃度の調整の指令を出す。
❷ **血糖濃度の増加①** 血糖濃度が低下すると，アドレナリンとグルカゴンが分泌され，グリコーゲンがグルコースに分解され，血糖濃度を上げる。
❸ **血糖濃度の増加②** 糖質コルチコイドは，タンパク質の分解を促してグルコースを合成する代謝経路を活性化する。
❹ **血糖濃度の抑制** 血糖濃度が上昇すると，すい臓のランゲルハンス島からインスリンが分泌される。インスリンはグルコースの消費を高めたり，グリコーゲンの合成を促進したりする。

解答・解説は p.532

1 次の文章の空欄（ **ア** ）～（ **キ** ）に適する語を答えよ。また，[　　　]内に適する語を選択せよ。

ヒトの神経系には，（ **ア** ）神経系と末梢神経系がある。恒常性にかかわる（ **イ** ）神経系は，末梢神経系の一種である。（ **イ** ）神経系は，活動的な時によく働く（ **ウ** ）神経と，リラックスしているときによく働く（ **エ** ）神経から構成される。（ **ウ** ）神経は，心臓の拍動を[①促進・抑制]し，胃腸の働きを[②促進・抑制]する。また，（ **エ** ）神経は，瞳孔を[③拡大・縮小]させ，気管支を[④拡張・収縮]させる。

脳を大きく3つの領域に分けると，大脳，小脳，（ **オ** ）となる。（ **オ** ）をさらに分けると，（ **カ** ），中脳，橋，延髄となる。（ **カ** ）は（ **イ** ）神経を支配している。（ **オ** ）を含む，脳全体の機能が失われた状態を（ **キ** ）という。

2 次の文章の空欄（ **ア** ）～（ **ク** ）に適する語を答えよ。

恒常性には，神経系のほか内分泌系もかかわっている。（ **ア** ）は，内分泌腺から（ **イ** ）に分泌されて全身に運ばれるが，特定の器官にのみ作用し，その器官の働きを調節する。このような器官を（ **ウ** ）という。（ **ウ** ）には，特定の（ **ア** ）が結合する（ **エ** ）がある。（ **エ** ）は（ **オ** ）でできており，（ **ア** ）の種類ごとに対応する（ **エ** ）がある。血糖濃度を下げる（ **ア** ）には（ **カ** ）があり，これはすい臓のランゲルハンス島の（ **キ** ）細胞から分泌される。（ **カ** ）の分泌に異常が起きるなどして，血糖濃度が高いままになる病気が（ **ク** ）である。

3 次の表の空欄（ **ア** ）～（ **ク** ）に適する語を答えよ。

内分泌腺		ホルモン名	作用
（ **ア** ）		放出ホルモン 抑制ホルモン	脳下垂体前葉のホルモンの分泌促進または抑制
脳下垂体後葉		（ **イ** ）	腎臓での水の再吸収を促進
（ **ウ** ）		チロキシン	代謝の促進
副腎髄質		（ **エ** ）	血糖濃度を上げる
すい臓 （ランゲルハンス島）	A細胞	（ **オ** ）	血糖濃度を（ **カ** ）る
	B細胞	（ **キ** ）	血糖濃度を（ **ク** ）る

4 下図はヒトの血糖濃度の調節のしくみを模式的に示したものである。次の問いに答えよ。

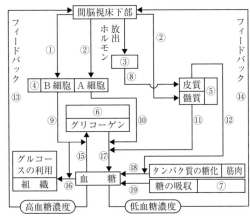

(1) 図中の①と②は神経の名称を，③～⑦は器官名，⑧～⑫にはホルモン名を，それぞれ答えよ。

(2) 次の流れは，糖分の多い食物を摂取し，血糖濃度が上昇したときの反応経路である。空欄ア～エに適する番号を答えよ。

⑦ → ⑲ → ア → イ → ウ → エ ， ⑯

5 次図は視床下部と脳下垂体の模式図である。以下の問いに答えよ。

(1) 図中のA～Cの器官名を答えよ。

(2) 図中の矢印①～⑦のうち，血液の流れを示しているものはどれか。番号をすべて記せ。

(3) 次のホルモンが多く含まれている血液の流れはどれか。①～⑦の矢印から選べ。
　ア　甲状腺刺激ホルモン
　イ　副腎皮質刺激ホルモン
　ウ　成長ホルモンの放出を促すホルモン

(4) バソプレシンの通る経路はどれか。①～⑦の番号ですべて示せ。

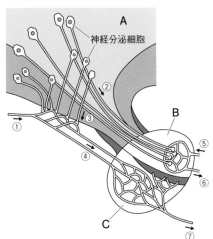

Basic Biology

第 **2** 章　免疫

1 | 免疫とは

　体内に侵入して病気を引き起こすウイルスや微生物を**病原体**という。ヒトは常に病原体の侵入の脅威にさらされているが，病原体などの異物が体内に侵入することを防いだり，体内に侵入した異物を排除したりする生体防御のしくみが備わっている。このしくみを**免疫**という。免疫には，生まれつき備わっている**自然免疫**と，生まれてから出会った異物を認識して働く**獲得免疫（適応免疫）**がある。自然免疫は，異物が侵入すると，ただちに働き，異物を排除する。自然免疫をすり抜けて侵入してきた異物に対しては，獲得免疫のしくみが発動して，**異物を特異的にかつ強力に排除する。**

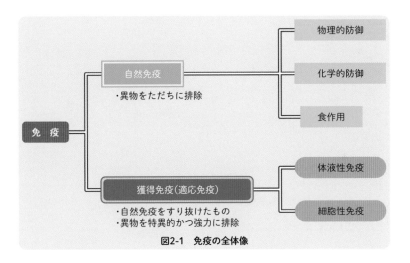

図2-1　免疫の全体像

　自然免疫，獲得免疫は，それぞれさらに細かく分類される。

補足 物理的防御と化学的防御は自然免疫に含めないこともある。

2 自然免疫

動物には，生まれつき備わっている生体防御機構があり，それを自然免疫という。ヒトの自然免疫には，どのようなしくみがあるのだろうか。

1 物理的防御と化学的防御

皮膚は表面が堅く覆われており，異物が入り込まないように障壁になっている。これを物理的防御という。また，汗や涙には殺菌力のあるリゾチームなどの酵素が含まれており，侵入しようとする細菌を殺す。これを化学的防御という。一方，血管が傷ついた場合は血液が固まって傷口をふさぎ，異物の侵入を防ぐ。異物の侵入を防ぐしくみは，このように多様である。

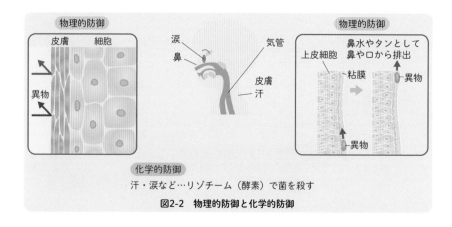

図2-2　物理的防御と化学的防御

2 食作用

体内に異物が侵入すると，食細胞が異物を取り込み分解し，無毒化する。食細胞が異物を取り込み分解することを食作用という。食作用は，ほとんどすべての動物がもつ基本的な免疫である。食細胞には，好中球，マクロファージ，樹状細胞などがある。これらの食細胞は，病原体に共通する特徴を認識して，食作用によって病原体を排除する。

補足 白血球の中で最も数が多いのは好中球である。細菌を取り込んだ好中球は，毒素を産生して細菌を死滅させるとともに，自らも死ぬ。傷口に生じる膿は，好中球の死骸である。

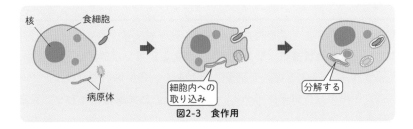

図2-3　食作用

3　炎症

　組織が傷ついたり，病原体などの異物が侵入したりすると，その場所に白血球が集まって，損傷した細胞や病原体を排除する。このとき，その部位が熱をもって腫れる現象を炎症という。炎症はマクロファージなどの働きによる。マクロファージは異物を食作用により取り込むと，周囲の細胞に働きかける。その結果，毛細血管が拡張して血流が増え，局所的に発熱して赤く腫れる。また，血管の透過性が高まることにより，血管から白血球が抜け出して患部に集まり，発熱により活性化したマクロファージの食作用によって異物が排除される。

4　止血と血液凝固

　血管が傷つくと，まず血小板が集まり傷口を覆う。また，血しょう中にはフィブリンとよばれるタンパク質がつくられ，フィブリンどうしが結合してフィブリン繊維ができる。フィブリン繊維は血球をからめて固まる。これを血ぺいといい，血ぺいが血管や傷口をふさぐ（止血）。このようにして血液が固まることを血液凝固という。この一連の流れは，血小板と組織から血液を凝固させる因子が放出されることにより開始される。

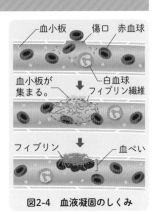

図2-4　血液凝固のしくみ

3 | 免疫にかかわる細胞とリンパ系

　免疫において，さまざまな白血球が重要な働きをする。白血球には，**好中球，マクロファージ，樹状細胞，リンパ球**などがある。リンパ球には，**B 細胞，NK（ナチュラルキラー）細胞，T 細胞**などがある。好中球，マクロファージ，樹状細胞は食作用を行う食細胞である。NK 細胞は自然免疫にかかわり，異常な細胞を死滅させる働きがある。

　また，白血球は骨髄で造血幹細胞からつくられる。リンパ球のうち，B 細胞は骨髄でつくられた後，骨髄で分化する。T 細胞は骨髄でつくられた後，胸腺に移動して分化する。

　体中には**リンパ系**とよばれる管が張り巡らされており，リンパ系の中を**リンパ液**が流れる。リンパ液とは**リンパ管に流れ込んだ組織液**のことである。リンパ系にはいくつものリンパ節があり，リンパ節にリンパ球が集まっている。異物が体内に入ると，その情報がリンパ節のリンパ球に伝えられ，獲得免疫が発動する。

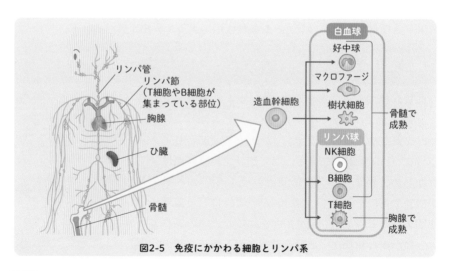

図2-5　免疫にかかわる細胞とリンパ系

補足 B 細胞の B は骨髄(Bone marrow)，T 細胞の T は胸腺(Thymus)に由来。

4 | 獲得免疫

　自然免疫をすり抜けて異物が侵入すると，獲得免疫が発動する。獲得免疫を発動させ，リンパ球を活性化させる原因となる物質を**抗原**という。獲得免疫では，抗原の情報を受け取ったリンパ球の**T 細胞**と**B 細胞**が働いて，異物を排除する。獲得免疫は，異物に直接作用する自然免疫とは異なり，免疫を獲得するまでに時間がかかるが，異物に対する特異性が高く，強力に作用する。また，体内に侵入した異物の情報を記憶し，再び同じ異物が侵入した時に，すみやかに強く反応して排除することができる。

1 リンパ球による抗原の認識と免疫寛容

　個々の T 細胞や B 細胞は，1 種類の抗原しか認識できない。抗原の種類は無数にあるのに，どのように免疫が成立するのだろうか。それは，認識する抗原が異なる多数（$10^9 \sim 10^{10}$ 個）の T 細胞や B 細胞がつくられるからである。抗原を認識した T 細胞や B 細胞は，活性化されて増殖し，異物が排除される。

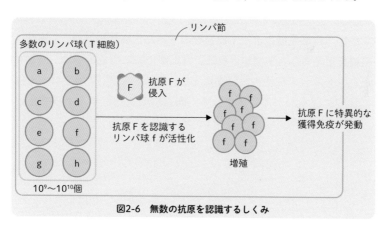

図2-6　無数の抗原を認識するしくみ

　一方で，自己の物質を認識して排除する T 細胞や B 細胞もつくられてしまう。しかし，自己の物質を抗原として認識する T 細胞や B 細胞は，つくられる過程で，死滅したり働きが抑制されたりする。そのため，自己を攻撃するような獲得免疫が働かない状態になる。このように，自己に対して獲得免疫が働かない状態を**免疫寛容**という。

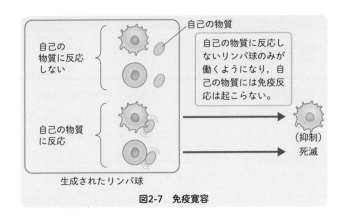

図2-7 免疫寛容

自己の物質に反応
しない

自己の物質

自己の物質
に反応

生成されたリンパ球

自己の物質に反応し
ないリンパ球のみが
働くようになり，自
己の物質には免疫反
応は起こらない。

（抑制）

死滅

Q 抗原を認識しなかったＴ細胞やＢ細胞はどうなるのですか？

A 増殖しないでおとなしくしています。エネルギーを無駄にしないで，次に
来る新たな抗原に備えているのです。

2 抗原提示

　獲得免疫は，**自然免疫によって異物を取り込んだ樹状細胞が，Ｔ細胞に異物の
抗原の情報を伝える**ことで開始される。食細胞である樹状細胞は，異物を取り込
むと，それを分解して細胞表面に提示する。これを抗原提示という。抗原を提
示した樹状細胞はリンパ節に移動して，同じ抗原を認識するＴ細胞だけを活性
化する。

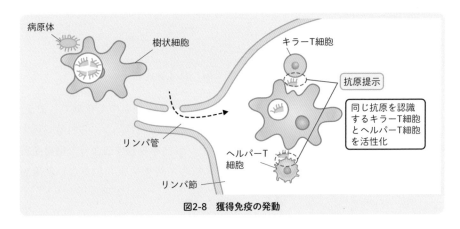

病原体　樹状細胞　キラーT細胞

抗原提示

同じ抗原を認識
するキラーT細胞
とヘルパーT細胞
を活性化

リンパ管

ヘルパーT
細胞

リンパ節

図2-8　獲得免疫の発動

3 獲得免疫の流れ

　獲得免疫では，T細胞やB細胞がはたらく。T細胞には**ヘルパーT細胞**と**キラーT細胞**があり，それぞれ異なる働きを担う。また，獲得免疫には，抗体が中心となって抗原を排除する**体液性免疫**と，キラーT細胞などが抗原を直接的に排除する**細胞性免疫**という2つの種類がある。

A 抗体が中心となる免疫反応（体液性免疫）

　体液性免疫では，体液中に放出される**抗体**とよばれるタンパク質が働く。抗体は，免疫グロブリンとよばれるタンパク質でできている。抗体は抗原を認識し，特異的に結合する性質をもつ。

[抗体がつくられ，働くまでの流れ]

(1)　樹状細胞が抗原提示し，同じ抗原を認識するヘルパーT細胞を活性化する。

(2)　B細胞が抗原を認識する。

(3)　活性化されたヘルパーT細胞は増殖し，同じ抗原を認識するB細胞だけを活性化する。

(4)　活性化されたB細胞は，抗体産生細胞（形質細胞）になり，抗体を産生する。

(5)　抗体は体液中に放出され，抗体と抗原が結合する（抗原抗体反応）。

(6)　マクロファージが抗体が結合した抗原を見つけ，食作用によって排除する。

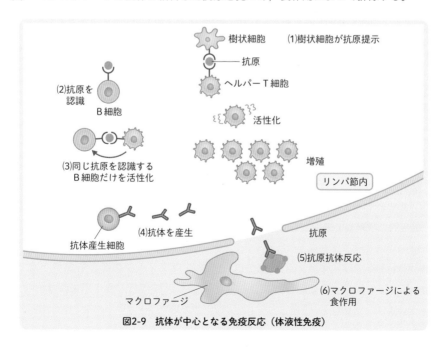

図2-9　抗体が中心となる免疫反応（体液性免疫）

131

抗原抗体反応には，マクロファージが抗原を見つけやすくなる，というメリットがある。また，抗体には抗原を無毒化する働きもある。

　増殖したヘルパーＴ細胞とＢ細胞の一部は，記憶細胞として体内に残る。そして，次に同じ抗原が侵入してくると，すぐに応答して増殖し，速やかに抗原を排除する。

POINT

- 樹状細胞は，自分が認識する抗原と同じ抗原を認識するＴ細胞のみを活性化する。
- Ｔ細胞は，自分が認識する抗原と同じ抗原を認識するＢ細胞のみを活性化する。

コラム　｜　**利根川進博士の業績**

　抗原は無限に近い種類がある。それぞれの抗原に対応する抗体の遺伝子があるとすると，ヒトがもつ２万500個の遺伝子では足りない。実際には，ヒトの体は遺伝子の再編成によって 10^9 〜 10^{10} 種類もの抗原に対する抗体をつくることができる。利根川進博士は多様な抗原に対する抗体をつくり出すしくみを解明し，1987年にノーベル生理学・医学賞を受賞した。

Ｂ 感染細胞を排除する免疫反応（細胞性免疫）

　細胞性免疫では，ウイルスに感染した細胞を，キラーＴ細胞が直接的に攻撃して排除する。

[感染細胞が排除されるまでの流れ]

(1)　樹状細胞が抗原提示し，同じ抗原を認識するヘルパーＴ細胞とキラーＴ細胞を活性化する。活性化されたヘルパーＴ細胞は増殖する。

(2)　活性化されたキラーＴ細胞は，リンパ節内で，ヘルパーＴ細胞の刺激によって増殖する。

(3)　増殖したキラーＴ細胞は，リンパ節から出て，**ウイルス感染した細胞を認識し，直接的に攻撃して細胞ごと死滅させる。**

　細胞性免疫では，キラーＴ細胞のほか，マクロファージの働きも重要となる。活性化したヘルパーＴ細胞は，マクロファージも活性化し，食作用を促す。マク

ロファージはキラーT細胞の攻撃によって死んだ細胞を，食作用によって処理する。

　増殖したヘルパーT細胞とキラーT細胞の一部は，**記憶細胞**として体内に残る。そして，次に同じ抗原が侵入してくると，すぐに応答して増殖し，速やかに抗原を排除する。

補足 細胞性免疫では，ウイルス感染した細胞だけでなく，がん細胞も排除される。ウイルス感染した細胞はウイルスのタンパク質を，がん細胞はがん細胞特有のタンパク質を抗原として提示しており，キラーT細胞はこれらを認識して攻撃する。

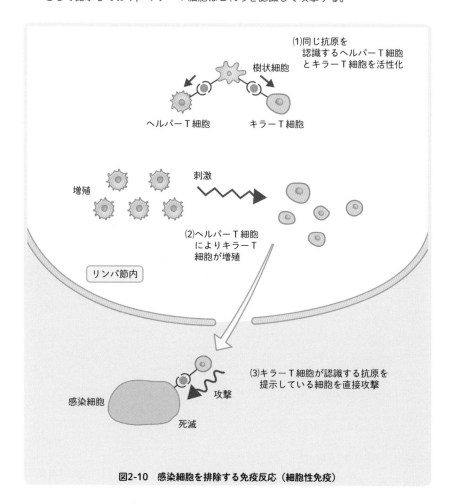

図2-10　感染細胞を排除する免疫反応（細胞性免疫）

Q キラーT細胞が感染細胞などを直接攻撃するということは，どういうことですか。

 A 活性化したキラーT細胞は，感染細胞に穴をあけDNAを破壊したり，アポトーシス（細胞の自殺）を促進させる物質を注入したりすることにより細胞を破壊します。

5 | 免疫記憶

1 記憶細胞と二次応答

　感染の経験がない病原体が体内に侵入したときの免疫応答を**一次応答**という。

　一次応答では，抗体を産生するまで1週間ほどかかる。その間，病原体が体内で増殖し，発病する。一方，ある病原体に感染した経験があると，同じ病原体に感染しにくくなる。これを**免疫記憶**という。

　病原体に感染すると，活性化し増殖したT細胞と，B細胞の一部が**記憶細胞**となって体内に保存される。再び同じ抗原をもつ病原体が体内に侵入すると，記憶細胞が速やかに増殖し，急速に強い免疫反応が起こる。これを**二次応答**という。その結果，一次応答の100倍もの大量の抗体が産生され，抗体により病原体の増殖が抑制され，排除される。

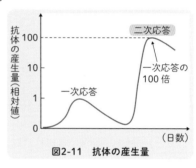

図2-11　抗体の産生量

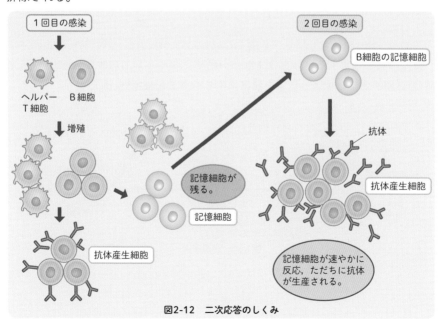

図2-12　二次応答のしくみ

POINT

活性化されたヘルパーＴ細胞とＢ細胞の一部が記憶細胞となるため，すばやい二次応答が起きる。

2 ワクチン

特定の病原体による感染や，病原体の毒素による発症を防ぐために，毒性を弱くした病原体や無毒化した毒素をあらかじめ注射する方法がある。このとき用いられる抗原を**ワクチン**という。ワクチンにより記憶細胞がつくられ，ワクチンと同じ抗原をもつ病原体が侵入すると，二次応答により速やかに獲得免疫が発動して感染が抑えられる。

> コラム | RNA ワクチン
>
> 　新型コロナウイルスのワクチンは RNA ワクチンが主流である。ワクチンの RNA は，ウイルスが細胞に侵入するためのタンパク質の情報をもつ mRNA であり，接種された mRNA はヒトの細胞の中で翻訳されて，ウイルスのタンパク質が産生される。樹状細胞によってウイルスのタンパク質が抗原提示されると，ウイルスに対する獲得免疫が発動する。

3 血清療法

特定の抗原に対する抗体をウマなどの動物につくらせ，抗体を含む血清（抗血清）を注射することにより抗原を無毒化する治療法を**血清療法**という。

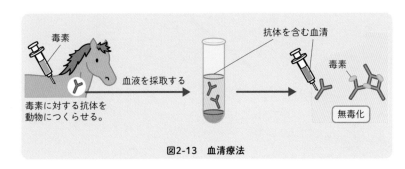

図2-13　血清療法

マムシにかまれたとき，マムシの毒素に対する抗血清を注射するように，血清療法は緊急を要する場合に用いられる。

Q ウマの血清はヒトにとって異物ですよね？　大丈夫なのでしょうか。

A 毒素で命を落とす危険がある場合は，まずは毒素を無毒化する血清療法が有効です。しかし，確かにウマなどの動物の血清は，ヒトにとってそれ自体が異物であるため使用には注意が必要です。過剰な免疫応答が起こらないようにする処置が施されます。

参考　血清

　血液を試験管の中に入れてしばらく静置すると，血ぺいが沈殿する。血ぺいが沈殿した上澄みを血清という。血ぺいは赤血球を含むため赤色である。血清は薄黄色の透明な液体である。

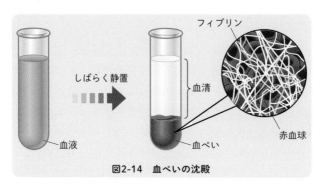

図2-14　血ぺいの沈殿

6 | 免疫と病気

免疫は病原体から身を守るのに役立っているが，免疫が病気を引き起こすことがある。また，免疫のしくみが損なわれることで病気になることもある。免疫と病気はどのようにかかわっているのだろうか。

1 アレルギー

抗原抗体反応が過敏に起こると，じんましんや目のかゆみ，鼻づまりなど体に不都合な症状が現れることがある。このような反応を**アレルギー**といい，アレルギーの原因となる物質を**アレルゲン**という。

アレルゲンはまれに，全身性の強い反応を引き起こすことがある。これを**アナフィラキシーショック**とよぶ。

補足 金属アレルギーやうるしによるかぶれなど，細胞性免疫がかかわるアレルギー反応もある。

2 臓器移植と拒絶反応

移植された他人の組織や器官は異物として認識され，細胞性免疫によって攻撃を受ける。これを**拒絶反応**という。拒絶反応では，移植された組織をキラーT細胞やNK細胞が攻撃する。患者の臓器が治療できない状態の場合，脳死と判定された人から，臓器の提供を受ける移植手術が行われている。現在は，拒絶反応を抑制する薬剤が開発されているため，移植手術の成功率は高い。

3 エイズ

HIVとよばれる**ヒト免疫不全ウイルス**は，ヘルパーT細胞に感染し破壊する。ヘルパーT細胞は，体液性免疫，細胞性免疫の両方にかかわる。そのため，免疫機能が損なわれ，さまざまな病原体に感染しやすくなる。HIVにより引き起こされる疾患を**エイズ**（AIDS，後天性免疫不全症候群）という。免疫機能が損なわれると，健康な体であれば感染しない病原性の低い病原体にも感染するようになる。このような感染を**日和見感染**という。HIVは感染してから発症するまで長い時間がかかるため，感染してもしばらくは自覚症状がなく，他人に感染させてしまう危険性が高い。

HIV は Human Immunodeficiency Virus，AIDS は Acquired Immune Deficiency Syndrome の頭文字表記である。

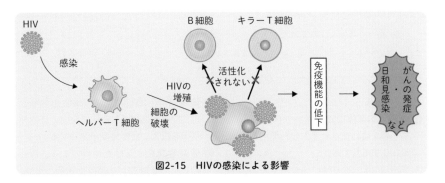

図2-15　HIVの感染による影響

4　自己免疫疾患

　免疫のしくみが，自身を攻撃，排除しようとすることにより引き起こされる疾患を自己免疫疾患という。自己免疫疾患では，自己の組織や正常な細胞が抗原とみなされ，攻撃の対象となることがある。自己免疫疾患には，重症筋無力症，バセドウ病，全身性エリテマトーデスなどがある。

補足　**重症筋無力症**：筋細胞には，神経伝達物質アセチルコリンの受容体がある。このアセチルコリン受容体に対する抗体ができてしまう病気。筋肉に刺激を伝えるアセチルコリンの受容体に抗体が結合すると，情報の伝達が妨げられ，筋肉の脱力が引き起こされる。
　　　バセドウ病：甲状腺刺激ホルモン受容体に対する抗体ができる病気。甲状腺刺激ホルモン受容体に抗体が結合すると，受容体が活性化され，甲状腺ホルモンが過剰に分泌される。甲状腺ホルモンは代謝を高める働きがあるため，ホルモンの量が過剰になると頻脈や眼球突出など全身にさまざまな影響を及ぼす。
　　　全身性エリテマトーデス：細胞の核や DNA に対する抗体が産生され，細胞の機能が異常になる。発熱，関節炎などが引き起こされる。

コラム　│　**細胞内の異物の認識システム**

　体内に侵入した細菌は，細胞の外にいるため，抗体により認識される。したがって，体液性免疫によって排除することができる。しかし，ウイルスは細胞の中に侵入するため，抗体では認識できず，体液性免疫は機能しない。細胞性免疫では，感染した細胞が細胞表面に提示するウイルスの断片をキラー T 細胞が認識し，感染細胞ごとウイルスを破壊する。がん細胞も，細胞内にできた異常なタンパク質を細胞表面に提示しており，細胞性免疫により除去される。

この章で学んだこと

　生物の体は，ウイルスや細菌などさまざまな異物が侵入する危険にさらされている。この章では，異物の侵入を防いだり，侵入した異物を排除したりするしくみについて学んだ。

---

1 免疫とは
❶ 免疫　病原体などの異物が体内に侵入するのを防いだり，侵入した異物を排除したりするしくみ。

2 自然免疫
❶ 物理的・化学的防御　皮膚は異物に対する物理的な障壁となる(物理的防御)。汗・涙にふくまれるリゾチームには殺菌力がある(化学的防御)。

❷ 食作用　マクロファージや好中球などの食細胞は，異物を取り込んで分解し，無毒化する。

❸ 炎症　異物が侵入した部位は，熱をもって腫れる。マクロファージの働きにより，毛細血管が拡張して血流が増えるためである。

❹ 血液凝固　傷をふさぎ，異物の侵入を阻止。フィブリン繊維が血球をからめ取って固まり，血ぺいができる。

3 免疫にかかわる細胞とリンパ系
❶ 免疫にかかわる細胞　白血球には，好中球・マクロファージ・樹状細胞・リンパ球がある。リンパ球には，B細胞・T細胞・NK細胞がある。

❷ リンパ系　体内に張り巡らされている。リンパ節にはリンパ球が集まっている。

4 獲得免疫
❶ 免疫寛容　自己の物質を抗原として認識するT細胞やB細胞は，死滅したり，働きが抑制されたりする。ゆえに自己に対する獲得免疫は起こらない。

❷ 抗原提示　食作用により異物を取り込んだ樹状細胞が，T細胞に異物の抗原の情報を伝え，獲得免疫が発動する。

❸ 体液性免疫　抗体が中心となる。活性化されたB細胞が抗体産生細胞になり，抗体を分泌する。

❹ 細胞性免疫　キラーT細胞が，ウイルス感染した細胞を直接的に攻撃し，排除する。

5 免疫記憶
❶ 免疫記憶　ヘルパーT細胞とB細胞の一部が記憶細胞として体内に残るため，ある病原体に感染した経験があると，同じ病原体に感染しにくくなる。

❷ 二次応答　同じ病原体が再び体内に侵入すると，急速に強い免疫反応が起き，たくさんの抗体がつくられる。

❸ ワクチン　毒性を弱くした病原体などが予防接種では使われる。記憶細胞をあらかじめつくっておくことで，異物の侵入に備える。

6 免疫と病気
❶ アレルギー　アレルゲンにより，くしゃみや目のかゆみなどが起こる。全身性の強い反応はアナフィラキシーショックという。

❷ その他　免疫がかかわる病気には，ヒト免疫不全ウイルスによって起こるエイズや，自身を攻撃してしまうことで起こる自己免疫疾患などがある。

定期テスト対策問題 2

解答・解説は p.533

1 次の文は自然免疫に関するものである。空欄に当てはまる語を答えよ。

①　（　　　　　）的防御は，皮膚などが外壁として異物の侵入を防ぐことである。

②　汗や涙には（　　　　　）という殺菌力のある酵素が含まれている。

③　細胞が異物を取り込んで分解することを（　ア　）という。（　イ　）細胞，
（　ウ　），好中球などの白血球には，このような働きがある。

④　組織が傷ついた部位や，病原体が侵入した部位などが腫れる現象を（　ア　）
という。これは食細胞の１つである（　イ　）の働きによって起こる。

⑤　血管が傷つくと，（　ア　）が集まって傷口を覆う。また，血しょう中に
（　イ　）というタンパク質がつくられ，これが結合して繊維となり，血球を
からめとって固まる。

2 次の図は体液性免疫に関するものである。空欄に当てはまる語を答えよ。

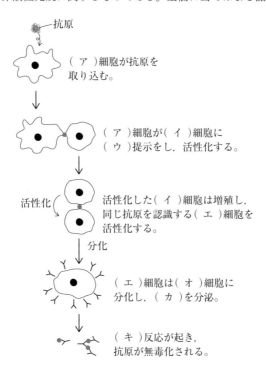

抗原

（　ア　）細胞が抗原を
取り込む。

（　ア　）細胞が（　イ　）細胞に
（　ウ　）提示をし，活性化する。

活性化

活性化した（　イ　）細胞は増殖し，
同じ抗原を認識する（　エ　）細胞を
活性化する。

分化

（　エ　）細胞は（　オ　）細胞に
分化し，（　カ　）を分泌。

（　キ　）反応が起き，
抗原が無毒化される。

3 次の文の空欄にあてはまる語を答えよ。

① 抗体が中心となる獲得免疫を（　　　　）免疫という。

② （　　　　）細胞は，樹状細胞から抗原提示を受ける。そしてウイルス感染した細胞を攻撃して排除する。

③ 自分の体の細胞に対しては（　　　　）の状態になっているため，免疫反応によって攻撃を受けることはない。

④ （　　　　）とは，ある病原体に感染した経験があると，同じ病原体に感染しにくくなる機能のことである。

⑤ アレルギーの原因となる物質を（　　　　）という。

⑥ （　　　　）とは，自己の組織に対して免疫反応が起きる病気である。

4 体液性免疫に関する次のような実験を行った。次の問いに答えよ。

〔実験〕 あるマウスに，物質（抗原A）を，期間をおいて2度注射した。抗原Aの2回目の注射の際に，別の物質（抗原B）も同時に注射した。それぞれの抗原に対する抗体の産生量を調べたところ，下図のような結果が得られた。

(1) 抗原Aと抗原Bについて，正しい記述を次の中から1つ選べ。

① 今回の実験で初めて，実験で用いたマウスの体内に入った。

② 今回の実験以前にも，実験で用いたマウスの体内に入ったことがある。

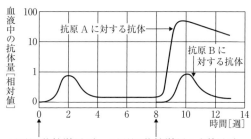

③ 実験で用いたマウスが，生まれたときから体内に含んでいる。

④ 実験で用いたマウスが，繁殖年齢になるまでに体内に入り，それ以降，ずっと体内に含まれている。

(2) 抗原Aの2回目の注射で，抗体量が著しく増加した理由を説明せよ。

Basic Biology

第 4 部

生物の多様性と
生態系

Basic Biology

第  章 　植生の
多様性と分布

1 | 植生と環境

1 環境

　生物を取り巻く外界を環境という。環境は生物の活動に影響を及ぼす。環境には，光や温度，大気，水，土壌などの非生物的環境と，同じ生物種の個体間の競争，異なる種との「食う－食われる」の関係などの生物的環境がある。

2 環境形成作用

　環境と生物は，環境が生物に影響するとともに，生物も環境に影響を与えている。生物が光や温度，大気などの非生物的環境から受ける影響を作用という。生物が活動することにより，非生物的環境に及ぼす影響は環境形成作用という。植物が根を張ると岩石の風化が進み，土壌の形成を促進する。葉を茂らせ光合成を行うと二酸化炭素濃度が低下し，酸素濃度が高くなるが，林床には光が届きにくくなる。これらは環境形成作用である。

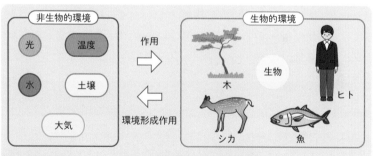

図1-1　生物的環境と非生物的環境

 POINT

● 非生物的環境と生物は互いに，それぞれ作用と環境形成作用を及ぼす。

3 植生

　地球のさまざまな環境には，その環境に適した植物が生育している。ある場所に生育している植物の集まりを**植生**とよぶ。植生は，土壌や，光，温度，人間の活動などの影響を受ける。

Ａ　植生を性質で分ける

　植生はその性質によって，**草原**，**雑木林**，**原生林**や**耕作地**，**牧草地**などにグループ分けされる。

補足 種々の木が入り混じって生えている林を雑木林という。火災や伐採などの影響を受けたことがなく，自然のままの状態を維持している森林を原生林という。

POINT

●**植生**→ある場所に生育している植物の集まり。

Ｂ　植生を相観で分ける

　植生はさまざまな植物によって構成されている。植生の中で個体数が多く，占める割合が最も多い植物の種を**優占種**という。

　外側から見てわかる植生の様相を**相観**といい，優占種の生活形によって特徴づけられる。相観によって**サバンナ**，**照葉樹林**，**針葉樹林**などのグループに分けることができる。

参考　生活形

　生物は，生存や繁殖に都合がよいように，体の形態や生理的な働きなどの**生活様式**を発達させている。生活様式を反映した生物の形態を**生活形**という。植物の生活形は，光合成を行う葉，葉を支える茎，土壌の無機物を吸収する根・種子の形成や性質などによって特徴づけられる。

　生活形を更に5つに分類する考え方があり，その一部を紹介しよう。例えば，種子が発芽して1年以内に開花して実をつけ，種子をつくると個体は枯死するような植物を**一年生植物**という。一年生植物には，アサガオや，トウモロコシ，ヒマワリなどがある。また，2年以上個体が生存する植物を**多年生植物**という。多年生植物は，地下部などに栄養分を貯蔵している。

4 森林の階層構造

　植生の中では，さまざまな植物が空間を立体的に利用して生きている。森林には，背の高い樹木もあれば，地表を覆う下草や，その中間を埋めるように生えている木もある。

　森林の最上部で，多数の樹木の葉が茂って森を覆っている部分を林冠，地表に近い部分を林床という。林冠には太陽光が降り注ぐが，林床に近づくにつれ，葉などによって光はさえぎられるようになる。そのため，林床にはわずかな光しか届かず，陰生植物（→ **p.148**）は育つが陽生植物（→ **p.148**）はほとんど育たない。

　発達した森林を構成している植物は，高さによって**高木層，亜高木層，低木層，草本層，地表層**に分けられる。このような**階層構造**は，日本では中南部にある人の手が入っていない森林でみられる。照葉樹林（→ **p.157**）での例を挙げると，高木層を形成するのは**アラカシ**や**スダジイ**，亜高木層は**ヤブツバキ**や**スダジイ**の幼木，低木層は**イヌビワ**である。光が届きにくい林床には草本からなる草本層，**コケ**で構成される地表層がみられる。

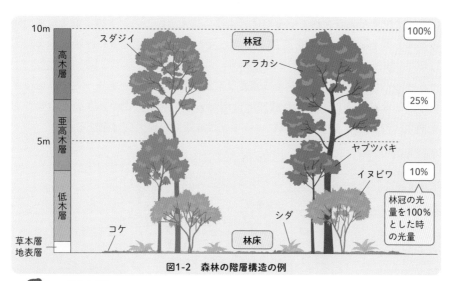

図1-2　森林の階層構造の例

POINT

● 森林では植物の高さによって層をなす**階層構造**がみられる。
● 森林の林冠と林床では，生育に適した植物は異なる。

5 光の強さと光合成

　光は光合成のエネルギーとして利用されるが，強い光は害を及ぼす。**植物の種類によって光の強さに対する耐性は異なり，光合成に利用する光の最適な強さも異なる。**強い光の下で速く成長する植物を**陽生植物**といい，陽生植物の樹木を**陽樹**という。一方，強い光の下では幼木は生存できないが，弱い光の下でゆっくり成長する植物を**陰生植物**といい，陰生植物の樹木を**陰樹**という。陰樹は成長すると強い光の下でも成長できるようになる。

A 光合成速度

　植物は，光がある条件では光合成を行う。単位時間あたりの光合成量を光合成速度，呼吸量を呼吸速度という。また，植物は呼吸もしている。光合成により二酸化炭素を吸収する一方で，呼吸により二酸化炭素が放出される。暗黒下では呼吸のみ行われるが，光がある一定の強さになると，二酸化炭素の放出と吸収の量が等しくなる。このときの光の強さを**光補償点**という。

　光補償点より光が強くなると，光合成速度が呼吸速度より大きくなり，全体では二酸化炭素が吸収されているだけのように見える。このときの二酸化炭素の吸収速度を**見かけの光合成速度**という。見かけの光合成速度に呼吸速度を加えた値が，実際の**光合成速度**である。

　さらに光が強くなると，光合成速度は増加する。しかし，ある一定の光の強さで最大となり，それ以上光合成速度は増加しなくなる。このときの光の強さを**光飽和点**という。植物の種類によって光合成速度の最大値は異なる。

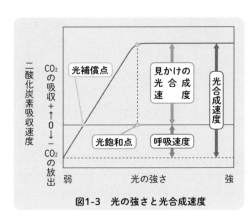

図1-3 光の強さと光合成速度

B 陽生植物と陰生植物の光合成速度

　植物の成長は見かけの光合成速度に比例する。陽生植物は強い光の下で光合成を活発に行うが，呼吸も活発に行う。そのため，強い光の下では成長が速いが，弱い光の下では成長できない。弱い光の下では，呼吸速度が光合成速度を上回るからである。一方，陰生植物は，強い光を十分に活用するような光合成は行えないため，成長速度が小さいが，呼吸速度も小さい。弱い光であっても二酸化炭素の放出と吸収を差し引くと，吸収が上回るため成長することができる。

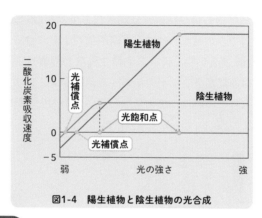

図1-4　陽生植物と陰生植物の光合成

- **光補償点**→二酸化炭素の放出速度と吸収速度の量が等しくなる光の強さ。
- **光合成速度**→見かけの光合成速度に呼吸速度を加えた値。
- **光飽和点**→光を強くしても，それ以上光合成速度が増加しなくなる光の強さ。

C 陽葉と陰葉

　同じ1本の樹木でも，日当たりのよい場所の葉と，日当たりの悪い場所の葉では，光合成速度が異なる場合がある。日当たりのよい場所の葉の特徴は，陽生植物と似ており，これを陽葉という。日当たりの悪い葉の特徴は，陰生植物と似ており，これを陰葉という。

6 土壌

　岩や石は，温度の変化，水や空気の作用により風化して砂になる。**土壌**は風化によりつくられた砂や，砂より粒の小さい粘土，落ち葉や生物の死骸，動物や微生物によって分解された有機物などからなり，**構成成分によって層を形成している。**

　地表面には落ち葉などが積もっており，これを**落葉層**という。その下には，動物や微生物によって落ち葉や枯枝が分解されてできた**腐植層**がある。腐植層の下には，風化してできた細かい砂や石と腐植物が混じり合った粒状の構造ができる。これを**団粒構造**といい，ミミズや微生物などの働きによってつくられる。団粒構造のある層は隙間が多い。そのため，通気性がよく保水力があり，植物の根が発達する。さらにその下は，風化が進んでいない大きな石や岩からなる岩石の層がある。

落葉層

腐植層

岩石が風化した層

岩石の層

図1-5　森林の土壌

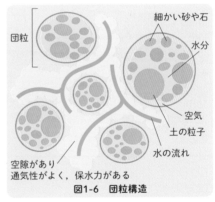

団粒

細かい砂や石

水分

空気

土の粒子

水の流れ

空隙があり通気性がよく，保水力がある

図1-6　団粒構造

 POINT

土壌は異なる構成成分からなる層を形成している。

2 | 遷移

1 遷移とそのしくみ

　宅地造成などのために更地になった土地は，初めは土や砂ばかりで何も生えていない。しかし，そのまま空き地になっていると，次第に背の低い草が生えて草むらになり，やがて背の低い木が生えて藪になる。さらに年月が経つと，背の高い木が生い茂り，森がつくられる。この間，生えている植物の種類や数は徐々に変化していく。**植生を構成する植物の種類や，相観が時間の経過とともに変わっていくことを遷移という。**自然界でも，火山活動などで植物が生えていない地面ができると遷移が始まる。

　植物は環境形成作用により，植生内の土壌や光などの環境を変えていく。植物が環境を変化させ，変化した環境に適した別の植物が進入すると，先に生えていた植物にとっては環境が悪くなる。その結果，植生が変化し，これが繰り返されることで遷移が進む。

A 一次遷移

　溶岩で覆われた地面や大規模な地滑りによって生じた裸地，海に新たに出現した島，新しくできた湖沼のように土壌や種子がない場所で始まる遷移を**一次遷移**という。溶岩で覆われた地面は土壌がなく，植物が育たないように見える。しかし，そのような過酷な環境にも，**地衣類**や乾燥に強い**コケ植物**が生育する。裸地（植物の生えていない地面）に最初に進入する種を**先駆種**（パイオニア種）という。特別な植物がまばらに生えるだけで，植物が地面を覆う割合が非常に小さい地域を**荒原**という。

▲ウメノキゴケ

補足　地衣類は，菌類と藻類が共生した生物である。森林の樹木の枝から垂れ下がる**サルオガセ**や，樹皮に張り付いている**ウメノキゴケ**などがある。

土壌の形成が進み，土中の有機物や水分が増えると，**ヨモギ**や**ススキ**などの多年生草本類が進入し草原となる。多年生草本類が先駆種となることもある。草原には，**ハコネウツギ**や**ヤシャブシ**などの低木が進入する。枯葉が積もり，保水力が増して根を大きく張ることができる土壌が整えられると，高木となる樹木が進入する。初めは，強い光の下で，成長が速い**アカマツ**などの**陽樹**が森を占める。

　森が成長し，葉が生い茂ると，地面に太陽光がほとんど届かなくなる。暗くなった林床では，陽樹の幼木は育たなくなる。一方で，**シラカシ**や**スダジイ**など，成長は遅いが光の量が少なくても生育できる**陰樹**は育つ。陰樹の幼木は成長し世代交代するが，老化した陽樹は駆逐され，最終的には陰樹を中心とする安定した陰樹林が形成される。植生があまり変化しなくなり，安定している状態を**極相（クライマックス）**とよぶ。そして，極相に達した森林を**極相林**という。一次遷移により荒原から陰樹林に至るには千年以上かかるといわれている。極相にあっても，環境が大きく変化すると植生が変化し，遷移が起こる。

 POINT

● 遷移→植生が時間とともにしだいに変化していくこと。
● 極相→遷移が進みそれ以上植生が変化しなくなった状態。

補足　草むらの中は空気の動きが遅いため，草原では風で運ばれた土埃や砂が堆積して植物の死骸と混ざり合った土壌が形成される。有機物を含んだ土壌は樹木の生育に適した環境となり，飛来した樹木の種子や動物によって運ばれた種子が発芽し，成長する。樹木は最初から荒原に生育できるわけではなく，さまざまな植物や動物の活動の積み重ねによってつくられた環境を必要とする。

B 乾性遷移と湿性遷移

　陸上で始まる遷移を**乾性遷移**といい，湖沼から始まる遷移を**湿性遷移**という。湖や沼は，長い年月がたつと水草の死骸や飛来する枯葉，そして土や砂などが積もり，浅くなる。浅くなった湖沼には**マツモ**や**クロモ**などの**水生植物**が生え，**ヒシ**などの**浮水植物**が水面を覆う。さらに堆積が続くと湿地を経て草原となり，乾性遷移と同じ過程を経て極相に達する。

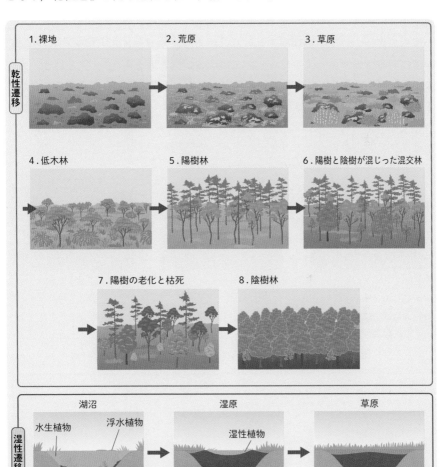

図1-7　乾性遷移と湿性遷移

森林火災や伐採など，植生の大部分が失われた場合，その後に起こる遷移を**二次遷移**という。二次遷移では，植物の生長に必要な土壌があるので植物は進入しやすい。また，地中には発芽能力をもつ種子や地下茎が残っているため，植生の再生は早く，遷移も速い。

2 ギャップ更新

極相の森林の林床は暗いが，枯死などにより高木が倒れると林冠に穴が開き，林床に明るい光が届くようになる。この明るい空き地を**ギャップ**という。**大きなギャップができると林床に強い光が届くため，陽樹の幼木も成長することができる。**陰樹で構成される極相林に陽樹が混じるのは，ギャップによる二次遷移のためである。遷移が進むと，陽樹はやがて陰樹に置き換えられる。このようなギャップを中心とする樹木の更新を**ギャップ更新**という。

図1-8　ギャップ更新

POINT

ギャップには強い光が届くため，極相の林床でも陽樹の幼木が育つ。

3 | バイオーム

1 陸上植物の植生と気候の関係

地球は地域によって環境が大きく異なり，その地域に適した植物が生育している。そのため，地域によって相観が異なる。相観には，主に年平均気温と年降水量が反映される。

ある地域に生育する植物の集団を植生といい，その**植生と，そこで生育する動物や微生物などすべての生物の集まりをバイオーム**とよぶ。バイオームは，遷移の最終段階の極相の相観によって分類される。そのため，その地域のバイオームの相観は，環境が大きく変化しない限り，いつまでも変わらない。陸上のバイオームは，その相観から，森林，草原，荒原に大別される。

A 森林

年降水量が多い地域では，高木の樹木が生育できるため，遷移の結果，森林ができる。熱帯や亜熱帯では，熱帯多雨林，亜熱帯多雨林，雨緑樹林が形成される。温帯では，照葉樹林，硬葉樹林，夏緑樹林が形成される。亜寒帯では針葉樹林が形成される。

B 草原

温暖であっても，年降水量が少ない地域では，高い樹木は生育できないため，草原となる。熱帯で乾季が長い地域はサバンナになる。温帯ではステップになる。

C 荒原

年降水量が非常に少ない地域は砂漠になる。年平均気温が−5℃以下の地域はツンドラとなる。

図1-9　陸上のバイオーム

2 世界のバイオーム

A 森林

年降水量が多く，年平均気温が－5℃以上の地域では森林が形成される。

●熱帯多雨林…

年間を通して高温多雨の熱帯地域には**熱帯多雨林**が発達する。熱帯多雨林の大部分は，**常緑広葉樹**が占めており，大きな樹木が林冠を覆い，林床は暗く下草は生えにくい。樹木

▲熱帯多雨林（オーストラリア）

を支えにして成長するつる植物や，樹木に張り付いて生育する**着生植物**も多く，これらの植物も林冠を構成する。

補足 着生植物は樹木に張り付き，根を樹皮の上に張りめぐらせて成長している。樹木から栄養を吸収しているわけではないので，寄生植物ではない。樹皮の上に張りめぐらす根では十分な支えとはならないため，大きく成長することはできない。しかし，巨大な樹木の林冠に近いところにも着生することができ，太陽光を十分に吸収することができる。

Q 熱帯多雨林は，植物や動物が多そうなので，"豊かな環境"とイメージしたらいいですか？

A 熱帯多雨林といえば，ジャングルですよね。ジャングルにはいろいろな植物が生えていますし，めずらしい動物も生息していたりします。確かに，豊かな環境だといえそうです。しかし，土壌に目を向けてみると，こちらはあまり豊かとはいえません。熱帯多雨林では，高温多湿のため，落ち葉が微生物によって急速に分解されます。そのため，腐植層がほとんどないのです。また，雨が多いので土壌の栄養分もみな洗い流されてしまいます。一見，豊かに見える熱帯多雨林には，意外な一面があるのですね。

●亜熱帯多雨林…

亜熱帯とは，熱帯に比べて気温が低くなる時期がある地域をいう。亜熱帯の中で，降水量が多い地域に形成される森林を**亜熱帯多雨林**とよび，常緑広葉樹が大部分を占める。

熱帯・亜熱帯の河口の塩分を含んだ湿地には，**マングローブ**とよばれる塩に対して抵抗性のある樹木が林を形成している。

Q マングローブって，どんな特徴があるのですか？

A マングローブは，熱帯・亜熱帯の河口にある塩分の多い湿地に生育する樹木の総称です。マングローブの多くは，タコの足のように根を地上部に出しています。なぜなら，熱帯・亜熱帯の河口付近の湿地・干潟（ひがた）の泥の中は，酸素が少なく根が酸欠になりやすいため，地上部に出ている根で酸素を吸収しているからです。この根を呼吸根とよびます。複雑に張りめぐらされた根は潮が満ちてくると海水に浸り，海の生物にとって生息場所となります。そのため，マングローブのバイオームでは動物種が多く見られます。日本では，沖縄地方に分布しています。

▲マングローブ（フィリピン）

●照葉樹林・夏緑樹林・硬葉樹林・雨緑樹林…

照葉樹林（しょうよう）や夏緑樹林（かりょく）は温帯地方にみられる。照葉樹林は夏に降水量が多い暖温帯に分布し，葉が厚く光沢のある照葉樹が大部分を占める。夏緑樹林は冷温帯に分布し，冬に落葉する落葉広葉樹が大部分を占める。

雨緑樹林は雨季と乾季が明瞭な熱帯・亜熱帯に分布する。雨季に葉を茂らせ，乾季に落葉する落葉広葉樹からなる。

▲照葉樹（タブノキ）

冬に雨が多く，夏は日差しが強く乾燥する温帯地域には，硬く小さい葉を一年中つける硬葉樹林（こうよう）がみられる。

温帯地方では，落葉が微生物によって急速に分解されることはない。落葉は堆積し，腐植層が厚くなる。そのため，土壌に生息する動物は多く，寒い冬に冬眠する動物も生息している。

補足 ・常緑広葉樹のうち，葉の表面に光沢があるものを特に照葉樹とよぶ。照葉樹にはタブノキやスダジイ，アラカシがある。
・落葉広葉樹にはブナやミズナラがある。
・夏緑樹林は，夏には緑の葉をつけるが冬に落葉する落葉広葉樹の森，という意味が込められている。
・硬葉樹林では，オリーブやゲッケイジュ，コルクガシのような乾燥に強い樹木が優占している。

●針葉樹林…

　冬の厳しい寒さが長く続く亜寒帯地方には，針葉樹林（しんよう）が分布している。モミやトウヒなどの常緑針葉樹が多いが，落葉針葉樹のカラマツがみられる場所もある。年平均気温が−5℃以下の寒帯では，樹木が生育しないため，森林は形成されない。

▲針葉樹（モミ）

B 草原

●サバンナ・ステップ

　年降水量が少ない地域では，森林が形成されず，草原になる。草原のうち，熱帯で乾季が長い地域は**サバンナ**となる。サバンナはイネの仲間の草本を主とした草原であり，乾燥に耐える樹木も散在する。温帯の草原はステップとよばれる。**ステップ**もイネの仲間の草本を主とした草原である。サバンナとは異なり，樹木はほとんどない。北アメリカのステップには，バイソンやコヨーテが生息している。

▲サバンナ（ケニア）

▲ステップ（モンゴル）

C 荒原

●ツンドラ

　寒帯には**ツンドラ**とよばれるバイオームが分布する。ツンドラの地中には，一年中溶けることのない永久凍土がある。低温のため，微生物による有機物の分解は遅い。土壌の栄養塩類が少なく，地衣類やコケ植物以外の植物はほとんど生育していない。

[補足] ツンドラとは，ロシア語で「木のない平原」を意味する。

●砂漠

　年降水量が 300 mm 以下の地域では，おもに砂漠が形成される。砂漠には，乾燥に耐える多肉植物のサボテンや，深い根をもつ草本，一年生植物など，わずかな植物しか生育していない。熱帯の砂漠には，乾季に休眠するなど，乾燥と飢えに耐えるしくみを獲得した動物や，地表の熱を避けるため，夜行性の動物が多い。

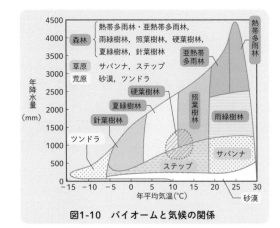

図1-10 バイオームと気候の関係

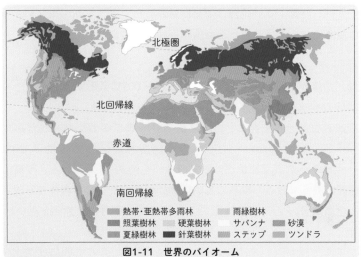

図1-11 世界のバイオーム

POINT

- ●ある地域の植生と，そこに生息するすべての生物の集まりを**バイオーム**という。
- ●バイオームは**年平均気温**と**年降水量**によって特徴づけられる。

日本は国土の全域にわたって降水量が多く，降水量によるバイオームの差はほとんどない。日本列島は南北に細長く伸びており，緯度によって気温が異なる。また，山岳地域も多くあり，標高によっても気温は異なる。そのため，**日本のバイオームの違いは気温が主な要因となる**。緯度の違いによるバイオームの分布を**水平分布**といい，標高の違いによって生じるバイオームの分布を**垂直分布**という。

A 水平分布

低地のバイオームの水平分布を見ると，沖縄から九州南端には亜熱帯多雨林が分布し，九州，四国，本州南部は照葉樹林が分布する。本州の東北部から北海道南西部は夏緑樹林，北海道東北部は亜寒帯性の針葉樹林が分布する。

B 垂直分布

気温は，高度が 100 m 増すごとに，0.5℃〜0.6℃低下する。そのため，山岳地帯ではバイオームの垂直分布がみられる。

本州中部の垂直分布を見ると，標高約 700 m までの照葉樹林が分布する地帯を**丘陵帯**といい，700 m 〜 1500 m の夏緑樹林が分布する地帯を**山地帯**，1500 m 〜 2500 m の針葉樹林が分布する地域を**亜高山帯**という。亜高山帯の上限より標高が高くなると，樹高の高い森林は形成されない。森林が形成される限界となる亜高山帯の上限を**森林限界**という。森林限界より標高が高い地帯を**高山帯**という。

気温が低く，風が強い高山帯には，厳しい環境に適応する**ハイマツ**や**シャクナゲ**などの低木や，**クロユリ**などの草本の高山植物が生育する。本州中部の高山帯には，キジの仲間の**ライチョウ**や，イタチの仲間の**オコジョ**が生息している。

補足 高山帯には，高山植物が群生する高山草原(お花畑)がみられる。

POINT

日本のバイオームは，南北に長く標高差が大きい国土を反映する。

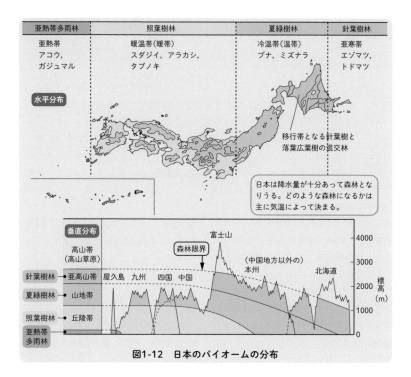

図1-12　日本のバイオームの分布

　屋久島の山地には，屋久島スギが生えています。スギは針葉樹ですが，屋久島の山地のバイオームを針葉樹林と言わないのはなぜですか。

　針葉樹だからといって，針葉樹林を構成する樹木とは限らないのです。亜寒帯に生息するエゾマツ，トドマツ，シラビソなどは，針葉樹林を構成する針葉樹です。しかし，スギは温暖な地域に生息していますし，スギが生息する地域には照葉樹も混在しています。

この章で学んだこと

　生物は地球上のさまざまな環境に適応して生きており，多様な生活形を発達させている。また，生物は環境に影響を与え，環境を変化させる場合もある。この章では，環境と生物との関係について学んだ。

1 植生と環境

❶ **環境**　生物を取り巻く外界。光や温度などの非生物的環境と，生物どうしのかかわりである生物的環境がある。

❷ **生態系**　生物の集団と，それを取り巻く非生物的環境を1つのまとまりとしてとらえたもの。

❸ **作用と環境形成作用**　作用は生物が非生物的環境から受ける影響。環境形成作用は生物が非生物的環境に及ぼす影響。

❹ **植生**　ある場所に生育している植物の集団のこと。植生のなかで占める割合が最も大きい植物の種を優占種という。

❺ **相観**　外側から見てわかる植生の様相。優占種の生活形により特徴づけられる。

❻ **生活形**　生活様式を反映した生物の形態・性質。葉，茎，根の形態・性質により特徴づけられる。

❼ **森林の階層構造**　森林は植物の高さによって異なる植物が成育し，層が形成されている。最上部を林冠，地表に近い部分を林床という。林床では陽樹はほとんど育たない。

❽ **陽生植物**　強い光の下で速く成長する。

❾ **陰生植物**　弱い光の下でゆっくり成長する。成長すると強い光の下でも成長する。

❿ **光補償点**　二酸化炭素の放出速度と吸収速度が等しくなる光の強さ。

⓫ **光合成速度**　見かけの光合成速度に呼吸速度を加えた値。

⓬ **光飽和点**　光を強くしても，それ以上光合成速度が増加しなくなる光の強さ。

2 遷移

❶ **遷移**　植生を構成する植物の種類や相観が時間の経過とともに変化していくこと。

❷ **一次遷移**　土壌がない場所で始まる遷移。

❸ **二次遷移**　土壌が残っている状態から始まる遷移。再生が早く遷移も速い。

❹ **先駆種**　裸地に最初に進入する種。

❺ **極相**　植生があまり変化せず，安定している状態。

❻ **ギャップ**　極相林などで倒木によりできる空間のこと。

3 バイオーム

❶ **バイオーム**　植生と，そこで生育する動物や微生物などすべての生物の集まり。年平均気温と年降水量により決まる。陸上のバイオームは植生の名称でよばれる。

❷ **日本のバイオーム**　緯度や標高の差により，形成されるバイオームが異なる。

❸ **水平分布**　緯度の違いによるバイオームの分布。

❹ **垂直分布**　標高の違いによるバイオームの分布。

❺ **森林限界**　森林が形成される亜高山帯の上限。

定期テスト対策問題1

解答・解説は p.534

1　図1は光合成曲線を，図2は日本のある森林の立体的な構造を表したものである。以下の問いに答えよ。

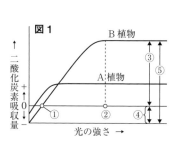

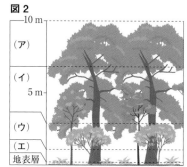

(1)　図1の①〜⑤で示される値の名称は何か。

(2)　図2のような森林の構造を何というか。

(3)　図2の(ア)〜(エ)の各層の名称を答えよ。

(4)　図2の(ア)層と(エ)層の植物を比較したとき，図1のA植物にあてはまるのはどちらか。また，A植物は陰生植物・陽生植物のどちらか。（ただし，(ア)層はアカマツが優占しているものとする。）

2　右図は，暖温帯における植生の変化を示したものである。以下の問いに答えよ。

裸地・荒原 [①] → ススキ イタドリ → 低木林 [(a)] [②] → アカマツ コナラ → [(b)] 林 アカマツ シイ類 カシ類 → 混交林 シイ類 カシ類 → [(c)] 林

(1)　このような植生の変化を何というか。

(2)　図の裸地・荒原に生育する植物①，低木林に生育する植物②の名称を下から選べ。

　　(ア)　地衣類・コケ類　(イ)　ブナ　(ウ)　タブノキ　(エ)　ヤマツツジ

(3)　図の(a)〜(c)にあてはまる言葉を答えよ。

(4)　図の(b)から(c)の植生への移行には，ある非生物的環境が大きく影響している。この非生物的環境は何か。また，この非生物的環境は植生の移行に対してどのような作用をもっているか，説明せよ。

(5)　図の(c)林のような状態を何というか。

ヒント

1 (1)　見かけの光合成速度＝光合成速度−呼吸速度

3 次の図は, 世界のバイオーム(生物群系)を示したものである。以下の問いに答えよ。

(1) 次の文は, 世界のバイオームの特性を説明したものである。それぞれ図のどのバイオームに属するか。a～kの記号で答え, その名称を答えよ。

① 東南アジアの雨季と乾季がある地域に発達している。

② 樹高の高い常緑樹林で階層構造が発達。つる植物・着生植物も多い。

③ 乾燥と冬の低温によりイネ科の草原が広がり, 樹木がほとんどない。

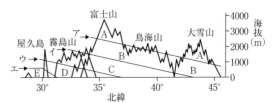

(2) 図の空欄**ア**には降水量とは別の気候要因が入る。この名称を答えよ。

(3) (2)の気候要因について, 空欄**イ**, **ウ**にあてはまる言葉を, 縦軸の降水量の「多」「少」の表現にならって答えよ。

(4) 草原, 荒原は, それぞれ図のどのバイオームがあてはまるか。a～kの記号で答えよ。

4 右図は, 日本のバイオームの分布を示している。図の**ア**～**エ**は, 隣接するバイオームの境界線を表している。以下の問いに答えよ。

(1) 緯度に応じたバイオームの分布を何というか。

(2) 標高に応じたバイオームの分布を何というか。

(3) 図のB～Eにあてはまるバイオームの名称を下から選べ。

（**ア**） 亜熱帯多雨林 （**イ**） 針葉樹林 （**ウ**） 夏緑樹林 （**エ**） 照葉樹林

(4) 夏緑樹の葉の特徴を説明した文を下から1つ選べ。

（**ア**） 葉の表面にクチクラ層が発達し, 光沢がある。

（**イ**） 秋に紅葉・黄葉するものが多い。

（**ウ**） 針のようにとがった葉が多い。

(5) 図のB～Eのバイオームを代表する植物名を1つずつ下から選べ。

（**ア**） ガジュマル （**イ**） ブナ （**ウ**） エゾマツ （**エ**） クスノキ

(6) 図の**ア**～**エ**の線のうち, 森林限界を示すものはどれか。

ヒント

3 (3) バイオームは年平均気温と年降水量でおおむね決まる。

Basic Biology

第 2 章 生態系と
その保全

1 | 生態系とは

1 生態系における生物のつながり

生物的環境と，非生物的環境を1つのまとまりとしてとらえるとき，このまとまりを**生態系**という。

生態系のまとまりの規模はさまざまであり，小さな水槽を生態系ととらえることも，地球全体を1つの生態系ととらえることもできる。

植物や藻類は，光合成により無機物から有機物をつくり出す。生態系において，光などのエネルギーを用いて無機物から有機物をつくり出すことができる独立栄養生物を**生産者**という。

動物のように外界から有機物を取り入れて，有機物の化学エネルギーを用いて生命活動を営む生物を**消費者**という。菌類や多くの細菌類のように，生物の遺骸や排出物を取り入れて分解し，エネルギーを得る生物を特に**分解者**という。分解者も消費者に含まれる。

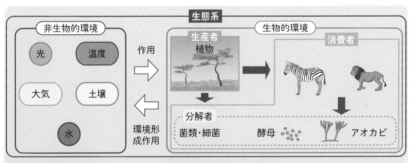

図2-1　生態系のなりたち

 POINT

- 光などのエネルギーを用いて無機物から有機物をつくり出す独立栄養生物を**生産者**といい，外界から取り入れる有機物に依存している生物を**消費者**という。

2　生物多様性

　身の回りを見ても，多様な生物が生息していることがわかる。これらの生物は，それぞれ生息環境に適応している。生物は多様な環境に適応しながら，多様に進化してきた。ある生態系を構成する生物が多様であることを**生物多様性**という。また，生物多様性の中でも特に，生物種が多様であることを，**種多様性**という。

3　陸上の生態系

　陸上の生態系の構成には，降水量が大きくかかわる。陸上の生態系は，生産性の高い順から，森林，草原，荒原に分けられる。森林の生産者は主に樹木であり，草原の生産者は主に草本である。荒原は，植物があまり生育しないため，生産性は低い。植物が生産した有機物を，昆虫，哺乳類，鳥類などの動物や，微生物が消費することで生態系が成り立っている。

4　水界の生態系

　湖沼や海洋などの水界の生産者には，光合成を行う植物プランクトンや水生植物，藻類がある。水界の生産者による有機物の生産は，表層に限られる。それは，光合成に必要な光が，水や浮遊物に吸収され，深部には届かないからである。生産者が生息可能な水深の下限，すなわち光合成速度と呼吸速度が等しくなる水深を補償深度という。消費者は，動物プランクトンや魚類などの動物，分解者の微生物である。

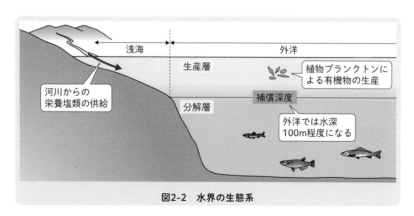

図2-2　水界の生態系

2 | 種多様性と生物間の関係

1 食物網

　植物は，ウサギのような**草食動物**（植物食性動物）に食べられ，草食動物は**肉食動物**（動物食性動物）に食べられる。肉食動物はさらに大型の肉食動物に食べられる。このような「食う－食われる」の一連の関係を**食物連鎖**という。

草	バッタ	クモ	カエル	モズ
生産者	一次消費者	二次消費者	三次消費者	四次消費者

図2-3　食物連鎖

　消費者のうち，生産者を食べる動物を**一次消費者**といい，一次消費者を食べる動物を**二次消費者**，二次消費者を食べる動物を三次消費者とよぶ。

　人間がさまざまな食物を食べるように，動物が食物とする生物は1種類とは限らない。食物連鎖は一続きではなく，生産者と消費者，消費者と消費者が複雑な網の目のような関係になっている。このような網目状の「食う－食われる」の関係を**食物網**という。

図2-4　食物網

2 生態ピラミッド

　生態系における生物の個体数や**生物量**（ある地域の生物体の乾燥重量）は，通常，生産者が最も多く，消費者は生産者より少ない。また，消費者の中でも，一次消費者，二次消費者，三次消費者となるにつれ個体数や生物量が少なくなる。このように，生産者を第一段階としたときに，食物連鎖の各段階のことを**栄養段階**という。生産者を底辺にして栄養段階を積み重ねると，ピラミッド型になるため，これを**生態ピラミッド**とよぶ。

図2-5　生態ピラミッド

3 キーストーン種

　生態系では，環境の変化や，「食う－食われる」などの種間競争によって，個体数や生物の量が常に変化している。しかし，その**変動の幅は一定の範囲内に収まっており**，安定した状態が保たれている。

　生態系を構成する生物種の中で，**食物網の上位にあって，生態系のバランスそのものに大きな影響をもつ生物**がいることがある。このような生物を**キーストーン種**という。キーストーン種を人為的に取り除くと，生態系のバランスが崩れ，個体数が増加する種や激減する種が生じ，別の生態系に変化する。

　磯にはたくさんの種類の動物が生息している。イガイとフジツボはともに磯の岩に固着して生活するため，競争関係にあるが，安定した生態系の中ではどちらか一方が死滅するようなことはない。イガイとフジツボはヒトデに食べられるが，食べ尽くされることはなく，バランスのとれた状態にある。しかし，ヒトデを人為的に取り除くと，イガイが個体数を増やし，磯を覆い尽くす。その結果，他の多くの種が激減する。ヒトデがイガイを食べて，イガイの数を一定数に抑えているからこそ，他の多くの種が生存できる。この場合，ヒトデがキーストーン種である。

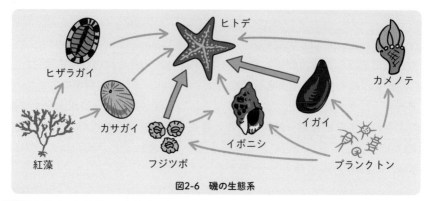

図2-6　磯の生態系

4　間接効果

　2つの種の間にある「食う－食われる」の関係が，全く別の種の個体数の増減に対して，間接的に影響を与えることがある。このような影響を間接効果という。

　北米西海岸にはコンブの仲間のジャイアントケルプが生育している。ジャイアントケルプはウニによって食べられ，ウニはラッコによって捕食される。ラッコは毛皮として，人間によって乱獲された時期があった。ラッコが激減すると，ウニの数が増え，ウニによる食害のためジャイアントケルプの個体数が激減した。その結果ジャイアントケルプを産卵場所や隠れ場所としていた魚類の個体数も激減した。ラッコがジャイアントケルプを食べるわけではないが，ウニを食べることにより，ラッコが間接的にジャイアントケルプの個体数に影響を与えていたことになる。

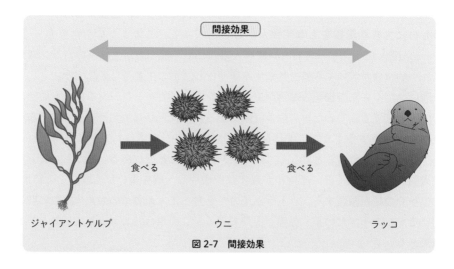

図2-7　間接効果

3 | 生態系のバランスと保全

1 生態系のバランス

　生態系を構成する生物の個体数は，変動しながらも一定の範囲内でバランスが取れている。捕食・被食の関係にある2種を考えてみよう。

① 被食者が増える…捕食者の食物が多くなり，捕食者が増える。

② 捕食者が増える…捕食者により多くの被食者が食べられ，被食者が減る。

③ 被食者が減る…捕食者の食物が不足し，捕食者が減る。

④ 捕食者が減る…食べられる被食者が少なくなるため，被食者が増える。

　このように，生態系において生物種の個体数は，変動しながらも一定の範囲内に収まっている。生態系を構成する生物種が多様であるほど，食物網が複雑になり，生態系は安定する。

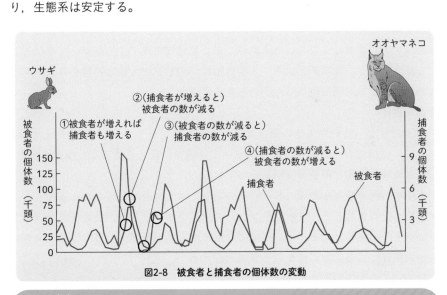

図2-8　被食者と捕食者の個体数の変動

2 撹乱

生態系に変化をもたらす外的要因を**撹乱**という。

A　自然撹乱

山火事や台風，洪水などの自然現象による撹乱を**自然撹乱**という。例えば，

洪水がない状態が続くと，遷移が進み，極相になって生物多様性が低下する。洪水が起こると，河川の生態系に撹乱が生じ，洪水後の環境に適した動植物が進入し，新たに遷移が始まる。山火事や台風による影響も同様であり，適度な撹乱は，生物の多様性の維持に貢献している。

B 生態系の復元力

山火事で森林が消失したり，洪水で河川の動植物が流失したりするような大きな環境の変化があっても，生態系はやがてもとの状態を取り戻す。これを**生態系の復元力**という。**生態系は，多くの生物種によって構成されており，互いに複雑なかかわりをもつため環境の変化を吸収することができる**からである。

陰樹で構成される極相林の高木が，台風などで倒れると，森林にギャップが生じる。生じたギャップには太陽光が射しこむため，陽樹が生育し，陰樹と陽樹からなる生物多様性のある森林になる。これも，生態系の復元力であり，撹乱が生物多様性を維持する例である。

C 人間活動による撹乱

生態系の復元力を超える大きな変化があると，環境が連鎖反応的に変化し，生態系はもとに戻れなくなる。ある地域，または地球全体で生物種がいなくなることを絶滅という。産業革命以来，人間活動は，生態系に大きな影響を与えてきた。人間活動により，既に絶滅した生物もある。

●富栄養化

汚濁物質が，希釈や生物の働きなどで減少していくことを**自然浄化**という。例えば，有機物が，分解者によってすべて無機物に変えられることなどがある。細菌は環境の浄化に重要な役割を担っている。

人間の活動が活発な地域にある河川や湖沼には，有機物が多く流れ込んでいる。有機物が分解されると，窒素やリンなどの栄養塩類が生じる。栄養塩類は植物プランクトンの養分となるため，有機物が流入する河川や湖沼，海ではプランクトンが大量発生する。水に含まれる栄養塩類が多くなることを**富栄養化**という。富栄養化した池や湖では，シアノバクテリアが大量に発生し，水面が青緑色になる**アオコ**が生じる。海で赤い色素をもつプランクトンが大量発生すると，海面が赤くなる**赤潮**になる。

▲アオコ

赤潮は漁業に悪影響を与えることがある。大量のプランクトンが死ぬと、分解者が酸素を消費して海水が低酸素状態になり、魚がすめなくなる。また、魚のエラにプランクトンが詰まり呼吸ができなくなる。プランクトンの中には毒を産生するものもあり、毒によって魚介類が死ぬ。貝類が毒を取り込むと貝毒となり、ヒトがそれを食べると下痢になるなど体調を崩したり、呼吸困難などの重い症状が引き起こされたりする。

▲赤潮

POINT

● **生態系のバランスがとれている**→生態系の変化が一定の範囲内に保たれる。
● **生態系の復元力**により、撹乱によって変化した生態系はもとの状態に戻る。
● 生態系の**自然浄化**により有機物は無機物に変えられる。

参考　河川の自然浄化

水の中の有機物の量を、生物が無機物にまで分解するのに必要な酸素の量で表したものを**生物学的酸素要求量**(BOD)という。BODは水質の指標として用いられている。河川に有機物が含まれた汚水が流入するとBODが高まるが、下流に流れる間に分解者により自然浄化され、BODは低下する。汚水の流入地

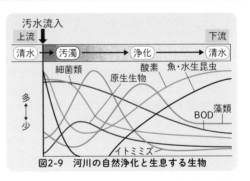
図2-9　河川の自然浄化と生息する生物

点から川下に向けて、水質は徐々に変化する。そのため、生息する動物や微生物の種類、個体数は川の場所によって異なる。

有機物を含む汚水が流入した地点では、分解者の細菌類が繁殖し、呼吸により酸素濃度が低下する。次に、細菌類を食べるゾウリムシなどの原生生物が増え、原生生物を食べるイトミミズが増える。この間に有機物が分解され栄養塩類濃度が高くなり、栄養塩類を吸収して光合成を行う藻類が増える。細菌類が減り酸素濃度が高くなると、藻類を食べる魚や水生昆虫が生息できるようになる。

Q アオコや赤潮は有害なので，原因となる栄養塩類が流れ込まないようにしなくてはいけないですね！

A そうとも言い切れません。

1970年代に諏訪湖の富栄養化が進み，アオコが大量発生するようになったため，アオコの発生を抑えようと下水処理場を完備し，濁っていた水を浄化しました。ところが，諏訪湖の名物であるワカサギも激減し，漁が成り立たなくなったのです。アオコが発生しないよう，栄養塩類の流入を抑えた結果，プランクトンの量も減り，それを食べるワカサギが減少してしまいました。

このように，生態系は非常に微妙なバランスで成り立っているため，水を浄化することが必ずしも正しいとは限らないのです。

参考　ヘドロの色が黒い理由

河川に自然浄化の能力を超える量の有機物が流れ込むと，河口付近の水底に有機物が溜まる。分解者は有機物を分解するときに酸素を消費する。そのため，大量の有機物が溜まっていると，大量の酸素が消費され，水底は無酸素状態のヘドロになる。無酸素状態のヘドロで硫酸還元菌が繁殖すると，硫化水素が発生する。硫化水素が，ヘドロに含まれる鉄と結合すると黒い硫化鉄を生じる。そのため，ヘドロは黒くなる。

参考　生物濃縮

水銀やPCB（ポリ塩化ビフェニール）のように，分解されにくく体に蓄積されやすい有毒物質がある。ある物質の濃度が周囲の環境に比べ，生物体で高くなることを生物濃縮という。水銀やPCBは，食物連鎖により濃縮され，栄養段階の高いイルカやカモメに高濃度に濃縮される。高濃度に蓄積された水銀やPCBは，健康に害を及ぼす。

海水に含まれているPCBは，植物プランクトンに取り込まれ，それを食べる動物プランクトンでは500倍に濃縮され，動物プランクトンを食べる魚には280万倍，魚を食べるカモメは2500万倍に濃縮されていることが示された例がある。人間は最も栄養段階が高い生物であり，生物濃縮の影響を最も受けやすい。

●温室効果

　産業革命以来，人類は化石燃料を大量に消費してきた。その結果，大気中の二酸化炭素濃度が急速に増加した。大気中の二酸化炭素は，地球の表面から放射される赤外線を吸収して，地表に赤外線の熱エネルギーを戻す作用がある。そのため，地表付近の大気の温度が上昇する。これを温室効果という。温室効果により，この100年間で平均気温が約0.74℃上昇している。二酸化炭素以外にもメタン，フロン，亜酸化窒素も温室効果があり，これらを温室効果ガスとよぶ。

　平均気温が上昇すると，大気に含まれる水蒸気の量が増え豪雨の原因ともなる。海水温が上昇すると海水の熱膨張により海面が上昇し，水没する地域も生じてくる。地球全体の平均気温が上昇し続ければ，生態系に大きな影響を与えることになり，生物の絶滅が危惧される。

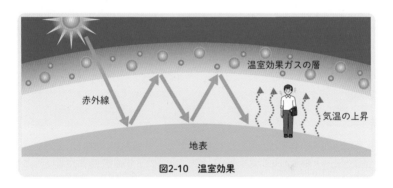

図2-10　温室効果

●外来生物

　人間の活動により，意図的にあるいは意図せずに本来生息していた場所から別の場所に移され，その土地に住み着くようになった生物を外来生物という。外来生物には，アライグマ，ジャワマングース，ウシガエルなどの動物のほか，セイヨウタンポポ，セイタカアワダチソウなどの植物も多い。

補足　外来生物に対し，もともと生息していた生物を在来生物という。

Q 春になると，道端でよくタンポポを見かけます。ほとんどは日本のタンポポですよね？

A 実は，日本の在来種であるニホンタンポポの数は激減しているのです。8割が外来種のセイヨウタンポポ（ヨーロッパ原産）や，在来種と交配してしまったタンポポだと言われています。

　このセイヨウタンポポや，セイタカアワダチソウ（北アメリカ原産）は，どちらも明治時代に日本に持ち込まれたものです。

▲セイヨウタンポポ

▲セイタカアワダチソウ

参 考　特定外来生物

　ウシガエルは明治時代に食用として導入された。日本全国で繁殖し，日本在来の生物を捕食したり，競合したりするため，外来生物法により**特定外来生物**として指定されている。特定外来生物とは，外来生物の中で，生態系，人命，農林水産業に被害を及ぼす，または及ぼすおそれのある生物を環境省が指定したものである。ウシガエルの他，カダヤシ，オオクチバス，ブルーギルなどがある。

●**カダヤシ**…ボウフラを捕食するため，蚊の駆除を目的として明治時代に北アメリカから導入された。繁殖力が強く魚の卵や稚魚を捕食するため，メダカなどの在来種の絶滅が危惧されている。

●**オオクチバス**…釣り人の密放流により日本にもち込まれた。ブルーギルもオオクチバスの餌としてもち込まれ，ともに繁殖力が強く，水生昆虫や魚卵・仔稚魚を捕食するため，在来種の絶滅が危惧されている。　　　　　　　　　（2021年8月時点）

●生息地の分断

　生物の往来を妨げる道路などの建造物は，生息地を分断することになる。生息地が分断されると，行動範囲が狭くなり，個体どうしが出会う機会が減る。その結果，繁殖相手が見つけられなくなり，個体数が減少する。個体数が減少すれば，絶滅する危険性も生じる。

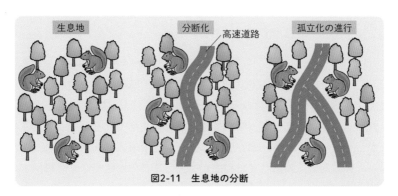

図2-11　生息地の分断

3　生態系の保全

A　生物多様性と生態系の保全

　生態系にすむ生物が多様であれば，生態系は安定し，環境が保持される。生物多様性は，環境の指標であり，生物多様性を保全することは環境を保全することに他ならない。

　人間活動など，生態系を乱すさまざまな原因があり，そのため，多くの生物が絶滅の危機にさらされている。絶滅のおそれがある生物種を絶滅危惧種という。

> **参考　レッドデータブック**
>
> 　絶滅の危険性の程度で生物種を分類したものをレッドリストといい，絶滅危惧種の生息域，生息状況，絶滅の危険度などを具体的に示したものをレッドデータブックという。

　私たち人間の食べ物や，呼吸をするための酸素などは，人間以外の生物の活動によって生産されている。森林は降った雨を根元に溜め込むため，天然の防水ダムの機能がある。また，森林浴は私たちの生活をリフレッシュさせてくる。このように，私たちは生態系からさまざまな恩恵を受けており，これを**生態系サービス**という。生態系サービスの恩恵を持続的に受けるためには，生態系を保全して，生物多様性を維持する必要がある。

　人里と，それを取り巻く農地，雑木林，ため池，草原などで構成される地域を**里山**という。里山では，適度な樹木の伐採，下草刈り，落葉の採取など，人間の働きかけが適度な撹乱となって，多様な生物が生息できる環境が維持されてきた。しかし，近年は，農業人口が減少して，農地や雑木林が放置され，遷移が進んでいる。そのため，雑木林では樹木が密生して林内が暗くなり，動植物の多様性が低下している。

　私たち人間が，生態系サービスを持続的に受けるには，生態系を保全して，生物多様性を維持する必要がある。人間は，森を切り開いて道路をつくったり，海を埋め立てて橋を架けたりしてきた。このような開発は，生態系に影響を与えるため，将来的には生態系サービスを受けられなくなる可能性がある。これを回避するために，大規模な開発事業を行う前に，生態系を調査し，生態系への影響を予測・評価し，その内容について，住民や自治体の意見を聞くとともに，専門家による審査を受けることによって，環境に対して適正な配慮がなされるようにする制度ができた。これを**環境アセスメント**という。

この章で学んだこと

生態系は，環境から生物，生物から生物，そして生物から環境が密接に関係している。生態系における生物が生物に与える影響，人間の活動が環境へ与える影響について学んだ。

1 生態系とは

❶ **生産者** 光のエネルギーなどを用いて，無機物から有機物をつくり出す独立栄養生物。

❷ **消費者** 摂食などにより有機物を体に取り入れて生命を維持する生物。

❸ **分解者** 生物の遺体や排出物を取り入れ分解してエネルギーを得る生物。

2 種多様性と生物間の関係

❶ **食物連鎖** 植物→草食動物→肉食動物→大型肉食動物…というような，「食う－食われる」の一連の関係。

❷ **食物網** 実際の食物連鎖は複雑で，生物どうしの関係は網目のようになっている。

❸ **栄養段階** 生産者や一次消費者といった，食物連鎖の各段階のこと。

❹ **生態ピラミッド** 生物の個体数や生物量を，生産者を底辺として，栄養段階を積み重ねたもの。

❺ **キーストーン種** 食物連鎖の上位にあって生態系のバランスに大きな影響をもつ生物。

❻ **間接効果** 2つの種の間にある「食う－食われる」の関係が，全く別の種の個体数の増減に影響を与えること。

3 生態系のバランスと保全

❶ **生態系のバランス** 生態系では，個体数や生物量が常に変化しているが，変動の幅は一定の範囲に収まって安定している。

❷ **撹乱** 生態系に変化をもたらす外的要因。山火事や台風などは自然撹乱。人間による撹乱もある。

❸ **生態系の復元力** 山火事や洪水など，大きな環境の変化があっても，生態系はやがてもとの状態を取り戻す。

❹ **自然浄化** 汚濁物質が希釈や生物の働きなどで減少していくこと。

❺ **富栄養化** 河川・海などで栄養塩類が増加すること。アオコ，赤潮の原因となる。

❻ **温室効果** 二酸化炭素などの温室効果ガスの作用によって，気温が上昇すること。二酸化炭素は，地表から放射される赤外線の熱エネルギーを再び地表に戻す。

❼ **外来生物** 人間の活動により本来の生息地から別の場所に移動し，その土地に住み着くようになった生物。

❽ **生物多様性** 生態系に多様な生物がいることで，環境は保全される。

❾ **生態系サービス** 生態系から受けるさまざまな恩恵のこと。生態系を保全し，生物多様性を維持することで得られる。

❿ **里山** 人里と，それを取り巻く農地などで構成される。人間がはたらきかけることで，適度な撹乱が起き，生物多様性が維持されている。

⓫ **環境アセスメント** 大規模な開発事業を行う前に，生態系への影響を調べて，環境に対して適正な配慮がなされるようにする制度。

定期テスト対策問題2

解答・解説は p.535

1 次の文は生態系について説明したものである。以下の問いに答えよ。

ある地域に生活する生物と，それを取り巻く非生物的環境をひとまとめにして（ **ア** ）という。一般に生物が a非生物的環境から受ける影響を（ **イ** ）といい，生物が生活することにより非生物的環境に及ぼす影響を（ **ウ** ）という。植物は光合成を行い（ **エ** ）物を合成するので（ **オ** ）者とよばれ，動物や b菌類・細菌は，植物が生産した有機物を直接または間接的に取り込んで栄養源にするので（ **カ** ）者とよばれる。また，生物の個体数や生物量を，（**オ**）者を底辺として積み重ねたものを（ **キ** ）とよぶ。

(1) 上の文の（**ア**）～（**キ**）にあてはまる言葉を答えよ。

(2) 上の文の下線部 a に示した非生物的環境要因を 3 つ答えよ。

(3) 上の文の下線部 b に示した菌類・細菌は，枯死体や遺骸，排出物などの有機物を無機物にまで分解する過程にかかわる。このような生物群は，特に何とよばれているか。

2 アメリカの西海岸には大型のコンブであるジャイアントケルプが生育している。ラッコ，ウニ，ジャイアントケルプの間では，図のような食物連鎖が成り立っている。あるとき，そこに生息するラッコの個体数の減少にともない，魚の漁獲量が減少した。以下の問いに答えよ。

(1) ラッコの個体数が減少すると，ウニ，ジャイアントケルプの個体数はそれぞれどうなるか。それぞれ次から選べ。

（**ア**） 増える。　　（**イ**） 減る。　　（**ウ**） 変わらない。

(2) ジャイアントケルプは魚の産卵場所になっている。このことから，魚の漁獲量が減少したのは，ジャイアントケルプの個体数が変化したためと考えられる。魚の漁獲量が減った理由を簡単に説明せよ。

(3) 上の図の生物の中で，キーストーン種であるのはどれか。最も適当なものを，下から選べ。

（**ア**） ラッコ　　（**イ**） ウニ　　（**ウ**） ジャイアントケルプ　　（**エ**） 魚

(4) ラッコと魚のように，直接的には「食う－食われる」の関係がない生物の間で見られる影響のことを何というか。

ヒント

2(2) 魚の産卵場所が減ると，魚の数に影響が出る。

3 右図は，有機物を含む生活排水（汚水）が河川の上流に流入したとき，河川の流域で起こる生物の個体数の変化と物質量の変化を表したグラフである。以下の問いに答えよ。

(1) 汚水の排出口付近で水中の酸素が減っているのはなぜか。最も適切なものを次から選べ。

（ア）植物が光合成できなくなるから。

（イ）細菌が呼吸によって酸素を使っているから。

（ウ）有機物量が増えるから。

(2) 下流で水中の酸素が増えているのはなぜか。20字以内で答えよ。

4 次の文を読み，以下の問いに答えよ。

・生態系はさまざまな撹乱によって常に変動しているが，その変動の幅が一定の範囲に保たれていることを（　ア　）がとれているという。

・河川や湖沼に流れ込んだ汚濁物質が微生物などの働きにより減少することを（　イ　）という。湖沼や海に流入した窒素やリンなどの栄養塩類が増加する現象を（　ウ　）という。

・ある物質が，周囲の環境に比べて生物体内に高い濃度で蓄積する現象を（　エ　）という。（　エ　）は，分解・（　オ　）されにくい物質を体内に取り込んだときに起こる。

・人間の活動により，意図的または意図せずに，本来生活していた場所から別の場所に移され，その場に定着した生物を（　カ　）という。それに対して，その生態系にもともと存在していた生物を（　キ　）という。

(1) 上の（ア）〜（キ）に当てはまる用語を答えよ。

(2) （　ウ　）によって，海面が赤褐色に変化する現象を何というか。

(3) （　カ　）の代表例を，下の生物から次から2つ選べ。

〔マングース　　ハブ　　ヤンバルクイナ　　アライグマ〕

Advanced Biology

生物

第 1 部

進化と系統

MY BEST　Advanced Biology

第 **1** 章　生物の進化

1 | 生命の起源

　地球上には多様な生物が生息している。その数は，名前が付けられた生物種だけでも約190万種，未知の生物種を含めると数千万種にのぼるとされる。生命はどのように誕生し，どのように進化してきたのだろうか。

1 化学進化

　原始地球は多数の小さな天体が衝突，集積して形成された。約46億年前に誕生した地球は，灼熱のマグマに覆われていた。やがて地球表面の温度が下がり，約44億年前には地殻が形成された。さらに地球の温度が下がると，大気中の水蒸気が凝縮して水が生じ，約43億年前には海が形成された。

　誕生したばかりの非常に熱い地球には生命はなく，無機物だけがあった。無機物から有機物が生じ，やがて原始的な生物が誕生するまでの過程を化学進化という。最初の有機物が生じた場所としては，大気と深海の火山が考えられている。

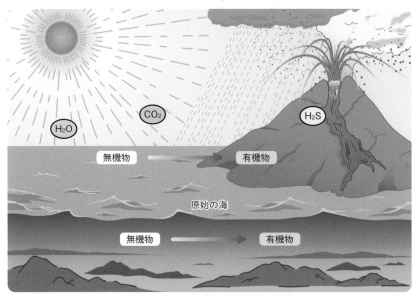

図1-1　原始の地球環境と有機物の生成

A 有機物の生成

　有機物とは，単純な構造の一酸化炭素（CO）や二酸化炭素（CO₂）などを除く，**すべての炭素化合物**をいう。そして，有機物以外を無機物という。

　原始地球の大気は二酸化炭素がその多くを占め，他には一酸化炭素，窒素（N₂），水蒸気（H₂O）などが含まれていた。これらの**無機物に宇宙線が降り注ぐと，そのエネルギーで化学反応が起き，有機物が生じた**。有機物は海水に溶け込み，紫外線，落雷などによる放電，地熱などのエネルギーにより，アミノ酸，塩基，脂質，糖などが生じた。また，高分子のタンパク質や RNA などの核酸も生成された。

　一方，深海の火山には**熱水噴出孔**<ruby>（ねっすいふんしゅつこう）</ruby>があり，メタン（CH₄）や水素（H₂），硫化水素（H₂S）が噴出している。この付近は水圧が高いため，水温は 400℃にも達し，**高圧・高温の熱エネルギーが物質に与えられる状態**である。この環境下においても，アミノ酸やタンパク質が生成された。

> **補足**　宇宙線：宇宙に飛び交う陽子などの高エネルギーの放射線。

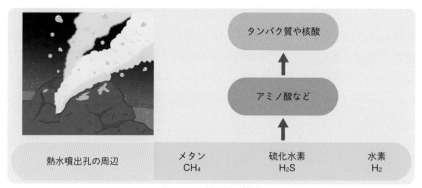

図 1-2　原始の海の構成

コラム	**無機物から尿素を合成したヴェーラー**

　「有機物には生命が宿っており，生物しか合成することができない」と考えられていた時代がある。しかし，1828 年にドイツの化学者であるヴェーラーが，無機物から有機物である尿素の合成に成功し，生物だけが有機物をつくれるという考えは誤りであることを証明した。ヴェーラーは「有機化学の父」と呼ばれている。

　1953年にアメリカのミラーらは，密封容器にメタンやアンモニア，水素，水蒸気を入れ，高電圧で放電した。その結果，これらの単純な物質からアミノ酸などの有機物が生じた。この実験により，化学進化が実際に起きたことが示された。

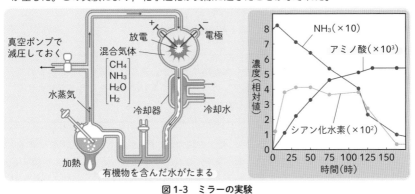

図1-3　ミラーの実験

2　有機物から生命へ

　現生（現在，地球上に生息している）の生物は**代謝を行い，外界と隔てる膜構造をもち，自己複製する。**現生の生物の祖先となる原始生命体（原始細胞）はどのように生じたのだろうか。

A　外界からの隔離と代謝

　生物が誕生する前は，化学進化によって生じた有機物が酵素のような触媒活性をもち，海の中で代謝が行われ，タンパク質，核酸，脂質，多糖類などが生成されていた。原始の海にはこうしてさまざまな有機物が蓄積されていったが，有機物が溶けているだけでは生命が誕生したことにはならない。**生命体には，体を外界から隔離し，自己複製するしくみが必要**である。

　現生の生物の細胞膜は，主としてリン脂質で構成されている。リン脂質は親水性の部分と疎水性の部分をもつため，水の中で自律的に二重層になり，小胞を形成する。化学進化の過程で生じたタンパク質や核酸は，海の中で脂質小胞に取り込まれ，**小胞内部での代謝が行われるようになった。**やがて成長と自己複製をするシステムが獲得されて，原始細胞が誕生したと考えられている。

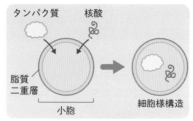

図 1-4　細胞様構造

Q 原始の細胞は海で誕生したとありますが，海では物質が希釈されるので，物質が連結して生じるタンパク質などの高分子はできそうもありません。どのような環境で誕生したのですか？

A 原始細胞は，海に面した「地上の間欠泉（かんけつせん）」で誕生したと考えられています。間欠泉とは，熱くて，海水で満たされたり干上がったりすることが繰り返される場所のことです。そこでは有機物が濃縮されたり，加熱されたりすることで連結し，高分子がつくられていたと考えられます。原始の細胞は，そのような環境の下，高分子が脂質の膜に取り囲まれて誕生したとされます。

B 代謝と自己複製

　現生の生物では，代謝などの生命活動ではタンパク質が働く。タンパク質は，DNA の情報が RNA に転写され，さらに RNA の情報が翻訳されることでつくられる。現生の生物は，タンパク質の働きによって DNA を複製することで自己複製を行っている。つまり，タンパク質が酵素として働くことが複製には欠かせない。一方，**原始の生命体では，RNA が触媒活性をもち，なおかつ遺伝物質としての役割も担っていた**と考えられている。

コラム　｜　**リボザイム**

　自己複製のためには，鋳型が必要である。核酸は鋳型になれるが，DNA は酵素活性をもたないため，自己複製はできない。しかし，RNA の中には，鋳型になれて，なおかつ酵素活性をもつものがある。これを**リボザイム**という。原始細胞では，RNA が遺伝物質として働き，触媒活性をもつ RNA（＝リボザイム)が RNA を複製していたと考えられている。

POINT

● 化学反応によって無機物から有機物が生じる。→化学進化
● 内部に有機物を蓄え，外界と隔離された球状の構造が出現する。→代謝
　と自己複製→細胞の始まり

参考　RNAワールド

　原始の生命体では，脂質二重膜に自己複製可能なRNAが取り込まれ，酵素のような触媒活性をもつRNAが代謝を行っていたと考えられている。このような，世界を**RNAワールド**という。

　やがて，RNAの役割は，タンパク質とDNAに移っていった。DNAが遺伝情報をもち，DNAの情報をもとに自己複製を行い，DNAの情報からつくられたタンパク質が代謝を行う世界をDNAワールドという。

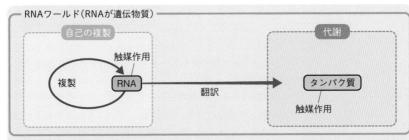

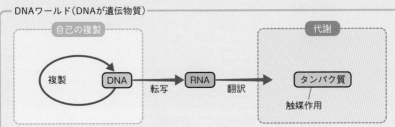

図1-5　RNAワールドとDNAワールド

2 | 生物の進化と地球環境の変化

　地球環境は生物の進化に影響を与え，生物もまた，進化とともに地球環境に影響を与え続けてきた。**生物が地球環境に与えた最も大きな影響は酸素の発生**である。生物は酸素を利用できるようになり，急速に進化していった。

1 生物の出現

　生物は約 40 億年前に出現したとされ，生物の最古の痕跡はカナダの 39.5 億年前の堆積岩で発見された。また，最古の化石は，オーストラリアの約 35 億年前の地層から見つかっており，化石の分析から，原核生物であると考えられている。

Q 化石の発見以外にも，生物がいたことの証明となるものはあるのですか？

A はい，実は炭素の種類を調べると，生物の痕跡をたどることがです。炭素には ^{12}C と ^{13}C という安定同位体があります。植物などの独立栄養生物は，光合成で CO_2 を吸収する際，^{12}C からなる CO_2 を優先的に取り込みます。その ^{12}C はグルコースなどの有機物として，今度は従属栄養生物に取り入れられ，生態系内を循環します。結果的に，すべての生物の炭素化合物は ^{12}C の割合が大きくなります。ですから，^{13}C が少なく，^{12}C が多い炭素化合物が存在していると，その時代のその場所には生物がいたことの証明になるのです。

2 光合成生物の出現

　最初の生物が出現した頃の地球環境には酸素がなく，嫌気性生物*しか存在しなかった。やがて，光エネルギーを用いて炭酸同化を行い，有機物を合成する光合成細菌が出現した。初期の光合成細菌は，光合成を行うときに，水ではなく硫化水素や硫黄などを利用したため，酸素が発生しなかった。

　酸素を発生する最初の生物は，*シアノバクテリア*だった。シアノバクテリアは光合成の過程で水を分解するため，酸素が発生する。

　シアノバクテリアの最古の痕跡は，約27億年前にさかのぼる。この時代の地層から発見された，**ストロマトライト**とよばれる層状の構造をもつ岩石は，シアノバクテリアの祖先が積もってできたものである。

　化石のストロマトライトの化学組成は，現生のシアノバクテリアとよく似ている。また，現生のシアノバクテリアもストロマトライトを形成する。

▲ストロマトライト

補足　*嫌気性生物…酸素がなくても生存できる，または酸素があると生存できない生物。

3　酸素の大量発生

　シアノバクテリアは，地球上に豊富にあった水を光合成で利用できたため，大繁栄した。光合成で大量に発生した酸素は，海水に溶け込み，海水の鉄イオンと反応して不溶性の酸化鉄となった。海水中の鉄イオンのほとんどが酸化鉄となり，酸素を結合する鉄イオンがなくなると，海水の酸素濃度が上昇し，やがて酸素が大気に放出されるようになった。

補足　シアノバクテリアが大繁栄した当時に，海中に沈殿・堆積した酸化鉄は，現在の鉄鉱床（てっこうしょう）として残っている。

4　好気性細菌の出現

　酸素には，体の構成成分を酸化・分解する働きがある。そのため，場合によっては生物にとって有害となることがある。シアノバクテリアの繁栄によって，地球上の酸素濃度が高くなった結果，嫌気性生物は死滅するか，酸素のない環境中に生息するしかなくなった。

　その後，酸素を無毒化したり，利用したりする能力を獲得した**好気性の原核生物が出現**した。好気性の生物は，呼吸で酸素を利用することにより効率よくATPを合成できるようになり，発展・進化していった。

3 | 真核生物の出現

　核をもつ真核生物は，核をもたない原核生物から生じた。原核生物には，細菌とアーキア(古細菌)という生物がある。実は，真核生物とアーキアは極めて近縁であることが，ゲノムの解析から判明している。

　真核生物に最も近縁なアーキアの細胞壁はやわらかく，細胞を柔軟に変形させることができる。細胞膜を凹ませて細胞内のDNAを包み込むことで，核が生じたと考えられている。

補足 最も古い真核生物の化石は，約24億年前の地層で発見された。その化石の生物は菌類であると考えられている。

A 細胞内共生

　真核細胞の細胞小器官であるミトコンドリアと葉緑体は，それぞれ独自のDNAをもち，細胞質の中で分裂して増える。ミトコンドリアは，酸素を利用してエネルギーを得るなど，好気性細菌とよく似ている。一方，葉緑体は光合成により有機物を合成するなど，シアノバクテリアとよく似ている。そのため，宿主細胞(アーキア)に取り込まれた好気性細菌がミトコンドリアになり，シアノバクテリアが葉緑体になったと考えられている。この説を**細胞内共生説**という。

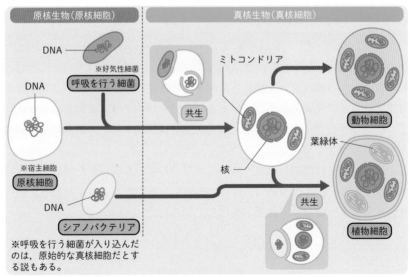

図1-6　細胞内共生説

B 多細胞生物の出現

　多細胞生物の出現は約10億年前と考えられている。単細胞生物は小型であり，捕食されやすい。また，小さな単細胞生物は，より大きな単細胞生物に捕食されていた。細胞が集団を形成して大きくなれば，捕食から逃れることができる。この捕食圧が多細胞化を促進した。

> コラム　｜　**多細胞化は容易に起こる**
>
> 　現生の単細胞生物のクラミドモナス，クロレラ，酵母も，実験的に捕食者とともに培養すると集合して多細胞になる。多細胞になって体を大きくすれば捕食から逃れることができる。例えばクラミドモナスは約1年間で多細胞化し，多細胞化したクラミドモナスの形質は遺伝する。1年間は短いように思えるが，約750世代に相当する。単細胞生物も多細胞化に必要な遺伝子を既に獲得していて，捕食圧が多細胞化遺伝子を発現させると考えられている。
>
>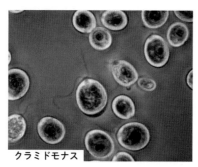
>
> **クラミドモナス**

4 | 多細胞生物の変遷

A 全球凍結

　約7億年前，地球全体が極端に寒冷化する全球凍結が起きた。多くの生物は絶滅したが，火山活動により凍結を免れた場所もあり，生き延びた生物もいた。全球凍結が解消すると，それを乗り越えた生物が急速に進化し，多様化していった。

コラム　｜　**超大陸出現と全球凍結**

　約7億年前に赤道付近に超大陸が生じた。赤道は最も太陽光の熱エネルギーを吸収する地帯である。陸地は海よりも太陽光の反射率が高いため，赤道付近に生じた超大陸により地球の熱の吸収率が低下し，寒冷化して全球凍結に至った。一方，火山活動による二酸化炭素の放出は続いており，寒冷化により光合成の効率が低下し，二酸化炭素が吸収されなくなると，大気の二酸化炭素濃度は上昇を続けた。その結果，温室効果により全球凍結から脱出した。やがて赤道付近にあった超大陸も分裂して，温暖化が進み，多細胞生物の進化が加速された。

B 地質時代

　地球に最初の岩石が生じてから現在までを**地質時代**といい，生物と地球環境の変遷にもとづいて区分されている。地質時代は，約5.4億年前までの**先カンブリア時代**と，**古生代**，**中生代**，**新生代**に大きく分けられ，さらに各代はいくつかの**紀**に分けられている。

　ある特定の地質時代の地層から発見される化石を**示準化石**といい，地層の年代の特定に役立つ。例えば，古生代に出現して古生代末に絶滅した三葉虫は古生代の示準化石であり，アンモナイトは中生代の示準化石である。

補足 地球環境を推測するのに役立つ化石を示相化石という。

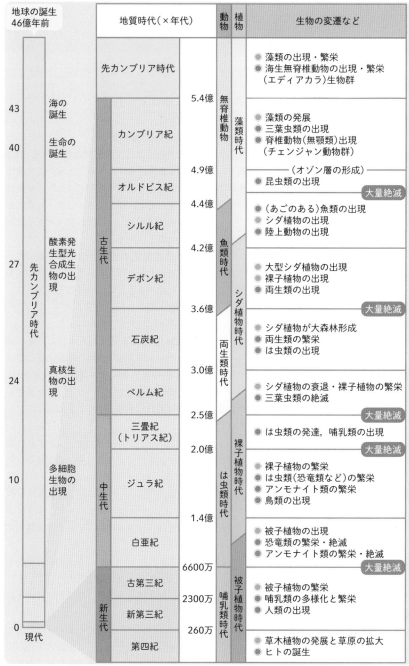

地球の誕生 46億年前		地質時代（×年代）		動物	植物	生物の変遷など
		先カンブリア時代		無脊椎動物	藻類時代	● 藻類の出現・繁栄 ● 海生無脊椎動物の出現・繁栄 　（エディアカラ）生物群
43	海の誕生					
		カンブリア紀	5.4億			● 藻類の発展 ● 三葉虫類の出現 ● 脊椎動物（無顎類）出現 　（チェンジャン動物群）
40	生命の誕生					
		オルドビス紀	4.9億			──（オゾン層の形成）── ● 昆虫類の出現　　　　大量絶滅
		シルル紀	4.4億	魚類時代		● （あごのある）魚類の出現 ● シダ植物の出現 ● 陸上動物の出現
27	酸素発生型光合成生物の出現	デボン紀	4.2億		シダ植物時代	● 大型シダ植物の出現 ● 裸子植物の出現 ● 両生類の出現　　　　大量絶滅
		石炭紀	3.6億	両生類時代		● シダ植物が大森林形成 ● 両生類の繁栄 ● は虫類の出現
24	真核生物の出現	ペルム紀	3.0億			● シダ植物の衰退・裸子植物の繁栄 ● 三葉虫類の絶滅　　　大量絶滅
		三畳紀 （トリアス紀）	2.5億		裸子植物時代	● は虫類の発達，哺乳類の出現 　　　　　　　　　　大量絶滅
10	多細胞生物の出現	ジュラ紀	2.0億	は虫類時代		● 裸子植物の繁栄 ● は虫類（恐竜類など）の繁栄 ● アンモナイト類の繁栄 ● 鳥類の出現
		白亜紀	1.4億			● 被子植物の出現 ● 恐竜類の繁栄・絶滅 ● アンモナイト類の繁栄・絶滅 　　　　　　　　　　大量絶滅
		古第三紀	6600万		被子植物時代	● 被子植物の繁栄 ● 哺乳類の多様化と繁栄 ● 人類の出現
0	現代	新第三紀	2300万	哺乳類時代		
		第四紀	260万			● 草木植物の発展と草原の拡大 ● ヒトの誕生

（左欄外：先カンブリア時代　古生代　中生代　新生代）

図1-7　地質時代の区分と生物の変遷

この章で学んだこと

　この章では，生命がどのようにして誕生したのかから始まり，真核生物の出現，多細胞生物の変遷までを学んだ。また，地球環境の変化についても学習した。

---

1 生命の起源

❶ 化学進化　無機物から有機物が生じ，原始的な生物が誕生するまでの過程。

❷ アミノ酸・塩基などの生成　原始地球の大気に含まれる無機物に宇宙線が降り注ぎ，化学反応が起きて有機物が生成した。有機物は海水に溶け，紫外線や放電などによりアミノ酸や塩基，タンパク質，核酸などが生成した。また，熱水噴出孔のあたりでもタンパク質や核酸が生じた。

❸ 生命体の条件　代謝の仕組みをもち，それを外界から隔離し，なおかつ自己複製することが必要である。

❹ 原始の生命体　現生の生物は，タンパク質が代謝と DNA 複製を行っている。原始の生命体では，RNA が RNA の複製を行っていた。

2 生物の進化と地球環境の変化

❶ 生物の出現　生物は約 40 億年前に出現したとされる。

❷ 光合成生物の出現　初期の光合成細菌は，光合成に水ではなく硫化水素や硫黄を用いた。その後，シアノバクテリアが出現し，光合成に水を使うようになった。水の分解により酸素が発生するため，地球の環境に大きな影響を与えることとなった。

❸ ストロマトライト　シアノバクテリアにより形成される，層状の構造をもつ岩石。

❹ 酸素の大量発生　シアノバクテリアの光合成により，酸素が大量に発生した。酸素は海水中の鉄イオンと反応して酸化鉄を生じた。鉄イオンのほとんどが酸化鉄となると，反応できずに余った酸素が海水中に増え，やがて酸素は大気に放出されるようになった。

❺ 好気性細菌の出現　酸素は生物にとって有害となる場合があるが，やがて酸素を利用できる好気性の原核生物が出現し，発展・進化した。

3 真核生物の出現

❶ 真核生物の出現　核をもたない原核生物から，核をもつ真核生物が出現した。

❷ 細胞内共生説　宿主細胞（アーキア）に好気性細菌とシアノバクテリアが共生し，それぞれミトコンドリアと葉緑体になった。

❸ 多細胞生物の出現　約 10 億年前に出現。捕食圧により多細胞化が促進された。

4 多細胞生物の変遷

❶ 全球凍結　約 7 億年前に全球凍結が起き，多くの生物が絶滅したが，生き延びた生物は全球凍結終了後に急速に進化し，多様化した。

❷ 地質時代　最初に地球上に岩石が生じてから現在までを指す。先カンブリア時代，古生代，中生代，新生代に分けられる。

❸ 示準化石　ある特定の地質時代の層から発見される化石。三葉虫は古生代，アンモナイトは中生代の示準化石である。

定期テスト対策問題 1

（解答・解説は p.537）

1　地球上に現れた初期の生物は，大気中に酸素がほとんど存在しない環境で生息していたと考えられている。今から20億年以上前の初期の生物やその生息環境に関する記述として最も適当なものを次から一つ選びなさい。

① 地表に降り注ぐ紫外線は強かったが，初期の生物は陸上で活発に増殖することができた。

② 初期の生物は好気呼吸を行うための複雑な細胞内構造が必要なかったので，効率的にエネルギーを得ることができた。

③ 深海底の熱水噴出孔周辺は，ヒトには有害な硫化水素の濃度が高いが，初期の生物が生息していた環境と類似している。

④ ミラーは，原始大気に近い二酸化炭素濃度の高い気体に放電し，生命の起源についての先駆的な実験をした。

⑤ 初期の生物は，大気中に90%以上存在する二酸化炭素を吸収して呼吸を行うことができたが，酸素濃度が高い環境では生息できなかった。　（センター試験）

2　次の文の空欄　ア　〜　エ　に当てはまる語を答えなさい。

地球は今から約　ア　億年前に誕生した。誕生してすぐの地球は，地表面が高温のマグマの海でおおわれていたと推定されている。当時の地球は，　イ　をほとんど含まない原始大気でおおわれていた。やがて地表温度が低下し，地殻が形成され，約40億年前には原始海洋が形成された。生命が誕生した時期はこの頃と推定されており，現在の深海底に存在している熱水噴出孔は，生命が誕生した環境に近いと考えられている。生物誕生前の原始地球において，生物体に必要な有機物が生み出されていった過程は　ウ　という。有機物から生物が誕生するためには，代謝をする能力，　エ　構造によってそれを区画化する能力，そして自己複製する能力の獲得が必要であった。　（関西大　改題）

3　植物と脊椎動物の陸上進出に関する記述として適当でないものを次から一つ選びなさい。

① 植物や脊椎動物が陸上へ進出するためには，オゾン層の形成が必要であった。

② 最初に陸上へ進出した植物は，胞子による繁殖を行っていた。

③ 脊椎動物は四肢が発達して陸上へ進出した。

④ 最初に陸上へ進出した脊椎動物は，肺呼吸をすることができた。

⑤ 脊椎動物は植物よりも早く陸上へ進出した。　（センター試験　改題）

4　約27億年前から始まった光合成生物の繁栄の痕跡は，断面に縞模様をもつ岩石として世界各地の地層から発見されている。このような岩石の中には，光合成生物の活動と遺骸の蓄積によって形成され，炭酸カルシウムを多く含んだものがある。この岩石の説明として最も適当なものを次から一つ選びなさい。

①　過去の酸化鉄の海底への沈殿によって形成され，世界各地の鉄鉱石の採掘場周辺で観察される。

②　硫黄細菌の活発な活動に伴って生じ，現在も深海底の熱水噴出孔で形成されている。

③　落葉層，腐植層の発達によって生じ，現在も森林の林床で形成されている。

④　シアノバクテリアによる粘液の活発な分泌によって生じ，現在もオーストラリア西部の海の浅い場所などで形成されている。

⑤　イリジウムを含んだ隕石の落下による光合成生物の絶滅に伴って形成され，世界各地で観察される。　　　　　　　　　　　　　　　　　　　（センター試験　改題）

5　次の文を読み，問いに答えなさい。

真核生物が出現するのはおよそ24億年前だったと考えられている。真核生物は原核生物と比較して大きく，また膜でつつまれた細胞小器官などを含む複雑な構造をしている。真核生物の細胞小器官のうち，葉緑体とミトコンドリアはそれぞれシアノバクテリアおよび（　　　　）が別の宿主細胞にとりこまれて共生するうちに細胞小器官になったと考えられており，これを細胞内共生説という。

(1)　空欄に当てはまる語を答えなさい。

(2)　下線部に関して，細胞内共生説の根拠とされている葉緑体およびミトコンドリアの特徴を答えなさい。　　　　　　　　　　　　　　　　　　（岐阜大　改題）

6　次の文章を読んで，空欄に適する語を答えなさい。

化石は過去の生物を知るための貴重な資料であると同時に，生物の系統関係を推測するうえでも重要である。約5億4千万年前以降の時代は古生代，中生代，新生代に分けられる。「代」の中の区分には（　ア　）が用いられる。地層の代や（ア）などの年代を示す基準となる化石は（　イ　）とよばれ，古生代を代表する例として（　ウ　）が，また中生代を代表するものとしては（　エ　）がよく知られている。　　　　　　　　　　　　　　　　　　　　　　　　　　（北大　改題）

Advanced Biology

第 2 章　遺伝的多様性

1 | 遺伝子の変化

1 形質の多様性と変異

　生物は，同じ種であっても，形質に多様性がある。例えば，アサガオというひとつの種の中でも，花の大小や成長の早い遅いといった違いがある。また，ヒトという種においても，顔つきや体質などは多様である。このような，同種内の個体間にみられる違いを**変異**という。

　変異には，遺伝するものと遺伝しないものがある。遺伝する変異を**遺伝的変異**という。

A 突然変異

　遺伝的変異は，DNA の塩基配列の変化によって生じる。DNA の塩基配列の変化を**突然変異**という。塩基配列が変化するのは，複製の際に誤りが起きたためである。

　体細胞に生じた突然変異は，その個体一代かぎりのものである。一方，生殖細胞に生じた突然変異は次世代にも引き継がれ，**進化や多様性をもたらす**ことがある。

 Q 突然変異って，有害なものばかりですよね？

 A いいえ，そんなことはありません。まれに，突然変異によって，有利な形質になることがあります。突然変異により，環境に適応した特徴をもつ場合もあります。現在地球上にいる生物たちは，突然変異と適応を繰り返して進化してきたのです。

コラム　│　**ヒトの突然変異**

　ヒトでは，DNA 複製の過程で 10^{10} 塩基に 1 か所の確率で突然変異が生じるといわれている。ヒトのゲノムは 3×10^9 塩基対あり，体細胞では 2 組のゲノム（6×10^9 塩基対）があるため，細胞が 2 回分裂すると 1 個以上の突然変異がゲノムに生じることになる。

B 突然変異による DNA の変化

　突然変異には，塩基の一部が置き換わる**置換**(例えば，C（シトシン）がT（チミン）に置き換わるなど），塩基の一部が抜ける**欠失**，塩基が新たに加わる**挿入**がある。

　塩基配列が変化しても，指定するアミノ酸が変わらない場合は，正常なタンパク質が合成される。このような塩基配列の変化は形質に影響を与えないが，遺伝的な多様性をもたらす。しかし，**塩基配列に変化が起きたことで，指定するアミノ酸が変わってしまうと，正常なタンパク質が合成されない場合がある。**このような突然変異は，形質に影響を与えることがある。

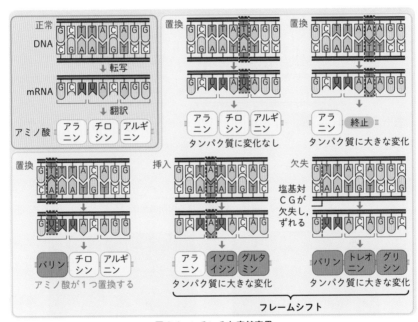

図 2-1　いろいろな突然変異

　１塩基または２塩基の欠失や挿入が起きると，それ以降のコドンの読み枠がずれる。これを**フレームシフト**という。フレームシフトが起きれば，それ以降のアミノ酸配列が大きく異なるタンパク質になり，形質に大きな影響をもたらす。

　DNA の塩基配列の変化が，形質に影響を与える一つの例として，鎌状赤血球症が挙げられる。鎌状赤血球症は，赤血球が変形して鎌状になり，貧血症状を起こす病気である。

　血液中には，酸素と結合するヘモグロビンとよばれるタンパク質がある。鎌状赤血球症では，ヘモグロビン遺伝子の 1 ヶ所で塩基が置換される（センス鎖（→ **p.333**）で見ると A から T に置換されている）。そのため，翻訳されるアミノ酸が変化してヘモグロビンの立体構造が変わり，貧血症状が引き起こされる。

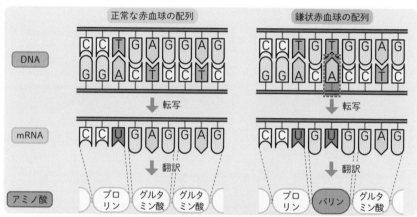

図 2-2　鎌状赤血球症の塩基配列の変化

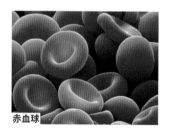

赤血球

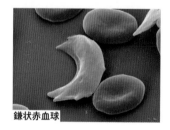

鎌状赤血球

　鎌状赤血球症のヘモグロビンは，貧血症状を引き起こす一方で，マラリアとよばれる病気に対する抵抗性を増す。そのため，マラリアが多発する地域では，ヘモグロビンの対立遺伝子のうち，片方だけ突然変異をもつヒトが多く存在する。片方の対立遺伝子が突然変異を起こしていても，もう一方が正常であれば，半分は正常なヘモグロビンをつくることができ，貧血の症状は軽微になる。

補足 マラリアとは，マラリア原虫が赤血球に感染して発症する感染症。

2　一塩基多型

　遺伝子の塩基を比較すると，同じ種の同じ遺伝子でも個体によって配列に違いが見られることがある。ヒトでは，個体間で 1000 塩基に 1 つは違いがあると推定される。個体間で見られる 1 塩基単位での塩基配列の違いを**一塩基多型**（いちえんきたけい）（Single nucleotide polymorphism，**SNP，スニップ**）という。

　一塩基多型の多くは，形質に影響しないことが多い。例えば，トレオニンは，コドンの 3 番目が A，T，G，C のいずれの塩基に変化してもトレオニンであることに変わりはない。また，指定するアミノ酸が変わり，アミノ酸配列が変化したとしても，タンパク質の機能にほとんど影響がない場合も多い。

> **補足** がんなどの病気に有効な薬剤と，SNP の関係が調べられており，患者の SNP を調べることにより，有効な薬剤を選択できるようになっている。

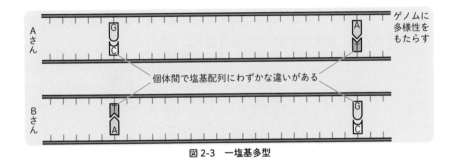

図 2-3　一塩基多型

 Q 染色体にも突然変異があると聞いたことがあります。

 A はい。染色体の突然変異には，染色体の一部が欠ける**欠失**，一部が逆転する**逆位**，一部が他の染色体と置きかわったり，他の染色体に移動したりする**転座**があります。また，一部が増えて染色体が長くなったり，染色体の数が増えたりする**重複**もあります。
染色体のすべてが重複することもあります。染色体のすべてが重複しても，遺伝子の発現のバランスは崩れないため，生存に大きな影響はありません。

2 | 生殖と染色体

1 有性生殖と遺伝的多様性

生物個体が，自己と同じ種類の新しい個体をつくり出すことを**生殖**という。**有性生殖**では，**配偶子**とよばれる生殖のための細胞がつくられ，それらが合体して新しい個体が生じる。配偶子が合体することを接合，接合によって生じた細胞を接合子という。また，卵と精子の接合のことを特に**受精**といい，受精によって**受精卵**が生じる。

原核生物のゲノム DNA は環状で一続きになっていて，細胞内にひとつだけしか存在しない。一方，真核生物のゲノム DNA は分断されており，複数本の染色体に分かれている。そのため，**真核生物の有性生殖では，染色体の組合せが多様になる。その結果，個体には遺伝的多様性がもたらされる。**

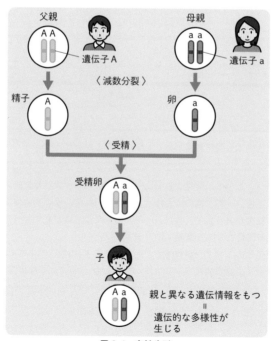

図 2-4　有性生殖

　配偶子によらない生殖を**無性生殖**という。無性生殖には，分裂，出芽，栄養生殖がある。分裂では，もとの個体と同じ形や大きさの新個体が生じる(例，大腸菌，アメーバ)。出芽では，もとの細胞や個体より小さく，芽のような新個体が生じる(例，酵母やヒドラ)。栄養生殖では，茎や根などの親の器官の一部から新しい個体が生じる(例，ジャガイモ)。無性生殖によって生じる個体は，親と同じ遺伝情報をもつ。

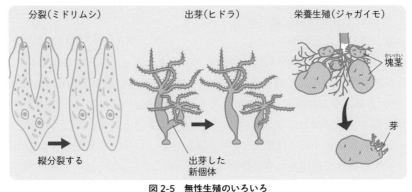

分裂(ミドリムシ)　　　　　出芽(ヒドラ)　　　　栄養生殖(ジャガイモ)

塊茎

芽

縦分裂する　　　　　　　出芽した
　　　　　　　　　　　　新個体

図 2-5　無性生殖のいろいろ

2　染色体の構成

　有性生殖では，配偶子が合体して受精卵ができる。受精卵は体細胞分裂を繰り返し，一定の形質をもつ個体に成長する。体細胞の核には，両親に由来する染色体が含まれている。遺伝形質のもとになる要素を遺伝子といい，遺伝子の本体である DNA は染色体にある。1 本の染色体には多くの遺伝子があり，遺伝子は染色体ごとに細胞に分配される。

A 相同染色体

　有性生殖を行う生物の体細胞には，形や大きさが等しい染色体が 2 本ずつ含まれている。この一対の染色体を**相同染色体**といい，片方は父方に由来し，もう片方は母方に由来する。相同染色体の対の数を n で表すと，**配偶子は n（単相），体細胞は 2n（複相）**となる（→ p.210）。

B 遺伝子座

　ある特定の形質の遺伝子は，特定の染色体上の決まった位置にある。**染色体上の遺伝子の位置を遺伝子座**といい，遺伝子座は同じ生物種では共通している。ある遺伝子座を占める遺伝子は同じ遺伝子であるが，塩基配列が完全に同じとは限らない。また，同じ遺伝子であっても，塩基配列が異なると形質が変わることがある。

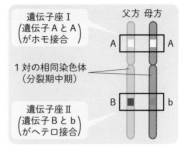

図2-6　ホモ接合とヘテロ接合

　例えば，エンドウの種子には，丸いものとしわのあるものが存在する。このように，**相同染色体の同じ遺伝子座にあって対立する形質を担う遺伝子を対立遺伝子**とよぶ。一対の相同染色体の，ある特定の遺伝子座に注目した場合，同じ形質を担う遺伝子が対になっている状態を**ホモ接合**といい，異なる形質を担う遺伝子が対になっている状態を**ヘテロ接合**という。ホモ接合の個体をホモ接合体，ヘテロ接合の個体をヘテロ接合体という。

C 表現型と遺伝子型

　エンドウの種子に丸いものとしわのあるものが存在するように，実際に表に現れる形質を**表現型**といい，表現型を担う遺伝子の組み合せを**遺伝子型**という。ヘテロ接合体において，形質として現れる方の遺伝子を大文字で記し，形質として現れない方の遺伝子を小文字で記す。例えば，対立遺伝子 A と a があるとする。ヘテロ接合体の遺伝子型は Aa である。Aa の表現型は A であり，A の形質は表に現れる。一方，a の形質は現れることはない。ホモ接合体の遺伝子型は AA，aa である。AA では，A の形質が現れる。aa の場合は A がないため a の形質が現れることになる。このように，現れる形質を顕性形質，現れない形質を潜性形質という。

D 性染色体

　ヒトの体細胞の染色体（2n＝46。2本一組で，全部で46本）のうち，22対（44本）は男女ともに共通し，これらを**常染色体**という。残りの2本は**性染色体**といい，男女でその組み合わせは異なる。ヒトを含むほとんどの哺乳類の性染色体には X染色体と Y 染色体がある。女性の性染色体はホモ型の XX であり，男性の性染色体はヘテロ型の XY である。Y 染色体には，性の決定にかかわる遺伝子がある。

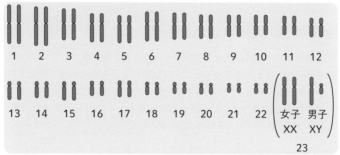

図2-7　ヒトの染色体

 POINT

● 相同染色体の対の数は，配偶子はn，体細胞は$2n$。
● 一対の相同染色体において，同じ形質を担う遺伝子が対になっていることもあれば，異なる形質を担う遺伝子が対になっていることもある。

コラム　｜　性染色体によらない性決定

　性染色体によらない性決定をする生物も多くいる。ワニの雌雄は受精から孵化までの環境の温度で決まる。33℃以上では雄になり，30℃以下では雌になる。ウミガメの雌雄は孵化中の温度で決まり，29.5℃より低温で雄になり，高温で雌になる。

　また，加齢で性転換する魚類もいる。クロダイは幼魚の時は雄で，成長にともない雌になる。逆に，ベラは幼魚の時は雌で，成長にともない雄になる。

クロダイ

アカササノハベラ

　ヒトの性染色体は，男性がヘテロ接合をとる雄ヘテロ型であり，XY と表される。精子が形成される際，X と Y のどちらかが受け継がれる。そのため精子には X 型と Y 型がある。雄ヘテロ型の中には，Y 染色体に相当する性染色体がない XO 型というタイプもある。雌の性染色体がヘテロ型をとる生物もあり，その場合は雌ヘテロ型という。雌ヘテロ型の性染色体は ZW，または ZO と表される。

表　性染色体による性決定の様式

性決定の型		体細胞		生殖細胞	受精卵と性別		染色体数の例
雄ヘテロ接合型	XY 型	♀	2A+XX	A+X ⎰A+X ⎱A+Y	2A+XX	♀	ショウジョウバエ 2n=8(♀，♂)
		♂	2A+XY		2A+XY	♂	
	XO 型	♀	2A+XX	A+X ⎰A+X ⎱A	2A+XX	♀	トノサマバッタ 2n=24(♀) =23(♂)
		♂	2A+X		2A+X	♂	
雌ヘテロ接合型	ZW 型	♀	2A+ZW	⎰A+W ⎱A+Z A+Z	2A+ZW	♀	ニワトリ 2n=78(♀，♂)
		♂	2A+ZZ		2A+ZZ	♂	
	ZO 型	♀	2A+Z	⎰A ⎱A+Z A+Z	2A+Z	♀	ミノガ 2n=5(♀) =6(♂)
		♂	2A+ZZ		2A+ZZ	♂	

＊A は常染色体の一組を表す。

3 | 減数分裂と遺伝的多様性

　有性生殖では，減数分裂と受精により，生じる子の相同染色体の組み合わせが多様になる。相同染色体の組み合わせが多様になれば，遺伝的多様性が増す。

哺乳類に限らず，植物など多くの生物が有性生殖を行う。

1 減数分裂

　配偶子が形成されるときは，**減数分裂**とよばれる細胞分裂が起こり，染色体数が減少する。もとの細胞（母細胞）の染色体数を $2n$（**複相**）とすると，配偶子の染色体数は n（**単相**）となる。

　減数分裂では，第一分裂に続き第二分裂が起こる。**動物では1個の一次精母細胞から4個の精子がつくられ，1個の一次卵母細胞から1個の卵がつくられる。**

補足 減数分裂で半減した染色体数は，配偶子が合体することにより，もとに戻る。

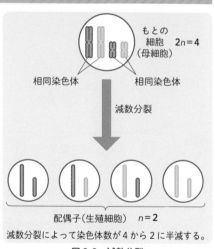

減数分裂によって染色体数が4から2に半減する。

図 2-8　減数分裂

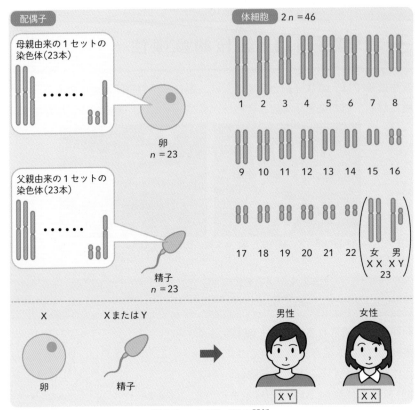

図2-9 nとXX，XYの関係

Q nやXX，XYの関係がよくわかりません。教えてください。

A まず，nは染色体数を表すときに使う記号だと思えばよいでしょう。ヒト
の配偶子には23個の染色体があるので，その場合は「n＝23」と記し，体
細胞であれば「2n＝46」と表します。また，XXやXYは性染色体のセット
を表しています。ヒトの場合，女性はXX，男性はXYというセットをもち
ます。

ヒトの卵は必ずX染色体をもち，精子はXまたはY染色体をもちます。X
染色体をもつ精子が卵と受精すると，XXをもつ個体（＝女性）が生まれま
す。Y染色体をもつ精子が卵と受精すると，XYをもつ個体（＝男性）が生
まれます。

2　減数分裂の進み方

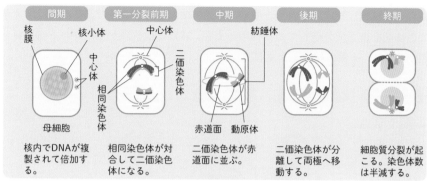

| 間期 | 第一分裂前期 | 中期 | 後期 | 終期 |

核内でDNAが複製されて倍加する。

相同染色体が対合して二価染色体になる。

二価染色体が赤道面に並ぶ。

二価染色体が分離して両極へ移動する。

細胞質分裂が起こる。染色体数は半減する。

図 2-10　減数分裂の流れ（第一分裂）

A　第一分裂・前期

　減数分裂の過程で重要な点は，**相同染色体どうしの接着と分離**である。減数分裂に入る前の相同染色体は複製されているため，２本の染色体で構成されている。第一分裂前期には相同染色体どうしが並び，接着する。相同染色体の接着を対合（たいごう）といい，対合した相同染色体をひとまとめにして二価染色体（にか）とよぶ。それぞれの相同染色体は２本の染色体からなるため，**二価染色体は合計４本の染色体で構成されている**ことになる。中期までは，二価染色体の４本の染色体はまとまって行動する。

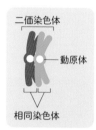

図 2-11　二価染色体

B　第一分裂・中期〜終期

　中期には二価染色体が赤道面に並ぶ。後期になると，二価染色体としてまとまっていた各々の相同染色体は，**対合面で分離して両極へ移動**する。終期には細胞質がくびれ２つに分かれる。この過程で**染色体の数が半分になる**。第一分裂で生じた細胞は，各々の相同染色体が１つずつ含まれることになる。

補足　動物細胞は，細胞がくびれることで細胞質が分かれる。一方，植物細胞の場合は，細胞板という板状の構造が形成されることで，細胞質が分かれる。

C 第二分裂

　第二分裂は，**染色体の複製がされないまま**，第一分裂に続いて起きる。分裂の様式は体細胞分裂とほぼ同じである。第二分裂の前期・中期の染色体は，2本の染色体が接着した状態にある。中期に各染色体が赤道面に並び，後期には2本の染色体が接着面で分離して両極へ移動する。終期には核膜が形成され，細胞質分裂が起こり，4個の配偶子が生じる。

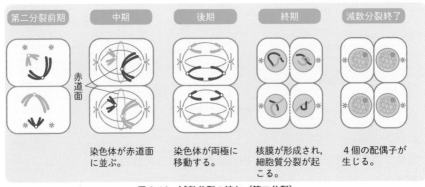

図 2-12　減数分裂の流れ（第二分裂）

3　染色体の多様な組み合わせ

　減数分裂の第一分裂において，両極への相同染色体の移動は，完全にランダムに起こる。つまり，父方由来の相同染色体と，母方由来の相同染色体のどちらがどちらの極に移動するかは偶然による。ヒトの配偶子の染色体数は23本なので，配偶子が受け取る相同染色体の組み合わせは $2^{23} \fallingdotseq 800$ 万通りになる。精子と卵に，それぞれ 2^{23} 通りの染色体の組み合わせが存在するため，受精卵が受け取る染色体の組み合わせは $2^{46} \fallingdotseq 64$ 兆通りにものぼる。このように，減数分裂によって多様な配偶子が生じ，さらにその配偶子が組み合わさることで，遺伝的に多様な個体が生み出されることになる。

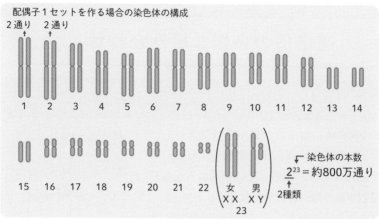

配偶子１セットを作る場合の染色体の構成

2通り　2通り

↙染色体の本数
2^{23} ＝約800万通り
↑
2種類

図 2-13　染色体の組み合わせ

4　減数分裂とDNA量の変化

　配偶子に含まれる DNA 量は，減数分裂によって母細胞の半分になる。母細胞の DNA の相対量を２とすると，減数分裂の前の S 期に DNA が複製されるため４となる。第一分裂で DNA が２個の細胞に分配されるため，第一分裂が終了すると細胞あたり２となる。第二分裂の前には DNA は複製されないため，第二分裂で生じる４個の配偶子は１となる。受精により配偶子が接合すると，２に戻る。

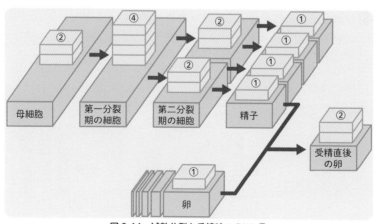

図 2-14　減数分裂と受精時の DNA 量

4 | 遺伝子の多様な組み合わせ

1 連鎖と独立

　1本の染色体には多数の遺伝子が存在している。同一の染色体に遺伝子が複数存在していることを**連鎖**という。連鎖している遺伝子どうしは，**減数分裂の際，行動を共にする。**

　異なる染色体に存在する遺伝子は，互いに**独立**しているという。独立している遺伝子は，減数分裂の際，**独立して配偶子に分配される。**分配において，互いに影響しあうことはない。

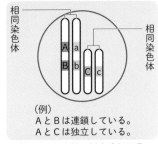

（例）
AとBは連鎖している。
AとCは独立している。

図 2-15　3組の対立遺伝子量

2 染色体の乗換えと遺伝子の組換え

　減数分裂の第一分裂の前期に，相同染色体どうしが対合して二価染色体になると，相同染色体の間で**交さ**が起き，染色体の一部が交換されることがある。これを**乗換え**といい，交さしている部分を**キアズマ**という。乗換えによって，染色体の同じ遺伝子座にある遺伝子の組み合わせが変わることを，**遺伝子の組換え**という。相同染色体の乗換えによって生じる遺伝子の組換えは，遺伝的多様性を増加させる。

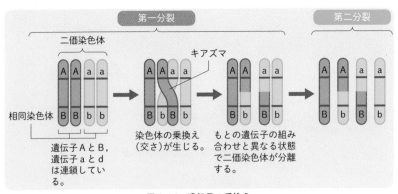

図 2-16　遺伝子の乗換え

3 遺伝子の多様な組み合わせ

Ⓐ 独立した遺伝子の配偶子における組み合わせ

遺伝子ＡとＣが独立しているとする。遺伝子型 AaCc の母細胞から生じる配偶子の組み合わせをみてみよう。

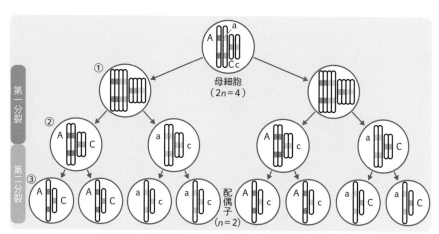

図 2-17　遺伝子が独立している場合の配偶子の組み合わせ

① 減数分裂が始まる前に染色体が複製され，二価染色体となる。

② 第一分裂の過程で生じる２つの細胞に，AA をもつ相同染色体と aa をもつ相同染色体のいずれかが分配される。同様に，CC をもつ相同染色体と cc をもつ相同染色体のいずれかが分配される。

　生じる２つの細胞の遺伝子の組み合わせは，AA・CC，aa・cc または AA・cc，aa・CC になる。

③ 第二分裂では染色体の複製が起こらないまま染色体が分配されるため，AA・CC の細胞からは A・C の組み合わせをもつ配偶子が生じ，同様に aa・cc からは a・c，AA・cc からは A・c，aa・CC からは a・C の組み合わせをもつ配偶子が生じる。

POINT

● 遺伝子ＡとＣが独立しているとき，AaCc の母細胞から生じる配偶子
　→AC，Ac，aC，ac

B 連鎖した遺伝子の配偶子における組み合わせ（乗換えが起こらない場合）

　下の図のAとB，aとbのように，注目する遺伝子が連鎖している場合は，AとB，aとbは，減数分裂の過程で行動をともにする。そのため，生じる配偶子の遺伝子の組み合わせはAとBと，aとbの2種類になる。

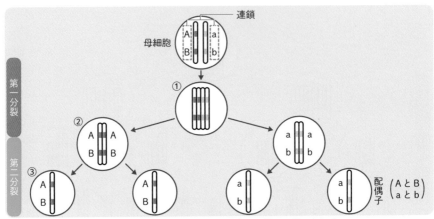

図2-18　乗換えが起こらない場合の配偶子の組み合わせ

① 減数分裂が始まる前に染色体が複製され，第一分裂前期に二価染色体となる。
② 第一分裂の過程で生じる2つの細胞に，AとBをもつ相同染色体とaとbをもつ相同染色体のいずれかが分配される。

　　生じる2つの細胞の遺伝子はAとB，またはaとbの組み合わせとなる。
③ 第二分裂では染色体の複製が起こらないまま染色体が分配されるため，AとBをもつ細胞からはAとBの組合せをもつ配偶子が生じ，aとbをもつ細胞からはaとbの組み合わせをもつ配偶子が生じる。

 POINT

● AとB，aとbが連鎖しているときにできる配偶子
　→AB，ab

C 連鎖した遺伝子の配偶子における組み合わせ（乗換えが起こる場合）

　染色体の乗換えが起こると，乗換えを起こした相同染色体間で新たな遺伝子の組み合わせが生じる。これを遺伝子の**組換え**という。

　連鎖したAとBの遺伝子の組み合わせをもつ相同染色体と，連鎖したaとbの遺伝子の組み合わせをもつ相同染色体間で乗換えが起こると，下の図のようにAとb，aとBの新たな組み合わせが生じる。そのため，配偶子の遺伝子の組み合わせは4種類になる。

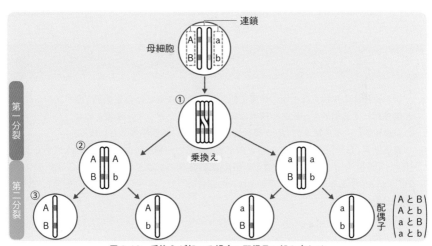

図 2-19　乗換えが起こる場合の配偶子の組み合わせ

① 　二価染色体形成時に乗換えが起こる。

② 　第一分裂の過程で生じる2つの細胞に，AとB，Aとbの相同染色体とaとB，aとbの相同染色体に分配される。

③ 　第二分裂では，染色体の複製が起こらないまま染色体が分配されるため，AとB，Aとb，aとB，aとbの組み合わせをもつ配偶子が生じる。

● AとB，aとbが連鎖し，組換えが起きたときにできる配偶子

　→AB，abおよび，組換えによってできたAb，aB

組 換 え 価

　減数分裂の過程で，相同染色体の乗換えは一定の割合で起こる。そのため，連鎖した遺伝子の組換えは一定の割合で起こる。生じた配偶子のうち，連鎖した特定の２つの遺伝子に注目し，それらの遺伝子について組換えが起きた配偶子の割合を組換え価という。組換え価は，次の式で表される。

$$組換え価（\%）＝\frac{組換えが起きた配偶子の数}{全配偶子の数}×100$$

組 換 え 価 と 染 色 体 地 図

　相同染色体の乗換えは一定の頻度で起こり，注目する２つの遺伝子が離れているほど乗換えによる組換えが起こる確率は高くなる。したがって，注目する２つの遺伝子の組換え価は，染色体上の遺伝子座の相対的な距離に比例することになる。
　遺伝子Ａ，Ｂ，Ｃが連鎖していると仮定する。これら遺伝子間の組換え価を求めると染色体地図をつくることができる。例えば，AB間の組換え価が12％，AC間が4％，BC間が8％であるとすると，遺伝子は次の図のように，Ａ－Ｃ－Ｂの順に配列していることになる。

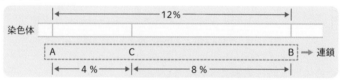

図 2-19　組換え価から求めた染色体地図

この章で学んだこと

　この章では，遺伝子の変化によって変異が起こるしくみや，遺伝的多様性が生み出される過程について理解を深めた。

1 遺伝子の変化

❶ **変異**　同種内の個体間に見られる違い。遺伝するもの・しないものがある。

❷ **突然変異**　DNA の塩基配列の変化。遺伝する。置換，欠失，挿入がある。

❸ **フレームシフト**　塩基の欠失や挿入のせいで，コドンの読み枠がずれること。アミノ酸配列に重大な変化が起き，形質に影響する。

❹ **一塩基多型**　個体間で見られる1塩基単位の塩基配列の違い。形質に影響しないことが多い。

2 生殖と染色体

❶ **生殖**　配偶子の接合による有性生殖と，配偶子によらない無性生殖がある。有性生殖は遺伝的多様性をもたらす。

❷ **受精**　卵と精子の接合から核の融合まで。

❸ **相同染色体**　形や大きさが等しい染色体のセット。対の数を n で表すと，配偶子は n，体細胞は $2n$。

❹ **遺伝子座**　染色体上の遺伝子の位置。同じ生物種では共通している。

❺ **対立遺伝子**　同じ遺伝子座にあり，対立する形質を担う。同じ形質の遺伝子が対になっていればホモ接合，異なる形質の遺伝子が対になっていればヘテロ接合。

❻ **遺伝子型**　表に現れる形質を表現型といい，表現型を担う遺伝子の組み合わせをいう。

❼ **体細胞の染色体**　ヒトの体細胞の場合，男女で共通する 22 対を常染色体といい，男女で異なる 1 対を性染色体という。

3 減数分裂と遺伝的多様性

❶ **減数分裂**　配偶子形成の際に起こる分裂様式。分裂に先立ち，染色体の複製が起こるが，2 回の分裂が連続して起こるため，染色体数は半減する。

❷ **第一分裂・前期**　相同染色体が接着し（対合），4 本の染色体からなる二価染色体が形成される。

❸ **第一分裂・中期〜終期**　二価染色体は，中期には赤道面に並ぶ。後期になると対合面で分離し，両極に移動する。

❹ **第一分裂・終期**　細胞質がくびれ，細胞が 2 つに分かれる。個々の相同染色体が 1 つずつ含まれる。

❺ **第二分裂**　染色体が複製されないまま，分裂だけが起こる。動物では，1 個の一次精母細胞から 4 個の精子がつくられ，1 個の一次卵母細胞から 1 個の卵がつくられる。

❻ **遺伝子の組換え**　相同染色体間で交さがおき，染色体の一部が交換されることがある（乗換え）。すると，染色体の同じ遺伝子座にある遺伝子の組み合わせが変わる。

4 遺伝子の連鎖と独立

❶ **連鎖**　同一の染色体に遺伝子が複数存在すること。

❷ **独立**　異なる染色体上に遺伝子が存在すること。

定期テスト対策問題 2

解答・解説は p.537

1 次の文を読み，問いに答えなさい。

突然変異には，A（アデニン）がC（シトシン）に置き換わるといった，塩基の一部が置き換わる置換，塩基の一部が抜ける ア ，塩基が新たに加わる イ がある。塩基配列が変化しても，形質に影響を与えない場合も多く，遺伝的な多様性のもととなることがある。

一方，塩基配列の変化が，形質に大きな影響を及ぼす例もある。 ウ という疾患は，ヘモグロビン遺伝子の1か所が変異したことにより，重い貧血症状が引き起こされる。

(1) 空欄 ア ～ ウ に当てはまる語を答えなさい。

(2) 下線部について，塩基配列が変化しても形質に影響しない場合があるのはなぜか。簡単に答えなさい。

(3) 1～2塩基の欠失や挿入で，コドンの読み枠がずれることがある。これを何というか。

2 次の文の空欄に適する語を答えなさい。

(1) 生物個体が，自己と同じ種類の新個体をつくることを生殖という。生殖には大きく分けて ア 生殖と無性生殖がある。 ア 生殖では， イ とよばれる生殖のための細胞がつくられ，それらが合体して新個体を生じる。 イ が形成される過程で，染色体数が半減する ウ が起きる。

(2) 染色体上の遺伝子の位置を エ といい，これは同じ生物種では共通している。相同染色体の同じ エ にあり，対立する形質を担う遺伝子を オ という。

(3) ヒトの体細胞の染色体のうち，22対は男女ともに共通する。これらを カ 染色体という。また，男女で組み合わせが異なる，残りの染色体を キ 染色体という。

3 次の問いに答えなさい。

(1) 遺伝子型AaCcの母細胞から生じる配偶子の組み合わせを全て答えなさい。なお，遺伝子AとCは独立しているものとする。

(2) 遺伝子型AaBbの母細胞から生じる配偶子の組み合わせを全て答えなさい。なお，遺伝子ABとabは連鎖しているものとする。

4　染色体地図に関して，次の問いに答えなさい。

　ある生物の遺伝子 A，B，C，D は同じ染色体上にある。この 4 種類の遺伝子について，AB 間の組換え価が 20%，AD 間が 8%，AC 間が 6%，BC 間が 14%，BD 間が 12%である。

(1)　これらの遺伝子を並べかえると，遺伝子はどのような順になるか。

(2)　CD 間の組換え価はいくらになるか。

5　ミトコンドリア DNA の突然変異は，核 DNA の突然変異よりも，細胞の機能に対する影響が少ない。その理由について簡単に説明しなさい。

（横浜国立大　改題）

Advanced Biology

第 **3** 章 　進化のしくみ

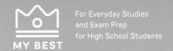
1 | 進化のしくみ

　一般的に，進化とは，ある個体の遺伝的性質の変化が集団内に広がることである。例えば，突然変異によって個体間に性質の違いが生じたとき，その性質が次の世代に広がらない場合は進化とはいわない。進化は，遺伝子の変化が次世代へ受け継がれることで生じる。

1　自然選択

　生物は多様な環境の中で生存しており，限られた食物や空間などをめぐって競争している。そのため，環境に適していない形質をもつ個体は，子を残す可能性が低くなる。一方，生存や繁殖に有利な形質をもつ個体は，同じ形質をもつ子を残す。このように個体間の**形質の違いによって，生存能力や繁殖力に差が生じ，有利な変異をもつ個体がより多くの子を残す**過程を自然選択という。

　突然変異がランダムに生じたとき，生存や繁殖に適さない突然変異をもつ個体は子を残せないため，不利な突然変異は消滅する。まれに生じる有利な突然変異が子に受け継がれた場合，その突然変異をもつ個体は増えていく。こうして，自然選択によって有利な突然変異だけが受け継がれ，有利な突然変異が蓄積して生物は進化してきた。

図3-1　自然選択（キリンの場合）

工業暗化

　イギリスにオオシモフリエダシャクとよばれるガがいる。このガには，白っぽい白色型と，黒っぽい黒色型がある。黒色型の方が目につきやすく，鳥に補食されやすいため，19世紀中ごろまでは白色型がほとんどを占めていた。しかし，街が発展し，工場の煙突から出るすすで，街全体が黒っぽくなると，今度は黒色型がほとんどを占めるようになった。白色型のガは，すすの中では目につきやすく，鳥に捕食されやすくなったためである。この現象を**工業暗化**という。人間の活動によって，黒色型が有利になるという自然選択が働き，進化が起こったのである。

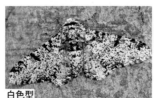　

白色型　　　　　　　　　　　黒色型
▲オオシモフリエダシャク

2　適応進化

　現存する生物は長い時間をかけた自然選択の結果，自身が生息する環境で生存や繁殖が有利となる形質をもつようになった。これを適応という。また，1個体から生じる繁殖可能な子の数を適応度とよび，適応度が1より大きければ，その個体の子孫は存続する。適応度が大きい個体ほど，自分がもつ遺伝子と同じ遺伝子を多く残すことができる。

　生物の集団が生息環境で有利な形質を備えることを適応進化（てきおうしんか）という。多様な生物がいるのは，さまざまな環境に適応した生物が自然選択された結果である。

 POINT

- 有利な突然変異は受け継がれて蓄積する。
- 現存する生物は，自然選択の結果，有利となる形質をもつようになった。

2 | 遺伝子で見る進化

　DNA の塩基配列には，一定の頻度で突然変異が起きており，同種の生物集団の中でも，遺伝子の塩基配列は個体ごとに少しずつ異なる。そのため，集団内にはさまざまな対立遺伝子をもった個体が存在する。生物集団の大きさは有限なため，集団に存在するそれぞれの**対立遺伝子の割合は，集団の大きさに影響を受けることがある**。そして，世代交代をかさねると，**対立遺伝子の割合が変化する**可能性がある。

1 遺伝子プールと遺伝子頻度

　同種の集団がもつ遺伝子をすべてまとめたものを**遺伝子プール**とよぶ。遺伝子プールには，異なる対立遺伝子も含まれ，それぞれの対立遺伝子の割合を**遺伝子頻度**とよぶ。

●遺伝子頻度の例

　対立遺伝子 A と a があり，遺伝子型 AA が 2 個体，遺伝子型 Aa が 2 個体，遺伝子型 aa が 1 個体，合計 5 個体からなる集団があるとする。この集団の遺伝子プールには，A と a について合計 10 個の対立遺伝子が存在することになる。遺伝子プールの中に A は 6 個あるので A の遺伝子頻度は，$\dfrac{6}{10}=0.6$ となる。a は 4 個あるので a の遺伝子頻度は，$\dfrac{4}{10}=0.4$ となる。

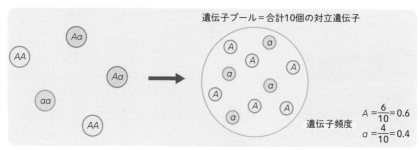

図 3-2　遺伝子頻度

2 遺伝的浮動

　自然選択とは無関係に，集団内の遺伝子頻度が偶然に変化することがある。例えば，交配に使用される配偶子の対立遺伝子が偶然偏り，次世代，次々世代の集団の遺伝子プールが変化する場合などである。このような，偶然による遺伝子頻度の変化を**遺伝的浮動**といい，自然選択とは別に進化の原動力のひとつとなっている。

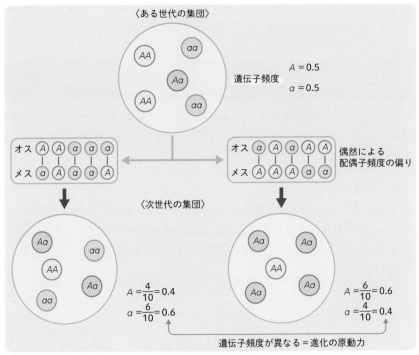

図 3-3　遺伝的浮動

 POINT

● 遺伝子プール→同種の集団がもつすべての遺伝子をまとめたもの。

● 遺伝的浮動→偶然により，遺伝子頻度に偏りが生じること。進化の原動力のひとつである。

コラム　｜　びん首効果

　小さな集団ほど，遺伝的浮動の影響が大きい。何らかの原因で，隔離された集団の個体数が減少すると，遺伝子頻度の偏りが起こる可能性がある。個体数が減少したことにより，遺伝子頻度に大きな影響が出ることを**びん首効果**という。例えば，南米ペルーの先住民の血液型は，極端に偏っている。ペルーの先住民の祖先は，氷期にアジア大陸からベーリング地峡をアメリカ大陸に向けて横断した少数の人々に由来する。その少数の人々の血液型は偶然に O 型が多く，さらに人口が極度に減少した時期にびん首効果がはたらき，ほぼ 100% が O 型になったと考えられている。

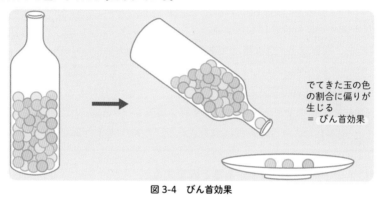

でてきた玉の色
の割合に偏りが
生じる
＝ びん首効果

図 3-4　びん首効果

3 ハーディー・ワインベルグの法則

　一定の条件が満たされれば，ある生物種の集団内の遺伝子頻度は世代が変わっても変化しない。ハーディーとワインベルグは，これを数学的に示した。この法則を**ハーディー・ワインベルグの法則**という。

> 　ハーディー・ワインベルグの法則が成り立つためには，以下の4つの条件すべてが満たされなければならない。
> 1. 自由に交配する大きな集団である（＝遺伝的浮動が起こりにくい）。
> 2. 突然変異が起こらない。
> 3. 自然選択が働かない。
> 4. 同じ種の他の集団との間に移出や移入がない（＝遺伝子の流動がない）。
>
> しかし，現実にはこれらの条件は満たされないため，進化が起こる。

●集団に A と a の対立遺伝子があると仮定する

　集団内に，対立遺伝子 A と a があり，A 遺伝子の遺伝子頻度を p，a 遺伝子の遺伝子頻度を q とする。交配により生じる次世代の遺伝子の組合せは右図のようになる。注目するひとつの対立遺伝子は1対（A と a）のため，遺伝子頻度は $p+q=1$ となる。

	$A(pq)$	$a(q)$
$A(p)$	$AA(p^2)$	$Aa(pq)$
$a(q)$	$Aa(pq)$	$aa(q^2)$

＊（　）の中は確率を示す
＊$p+q=1$ となる

図 3-5

● A と a の遺伝子をもつ集団の次世代の遺伝子頻度

　A 遺伝子の遺伝子頻度が p，a 遺伝子の遺伝子頻度が q の場合，次世代の遺伝子型が AA となるのは，遺伝子プールの中の対立遺伝子が両方とも A だった場合であり，その確率は $p×p=p^2$ になる。遺伝子型が Aa となるのは，2つの対立遺伝子の片方が A で，もう一方が a の場合である。Aa については，「母方から A」「父方から a」を受け継ぐ場合と，「父方から A」「母方から a」を受け継ぐ場合の両方があるため，Aa が生じる確率は pq の2倍の $2pq$ となる。遺伝子型が aa となるのは，遺伝子プールの中の対立遺伝子が両方とも a だった場合であり，確

率は $q×q=q^2$ になる。これらを総合すると，$AA：Aa：aa=p^2：2pq：q^2$ と表される。

●次世代の遺伝子 A の頻度

次に，$AA：Aa：aa=p^2：2pq：q^2$ で生じた次世代の遺伝子プールのうち，対立遺伝子 A に注目する。対立遺伝子 A を有するのは AA と Aa である。AA はその数の2倍の A をもつ。そのため，AA がもつ対立遺伝子 A は AA の遺伝子頻度の2倍になり，$p^2×2=2p^2$ である。また，Aa は $2pq$ の確率で生じ，2つの対立遺伝子のうち，1つが A であるため，Aa がもつ対立遺伝子 A は $2pq×1=2pq$ である。AA がもつ対立遺伝子 A と Aa がもつ対立遺伝子 A を合計すると，$2p^2+2pq=2p(p+q)$ となる。遺伝子プール全体の対立遺伝子数は AA，Aa，aa の数を2倍したものなので $2×(p^2+2pq+q^2)=2(p+q)^2$ である。そのため，次世代の対立遺伝子 A の頻度は，

$$\frac{2p^2+2pq}{2(p^2+2pq+q^2)}=\frac{2p(p+q)}{2(p+q)^2}=\frac{p}{(p+q)}$$

となる。

ここで $p+q=1$ から

次世代の遺伝子 A の頻度＝p　となる。

つまり，**次世代の対立遺伝子 A の頻度は前の世代から変化していない**ことになる。対立遺伝子 A の頻度が変化していないので，当然対立遺伝子 a の頻度も変化していない。$p+q=1$ の関係式から q が変化していないことは明らかである。

> 補足 A と a の遺伝子頻度が等しい場合，つまり $p=q=0.5$ のとき，$AA：Aa：aa=p^2：2pq：q^2$ にあてはめて考えると $AA：Aa：aa=(0.5)^2：2×(0.5)×(0.5)：(0.5)^2=1：2：1$ となる。これはヘテロ接合子の個体(Aa)どうしを交配した場合に期待される遺伝子型の比 $AA：Aa：aa=1：2：1$ と同じである。

Q ハーディーワインベルグの法則とは，世代間で遺伝子頻度が変わらない，ということですよね。それは，進化が起こらない，ということですか？

A そうですね。ただし，自然界では，突然変異は起こりますし，自然選択がはたらきますので，ハーディーワインベルグの法則を満たす条件がすべて成立することはほぼありません。したがって進化が起こります。

参 考 **対立形質をもつ個体の割合と遺伝子頻度**

　　対立形質をもつ個体の割合がわかれば，その形質にかかわる遺伝子の頻度を知ることができる。ショウジョウバエには赤眼の個体と白眼の個体がある。ハーディーワインベルグの法則が成り立つと仮定したある集団では，赤眼の個体が64%，白眼の個体が36%であったとする。そして，眼の色は対立遺伝子 A と a がかかわり，赤眼になる遺伝子 A は顕性で，白眼になる遺伝子 a は潜性であるとする。このとき，A と a の遺伝子頻度を求める。ハーディーワインベルグの法則が成り立つことから，$AA：Aa：aa$ $=p^2：2pq：q^2$ となる。この関係より，$q^2=0.36$ となり，a の遺伝子頻度 q は0.6になる。$p+q=1$ であるので，対立遺伝子 A の遺伝子頻度は0.4となる。

4 分子進化

　　DNA の塩基配列には一定の頻度で突然変異が起こる。その結果，タンパク質のアミノ酸配列も変化することがある。このような，DNA やタンパク質などの分子にみられる変化を**分子進化**という。

A 分子時計

　　DNA の塩基配列には一定の頻度で突然変異が起きており，それらは一定の速度で蓄積する。したがって，異なる2種の間で，同じ遺伝子について塩基配列やタンパク質のアミノ酸配列を比較すると，**共通の祖先から分かれてからの時間が長い種ほど，配列の違いが大きくなる**。塩基配列やアミノ酸配列の変化の速度は**分子時計**と呼ばれ，進化の過程で種が分岐した年代を推定する手がかりとなる。

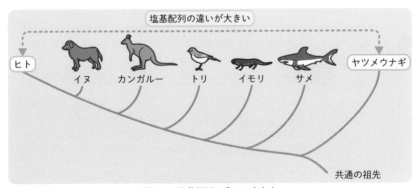

図3-6　塩基配列の違いの大きさ

B 分子進化の速度の傾向

変異が蓄積する速度を分子進化の速度とすると，その速度は塩基配列の場所によって異なる。タンパク質の働きに重要な部分のアミノ酸配列が変化すると，タンパク質の機能が低下したり失われたりする。また，転写調節に重要な塩基配列が変化すると，遺伝子の発現が異常になったりする。そのため，このような変異をもつ個体は生存能力が低く，多くは自然選択により取り除かれる。したがって，**重要な機能に関係するアミノ酸配列や塩基配列の分子進化の速度は，それ以外の部分に比べて遅い。**一方，重要な機能に関係しない突然変異は蓄積するため，分子進化の速度は速くなる。

補足 ヘモグロビンα鎖のアミノ酸配列の変化率は，10億年あたり1.2個である。一方，呼吸にかかわるシトクロムcは0.3個，染色体を構成するタンパク質のヒストンH4は0.01個である。生存に必須の遺伝子ほど，分子進化の速度が遅くなる。

タンパク質の種類	変化率(個／10億年)
ヘモグロビンα鎖	1.2
シトクロムc（呼吸に関わる）	0.3
ヒストンH4（染色体を構成する）	0.01

参考 中立進化

生存に有利な突然変異は非常にまれであり，生存に不利か，有利でも不利でもない中立な突然変異が大部分である。中立的な突然変異には，遺伝子ではない部分のDNA塩基配列の突然変異や，指定するアミノ酸が変化しない同義置換，タンパク質の機能に関わらないアミノ酸の置換がある。形質に影響しない，または形質が変化しても自然選択を受けない変化を中立進化という。

生存に不利な突然変異は自然選択によって排除されるが，自然選択がはたらかない中立な突然変異は集団に広がる。分子進化は，中立的な突然変異と遺伝的浮動によって生じるという考えを中立説という。

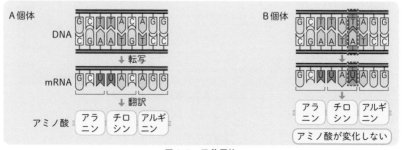

図3-7 同義置換

3 | 種の多様化

1 種分化

　ある生物種から別の種が生じるには，集団どうしの間に隔離が生じ，遺伝的な交流が起こらない状態になる必要がある。大陸の一部が分かれて島になったり，地殻変動により障壁となる高い山ができたりして，生物集団が隔離されることがある。これを地理的隔離といい，**地理的隔離が長く続くと，隔離された集団の中で遺伝的な変化が蓄積され，やがて交配できなくなる。**両者が出会ったとしても，交配できない，あるいは交配しても生殖能力のある子がうまれなくなった状態を生殖的隔離という。**生殖的隔離が起きれば，新しい種が形成されたことになる。**このようにひとつの種が複数の種に分かれることを種分化という。地理的隔離やそれによって生じる生殖的隔離は種分化の原動力となる。

A 異所的種分化

　地理的隔離によって分断され，分断された種がそれぞれの場所に適応した結果として起こった種分化を異所的種分化という。地理的隔離が起きた場合，その環境に適応した独自の進化をたどると考えられる。

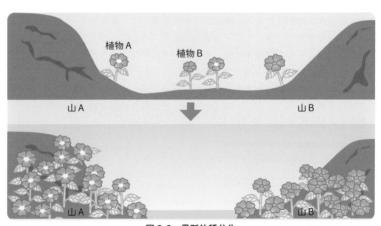

植物 A　　植物 B

山 A　　　　　山 B

山 A　　　　　山 B

図 3-8　異所的種分化

B 同所的種分化

　地理的に隔離されていない場合で起こる種分化を**同所的種分化**という。例えば，A種は繁殖期が4月であるが，突然変異によって繁殖期が10月になってしまった個体が生じたとする。4月に繁殖する個体と10月に繁殖する個体では交配が行われないので，同じ場所にいながら（つまり地理的隔離はないにもかかわらず），生殖的隔離が起こる。このような種分化が同所的種分化である。同所的種分化は繁殖期のずれだけでなく，形態や繁殖行動などの突然変異によっても起こる。

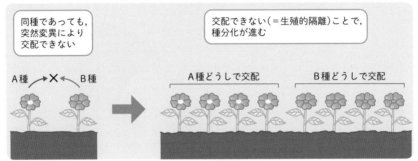

図3-9　同所的種分化

参考　倍数体と種分化

　植物では，染色体の数が変化することによって，短期間で種分化が起こることがある。例えば，ゲノムの染色体数の基本数を(n)とすると，コムギ類には，$2n=14$ や，$2n=28$，$2n=48$ のように n の倍数の染色体をもつ種がある。このように，基本数(n)と倍数関係にある染色体数をもつ個体を**倍数体**という。倍数体は，減数分裂の際に，染色体の対合や分配に異常が起きることにより生じたと考えられている。こうした倍数体が生じることによる種分化はわずか1世代で起こりえる。

 POINT

異所的種分化…地理的隔離による。
同所的種分化…繁殖期のずれなどによる。

　南アメリカ大陸の西側にあるガラパゴス諸島には，14種の小型(体長10〜20cm)の野鳥のダーウィンフィンチ類が生息している。これらのダーウィンフィンチ類は，南アメリカ大陸から渡った1種の共通祖先から種分化したと考えられている。ガラパゴス諸島は適度に隔離されており，ダーウィンフィンチ類は異なる環境に適応して進化してきた。種によって昆虫，果実，種子，サボテンを食いわけており，くちばしの太さや長さなどの形が異なる。

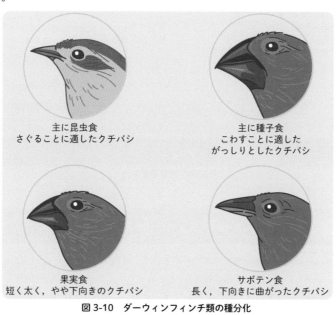

主に昆虫食
さぐることに適したクチバシ

主に種子食
こわすことに適した
がっしりとしたクチバシ

果実食
短く太く，やや下向きのクチバシ

サボテン食
長く，下向きに曲がったクチバシ

図3-10　ダーウィンフィンチ類の種分化

234

2　共進化

　異なる種の生物が，互いに影響を及ぼしあいながら進化することを**共進化**という。例えば，ある種のランは非常に細長い管（距）の奥に蜜を溜める。このランの蜜を吸うことができるのは，距と同じほど長い口吻（口）をもったスズメガだけである。ランの蜜は，いわば，スズメガが行う受粉の報酬である。距が短いと，ランは簡単に蜜を奪われ，スズメガに花粉を付着させることができない。そのため，ランは長い距をもつ。一方のスズメガも蜜を得るために十分な長さの口吻をもつ必要がある。こうして二者が影響を及ぼしあい，長い距と口吻が共進化した。

　共進化はこうした協力的な２種の間だけで起こるわけではなく，被食者と捕食者の間にも起こる。例えば，ツバキとその種子を食害するツバキシギゾウムシが良い例である。ツバキはツバキシギゾウムシの食害から種子を守るために，種子を果皮で覆う。この果皮が厚いほど食害を受けにくくなる。しかし，一方のツバキシギゾウムシも，より長い口吻を使って果皮に穴を開け，中にある種子を食べるようになる。すると，ツバキは果皮をより厚くし，それを食害するツバキシギゾウムシの口吻もより長くなる。このように拮抗的な共進化の例もある。

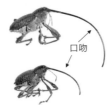

口吻

▲ゾウムシ（上：屋久島，下：関西）

▲ツバキの実（左：関西，右：屋久島）

▲ツバキの上にのるゾウムシ

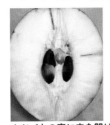

▲ツバキの実に穴を開ける

 POINT

　共進化は，送粉昆虫と植物，被食者と捕食者，宿主と寄生者などさまざまな関係性の生物種間で見られる。

3 適応放散と収れん

　祖先となる生物種が，さまざまな環境に適応して，多数の種や系統に分岐することを適応放散（てきおうほうさん）という。例えば，哺乳類は共通の祖先から，アリクイ，ヤマネコ，オオカミ，モモンガ，ヒトのように，多様に進化してきた。

　発達した胎盤（たいばん）をもち，胎児が胎盤を通じて母親から栄養分を受け取る哺乳類を真獣類（しんじゅうるい）という。一方，胎盤が未発達で，子は未熟な状態で産み出され，母親の腹部の袋の中で育つ哺乳類を有袋類（ゆうたいるい）という。オーストラリア大陸は，他の大陸と隔絶しており，哺乳類の共通祖先から生じた有袋類が多くを占め，真獣類とは独立に適応放散して多様に進化してきた。その結果，フクロアリクイ，フクロネコ，フクロオオカミ，フクロモモンガのように，真獣類とよく似た動物が生じた。異なる系統の生物が，環境に適応して似た形質をもつようになることを収れんという。魚類のサメと哺乳類のイルカの形態が似ているのも，収れんである。

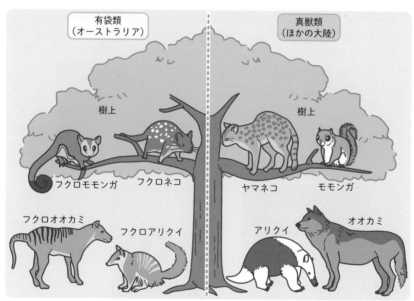

図 3-11　オーストラリアに生息する動物とその他の大陸に生息する動物の収れん

この章で学んだこと

生物が進化するしくみや，種が多様化するしくみについて理解を深めた。

1 進化のしくみ

❶ **進化と遺伝的性質**　遺伝子の変化が次世代に受け継がれ，集団内に広がることで進化が起きる。

❷ **自然選択**　有利な変異をもつ個体がより多くの子を残す。

❸ **適応**　自然選択の結果，各生物は自身が生息する環境において，生存や繁殖が有利となる形質をもつに至った。

❹ **適応度**　1個体から生じる繁殖可能な子の数。

❺ **適応進化**　生物の集団が生息環境で有利な形質を備えること。

2 遺伝子で見る進化

❶ **対立遺伝子の割合**　集団内の各対立遺伝子の割合は，世代交代をかさねることで，変化することがある。

❷ **遺伝子プール**　同種の集団がもつ遺伝子をすべてまとめたもの。異なる対立遺伝子も含み，各対立遺伝子の割合は遺伝子頻度という。

❸ **遺伝的浮動**　偶然による遺伝子頻度の変化。自然選択とは関係なく，偶然に，集団内の遺伝子頻度は変化することがある。

❹ **ハーディー・ワインベルグの法則**　「一定の条件が満たされれば，世代が変わっても，ある生物種の集団内の遺伝子頻度は変化しない」ということを数学的に示した法則。しかし，現実的には，条件が満たされることはない。

❺ **分子進化**　DNA やタンパク質などの分子にみられる変化。塩基配列やアミノ酸配列の変化の速度を分子時計といい，進化の過程で種が分岐した年代を推定する手がかりとなる。

❻ **中立進化**　遺伝子ではない部分の DNA 塩基配列の変化やアミノ酸が変化しない同義置換など，形質に影響しないか，形質が変化しても自然選択を受けない変化。

3 種の多様化

❶ **地理的隔離**　大陸の一部が分かれて島になるなど，生物集団どうしが地理的に隔離されてしまうこと。

❷ **生殖的隔離**　地理的隔離が長く続くと，隔離された集団内で遺伝的な変化が蓄積され，他の集団と交配できなくなる。

❸ **種分化**　ひとつの種が複数の種に分かれること。地理的隔離や，それによって生じる生殖的隔離によって起こる。

❹ **共進化**　異なる種の生物が，互いに影響を与えあうことで進化すること。

❺ **適応放散**　祖先となる生物種が，さまざまな環境に適応し，多数の種・系統に分岐すること。

❻ **収れん**　異なる系統の生物が，環境に適応した結果，似た形質をもつようになること。

定期テスト対策問題 3

解答・解説は p.537

1 次の文を読み，問いに答えなさい。

　種は生き物の分類の基本単位であり，一般に，自然状態での交配が不可能，もしくは交配しても生殖能力をもたない子が生じる，　a　が成立していれば別の種とみなされる。

　同じ種であっても，個体間には変異がみられる。変異のうち，DNA の塩基配列の変化や，　b　の数や構造の変化である突然変異により生じた遺伝的変異は，進化の重要な要素となる。交配可能な集団がもつ遺伝子全体は　c　とよばれ，　c　の中の 1 つの遺伝子座における　d　の頻度を遺伝子頻度という。ある環境において，生存や繁殖に有利な遺伝的変異をもつ個体はより多くの子を次世代に残し，やがて集団内にその形質にかかわる遺伝子頻度が高くなる。これがア自然選択による進化のしくみである。一方，自然選択とは無関係に，遺伝子頻度が偶然により変動する　e　も進化の重要な要因である。木村資生は，分子レベルで起こる突然変異の多くはイ中立であり，それが　e　によって集団内に固定されることで進化が生じるという中立説を提唱した。

(1) 文中の空欄 a ～ e に当てはまる語を答えなさい。

(2) 下線部アについて，自然選択に関する記述として最も適切なものを次から選びなさい。

① 自然選択により，複雑な形態の生き物が単純な形態の生き物に進化することはない。

② 自然選択における進化は，多細胞生物に特有の現象であり，単細胞生物では起こらない。

③ 自然選択が生じても確実に子孫を残すために，生物は常に新しい形質を進化させようとしている。

④ 自然選択による進化は，数年という短期間でも起こる。

(3) 下線部イについて，中立な突然変異の説明として最も適切なものを次から選びなさい。

① 生存と繁殖に有利になるか不利になるかは偶然で決まる。

② 生存と繁殖のうち，片方には有利だが，もう片方には不利である。

③ 生存と繁殖に有利でも不利でもない。

④ 生存と繁殖に有利な点と不利な点の両方が存在する。

⑤ 生存と繁殖に不利であるが，一部の遺伝子配列が次世代に伝わる。

⑥ 生存と繁殖に有利か不利かは不明である。

(甲南大　改題)

2　次の①〜⑤は遺伝的浮動に関して述べたものである。適切なものをすべて選び，番号を記しなさい。

①　遺伝的浮動は，生存に不利な遺伝子よりも生存に有利な遺伝子で起こりやすい。

②　遺伝的浮動は，大きい集団よりも小さい集団の中で起こりやすい。

③　遺伝的浮動は，遺伝子プールを変化させるが遺伝子頻度は変化させない。

④　中立的な変異が偶然に集団内に広がるのは，遺伝的浮動によると考えられている。

⑤　ハーディー・ワインベルグの法則は，遺伝的浮動の結果として生じる遺伝子頻度の変化を説明している。

（宮崎大　改題）

3　ハーディー・ワインベルグの法則が成立するために必要な条件として正しいものを下の(a)〜(d)から2つ選び，記号で答えなさい。

(a)　集団への移入個体数と集団からの移出個体数がつりあっている。

(b)　交配がランダムに行われる。

(c)　集団は十分に多くの種からなる。

(d)　突然変異が生じない。

（岐阜大　改題）

第 4 章　生物の系統

1 | 生物の分類と系統

1 生物の分類

　生命が誕生してから 40 億年の間に，さまざまな生物が出現し進化した。現在までに知られている生物は約 190 万種であるが，実際には約 1000 万種以上いると推定されている。生物はこのように**多様であるが，共通性があり**，共通性にもとづいてグループごとに分類されている。

A 分類の単位

　共通性にもとづいて，多様な生物をグループ分けすることを**分類**という。分類の基本となる単位は**種**である。種とは，相互に交配して生殖能力をもつ子を生み出すことができ，なおかつ他の種とは，生殖的に隔離されている自然の個体群と定義される。

> **参考　イノブタとラバ**
>
> 　食肉用の家畜として飼育されるイノブタは，ブタとイノシシを交配してつくられる。ブタとイノシシは別の種のように見えるが，交配して生じる子であるイノブタには生殖能力がある。したがって，ブタとイノシシは同種とみなされる。
> 　ウマの頑丈さと，ロバの飼育しやすさを合わせもつラバは，雌ウマと雄ロバを交配してつくられる。しかしラバは生殖能力をもたないため，ウマとロバは，別種とみなされる。
>
>
>
> 雄ロバ　　　ラバ　　　雌ウマ
>
> **図 4-1　ラバ**

B 種と種名

　生物の名前は，世界共通の学名によって表記される。学名には，ふつうラテン語が用いられ，属名の後ろに，種を特定する種小名を並べて記載する**二名法**が使われる。ヒトを二名法で表記すると，*Homo sapiens* となる。*Homo* は属名であり，*sapiens* は種小名である。二名法は「分類学の父」といわれる**リンネ**によって確立された。

▲リンネ

> **補足** *Homo sapiens* とは，ラテン語で「知恵のある人」という意味である。「ヒト」のような，日本語による学名の表記を和名という。

C 分類の階層

　生物は多様であるが，共通性にもとづいて似たものをグループにまとめることができる。よく似た種をまとめたグループを**属**といい，よく似た属をまとめたグループを**科**という。生物の分類には階層性があり，共通性にしたがって段階的にまとめられている。階層は下位から順に，**種，属，科，目，綱，門，界，ドメイン**となっている。

> **補足** 人間の種名はヒトであり，ヒト属・ヒト科・サル目・哺乳綱・脊索動物門・動物界・真核生物ドメインとなる。

図4-2　分類の階層

2　生物の系統と進化

　多様な生物は，進化の過程で生じたものである。生物はどのような進化の道筋を通ってきたのだろうか。

Ａ　生物の系統と分類

　生物が進化してきた道筋を**系統**という。多様な生物は，共通の祖先から派生して進化したものであり，**共通の祖先から分岐した時間が短いほど，多くの共通性をもつ**。生物が進化してきた道筋にもとづき，類縁関係をグループ化することを**系統分類**という。系統を表す図は，太い幹からのびる枝のように見えるため，**系統樹**とよばれる。

Ｂ　系統の推定法－形質による分類

　生物のさまざまな形質を比較し，形質の共通性に着目することにより，系統を推定することができる。生物の形質を，共通性の高い祖先形質（原始形質）と，新たに獲得した子孫形質（派生形質）に分け，共通の子孫形質をもつ生物をそれぞれグループに分類することを繰り返すと，分岐図を描くことができる。

●系統分類の例

　いずれも脊椎動物であるメダカ，ハト，イヌ，ウシの系統を推定する場合を考える。脊椎動物以外の動物は基本的に変温動物である。よって祖先形質として変温動物という特徴をもつメダカと，子孫形質として恒温動物という特徴をもつハト，イヌ，ウシは別のグループであると推定できる。さらにこのハト，イヌ，ウシは卵生という祖先形質と，胎生という子孫形質をもとに，ハトのグループ（卵生）と，イヌとウシのグループ（胎生）に分けることができる。

図4-3　系統分類

243

さまざまな生物種で DNA の塩基配列の解析が進んでいる。近年は，「中立的な突然変異は一定の速度で DNA 内に蓄積する」という分子時計の考え方を利用した系統分類が行われている。DNA の塩基配列や，タンパク質のアミノ酸配列など，分子レベルの情報にもとづいてつくられた系統樹を**分子系統樹**という。

補足 配列のデータは数値化しやすく，統計的な解析が可能であるため，形態などにもとづく系統樹よりも，分子系統樹の方が信頼性が高いと考えられている。

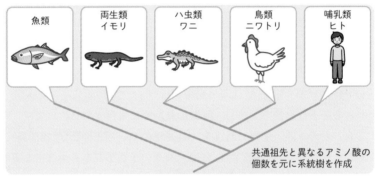

共通祖先と異なるアミノ酸の個数を元に系統樹を作成

図 4-4 脊椎動物の系統樹の例

3 3ドメイン説

細胞の構造を基準に分類すると，生物は核をもたない原核生物と核をもつ真核生物に大きく分けられる。原核生物はさらに，rRNA（→ p.330）の塩基配列にもとづいた分子系統樹により，細菌（バクテリア）とアーキア（古細菌）に分けられる。アメリカの**ウーズ**は

図 4-5 3ドメイン説

1990 年に，全生物は**細菌ドメイン，アーキアドメイン，真核生物ドメイン**の 3 つに分けられるという**3ドメイン説**を提唱した。3ドメイン説では，真核生物は細菌よりアーキアに近縁であるとされている。

2 ｜ 生物の多様性

　生物は，細菌とアーキア（古細菌），真核生物からなる。それぞれの特徴と分類をみていこう。

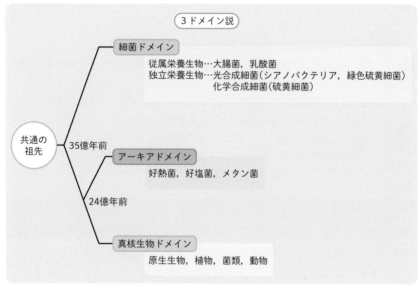

図 4-6　3ドメイン説

補足　アーキアは，細菌との共通祖先から約35億年前に分岐した。さらに，アーキアと真核生物は24億年前に分岐した。

1　細菌

　原核生物の大半を細菌が占める。細菌は細胞壁をもつ。海や河川，土壌など自然界のさまざまな環境に生息しており，ヒトの大腸などには大腸菌がいる。また，結核菌など病気の原因となる細菌もいる。ヨーグルトやしょう油，味噌の製造に使う乳酸菌や，窒素固定（→ **p.514**）を行う根粒菌も細菌である。多くは従属栄養生物であるが，シアノバクテリアなどの光合成細菌や，硝酸菌などの化学合成細菌は独立栄養生物である。

補足　細菌の細胞壁はタンパク質と炭水化物で構成されるペプチドグリカンからなる。セルロースからなる植物の細胞壁や，キチンからなる菌類の細胞壁とは異なる。

2 アーキア（古細菌）

アーキアには，熱水噴出孔や温泉などの高温環境に生息する好熱菌，高塩濃度の湖にいる好塩菌など，極限環境で生活するものが多い。現在では，細菌より真核生物に近縁であることがわかっている。

補足 アーキアは細胞壁をもつ。アーキアの細胞壁はタンパク質または糖タンパク質からなり，ペプチドグリカンはもたない。

Q アーキアは「古細菌」ともよぶんですね。「古細菌」というからには，昔からいるのですか？

A その通りです。原始地球のような高温環境下にすむアーキアがいることから，最初の生物に近いと考えられ，古細菌と名付けられました。しかし，沼底や動物の消化管の中のような普通の環境にいるものもいます。

3 真核生物

真核生物は，細胞の中に核やミトコンドリアなどの細胞小器官をもつ生物であり，アーキアに好気性細菌やシアノバクテリアが細胞内共生して進化してきたと考えられている。真核生物は，原生生物，植物，菌類，動物に分類される。

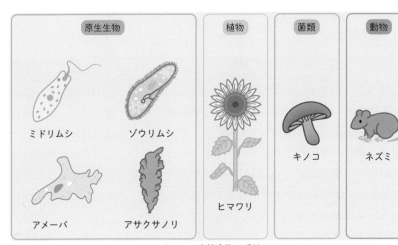

図 4-7　真核生物の系統

246

Ａ 原生生物

　真核生物の中で，単細胞の生物や，多細胞であっても単純で組織が発達していない生物が原生生物に分類される。原生生物は，植物，菌類，動物のどれにも分類されない。

①原生動物

　運動性が高い原生生物を**原生動物**(げんせいどうぶつ)という。原生動物には，アメーバやゾウリムシなどがある。有機物や他の生物を捕食する従属栄養生物が多いが，ミドリムシのように葉緑体をもち，光合成を行うものもある。

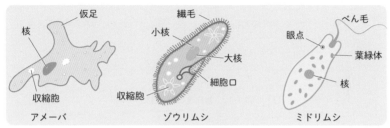

図4-8　原生動物

②藻類

　葉緑体をもち，光合成を行う原生生物を**藻類**(そうるい)とよぶ。藻類には単細胞の藻類と多細胞の藻類がある。単細胞の藻類には，プランクトンの**ケイ藻**(そう)などがある。多細胞の藻類には，コンブやワカメなどの**褐藻類**(かっそうるい)，アサクサノリの**紅藻類**(こうそうるい)，アオサやアオノリなどの**緑藻類**(りょくそうるい)，アオミドロなどの接合藻がある。接合藻は植物に最も近縁な藻類と考えられている。おもな光合成色素として，褐藻類はクロロフィルａとｃを，紅藻類はａを，緑藻類はａとｂをもつ。また，接合藻はａとｂをもつ。

> **補足** アサクサノリは食用の海苔（のり）になる。

図4-9　藻類

③粘菌類

　粘菌類は，アメーバのような形の単細胞が細菌などを捕食する時期と，子実体とよばれる構造をつくって胞子を形成する時期を繰り返す。胞子が発芽すると，アメーバ状の細胞になる。粘菌には，変形体とよばれる多核のアメーバ状の細胞を形成する真正粘菌類と，変形体をつくらない細胞性粘菌がある。細胞性粘菌は，多数の細胞が集まって子実体をつくる。真正粘菌にはムラサキホコリカビなどがあり，細胞性粘菌にはキイロタマホコリカビなどがある。

図 4-10　細胞性粘菌の生活

B 植物

　植物は，おもに陸上で生活し，光合成を行う多細胞生物のグループである。植物にはコケ植物，シダ植物，裸子植物，被子植物がある。コケ植物とシダ植物は胞子で繁殖する。裸子植物と被子植物は種子で繁殖するため，まとめて種子植物とよばれる。シダ植物と種子植物は，維管束をもち，被子植物は子房をもつ。植物は，おもな光合成色素としてクロロフィル a と b をもつ。

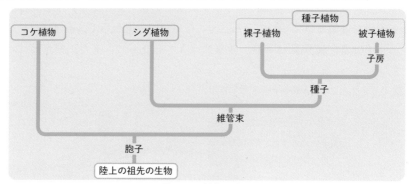

図 4-11　植物の系統

①コケ植物

コケ植物は，根や茎，葉の区別がなく，維管束が発達していない。ゼニゴケ，スギゴケなどがある。

補足 多くのコケ植物は雌雄異株で，雄性配偶体と雌性配偶体があり，それぞれ精子と卵をつくる。精子は雨の日などに水中を泳いで移動し，卵と受精する。受精卵はやがて胞子体を形成する。

②シダ植物

シダ植物は，根と茎，葉が分化し，維管束をもつ。葉の裏にある**胞子のう**で胞子をつくり，胞子を散布することで繁殖する。ワラビ，トクサなどがある。

▲スギゴケ

▲トクサ

③種子植物

●裸子植物

裸子植物の種子には子房がなく，胚珠がむき出しになっている。イチョウやソテツ，マツ，スギなどがある。

●被子植物

被子植物の種子には子房があり，胚珠は子房の中にある。イネやキク，モクレン，ケヤキなどがある。

▲マツ

▲モクレン

C 菌類

　菌類は，体外で栄養分を分解し（体外消化），それを吸収する多細胞の従属栄養生物のグループである。光合成は行わない。菌類の体は，菌糸とよばれる細い糸状の構造が集まってできており，ほとんどの菌類は陸上で生活する。菌類は，接合菌類，子のう菌類，担子菌類に分類される。

補足 菌類の細胞壁の主成分はキチンである。

①接合菌類

　接合菌類は，菌糸どうしが接合して胞子を形成する。クモノスカビなどがある。

②子のう菌類

　子のう菌類は，袋状の子のうをつくり，子のうの中に子のう胞子をつくる。アオカビやアカパンカビなどがある。

③担子菌類

　担子菌類は，キノコとよばれる子実体をつくる。子実体に担子器がつくられ，担子器で胞子が形成される。

補足 子のう菌類と担子菌類には，一生を単細胞で過ごすものがあり，これらをまとめて酵母とよぶ。

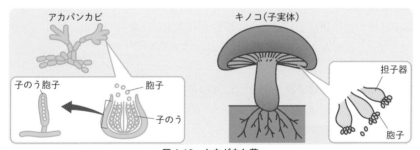

図4-12　さまざまな菌

コラム　｜　**地衣類**

　地衣類は，子のう菌類や担子菌類が，シアノバクテリアや単細胞の緑藻類と共生したものをいう。菌類の菌糸には保水力があり，また，無機塩類を吸収する能力が高い。一方，シアノバクテリアや緑藻類は，菌類のこれらの恩恵を受けるとともに，光合成により合成した有機物を菌類に提供する。このように互いに栄養分を補い合うため，厳しい環境でも生育でき，一次遷移の先駆種になれる。

D 動物

　動物とは，他の生物や生産物を摂食する**多細胞の従属栄養生物**である。動物は，胚葉（→ p.354）の分化の程度によって，胚葉の区別がない動物，二胚葉（外胚葉・内胚葉）動物，三胚葉（外胚葉・内胚葉・中胚葉）動物の3つに大別される。

補足 胚葉とは，動物の個体発生のときにつくられる細胞の層のことである。分化がもっとも進んでいる動物では，外胚葉，内胚葉，中胚葉に区別される。

①胚葉の区別がない動物

　海綿動物は最も原始的な多細胞動物である。体のつくりは単純で，胚葉は分化しておらず，組織を形成していないため消化管や神経はない。多くは岩などに固着している。えり細胞の運動によって水流を起こし，浮遊してきた有機物やプランクトンを細胞が直接取り込んで消化している。

▲カイメン

②二胚葉動物

　クラゲやイソギンチャク，ヒドラなどの**刺胞動物**は，胚葉が外胚葉と内胚葉に分化している**二胚葉動物**である。外胚葉は，体の表面（外側）に配置されており，内胚葉は体の内側に配置されている。内胚葉は，食物を消化する腔腸になる。肛門はなく，口から食物を取り込み，腔腸で消化・吸収して口から排出する。神経は網目状に分布しており，中枢神経系はない。

▲クラゲ

③三胚葉動物

　外胚葉，内胚葉，中胚葉をもつ動物を**三胚葉動物**といい，海綿動物と二胚葉動物以外の多細胞動物は，すべて三胚葉動物である。三胚葉動物は，**旧口動物**と**新口動物**の2つの系統に分類される。旧口動物は，胚発生で生じる原口がそのまま口になる。新口動物は，原口またはその付近に肛門ができ，その反対側に口ができる。

旧口動物は冠輪動物と脱皮動物の2つの系統に分類される。冠輪動物は脱皮しないで成長し，脱皮動物は脱皮して成長する。冠輪動物には，扁形動物，環形動物，軟体動物がある。脱皮動物には，線形動物，節足動物がある。新口動物には，おもに棘皮動物と脊索動物がある。

▲カニ（旧口動物）

▲カエル（新口動物）

コラム	ホヤとナメクジウオ

　形態にもとづく系統樹は，基本的に分子系統樹でも正確さが裏付けられており，形態の特徴しか利用できなかった時代の研究者の洞察力に驚かされる。一方，DNAの塩基配列の情報を利用して，系統樹の細かな点については見直しが行われている。かつて，脊索動物の系統分類では，ナメクジウオのほうがホヤより脊椎動物に近いとされてきた。ナメクジウオの形態は，魚類などの脊椎動物によく似ているが，ホヤの成体には頭部すらないからである。しかし，ゲノムの情報を詳細に調べると，ホヤの方が脊椎動物に近いことが明らかになり，系統樹が変更された。ホヤの形態が，他の脊索動物と大きく異なるのは，ホックス遺伝子群（→ p.369）の並び順が大きく変わったためと考えられている。

参考　さまざまな旧口動物と新口動物

1 旧口動物の門

■冠輪動物

●扁形動物

へん平な体をもつ。肛門はない。プラナリアなど。

●環形動物

多数の体節からなる細長い体をもつ。脊椎動物と同様に，血管系は閉鎖血管系(動脈と静脈の末端が毛細血管でつながっている)である。ミミズやゴカイなど。

▲ミミズ

●軟体動物

外とう膜につつまれた体をもつ。体節はない。アサリやハマグリなどの二枚貝類，サザエなどの巻貝類，イカやタコなどの頭足類がある。

■脱皮動物

●線形動物

成長過程で脱皮する。細長い体をもつ。体節はない。センチュウやカイチュウなど。

▲アサリ

●節足動物

成長過程で脱皮する。多数の体節からなり，肢や触角など節のある付属肢をもつ。体表にキチン質からなる外骨格をもつ。血管系は開放血管系(毛細血管がなく，動脈と静脈の末端が開いている)である。ヤスデやムカデなどの多足類，クモやダニなどのクモ類，エビやカニなどの甲殻類，ハエやカブトムシなどの昆虫類がある。

2 新口動物の門

●棘皮動物

脊索をもたない。水管系が循環系の働きをする。成体は多数の管足を使って運動する。ヒトデやウニ，ナマコなど。

●脊索動物

脊索を共通にもつ。脊索動物は原索動物と脊椎動物の2つの系統に分類される。原索動物にはナメクジウオが属する頭索類，ホヤな

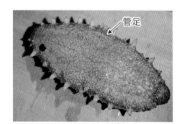

▲ナマコの腹側

どの尾索類がある。脊椎動物には，哺乳類や魚類，両生類，は虫類，鳥類などがある。脊椎動物には脊椎があるが，頭索類と尾索類にはない。

3 | 人類の系統と進化

　中生代末期の 6600 万年前に, 小惑星が衝突して大量絶滅が起き, 恐竜が絶滅した。新生代になると生き残った哺乳類が多様化し, その中に霊長類がいた。霊長類とは, ヒトを含めたサルの仲間のことをいう。人類は, 霊長類からどのように進化してきたのだろう。

1 哺乳類の繁栄と多様化

　哺乳類は, 気候や外敵といった環境の影響を受けやすい子の時期に, 母親に保護されながら母乳によって成長する。また, 体温保持に有効な体毛に包まれているだけでなく, 体温を一定に保つ恒常性を発達させている。そのため, 寒冷化が進む中でも環境に適応し, ハ虫類に代わって繁栄していった。

　多様化した哺乳類には, クジラのように海に進出するものや, コウモリのように空中に進出するもの現れた。

2 霊長類の進化

　最初の霊長類は森林の樹上で生活しており, 樹木の枝などにつかまりやすいように指の形態や機能が適応していった。その結果, 5 本の指が独立して動くようになり, 爪はへん平な平爪となった。また, 親指が他の 4 本の指と向かい合うようになった。これを拇指対向性という。

　さらに, 両目が顔の両側から前面に移動したため, 対象を立体的に見る立体視ができる範囲が広がった。その結果, 遠近感をつかむ能力が発達し, 素早く正確な行動ができるようになった。色覚も他

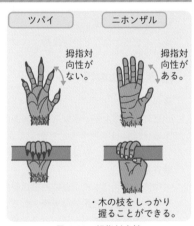

図 4-13　拇指対向性

の哺乳類に比べて受容する光の波長の範囲が広くなり，緑の葉の中にある赤い果実を見つけやすくなった。視覚の能力が向上したことにより，脳が受ける情報量が増し，大脳の発達につながったと考えられる。

補足 霊長類の祖先は，樹上と地上の両方で生活するツパイ類という小動物に近い形態をしていたと考えられている。ツパイ類はキネズミともよばれ，外見はリスに似ている。

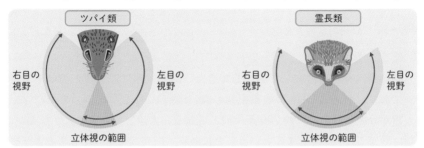

図 4-14　ツパイと霊長類（キツネザル）の視野

 POINT

● 新生代になると恐竜に代わって哺乳類が多様化した。

● 霊長類は，拇指対向性と立体視を獲得した。

コラム　｜　霊長類の色覚

　ヒトなどの霊長類は 3 色の光に対応する視細胞（3 色型色覚）をもつ。一方，哺乳類の祖先は 4 色型色覚をもっており，現生の魚類，両生類，は虫類，鳥類も 4 色型色覚をもつ。恐竜が生息していた時代は，哺乳類は小型で夜行性になり，恐竜の捕食から逃れていた。暗闇に適応した哺乳類は光の色を認識する必要がなく，2 色の視細胞を失い 2 色型色覚になったと言われており，現生の哺乳類の大部分は 2 色型色覚である。その後，霊長類は 3 色型色覚を再度獲得し，森林に適応した。

　樹上生活に適応して，手や視覚の機能が向上した霊長類から，約2200万年前になると類人猿が出現した。類人猿は尾をもたず，現在のテナガザルやゴリラ，チンパンジーの祖先である。やがて，類人猿の一部が地上生活を始め，人類へと進化していった。

Ａ 直立二足歩行

　人類は類人猿から分岐して進化してきた。最も人類に近い類人猿はチンパンジーであり，ゲノムDNAの塩基配列の違いは約1.2％しかない。チンパンジーと人類が分岐したのは，約700万年前とされる。人類と類人猿の大きな違いは，人類は直立二足歩行をするということにある。直立二足歩行ができるようになると，前肢は歩行での利用から解放され，さまざまな作業に使えるようになった。

Ｂ 骨格の変化

　直立二足歩行をすることで骨盤が内臓を支えるようになると，骨盤が丸く幅広い形になった。類人猿では頭骨の大後頭孔*が後頭部にあり，斜め下に開いているが，人類では頭骨の下部にあり，真下に向いて開くにようになった。大後頭孔が頭骨の下に位置することにより，頭部が脊柱によって垂直に支えられ，脳を大きく重くすることが可能になった。

　また，食物に火を利用するようになり，食物が柔らかくなったため，そしゃく筋が縮小し，そしゃくの圧力を吸収する眼窩上隆起も消失した。あごも小型化し，おとがい(あごの先端)が生じた。

補足 ＊ 大後頭孔…脳と脊柱の脊髄をつなぐ頭骨の孔で，延髄が通る。

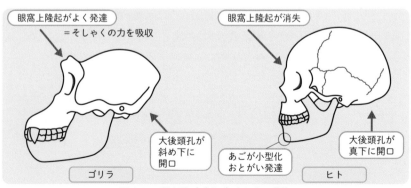

図 4-15　類人猿（ゴリラ）とヒトの骨格

4 人類の系統

　ヒト属は約 300 万年前のアフリカで出現した。180 万年前に出現したホモ・エレクトスの脳の容積は 750 〜 1200 cm³ であり，現生のヒト（ホモ・サピエンス）の脳容積 1000 〜 2000 cm³ に近い。ホモ・エレクトスはアフリカからアジアに分布を広げ，ジャワ原人や北京原人となった。アフリカのモロッコで発見された化石記録から，現生のヒトの起源（ホモ・サピエンスの出現）は，約 30 万年前と考えられている。

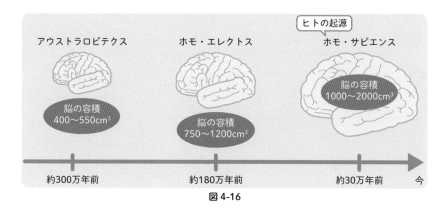

図 4-16

Q 今のヒトは，約30万年前が起源なのですね。
それまでのヒト属と形態では何が違うのですか？

A ホモ・サピエンスが出現した頃には，デニソワ人やネアンデルタール人がいて，ヒトとほとんど形態は変わりませんでした。デニソワ人やネアンデルタール人はヒトと極めて近縁でしたが，絶滅しています。それより前のヒト属には，ホモ・エレクトスやホモ・ハビリスがいましたが，ヒトに比べて脳容積が小さく，眼窩上隆起がありました。

約30万年前の地層にある化石から，ヒト(ホモ・サピエンス)によく似た化石が発見された。解析の結果，現生のヒトに近縁のデニソワ人*であることがわかった。デニソワ人はすでに絶滅しているが，約9万年前の女性の骨から，女性の父はデニソワ人で，母はネアンデルタール人**であることが示された。この結果は，同時代に生息していたデニソワ人やネアンデルタール人が交雑していたことを示している。現生のヒトも，デニソワ人やネアンデルタール人に由来する対立遺伝子をもっていることから，ヒトの祖先も絶滅したデニソワ人やネアンデルタール人と交雑していたと考えられる。

地球の寒冷化とホモ・サピエンスの出現により，今から3〜4万年前に，デニソワ人とネアンデルタール人は絶滅し，人類としては現生のヒトしかいなくなった。

補足 　* デニソワ人の名称は，2008年にロシアのシベリアにあるデニソワ洞窟で約4万年前の骨の断片が発見されたことに由来している。

　** ネアンデルタール人(ホモ・ネアンデルターレンシス)はホモ・サピエンスとは別の系統の人類である。

この章で学んだこと

　この章では生物の進化の道筋や，系統の分類について学んだ。また，哺乳類の進化について理解を深めた。

1 生物の分類と系統

❶ **分類の単位**　多様な生物をグループ分けすることを分類といい，基本単位は種である。

❷ **分類の階層**　生物の分類には階層性があり，下位から順に，種，属，科，目，綱，門，界，ドメインとなる。

❸ **系統の推定**　形質の共通性に着目することで，生物の系統を推定することができる。

❹ **分子系統樹**　DNA やアミノ酸配列など，分子レベルの情報にもとづく系統樹。

❺ **3ドメイン説**　全生物は，細菌ドメイン，アーキアドメイン，真核生物ドメインのどれかに分類できるという説。ウーズが提唱。

❻ **細菌**　原核生物の大半を占める。細胞壁をもつ。大腸菌，乳酸菌など。

❼ **アーキア**　細菌よりも真核生物に近縁な原核生物。極限的な環境で生活するものも多い。好熱菌，好塩菌など。

❽ **真核生物**　原生生物，菌類，植物，動物に分類される。細胞小器官をもつ。

❾ **原生生物**　原生動物（アメーバ，ゾウリムシなど），藻類（ケイ藻，緑藻類など），粘菌類。

❿ **植物**　胞子で繁殖するコケ植物・シダ植物，種子で繁殖する裸子植物・被子植物がある。

⓫ **菌類**　接合菌類，子のう菌類，担子菌類などがある。

⓬ **動物**　胚葉の分化の程度により分類。胚葉が分化していない動物（海綿動物），二胚葉動物（クラゲなど刺胞動物），それ以外の三胚葉動物がある。

⓭ **三胚葉動物の分類**　旧口動物，新口動物に分けられる。

3 人類の系統と進化

❶ **最初の霊長類**　最初は森林の樹上で生活していた。

❷ **拇指対向性**　親指が他の４本の指と向かい合うつくり。ものをつかむのに適している。

❸ **立体視**　対象を立体的に見ることができる。霊長類では立体視できる範囲が広がったため，遠近感をつかむ能力が発達した。

❹ **類人猿の出現**　約 2200 万年前。現在のゴリラ，チンパンジーの祖先。類人猿の一部が地上生活を始め，人類へと進化。

❺ **直立二足歩行**　人類と類人猿の大きな違いは直立二足歩行をするかどうか。人類の前肢は歩行から解放され，さまざまな作業に使えるようになった。

❻ **大後頭孔**　類人猿では頭骨の後頭部にあり，斜め下に開く。人類では頭骨の下部にあり，真下に向けて開く。頭部を脊柱によって垂直に支えることができ，脳が大きくなった。

定期テスト対策問題 4

解答・解説は p.538

1 次の文を読み，問いに答えよ。

地球上の生物種は，生物がもつ形質などに基づいて，階層的に分類されている。例えば，近年絶滅が危惧されているニホンウナギが属する分類群を，綱より下位のものについて階層が高い方から表記すると，　**ア**　・　**イ**　・　**ウ**　となる。

20世紀後半になり分子生物学の手法が発達すると，生物がもつタンパク質や核酸などの分子を調べて，系統関係を推定する分子系統解析が盛んに行われた。ウーズらは分子系統解析の結果から，界より上位の分類群である　**エ**　を設定し，全ての生物を三つの　**エ**　に分類する説を提唱した。

(1) 空欄**ア〜ウ**に入る語の組合せとして最も適当なものを，次の①〜⑥のうちから一つ選べ。

	ア	イ	ウ
①	ウナギ属	ウナギ目	ウナギ科
②	ウナギ属	ウナギ科	ウナギ目
③	ウナギ目	ウナギ属	ウナギ科
④	ウナギ目	ウナギ科	ウナギ属
⑤	ウナギ科	ウナギ属	ウナギ目
⑥	ウナギ科	ウナギ目	ウナギ属

(2) 空欄**エ**に適する語を答えよ。

（センター試験　改題）

2 ヒトに関する記述として適当なものを，次の①〜④のうちから一つ選べ。

① ヒト（ホモ・サピエンス）の顎は，類人猿の顎に比べて大きく発達する。

② ヒト（ホモ・サピエンス）の大後頭孔は，頭骨の真下にある。

③ ヒト（ホモ・サピエンス）は，著しく発達した眼窩上の隆起をもつ。

④ ヒト（ホモ・サピエンス）は，約10万年前にアフリカで出現した。

（センター試験　改題）

3 　次の図は植物の系統関係を表した系統樹であり，系統樹上の ｜ **ア** ｜ 〜 ｜ **ウ** ｜ は植物の進化の過程において獲得された形質を示している。 ｜ **ア** ｜ 〜 ｜ **ウ** ｜ に入る語句として最も適当なものを，それぞれ下の語群から選べ。

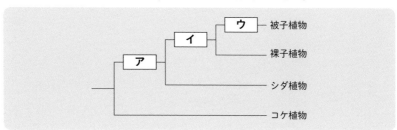

〔語群〕

　　種子をつくる　　　維管束をもつ　　　子房をもつ

（センター試験　改題）

4 　世界各地のシマカの個体を採集し，DNA の塩基配列を用いて地域集団間の類縁関係を調べたところ，次の図の結果が得られた。この結果から導かれる，調査された地域集団間の類縁関係に関する考察として最も適当なものを，下の①〜④のうちから一つ選べ。

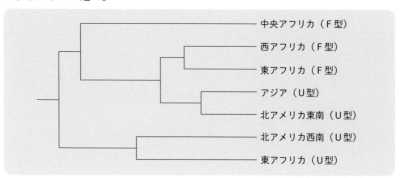

① 　西アフリカの F 型は，東アフリカの F 型よりも中央アフリカの F 型により近縁である。

② 　北アメリカ西南の U 型は，北アメリカ東南の U 型よりも東アフリカの U 型により近縁である。

③ 　アジアの U 型は，北アメリカ西南の U 型に最も近縁である。

④ 　東アフリカの U 型は，東アフリカの F 型に最も近縁である。

（センター試験　改題）

第 **2** 部

生命現象と物質

第 **1** 章

生体物質と
細胞

1 生体物質と細胞

生物は物質でできており，生命活動も物理や化学の法則にしたがって行われる。物質には無機物と有機物がある。細胞を構成する無機物には，水・無機塩類があり，有機物には，タンパク質・脂質・炭水化物・核酸などがある。細胞を構成する物質の中で最も多いのは水で，水は化学反応の場を提供している。

1 生物の体を構成する物質

A 水

水は細胞の質量の約70％を占める。水分子(H_2O)の酸素原子は，電子(e^-)を引き付ける力が強いため，やや負($-$)の電荷を帯びる。反対に水素原子は，やや正($+$)の電荷を帯びている。($-$)と($+$)は互いに引き付け合う性質があり，水分子どうしは(H)を介して弱く結合している。これを水素結合という。水素原子結合により水は比熱が高く，蒸発熱が高い特徴をもつ。そのため，生物の体温は急激に変化することはない。

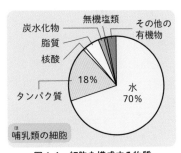

図 1-1　細胞を構成する物質

補足　比熱：ある物質1gの温度を1℃上げるのに必要な熱量のこと。

B タンパク質

タンパク質はアミノ酸が鎖状に連結してできている。タンパク質を構成するアミノ酸は20種類あり，アミノ酸の並び順や数によってタンパク質の機能が異なる。ヒトのタンパク質は約10万種類で，酵素や抗体，ホルモンなどとして働くものがある。

C 核酸

核酸には DNA と RNA がある。核酸はヌクレオチドが鎖状に連結してできている。DNA は二重らせん構造をとっており，遺伝子の本体である。RNA は一本鎖であり，タンパク質の合成の過程で働く。

D 炭水化物

　炭水化物には**単糖**（1つの糖からなる），**二糖**（2つの単糖が連結），**多糖**（多数の単糖が連結）がある。

　炭水化物はエネルギー源として重要な物質で，特に単糖であるグルコースは呼吸の代表的な基質である。

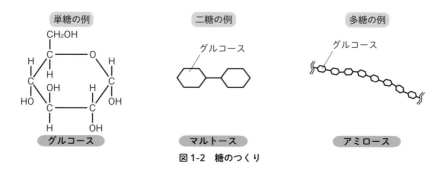

単糖の例

CH2OH

グルコース

二糖の例

グルコース

マルトース

多糖の例

グルコース

アミロース

図1-2　糖のつくり

E 脂質

　生物の体を構成する物質のうち，水に溶けず油に溶ける物質を**脂質**という。脂質には，**リン脂質**，**脂肪**，**ステロール**などがある。

リン脂質	細胞膜などの生体膜を構成する。
脂肪	3分子の脂肪酸にグリセリンが結合した構造をしている。エネルギーの貯蔵物質として利用される。
ステロール	分子の中にステロイド構造をもつ。コレステロール，糖質コルチコイドなどがある。

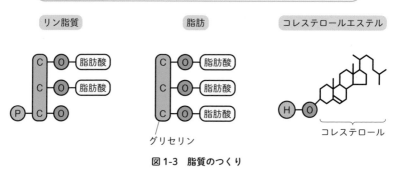

リン脂質

脂肪酸

脂肪酸

P

脂肪

脂肪酸

脂肪酸

脂肪酸

グリセリン

コレステロールエステル

H O

コレステロール

図1-3　脂質のつくり

F　無機塩類

　無機塩類には，ナトリウム(Na)，カリウム(K)，マグネシウム(Mg)，カルシウム(Ca)，鉄(Fe)などがある。細胞内や体液には無機塩類がイオンとして溶けている。NaやKは，体液の浸透圧の調節や，タンパク質や核酸の構造の安定化，ニューロン(神経細胞)の興奮(→ **p.398**)の伝導にかかわる。Caは，細胞内外の情報伝達や骨の形成にかかわり，Feはヘモグロビンと結合して酸素の運搬にかかわる。

	物質	構成元素	特徴
有機物	タンパク質	C, H, O, N, S	アミノ酸が連結した高分子化合物。酵素や抗体，ホルモンなどがある。
有機物	脂質	C, H, O, P	脂肪はエネルギー源，リン脂質は細胞膜などの生体膜を構成する。
有機物	炭水化物	C, H, O	グルコースやデンプンなどはエネルギー源。セルロースは植物の細胞壁を構成する。
有機物	核酸	C, H, O, N, P	ヌクレオチドが連結したDNA，RNAがある。
無機物	水	H, O	さまざまな物質を溶かす溶媒。化学反応の場となる。
無機物	無機塩類	Na, K, Mg, Ca, Fe, Cl　　など	多くはイオンとして水に溶けている。体液の浸透圧の調節にかかわる。NaとKは浸透圧の調節やニューロンの興奮，Caは骨の形成や筋収縮にかかわる。

コラム　｜　体液と無機塩類

　ヒトの体液の無機塩類濃度は海水の約1/4であるが，組成はよく似ている。これは，生命が海で誕生した名残と考えられている。卵白と真水を混ぜると，卵白のアルブミンとよばれるタンパク質が変性して白濁する。しかし，適度な濃度の塩水と混ぜても白濁しない。生命活動は，体内環境に無機塩類があることが前提となっている。

2　細胞

　すべての生物は細胞でできていて，細胞には真核細胞と原核細胞がある。細胞の表面には細胞膜があり，細胞内部は細胞膜によって外界と隔てられている。真核生物の細胞の内部には細胞小器官とよばれる構造体がある。

A　真核細胞

　真核細胞からなる生物を真核生物という。真核生物には動物，植物，菌類と原生生物がある。

　真核細胞は，核と細胞質からなり，細胞質の最外層に細胞膜がある。核と細胞質を合わせて原形質という。真核細胞の内部には，細胞小器官があり，それぞれ特定のはたらきをもつ。細胞小器官には，核，ミトコンドリア，小胞体，ゴルジ体，リソソームなどがある。植物はそのほかに葉緑体と発達した液胞をもつ。細胞小器官の間を満たす液状の部分を細胞質基質という。

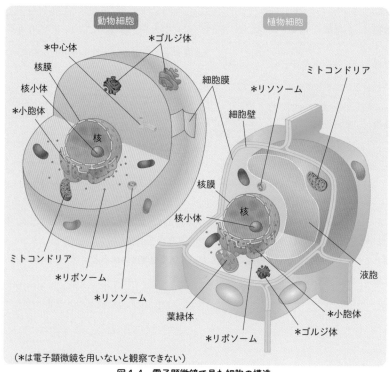

図1-4　電子顕微鏡で見た細胞の構造

B 原核細胞

　原核細胞からなる生物を原核
生物という。原核生物には細菌と
アーキアがある。原核生物は大き
さが 1 ～ 10 μm の単細胞であり,
細胞膜の外側に細胞壁をもつ。ゲ
ノム DNA は細胞質基質に存在す
る。

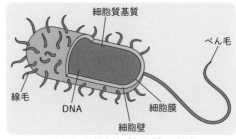

図 1-5　原核生物（大腸菌）の構造

C 生体膜

　細胞膜や細胞小器官を構成している膜を**生体膜**という。これらは基本的に同
じ構造をしている。生体膜は細胞の内外や, 細胞小器官の内外をしきっている。

●生体膜のつくり

　**生体膜の主要な成分はリン脂質で
ある。リン脂質**の分子には, 水に
なじみやすい**親水性**の部分と, 水
になじまず油になじむ**疎水性**の部
分がある。リン脂質分子どうしは,
水の中では疎水性の部分を内側に,
親水性の部分を外側にして, 向かい
合って並ぶ。そうすると, 水の中で
安定な**脂質二重層**からなる膜をつ
くることができる。生体膜はこの脂
質二重層でできている。

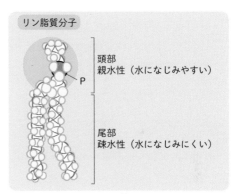

図 1-6　リン脂質分子のつくり

　生体膜は, 親水性のイオンや水, アミノ酸, 糖類を通しにくいが, 疎水性の酸
素, 二酸化炭素は容易に通過させる。

●生体膜の中にあるタンパク質

　生体膜には, さまざまなタンパク質（**膜タンパク質**）がモザイク状に配置され
ている。親水性の物質は, **輸送タンパク質**とよばれる膜タンパク質を介して
生体膜を通過する。輸送タンパク質には, 特定の物質を選択的に透過させたり,
エネルギーを使って特定の物質を選択的に運搬したりするものがある。膜タンパ
ク質やリン脂質は, 生体膜の中を自由に水平移動することができる。このような
生体膜の構造モデルを**流動モザイクモデル**という。

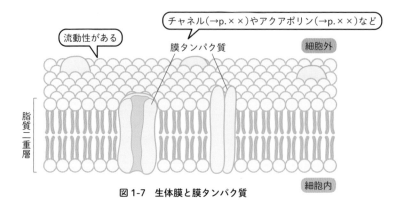

図1-7　生体膜と膜タンパク質

> **コラム** ｜ **シャボン玉と膜**
>
> 　せっけん水をストローで吹くとシャボン玉になる。シャボン玉ができるのは，水を含むせっけんの分子が二重層を形成するからである。せっけんの分子はリン脂質と性質がよく似ている。生体膜は水と接しているが，シャボン玉は疎水性の空気と接するため，親水性・疎水性の極性が生体膜とは逆になる。
>
> 水分子の層

---

3 細胞小器官

A 核

　真核細胞は，ふつう1個の核をもつ。脊椎動物の核の直径は3〜10 μmである。核の中にはゲノムDNAを含む染色体と1〜数個の**核小体**がある。核小体ではリボソームRNA（rRNA）が合成されている。核の**最外層**に**核膜**があり，核膜は二重の生体膜で構成されている。

図1-8　核の構造

　核膜には**核膜孔**があり，核と細胞質の間をさまざまな物質が出入りしている。例えば，**核内で転写されたmRNAは核膜孔から出て，細胞質で翻訳される。**核内ではたらくタンパク質は，核膜孔から核内に入る。

B ミトコンドリア

　ミトコンドリアは，粒状または糸状の細胞小器官であり，**細胞内における呼吸の場**として働いている。ミトコンドリアは，外膜と内膜の二重の膜からなる。内膜の突出した部分を**クリステ**といい，内膜に囲まれた部分を**マトリックス**という。マトリックスには，クエン酸回路（→ **p.296**）に関係する酵素があり，内膜には電子伝達系（→ **p.296**）にかかわるタンパク質や，ATP を合成する酵素がある。

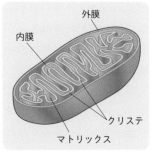

図 1-9　ミトコンドリアの構造

C 小胞体

　小胞体は，核膜とつながった一重の膜からなり，袋状の構造をとる。表面に**リボソーム**が付着した小胞体を**粗面小胞体**（めんしょうほうたい）とよぶ。粗面小胞体は扁平（へんぺい）な袋状をしており，核の周辺でいくつも積み重なるような構造をとることが多い。リボソームはタンパク質合成の場であり，rRNA とタンパク質からなる。

　リボソームが付着していない小胞体を**滑面小胞体**（かつめんしょうほうたい）といい，細胞内のカルシウム濃度の調節や，カルシウムを介した細胞内の情報伝達のために働く。

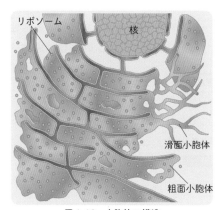

図 1-10　小胞体の構造

D リボソーム

　タンパク質の合成はリボソームで開始される。リボソームで合成されたさまざまなタンパク質は，その役割に応じて，さまざまな細胞小器官や細胞膜，細胞外に運搬される。タンパク質の行き先の情報はタンパク質のアミノ酸配列にあり，これをシグナル配列という。

E ゴルジ体

ゴルジ体は一重の膜からなり，扁平な袋状の構造を重ねたようなつくりをしている。**細胞内外への物質の輸送を調節**する役割を担う。

粗面小胞体のリボソームで合成されたタンパク質は，粗面小胞体に入る。粗面小胞体の一部がくびれて小胞になり，小胞がゴルジ体に移動する。小胞がゴルジ体と融合すると，粗面小胞体のタンパク質はゴルジ体に輸送される。ゴルジ体の一部がくびれて小胞になり，

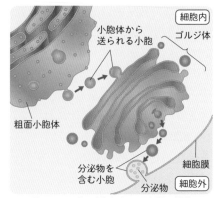

図1-11　ゴルジ体とタンパク質の輸送

小胞が細胞膜に移動して細胞膜と融合する。その結果，小胞は細胞膜の一部となり，小胞の内部のタンパク質は細胞外に放出される。

F リソソーム

一重の膜でできた小胞であり，ゴルジ体から形成される。内部に分解酵素を含んでおり，古くなった細胞小器官や不要になった物質，細胞外から取り込んだ異物を分解する。アミノ酸などの分解物は再利用される。

補足 不要なタンパク質や細胞小器官を分解し，アミノ酸などが再利用される現象をオートファジー（自食作用）という。オートファジーは細胞が飢餓状態になると起こる。2016年に大隅良典は「オートファジーの仕組みの解明」により，ノーベル生理学・医学賞を受賞した。

G 中心体

中心体は，動物細胞では核の周辺にある粒状の構造体で，微小管が形成される際の起点となる。植物の体細胞にはないが，コケ植物やシダ植物の精子には存在する。

中心体は，一対の中心小体からなる。細胞分裂では中心小体が複製されて両極に移動し，微小管からなる紡錘糸が形成される。

補足 中心体は繊毛や鞭毛の形成にもかかわる。

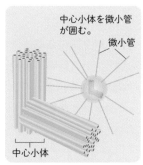

図1-12　中心体の構造

H 細胞壁

　細胞壁は，細胞膜の外側に形成される丈夫な壁状の構造である。細胞壁には，細胞の形状を保持するはたらきがある。植物の細胞壁は，おもに**セルロース**で

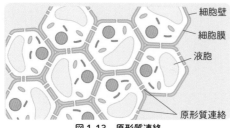

図1-13　原形質連絡

できており，細胞どうしは細胞壁を介して接している。植物の細胞壁には**原形質連絡**とよばれる孔があいている。原形質連絡では，隣り合う細胞どうしの細胞質がつながって，物質の交換が行われている。

I 葉緑体

　葉緑体は光合成を行う細胞小器官であり，植物や藻類がもつ。直径 $5 \sim 10 \mu m$ であり，外膜と内膜からなる二重の生体膜で構成されている。内膜の内側には，**チラコイド**とよばれるへん平な袋状の構造があり，チラコイドが積み重なった構造を**グラナ**という。**チラコイドにはクロロフィルなどの光合成色素があり，光エネルギーを吸収して ATP を合成している。**

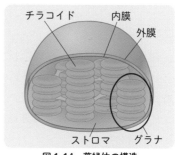

図1-14　葉緑体の構造

　チラコイド以外の部分を**ストロマ**という。ストロマにはさまざまな酵素があり，ATP などのエネルギーを利用して，二酸化炭素から有機物をつくっている。

J 液胞

　液胞は，一重の膜からなる袋状の構造をしていて，内部に細胞液を含んでいる。液胞は植物細胞で発達しており，細胞の浸透圧の調節や細胞の成長にかかわる。

　細胞液には無機塩類やアミノ酸，炭水化物，酵素などのタンパク質の他，植物の種類によっては，花や果実の色のもとになるアントシアニンなどの色素を含む。**細胞分裂した直後の若い細胞の液胞は小さいが，細胞が成長するにつれて大きくなり，細胞の大部分を占めるようになる。**

細胞骨格は，タンパク質からなる繊維状の構造であり，細胞質基質や核に張り巡らされている。細胞骨格は，細胞に一定の形を維持させているほか，細胞内で起こるさまざまな運動にかかわっている。

A アクチンフィラメント

アクチンフィラメントは，2本のアクチン鎖が，らせん状により合わさった構造をしている。アクチン鎖は，**アクチン**というタンパク質が連なって形成される。アメーバ運動，細胞分裂，筋収縮などにかかわる。

補足 アクチンフィラメントには方向性があり，プラス端とマイナス端がある。

B 微小管

微小管は，タンパク質の α チューブリンと β チューブリンが結合した **α・β チューブリン**を単位として，α・β チューブリンが多数連結した管状の構造をしている。

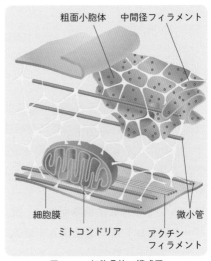

図 1-15　細胞骨格の模式図

微小管は細胞の形の形成，細胞小器官や物質の運搬，鞭毛や繊毛の運動などにかかわる。直径は約 25 nm であり，細胞骨格の中では最も太い。

補足 微小管には方向性があり，末端に β チューブリンがある側をプラス端といい，末端に α チューブリンがある側をマイナス端という。プラス端は活発に伸長・短縮を繰り返しており，マイナス端は比較的安定している。

C 中間径フィラメント

中間径フィラメントは，直径約 10 nm の細胞骨格の総称である。複数の種類があり，種類によって構成タンパク質が異なる。網目状の構造をとり，物理的な強度をもたらす。細胞膜や核膜の内側にあり，膜の形状を保つ。

表　細胞骨格についてのまとめ

名称	かかわっている運動・働き	細胞内の分布
アクチンフィラメント アクチン分子 7 nm	細胞の収縮・伸展 アメーバ運動 細胞質分裂 筋収縮	アクチンフィラメント 微小管 中間径フィラメント
微小管 αチューブリン　βチューブリン 25 nm	細胞小器官や物質の輸送 べん毛や繊毛の運動	
中間径フィラメント 10 nm 	細胞や核の形を保つ	

参　考　細胞接着

　多細胞生物では，細胞は他の細胞や細胞外の構造と接着している。これを細胞接着といい，単に接着しているだけでなく，強固に結合するための構造や，細胞間を連絡する結合などがある。

◼ カドヘリン

動物では，同じ種類の細胞が接着して組織を形成している。同じ種類の細胞は互いに接着するが，異なる種類の細胞とは接着しない。これを細胞選別といい，細胞選別にはカドヘリンとよばれる膜貫通タンパク質がかかわる。

◻ 密着結合

動物の上皮組織において，隣り合う上皮細胞どうしの細胞間を，すきまなくふさぐ結合。密着結合ではたらく接着タンパク質どうしの結合は緊密であり，小さな分子もすり抜けることはできない。

◻ 固定結合

細胞膜の接着タンパク質が，細胞内のアクチンフィラメントや中間径フィラメントと結合して形成される細胞接着をいう。固定結合には接着結合，デスモソーム，ヘミデスモソームがある。

4 ギャップ結合

隣り合う細胞の細胞質が，筒状の膜貫通タンパク質によってつながる結合。ギャップ結合を通って，イオン，親水性の低分子の糖，ヌクレオチドなどが移動する。

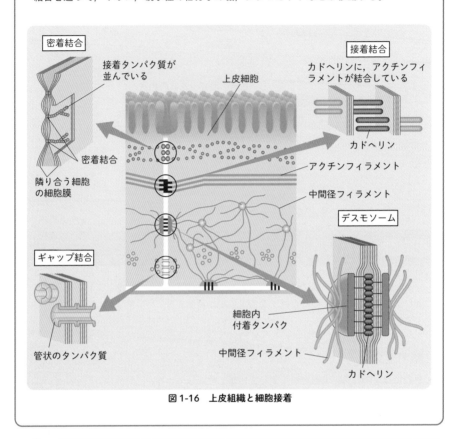

図 1-16　上皮組織と細胞接着

 Q アメーバや白血球の動きと細胞骨格の関係が知りたいです。

 A 細胞骨格になったつもりで，大きな袋に入ってみたとしましょう。袋は細胞膜だと思ってください。例えば，袋の中で右側に体を動かすと，右のほうに袋が移動しますよね。そのとき，左側の袋はつぶれた形になって，引きずられます。アメーバや白血球の動きはこのようなイメージです。

2 | 生命現象とタンパク質

タンパク質は生命活動のさまざまな場面で大切な役割を担っている。タンパク質の種類は多数あり，ヒトではおよそ10万種類あるといわれている。

1 タンパク質の構造

タンパク質は多数の**アミノ酸**が連結して構成されている。それぞれのタンパク質の固有のはたらきには，タンパク質の立体構造がかかわる。

Ａ アミノ酸

アミノ酸は，1つの炭素に**アミノ基**($-NH_2$)，**カルボキシ基**($-COOH$)，水素原子($-H$)，**側鎖**($-R$)が結合した構造をしている。側鎖は20種類あり，側鎖の構造の違いにより，それぞれのアミノ酸の性質は決まる。

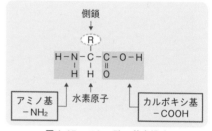

図1-17 アミノ酸の基本構造

●側鎖のタイプ

側鎖には，親水性の側鎖と疎水性の側鎖がある。親水性の側鎖には，正の電荷や負の電荷をもつものや，極性があるものがある。

補足 水溶液の中では，親水性のアミノ酸が多い部分は，タンパク質の表面に配置される。そのため，タンパク質は水に溶けることができる。

正電荷の側鎖をもつアミノ酸	リシン，アルギニン，ヒスチジン
負電荷の側鎖をもつアミノ酸	アスパラギン酸，グルタミン酸
中性の極性アミノ酸	アスパラギン，グルタミン，トレオニン，チロシン，セリン
極性がないアミノ酸	グリシン，アラニン，バリン，ロイシン，イソロイシン，プロリン，メチオニン，システイン，フェニルアラニン，トリプトファン

　植物のような独立栄養生物は，20種類すべてのアミノ酸を合成することができるが，従属栄養生物のヒトでは体内で合成できないアミノ酸がある。食べ物から取り込まなければならないアミノ酸を必須アミノ酸という。ヒトの必須アミノ酸はバリン，ロイシン，イソロイシン，トレオニン，リシン，メチオニン，フェニルアラニン，ヒスチジン，トリプトファンの9種類である（★）。必須アミノ酸が1種類でも不足するとタンパク質の栄養的な価値が低下する。必須アミノ酸をバランスよく含む肉類や大豆製品は良質なタンパク質とされる。

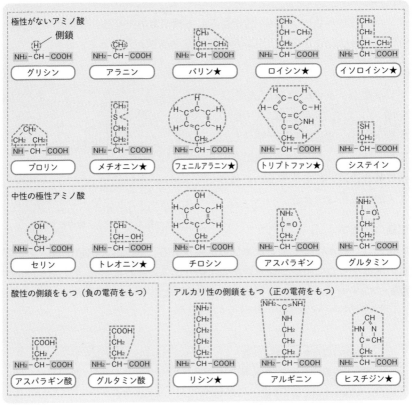

図1-18　20種類のアミノ酸

B ペプチド結合

　タンパク質におけるアミノ酸どうしの結合を**ペプチド結合**という。ペプチド結合は，アミノ酸のカルボキシ基（-COOH）と，もう一方のアミノ酸のアミノ基（-NH₂）が結合して，水（H₂O）分子が1つはずれることにより形成される。アミノ酸がペプチド結合によって連結したものを**ペプチド**といい，多数のアミノ酸が連結したものを**ポリペプチド**という。**タンパク質はポリペプチドでできている。**ペプチドのアミノ基側を**N末端**，カルボキシ基側を**C末端**という。

C タンパク質の構造の階層

　ポリペプチドは折りたたまれて，特

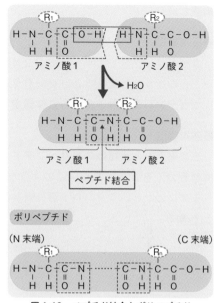

図 1-19　ペプチド結合とポリペプチド

定の立体構造をとる。タンパク質の構造には，一次から四次までの4つの階層がある。

●一次構造

　アミノ酸の並び順（アミノ酸配列）を**一次構造**という。アミノ酸の配列により，タンパク質の立体構造やはたらきが決まる。

●二次構造

　タンパク質の立体構造は，ポリペプチドの鎖が**水素を介して互いに結びつく**ことにより形づくられる。1本のポリペプチドの中で結びつきが生じ，らせん状になった構造を**α－ヘリックス**という。複数のポリペプチドが平行に並び，互いに水素を介して結びつくと，ジグザグに折れ曲がったシート状の構造になる。これを**β－シート**という。α－ヘリックスとβ－シートは，安定した一定の立体構造をとる。

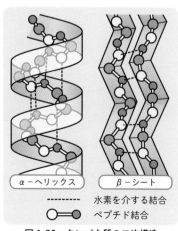

- - - - - - - -　水素を介する結合
◯━●　ペプチド結合

図 1-20　タンパク質の二次構造

αーヘリックスとβーシートのように，**タンパク質の部分的な立体構造を二次構造**という。

●三次構造

αーヘリックスやβーシートの立体構造を保ちながら，1本のポリペプチド鎖がさらに折りたたまれると，タンパク質分子全体が複雑な立体構造をとる。このような**タンパク質分子全体の立体構造を三次構造**という。

●四次構造

三次構造をとる複数のポリペプチドが組み合わさり，ひとつのまとまった立体構造をつくることがある。このような立体構造を四次構造という。たとえば，ヘモグロビンというタンパク質の構造は，4つのヘモグロビンが組み合わさることで構成されている。

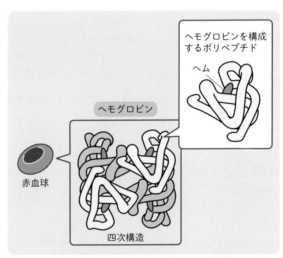

図1-21　タンパク質の三次構造と四次構造

参考　S-S 結合（ジスルフィド結合）

タンパク質の種類によっては，ポリペプチドがS-S結合で結び付けられているものもある。S-S結合は，近くにある2つのシステイン間で，システインの側鎖（-CH₂-SH）にあるSHの水素がとれて形成される。S-S結合は，三次構造の安定化にかかわる。

2　タンパク質の立体構造と機能

　タンパク質が特定のはたらきをもつのは，特定の立体構造をもつからである。ポリペプチドは正しく折りたたまれ，正しい立体構造をとることが大事である。たとえば，酵素がある化合物とだけ反応するのは，それらの立体構造の凹凸が一致するからである。

　タンパク質の立体構造は，水素結合などにより一定に保たれているが，高温やpHの違いなどによって変化する。これをタンパク質の**変性**という。また，変性によってタンパク質の機能が低下したり，消失したりすることを**失活**という。

　タンパク質の折りたたみを補助したり，正しい折りたたみになるように修復したりするタンパク質をまとめて**シャペロン**という。

3　酵素

A　酵素反応

　化合物は通常，安定した状態にある。そのため，化合物は変化しにくく，化学反応によって別の化合物に変化するには，エネルギーレベルが高く反応しやすい状態(**活性化状態**)になる必要がある。このときに必要なエネルギーを**活性化エネルギー**という。酵素には，**活性化エネルギーを小さくし，反応を起こりやすくする**働きがある。

●活性化エネルギーのくわしい説明

　紙はグルコースを単位とする高分子のセルロースからなる。紙に化学反応を起こさせて，エネルギーを取り出すにはどうすればよいだろうか。紙に火をつけると，化学反応が起きて炎が生じ，光と熱エネルギーを取り出すことができる。その結果，グルコースは二酸化炭素と水になる。この場合，火の熱エネルギーが活性化エネルギーとして用いられている。

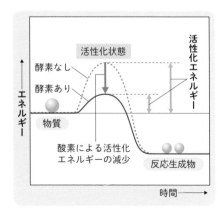

図1-22　酵素と活性化エネルギー

活性化エネルギーは大きいため，化学反応を起こすには，高温にする必要がある。生体内では常温にもかかわらず，グルコースが呼吸により二酸化炭素と水になる。これは酵素が触媒として作用しているためである。

B 基質特異性

酵素の立体構造のうち，基質が結合して触媒作用が行われる部分を**活性部位**という。活性部位の立体構造(凹)と，基質の立体構造(凸)は相補的な構造であるため，基質は活性部位に結合することができる。しかし，立体構造に相補性がない他の物質は結合することができない。この**立体構造の相補性が基質特異性をもたらしている**。

酵素の活性部位に基質が結合すると，**酵素 – 基質複合体**が形成され，基質は酵素の作用で**生成物**になる。生成物になると，酵素の活性部位との立体的な相補性がなくなるため，生成物は酵素からはずれる。**生成物がはずれた酵素は，新たな基質を結合し，触媒反応は繰り返される**。

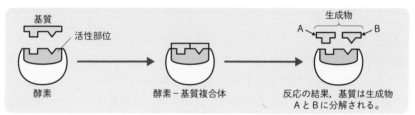

図1-23　酵素と基質の反応

C 補酵素

酵素によっては，反応に低分子の有機物を必要とするものがある。酵素の活性に必要で，酵素から遊離しやすい低分子の有機物を**補酵素**という。補酵素には呼吸にかかわる NAD や FAD(→ **p.295**)，光合成にかかわる NADP(→ **p.295**)などがある。

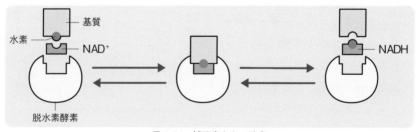

図1-24　補酵素をもつ酵素

4 酵素と反応速度

A 酵素・基質の濃度と反応速度

酵素の濃度が一定の場合，**基質の濃度が増加するにつれて反応速度が増加**する。しかし，基質の濃度が一定以上になると反応速度は増加しなくなる。すべての酵素の活性部位が基質で埋まり，生じた生成物が活性部位を離れるまで，次の基質が結合できないためである。やがて，基質が消費されて生成物の量は一定になるが，最終的な生成物の量は基質の濃度に比例する。

一方，基質の濃度が十分な場合は，**酵素濃度が増加するにつれて反応速度が増加**する。最終的な生成物の量には差はない。

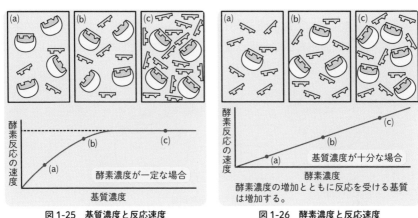

図 1-25　基質濃度と反応速度　　　　　　図 1-26　酵素濃度と反応速度

B 温度と反応速度

溶液の**温度が高くなるほど酵素反応の速度が大きくなる**。温度が高いほど酵素反応速度が大きくなるのは，熱運動のエネルギーが活性化エネルギーとして供給されるためである。しかし，酵素はタンパク質であり，高温になると変性し，失活する。したがって，**ある一定の温度より高くなると反応速度が減少する**。酵素には，反応に最も適した温度があり，これを最適温度という。

C pH と反応速度

タンパク質の立体構造は，溶液の pH の影響を受ける。酵素の反応速度が最大になる pH を最適 pH という。ヒトの多くの酵素の最適 pH は，体液の pH である約 7.4 と近いほぼ中性にあるが，酵素がはたらく環境によって最適 pH が異なる。

たとえば，ペプシンは，胃酸が分泌される胃の中ではたらくため，最適 pH は 2 である。また，トリプシンは，十二指腸で分泌される膵液に含まれ，最適 pH は 8 である。それぞれの酵素は，はたらく環境で最大の反応速度を発揮するように進化してきた。

5 酵素反応の調節

A 競争的阻害

基質とよく似た物質が活性部位に結合すると，酵素の活性は抑制される。酵素活性を抑制（阻害）する物質を**阻害物質**という。基質と，基質とよく似た立体構造の物質は，酵素の活性部位を奪い合うことになり，酵素反応が妨げられる。このような酵素の反応の阻害を**競争的阻害**という。競争的阻害物質は酵素の活性部位に結合するが，触媒作用を受けないため生成物は生じない。

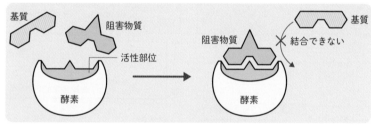

図 1-27　競争的阻害

B フィードバック調節

細胞内では，生成物の量はほぼ一定に保たれている。なぜなら，生成物を必要な量だけ合成するしくみがあるためである。多くの場合，生成物は複数の酵素による反応が連鎖的に起きて生じる。生成物が，一連の酵素反応の初期段階にさかのぼって，その量を調節するしくみを**フィードバック調節**という。

一般に，生成物が過剰になると，その生成物が初期段階ではたらく酵素の活性を抑制する。そして，生成物の量が増えすぎないように調整されている。これを**負のフィードバック調節**という。

●アロステリック酵素

　基質以外の物質が酵素に結合することで，酵素の立体構造が変化し，活性が変化することを**アロステリック効果**という。アロステリック効果を示す酵素を**アロステリック酵素**といい，基質以外の物質が結合するアロステリック酵素の部位を**アロステリック部位**という。アロステリック部位に特定の物質が結合すると活性が変化する。このように，活性部位とは異なる部位に物質が結合して酵素活性が阻害されることがあり（**非競争的阻害**），負のフィードバック調節にかかわっている。

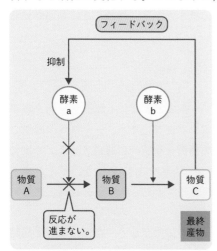

図1-28　フィードバック調節

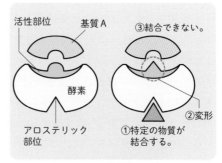

図1-29　非競争的阻害

6　物質の輸送にかかわるタンパク質

　細胞や細胞小器官では，生体膜を介して物質の出入りが行われている。生体膜は脂質で構成されているため，親水性の物質はほとんど通さない。生体膜ではどのようなしくみで物質が出入りしているのだろうか。

A　受動輸送と能動輸送

　物質の濃度の差を**濃度勾配**（のうどこうばい）という。溶液中に物質の濃度勾配があると，物質は**濃度の高い方から低い方に分散移動**して均一になろうとする（**拡散**（かくさん））。濃度勾配にしたがって物質が輸送されることを**受動輸送**（じゅどうゆそう）といい，エネルギーを必要としない。濃度勾配に逆らって物質を輸送することを**能動輸送**（のうどうゆそう）といい，エネルギーを必要とする。

B 選択的透過性

　生体膜には，特定の物質のみを通過させる性質（選択的透過性）がある。疎水性の酸素分子や二酸化炭素，低分子のステロイドなどの脂質は，脂質二重層を自由に通過できる。そのため，濃度勾配にしたがって生体膜を通過する。しかし，親水性の水分子や，糖，アミノ酸，イオンは脂質二重層をほとんど通過できない。そのため，親水性の分子は，脂質二重層を貫通する輸送タンパク質を通って生体膜を通過する。輸送タンパク質は多くの種類があり，種類ごとに通過させる物質が異なる。

C 輸送タンパク質

●チャネル

　生体膜を介した選択的な受動輸送にはチャネルとよばれる輸送タンパク質がかかわる。チャネルは膜を貫通する管状のタンパク質である。チャネルの種類ごとに管の立体構造が異なり，それぞれ特定の物質を選択的に通過させる。特定のイオンを選択的に透過させるチャネルをイオンチャネルという。イオンチャネルにはNa^+チャネルやK^+チャネルなどがある。また，水分子を通過させる特別なチャネルをアクアポリンという。

　多くのイオンチャネルはいつでも開いているわけではなく，条件によって開閉する。例えば，特定の物質（リガンド）と結合すると開くチャネルがある。受容体にリガンドが結合すると開くイオンチャネルがリガンド依存性イオンチャネル（伝達物質依存性イオンチャネル）である。膜電位（→ p.398）の変化により開くイオンチャネルが電位依存性イオンチャネルである。電位依存性イオンチャネルにはNa^+チャネルやK^+チャネルなどがあり，これらのチャネルはニューロンの興奮の伝導にかかわる。

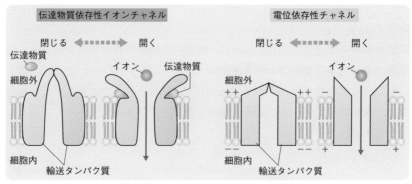

図1-30　チャネルを介したイオンの輸送

●**輸送体**

　糖やアミノ酸などの低分子で極性（親水性）のある物質を運搬する膜タンパク質を**輸送体（担体）**という。輸送体の種類ごとに運搬する物質が異なる。輸送する物質が輸送体に結合すると，輸送体の立体構造が変化して膜の反対側に物質を運搬する。輸送体による物質の輸送には，受動輸送と能動輸送がある。

●**ポンプ**

　輸送体の中には濃度勾配に逆らって能動輸送するものがあり，これを**ポンプ**という。**能動輸送にはATPなどのエネルギーが用いられる。**

　動物細胞の細胞膜の中は，Na^+の濃度が低く，K^+の濃度が高く保たれている。それは，**ナトリウムポンプ**が濃度勾配に逆らってNa^+を細胞内から細胞外に排出し，K^+を細胞外から細胞内に取り込んでいるからである。ナトリウムポンプはATPを分解し，そこで生じたエネルギーによって立体構造を変化させ，能動輸送を行う。ポンプは，ATPの化学エネルギーを運動エネルギーに変換している。

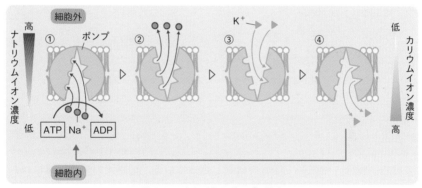

図1-31　ナトリウムポンプの働き

POINT

- ●イオンチャネル：Na^+チャネル，K^+チャネルなど。
- ●アクアポリン：水分子を通す専門のチャネル。
- ●輸送体：糖やアミノ酸などの輸送を行う。
- ●ポンプ：能動輸送を行うタンパク質。
- ●ナトリウムポンプ：Na^+を細胞外に排出し，K^+を細胞内に入れる。

D エキソサイトーシスとエンドサイトーシス

小胞の生体膜と細胞膜とが融合することにより，小胞の内容物が細胞外に放出されることを，**エキソサイトーシス**という。一方，細胞膜が内側に凹むことにより細胞膜が融合し，細胞外の物質を小胞内に取り込むことを**エンドサイトーシス**という。これらの働きによる物質の輸送には，生体膜のタンパク質がかかわっている。

補足 ホルモンや消化酵素，神経伝達物質の分泌はエキソサイトーシスによる。白血球が食作用によりウイルスや細菌を取り込むのは，エンドサイトーシスによる。

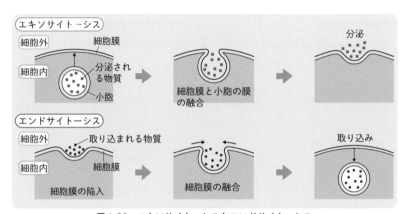

図1-32 エキソサイトーシスとエンドサイトーシス

7 情報伝達にかかわるタンパク質

多細胞生物は，細胞間で情報を伝達し合っている。細胞間の情報伝達にはおもに**情報伝達物質**がかかわる。情報伝達物質を受け取る細胞を**標的細胞**といい，標的細胞には情報伝達物質を受け取る**受容体**がある。

受容体はタンパク質でできていて，受容体の種類によって受け取る情報伝達物質が異なる。また，情報伝達物質自身もインスリンや成長ホルモンなど，タンパク質でできているものがある。

A 情報伝達のタイプ

情報伝達の方法には，情報伝達物質が分泌される**分泌型**と，細胞どうしが接触する**接触型**がある。分泌型の例としては，ホルモンや神経伝達物質，免疫ではたらく**サイトカイン**などがある。また，接触型の例としては，抗原提示がある。

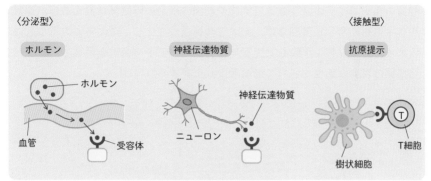

図1-33　情報伝達のタイプ

B ホルモンによる情報伝達

　ホルモンには，血糖を調節するインスリンやグルカゴン，糖質コルチコイドなどがある。これらはいずれも血液によって運ばれる。ホルモンの標的となる細胞には，ホルモンに特異的な受容体がある。受容体がホルモンを受け取ると，細胞の代謝や遺伝子発現を調節して応答する。

●グルカゴンが血糖濃度を上げるしくみ

　血糖濃度を上げる作用があるグルカゴンは，アミノ酸が連なったペプチドホルモンである。グルカゴンによる情報伝達は，細胞膜にある受容体を介して行われる。肝細胞はグルカゴン受容体をもつ。グルカゴンが受容体に結合すると，受容体の立体構造が変化し，細胞膜にある特定の酵素を活性化する。すると，cAMP（サイクリックAMP）とよばれる，細胞内で働く情報伝達物質が合成される。この情報伝達物質が，グリコーゲンをグルコースに分解する酵素を活性化する。その結果，グルコースが肝細胞から放出されて血糖濃度が上がる。

　cAMPのように，細胞外からの情報を間接的に伝える情報伝達物質を**セカンドメッセンジャー**という。

●糖質コルチコイドが血糖濃度を上げるしくみ

　糖質コルチコイドも，血糖濃度を上げる作用がある。糖質コルチコイドはステロイドホルモンであるため，細胞膜を透過し，自由に細胞内に入りこむことができる。

糖質コルチコイドの受容体は肝細胞や筋肉の細胞の細胞質基質にある。糖質コルチコイドが結合した受容体は，その立体構造が変化し，核の中に入ることができるようになる。核に移動した受容体は特定の遺伝子の発現を促進し，その結果として糖の代謝が活性化されて血糖濃度が上昇する。

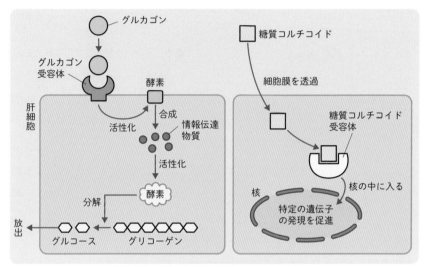

図1-34　ホルモンが血糖濃度を調節するしくみ

 Q いろいろなタンパク質について学びましたが，ほかにはどんなものがありますか？

 A そうですね，モータータンパク質というものがありますよ。
ATPのエネルギーを利用して，アクチンフィラメントや微小管の上を一定方向に移動するタンパク質です。モータータンパク質は，細胞内の物質や細胞小器官の輸送，筋収縮，鞭毛運動などにかかわっています。

この章で学んだこと

　生物は細胞でできている。地球上には多様な生物がいるが, 細胞の構成成分は共通している。この章では, 生体物質や細胞の構造, タンパク質のはたらきについて理解を深めた。

1 生体物質と細胞

❶ 生体物質　細胞を構成する無機物には, 水・無機塩類があり, 有機物には, タンパク質・脂質・炭水化物・核酸などがある。

❷ 細胞　すべての生物は細胞からなる。細胞の表面には細胞膜があり, 外界と隔てられている。

❸ 生体膜　細胞膜や細胞小器官の膜のこと。主要な成分はリン脂質。生体膜は脂質二重層でできている。

❹ 膜タンパク質　生体膜の中に配置されているタンパク質のこと。物質の出入りにかかわる輸送タンパク質などがある。

❺ 細胞小器官　核・ミトコンドリア・小胞体・ゴルジ体などのこと。

❻ 細胞骨格　細胞質基質や核に張り巡らされ, 細胞の運動や, 細胞や核の形の維持にかかわる。アクチンフィラメント, 微小管, 中間径フィラメントがある。

❼ 細胞接着　多細胞生物では, 細胞は他の細胞や細胞外の構造と接着している。

2 生命現象とタンパク質

❶ アミノ酸　1つの炭素にアミノ基・カルボキシ基・水素原子・側鎖が結合したつくりをしている。

❷ 必須アミノ酸　従属栄養生物であるヒトには, 食べ物から摂取する必要のあるアミノ酸がある。

❸ ペプチド結合　タンパク質におけるアミノ酸どうしの結合のこと。

❹ タンパク質の構造　一次〜四次構造まである。タンパク質は立体的な構造をとり, 機能を果たす。

❺ タンパク質の変性　立体構造が変化すること。変性して機能を失うことを失活という。

❻ 活性化エネルギー　化合物が化学反応によって変化するために必要なエネルギーのこと。酵素にはこのエネルギーを小さくするはたらきがある。

❼ 酵素－基質複合体　酵素の活性部位に基質が結合することで形成される。

❽ 競争的阻害　基質と似た物質が活性部位に結合し, 本来の酵素活性が抑制されること。

❾ アロステリック効果　活性部位以外の部分に物質が結合することで, 酵素の活性が変化すること。

❿ 選択的透過性　生体膜は, 特定の物質のみを選択的に通過させる。物質の出入りには, チャネル・輸送体・ポンプなどの膜タンパク質がかかわる。

⓫ エキソサイトーシス　小胞の膜と細胞膜が融合し, 小胞の内容物が細胞外に分泌されること。

⓬ サイトカイン　免疫において, 情報伝達にかかわるタンパク質。

⓭ セカンドメッセンジャー　cAMPのような, 細胞外からの情報を間接的に伝える情報伝達物質のこと。

⓮ モータータンパク質　物質輸送や筋収縮などにかかわる。ATPを利用して細微小管やアクチンフィラメント上を移動する。

定期テスト対策問題 1

解答・解説は p.538

1 次の問いに答えなさい。

(1) 細胞小器官の名称とその主な機能の組合せとして最も適当なものを，次の①〜⑤のうちから1つ選べ。

	名 称	主な機能
①	核	光合成
②	葉緑体	呼 吸
③	小胞体	細胞内での老廃物の貯蔵
④	ゴルジ体	細胞内での物質輸送の制御
⑤	中心体	細胞内での物質の分解

(2) 生体膜に関連する記述として最も適当なものを，次の①〜④のうちから1つ選べ。

① ナトリウムイオンは，脂質二重層を容易に透過する。

② グルコースは，脂質二重層を容易に透過する。

③ 糖質コルチコイドは，脂質二重層を容易に透過する。

④ アミラーゼは，脂質二重層を容易に透過する。

(センター試験　改題)

2 タンパク質に関する記述として最も適当なものを，次の①〜⑤のうちから1つ選べ。

① タンパク質のポリペプチドによるらせん構造やジグザグ構造を，三次構造とよぶ。

② タンパク質の立体構造が変化し本来の性質が変化することを，凝集という。

③ 生体内で触媒のはたらきをするタンパク質を，補酵素という。

④ タンパク質を構成するアミノ酸は，20種類ある。

⑤ ジスルフィド結合(S-S結合)は，異なるポリペプチド鎖の間で形成されることはない。

(センター試験　改題)

3 次の文章を読み，下の問い(1)，(2)に答えよ。

　生命活動は，さまざまな化学反応の組合せによって支えられており，複数の酵素が順々にはたらくことによって，複数の化学反応が円滑に進行する。その際，一連の酵素反応によってできた最終産物が，その生成に関わる酵素のはたらきを促進または抑制することがある。これを｜ ア ｜という。ある種の酵素では，活性部位以外に物質が結合することで酵素の立体構造が変化し，酵素のはたらきが変化することがある。このような酵素は｜ イ ｜とよばれる。

　酵素反応において，反応の進行を妨げる物質のことを阻害物質という。酵素が作用する物質と似た阻害物質が活性部位に結合することで反応速度が低下することを｜ ウ ｜的阻害といい，活性部位以外の場所に阻害物質が結合することで反応速度が低下することを｜ エ ｜的阻害という。

(1) 下線部に関する記述として適当なものを，次の①〜⑥のうちから2つ選べ。ただし，解答の順序は問わない。

① 酵素が作用する物質は，その酵素の基質とよばれる。
② 酵素を構成するアミノ酸の組成は，酵素反応の前後で大きく変化する。
③ 最適温度以下では，温度が上がるほど酵素の反応速度は高くなる。
④ 酵素が作用する物質の濃度が高くなるほど，酵素の反応速度は低下する。
⑤ すべての酵素の反応速度は，弱酸性で最も高くなる。
⑥ 多くの酵素は，反応が終わると失活する。

(2) 上の文章中の｜ ア ｜〜｜ エ ｜に入る語の組合せとして最も適当なものを，次の①〜⑧のうちから1つ選べ。

	ア	イ	ウ	エ
①	ホメオスタシス	補酵素	競　争	非競争
②	ホメオスタシス	補酵素	非競争	競　争
③	ホメオスタシス	アロステリック酵素	競　争	非競争
④	ホメオスタシス	アロステリック酵素	非競争	競　争
⑤	フィードバック調節	補酵素	競　争	非競争
⑥	フィードバック調節	補酵素	非競争	競　争
⑦	フィードバック調節	アロステリック酵素	競　争	非競争
⑧	フィードバック調節	アロステリック酵素	非競争	競　争

（センター試験　改題）

MY BEST

Advanced Biology

第 **2** 章 代謝

1 | 代謝とエネルギー

1 代謝とATP

生物は**代謝**によって有機物を分解してエネルギーを得たり，有機物を合成したりしている。代謝には**同化**と**異化**がある。単純な物質から複雑な物質を合成する過程が同化，複雑な物質を単純な物質にする過程が異化である。

代謝では，化学反応にともなってエネルギーの受け渡しが行われる。エネルギーの受け渡しはおもに**ATP**を介して行われる。植物も動物も，ATPがもつ化学エネルギーをさまざまな生命活動に利用している。

2 エネルギーと補酵素

呼吸と光合成におけるエネルギーの移動には，<ruby>酸化還元反応<rt>さんかかんげんはんのう</rt></ruby>がかかわっている。酸化還元反応には，<ruby>脱水素酵素<rt>だっすいそこうそ</rt></ruby>の<ruby>補酵素<rt>ほこうそ</rt></ruby>であるNAD^+，FAD，$NADP^+$が重要な役割を担っている。これらは**電子と水素の受け渡し**にかかわる。NAD^+，FAD，$NADP^+$は，電子(e^-)と水素イオン(H^+)を受け取ると，それぞれ還元型の$NADH$，$FADH_2$，$NADPH$になる。$NADH$，$FADH_2$，$NADPH$は他の物質を還元すると，それぞれ酸化型のNAD^+，FAD，$NADP^+$になる。電子はエネルギーをもっており，電子を受け取るとエネルギーを受け取ることになる。また，水素を受け取ると電子を受け取るため，エネルギーを受け取ることになる。

補足 NAD：<ruby>nicotinamide<rt>ニコチンアミド</rt></ruby> <ruby>adenine<rt>アデニン</rt></ruby> <ruby>dinucleotide<rt>ジヌクレオチド</rt></ruby>　NADPはNADにリン酸が結合したもの。
FAD：<ruby>flavin<rt>フラビン</rt></ruby> <ruby>adenine<rt>アデニン</rt></ruby> <ruby>dinucleotide<rt>ジヌクレオチド</rt></ruby>

（酸化型）	（還元型）	（還元型）	（酸化型）
$NAD^+ + 2H^+ + 2e^- \longrightarrow NADH + H^+$		$NADH + H^+ \longrightarrow NAD^+ + 2H^+ + 2e^-$	
$FAD + 2H^+ + 2e^- \longrightarrow FADH_2$		$FADH_2 \longrightarrow FAD + 2H^+ + 2e^-$	
$NADP^+ + 2H^+ + 2e^- \longrightarrow NADPH + H^+$		$NADPH + H^+ \longrightarrow NADP^+ + 2H^+ + 2e^-$	

2 | 呼吸

呼吸とは，**酸素を用いて，グルコースなどの有機物を酸化すること**で，有機物に蓄えられた化学エネルギーを取り出し，そのエネルギーを利用して ATP を合成する反応である。

1 呼吸のしくみ

呼吸の過程は順番に，解糖系，クエン酸回路，電子伝達系に分けられる。それぞれの過程では，多くの酵素がかかわり，酵素反応は連鎖的に起こる。**解糖系は細胞質基質**にあり，**クエン酸回路と電子伝達系はミトコンドリア**にある。解糖系，クエン酸回路，電子伝達系のいずれの段階でも ATP が合成されるが，ATP の大部分はミトコンドリアで合成される。酸素が使われるのは電子伝達系の最後である。

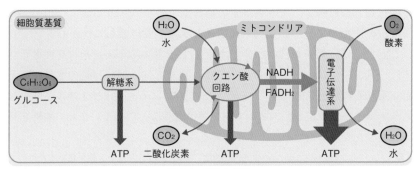

図 2-1 呼吸の過程

A 解糖系

解糖系は細胞質基質で行われ，何種類もの酵素がかかわる。細胞に取り込まれた**グルコース($C_6H_{12}O_6$)は，解糖系で 2 分子のピルビン酸($C_3H_4O_3$)にまで分解される**。なお，グルコースのように 6 個の炭素からなる分子を(C_6)と表し，ピルビン酸のように 3 個の炭素からなる分子を(C_3)と表す。

　解糖系の過程で，１分子のグルコースあたり，２分子のATPのエネルギーが投入され，NAD^+による酸化によって発生するエネルギーを使って２分子のリン酸が(C_3)に結合する。その結果，２分子のリン酸が結合した(C_3)が２分子生じ，これらの分子のリン酸とエネルギーを用いて４分子のATPが合成される。つまり，**差し引き２分子のATPが合成される**ことになる。解糖系で合成されるATPは，基質が酸化されて生じるエネルギーを利用して合成されるため，これを**基質レベルのリン酸化**という。また，脱水素酵素によりグルコースの代謝産物から水素が外され，水素はNAD^+に受け取られて還元型のNADHが生じる。この過程でNADHは高いエネルギーをもつ電子を獲得しており，グルコースに蓄えられていたエネルギーの一部がNADHに移されている。NADHはミトコンドリア内膜に移動して，電子(e^-)が電子伝達系に渡される。

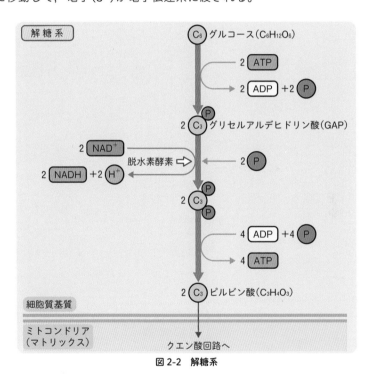

図2-2　解糖系

解糖系での連続的な反応をまとめると，次のように表すことができる。

● $C_6H_{12}O_6 + 2NAD^+ \rightarrow 2C_3H_4O_3 + 2(NADH + H^+) + エネルギー（2ATP）$

B クエン酸回路

解糖系で生じたピルビン酸は，ミトコンドリアに移動する。そして，マトリックスで進行する**クエン酸回路**で利用される。クエン酸回路には，何種類もの酵素がかかわる。反応生成物にクエン酸があり，代謝経路が回路状になっているため，クエン酸回路とよばれる。ピルビン酸がクエン酸回路に入ると，分解されて二酸化炭素と水素（H^+と高いエネルギーをもつ電子 e^-）が外される。H^+と電子は NAD^+ と FAD が受け取って還元型の NADH と $FADH_2$ が生じる。クエン酸回路では，酸素（O_2）は消費されない。

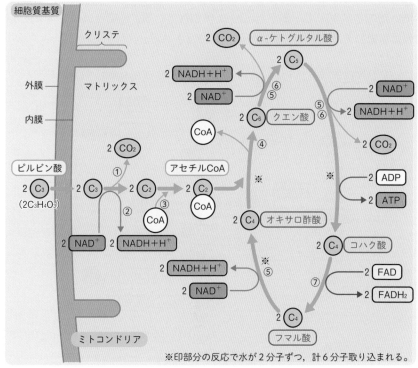

※印部分の反応で水が2分子ずつ，計6分子取り込まれる。

図 2-3　クエン酸回路

上の図の①〜⑦で起きている反応を，順に見ていこう。

解糖系で生じたピルビン酸がミトコンドリアに入ると，

①ミトコンドリアのマトリックスで，脱炭酸反応によりピルビン酸の3個の炭素のうちの1つが外される。この過程で，炭素2個からなる化合物（C_2）が生じ，二酸化炭素（CO_2）が発生する。

②同時に，脱水素反応によって水素(H^+と電子e^-)が外され，水素はNAD^+と結合して$NADH$となる。2分子のピルビン酸から2分子の$NADH$が生じる。

③化合物(C_2)は，コエンザイムA(CoA)と結合して，アセチルCoA(C_2)となり，クエン酸回路に入る。

④アセチルCoAはオキサロ酢酸(C_4)と結合し，CoAが外れるとクエン酸(C_6)となり，2分子のピルビン酸から2分子のクエン酸が生じることになる。

⑤クエン酸とαケトグルタル酸，フマル酸からは，脱水素反応により水素(H^+と電子e^-)が外され，水素はNAD^+に結合して$NADH$が生じる。

⑥クエン酸とαケトグルタル酸からは，脱炭酸反応により2分子の二酸化炭素(CO_2)が放出される。

⑦コハク酸からは，脱水素反応により水素(H^+と電子e^-)が外され，水素はFAD^+に結合して$FADH_2$が生じる。

この一連の過程を経るとオキサロ酢酸が生じ，クエン酸回路は一周する。クエン酸回路では，ピルビン酸2分子あたり8分子の$NADH$と2分子の$FADH_2$が生じる。クエン酸回路で生じた還元型の$NADH$と$FADH_2$は，ミトコンドリア内膜に移動して，電子(e^-)が電子伝達系に渡される。

クエン酸回路での反応をまとめると，次のように表すことができる。

グルコース1分子当たり

- $2C_3H_4O_3 + 6H_2O + 8NAD^+ + 2FAD$
  $\rightarrow 6CO_2 + 8(NADH + H^+) + 2FADH_2 + エネルギー$ (2ATP)

 POINT

解糖系で生じたピルビン酸(C_3)は，クエン酸回路で分解され，

- 二酸化炭素(CO_2)と水素(H^+と電子e^-)が外される。
- 水素(H^+と電子e^-)は，NAD^+とFADが受け取り，還元型の$NADH$と$FADH_2$が生じる。
- 酸素(O_2)は消費されない。

c 電子伝達系

電子伝達系はミトコンドリア内膜にあるタンパク質の複合体で構成される反応系で，電子を受け渡すはたらきがある。電子伝達系では，**電子の受け渡しにともなう酸化還元反応が連鎖的に起きている。**解糖系やクエン酸回路で生じたNADHとFADH₂は，高いエネルギーの電子をもっており，ミトコンドリア内膜のマトリックス側で電子伝達系に電子(e^-)を渡すと，H^+が放出され，それぞれNAD^+とFADになる。電子は電子伝達系のタンパク質の間を次々と受け渡され，この過程で放出されるエネルギーを利用してH^+を輸送するポンプがはたらき，H^+がマトリックス側から内膜と外膜の間に輸送される。エネルギーレベルが低くなった電子は，最終的に酸素に受け取られ，電子(e^-)とH^+が酸化されて水が生じる。

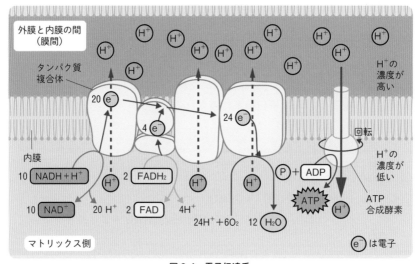

図 2-4　電子伝達系

POINT

- 電子伝達系は，NADHとFADH₂から高エネルギーをもつ電子を受け取る。
- 電子が電子伝達系を流れる間に，電子のエネルギーが消費されて，H^+がマトリックスからミトコンドリア内膜と外膜の間に運ばれる。
- 電子は最後に酸素に受け取られ，水 (H_2O) が生じる。ここで酸素が消費される。

読むと**勉強**がしたくなる！
史上初・**参考書コメディ!!**

Q. 独学でも勉強はできるように
なりますか？

参考書での
独学受験は
誰にでも可能だ

A. なります。
学習参考書さえあれば！

実在の
参考書が
続々登場！

コミックDAYSにて大好評連載中！

ガクサン
GAKU-SAN
モーニングKC
佐原実波

単行本 **1〜4** 巻
好評発売中！
以下続刊

KODANSHA

Q1 自分に合う参考書の見つけ方を教えてください。

「はじめに」から始めろ

Q2 勉強のやる気を出すにはどうすればいいですか？

やる気は「出すもの」ではない

ガクサン あらすじ

参考書出版社「いぶき社」に中途入社した茅野うるしが配属されたのは、偏屈参考書オタク・福山と二人きりの部署「お客様ご相談係」で…？　読めば参考書の最前線がわかる!?　凸凹お仕事コメディ!!

⇒第1話はこちらから

電子伝達系での反応をまとめると，次のように表すことができる。

> **グルコース1分子当たり**
> ● $10(NADH + H^+) + 2FADH_2 + 6O_2$
>
> $\qquad\qquad\qquad\qquad \rightarrow 10NAD^+ + 2FAD + 12H_2O + エネルギー$
>
> $34ADP + 34リン酸 + エネルギー \rightarrow 34ATP + 34H_2O$

D ATP合成酵素

　ミトコンドリア内膜には**ATP合成酵素**がある。ATP合成酵素は，内膜と外膜の間に蓄積された H^+ の濃度勾配（のうどこうばい）を利用してATPを合成する。ATP合成酵素によるATP合成は，酸素による酸化をともなうため，**酸化的リン酸化**という。酸化的リン酸化により，グルコース1分子あたり最大34分子のATPが合成される。基質レベルのリン酸化と合わせると，**グルコース1分子あたり最大38分子のATPが合成される**ことになる。

2　呼吸のまとめ

段階	反応系	細胞内の場所	反応の概略
I	解糖系	細胞質基質	グルコースを段階的にピルビン酸にまで分解する。生じたエネルギーで，グルコース1分子当たり2分子のATPを生成する。
II	クエン酸回路	ミトコンドリア（マトリックス）	ピルビン酸を分解して，二酸化炭素，H^+，e^- を生じる。生じたエネルギーで，グルコース1分子当たり2分子のATPを生成する。
III	電子伝達系	ミトコンドリア（内膜）	電子のエネルギーを利用して最大34分子のATPを生成する。H^+ と e^- は酸素と結合し，水（H_2O）を生じる。

> **呼吸**
> ● $C_6H_{12}O_6 + 6H_2O + 6O_2 \rightarrow 6CO_2 + 12H_2O + エネルギー$
>
> $38ADP + 38リン酸 + エネルギー \rightarrow 38ATP + 38H_2O$

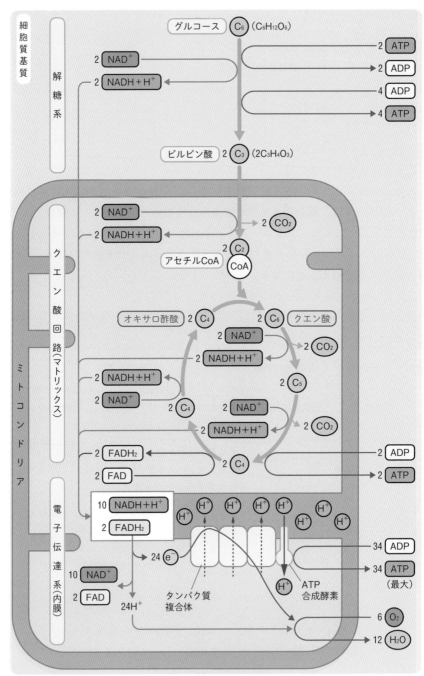

図2-5　呼吸の全体の反応

呼吸と酸化・還元，呼吸と ATP の合成

1 酸化と還元

　呼吸には長い代謝経路がかかわっており，基質のグルコースは徐々に酸化されてさまざまな物質に変化していく。この過程で，グルコースに蓄えられていたエネルギーが徐々に取り出される。酸素は呼吸の代謝経路の最後だけにかかわっている。

　呼吸の代謝経路の途中で起こる酸化とは，どのような反応なのだろうか。酸化還元の定義は，それぞれ 3 つある。

　酸化：①酸素と結合，②水素を失う，③電子を失う

　還元：①酸素を失う，②水素と結合，③電子を獲得

　酸化と還元の本質は，電子のやり取りにある。呼吸や光合成の過程では，高いエネルギーをもつ電子がさまざまな物質に次々と受け渡される。電子の受け渡しは酸化還元反応であり，酸化還元反応の過程で放出される電子のエネルギーが ATP の合成に利用される。一方，電子がもつエネルギーは徐々に減衰していく。呼吸では，電子は最後に酸素に受け取られ，水が生じる。水素は電子を放出しやすく，電子(e^-) 1 つを放出すると安定な H^+（プロトン）となる。水素が物質に結合する還元を電子の視点でみると，水素を結合した物質は電子を受け取るため還元される。

2 運動エネルギーと ATP の合成

　ミトコンドリアの内膜にある ATP 合成酵素には，H^+ の通り道がある。内膜と外膜の間に蓄積された H^+ が，濃度勾配にしたがって ATP 合成酵素の中を流れると，ATP 合成酵素は水車のように回転し，回転の運動エネルギーで ADP とリン酸を連結する。酸化的リン酸化では，グルコース 1 分子あたり最大 34 分子の ATP が合成されるとされているが，ATP 合成酵素は運動エネルギーを化学エネルギーに変換しているため，ATP 合成酵素を通過する H^+ の数と，合成される ATP の数は必ずしも整数で比例するわけではない。実際には 20 ～ 30 分子程度であると考えられている。一方，基質レベルのリン酸化では，1 つの反応で 1 分子の ATP が合成されるため，反応の回数と ATP の数は整数で正比例する。

3 ｜ 発酵

　微生物が酸素をもちいずに有機物を酸化して，ATP を合成する反応を発酵という。発酵による ATP 合成は基質レベルのリン酸化だけに依存しているため，**ATP の生産量は少ない。**

1 乳酸発酵

　酸素を使わずにグルコースを酸化して ATP を合成し，最終的に乳酸（$C_3H_6O_3$）を生じる反応を乳酸発酵という。乳酸発酵では，解糖系と同じ経路で 1 分子のグルコースから 2 分子のピルビン酸，2 分子の ATP，2 分子の NADH が生じる。ATP の合成には，NAD^+ による酸化によって発生するエネルギーが使われる。NADH はピルビン酸を還元して酸化型の NAD^+ に戻り，再び代謝産物の酸化に利用される。還元されたピルビン酸は乳酸となり，細胞外に排出される。この乳酸を利用してヨーグルトなどの乳酸食品が製造されている。

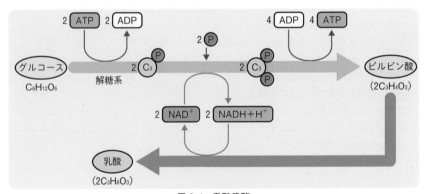

図 2-6　乳酸発酵

● $C_6H_{12}O_6 \rightarrow 2C_3H_6O_3$（乳酸）＋ エネルギー（2ATP）

2 アルコール発酵

酸素を使わずにグルコースを酸化して ATP を合成し，最終的にエタノール（C_2H_6O）を生じる反応を**アルコール発酵**という。アルコール発酵では，解糖系と同じ経路で1分子のグルコースから2分子のピルビン酸と2分子の ATP，2分子の NADH が生じる。ATP の合成には，NAD^+ による酸化によって発生するエネルギーが使われる。

ピルビン酸は脱炭酸酵素によってアセトアルデヒドになり，この過程で二酸化炭素が生じる。NADH はアセトアルデヒドを還元して酸化型の NAD^+ に戻り，再び代謝産物の酸化に利用される。還元されたアセトアルデヒドはエタノールとなる。生じた二酸化炭素とエタノールは細胞外に排出される。パン酵母でパン生地が膨らむのは，アルコール発酵で発生する二酸化炭素による。

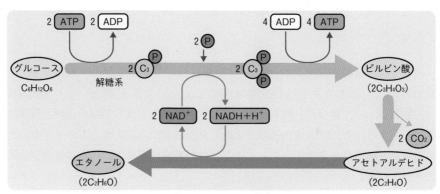

図 2-7　アルコール発酵

● $C_6H_{12}O_6 \rightarrow 2C_2H_6O + 2CO_2 +$ エネルギー (2ATP)
（エタノール）

> | コラム | **筋肉における解糖** |
>
> 　動物の筋肉は，激しい運動をすると酸素の供給が追い付かなくなる。筋細胞は酸素がない状態では，筋肉に蓄えられていたグリコーゲンをグルコースに分解し，グルコースを解糖系で酸化して ATP を合成する。この反応を解糖という。解糖では，1分子のグルコースから2分子の ATP しか生じない。解糖により生じたピルビン酸は NADH によって還元され，乳酸になる。反応としては乳酸発酵と同じである。

4 | 呼吸基質と呼吸商

　呼吸に利用される有機物を **呼吸基質** という。呼吸にはグルコースなどの炭水化物だけではなく，脂肪やタンパク質も利用される。脂肪が呼吸基質になる場合は，加水分解されてグリセリンと脂肪酸になり，グリセリンは解糖系に入って呼吸に使われる。脂肪酸は，鎖の炭素 2 個分がコエンザイム A（CoA）と結合して切り取られ，アセチル CoA となり，アセチル CoA はクエン酸回路に入って呼吸に使われる。脂肪酸が分解されてアセチル CoA となる反応を **β酸化**（ベータさんか）という。タンパク質が呼吸基質になる場合は，タンパク質はアミノ酸にまで分解され，アミノ酸のアミノ基が外れて有機酸とアンモニアになる。アミノ基が外れる反応を **脱アミノ反応** という。有機酸は代謝されてクエン酸回路に入って呼吸に使われる。毒性の強いアンモニアは，哺乳類の場合は肝臓で毒性の低い尿素に変えられ，尿として排出される。

　呼吸では，有機物が酸素 O_2 によって酸化されて二酸化炭素 CO_2 が生じる。呼吸で消費した O_2 と発生した CO_2 の体積比（CO_2 / O_2）を **呼吸商**（こきゅうしょう）といい，呼吸商は呼吸基質によって異なる。同じ温度，同じ圧力の条件では，気体の体積は分子の数に比例するため，呼吸商の値は呼吸の化学反応式から求めることができる。したがって，**呼吸商を測定することにより，呼吸基質に何が使われたかを推定することができる。**

炭水化物	グルコース $C_6H_{12}O_6 + 6O_2 \rightarrow 6CO_2 + 6H_2O$	呼吸商 $\dfrac{6}{6} = 1.0$
脂質	トリアシルグリセロール $C_{55}H_{100}O_6 + 77O_2 \rightarrow 55CO_2 + 50H_2O$	呼吸商 $\dfrac{55}{77} \fallingdotseq 0.7$
タンパク質	ロイシン $2C_6H_{13}O_2N + 15O_2 \rightarrow 12CO_2 + 10H_2O + 2NH_3$	呼吸商 $\dfrac{12}{15} = 0.8$

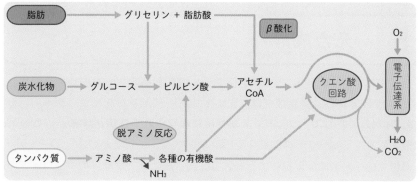

図 2-8　有機物の分解

コラム　｜　**エネルギーの蓄積と消費**

　動物は，エネルギー源を蓄えるしくみを進化の過程で獲得している。十分に食物をとることができて，十分量の ATP を合成できていると，アセチル CoA はクエン酸回路に入らずに脂肪酸の合成に使われる。その結果,備蓄エネルギー源として脂肪が蓄積される。グルコースが枯渇すると，脂肪がエネルギー源として利用される。炭水化物も脂肪も消費してしまうような飢餓状態になると，筋肉などのタンパク質を分解して，生命活動に必要なエネルギー源とする。また，タンパク質をとりすぎて，アミノ酸が過剰になった場合は，アミノ酸が脱アミノ化されて，ATP の合成に用いられる。この時，有毒なアンモニアが生じるため,腎臓病患者は摂取するタンパク質の量が制限される。

5 | 光合成

　光エネルギーを利用してATPを合成し，ATPを利用して有機物を合成する反応を光合成という。光合成では，光エネルギーがATPの化学エネルギーに変換される。続いて，ATPの化学エネルギーが利用され，二酸化炭素から有機物が合成される。

　植物では，光合成は葉緑体で行われる。光合成には，葉緑体のチラコイドで起こる反応と，ストロマで起こる反応がある。チラコイドの膜には光エネルギーを吸収する光合成色素と電子伝達系，ATP合成酵素がある。ストロマには，二酸化炭素から有機物（デンプンなど）を合成するための多様な酵素がある。

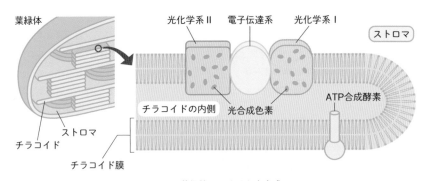

図2-9　葉緑体のつくりと光合成

1 光合成色素

　光合成では，クロロフィルやカロテノイドなどの光合成色素が光を吸収する。植物はクロロフィルaとクロロフィルbをもち，カルテノイドとして橙（だいだい）色のカロテンや黄色のキサントフィルをもつ。可視光は約400 nm～700 nmの範囲の波長の光であり，波長によって光の色が異なる。クロロフィルaとクロロフィルbは，おもに赤色光と青色光を吸収する。緑色光はほとんど吸収しないため，植物の葉は緑色に見える。

　光の波長と吸収の関係を示したグラフを吸収スペクトルという。また，光の波長と光合成速度の関係を示したグラフを作用スペクトルという。

作用スペクトルから，**光合成にはクロロフィルが吸収する赤色光と青色光が有効**であることがわかる。

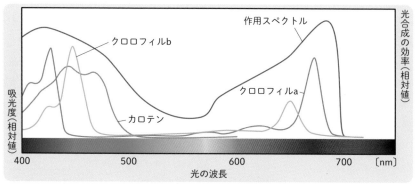

図 2-10　光の波長と光合成色素

2　チラコイドで起こる反応

A 光化学系

　葉緑体のチラコイドの膜上には，光化学系Ⅰ，光化学系Ⅱという反応系がある。これらはそれぞれ数百個の光合成色素とタンパク質からなる。光化学系の反応中心には特別なクロロフィルaがある。光合成色素が吸収した光エネルギーは，反応中心のクロロフィルに集められる。光エネルギーが集められたクロロフィルは，活性化クロロフィルとなって高いエネルギーをもつ電子(e^-)を放出する。この反応を**光化学反応**という。光合成の一連の反応は光化学系Ⅱから始まる。

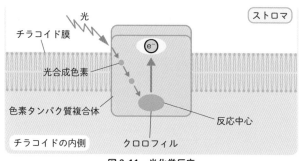

図 2-11　光化学反応

　光化学系Ⅱから放出された電子は，電子伝達系のタンパク質の間を次々と受け渡され，電子からエネルギーが取り出される。このエネルギーを利用してH^+を輸送するポンプがはたらき，H^+がストロマ側からチラコイド膜内に輸送される。光化学系Ⅰの反応中心のクロロフィルも，光エネルギーを吸収すると活性化して電子を放出する。光化学系Ⅰから放出された電子は，H^+と酸化型補酵素の$NADP^+$によって受け取られ，還元型の$NADPH$が生じる。電子を放出した光化学系Ⅰの反応中心のクロロフィルは，電子伝達系を通ってきた光化学系Ⅱ由来の電子を受け取り，還元型に戻る。

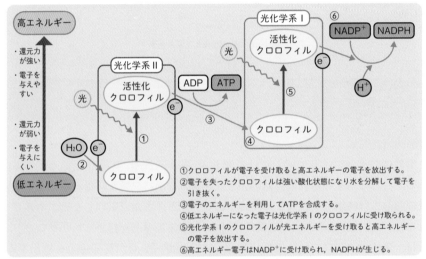

図 2-12　光化学系と電子の伝達

C 光リン酸化

　チラコイドの膜にはATP合成酵素があり，チラコイドの膜の内側に濃縮されたH^+の濃度勾配を利用してATPが合成される。このATP合成は，光のエネルギーを用いて行われるため，光リン酸化という。電子伝達系とATP合成酵素のはたらきにより合成されたATPとNADPHは，ストロマに入って炭素同化（炭酸同化）に使われる。ATPは葉緑体の膜を通過できないため，葉緑体で合成されたATPは，葉緑体内で行われる化学反応（炭素同化など）に使われる。

補足　光合成の光リン酸化と，呼吸の酸化的リン酸化ではたらく電子伝達系とATP合成酵素はよく似ており，共通の祖先から進化してきたことがうかがえる。

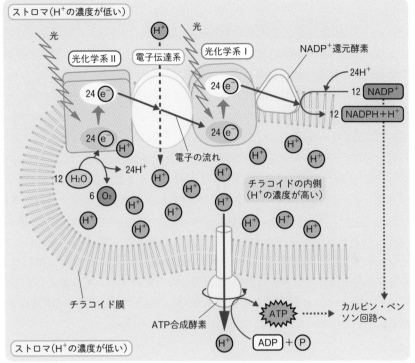

図2-13　チラコイドで起こる反応

D　酸素の発生

　植物の光合成において発生する酸素は，光化学系Ⅱの電子を補充する過程の副産物である。光合成の最初の段階ではたらく光化学系Ⅱは，光エネルギーを吸収すると，反応中心のクロロフィルから電子を放出する。電子を放出した光化学系Ⅱは強い酸化力をもつようになり，水（H_2O）を酸化して水素イオン（H^+）と酸素（O_2）に分解する。水が分解されると電子（e^-）が生じ，光化学系Ⅱの反応中心のクロロフィルの電子が補充される。

$$\bullet\ 2H_2O \rightarrow 4e^- + 4H^+ + O_2$$

3 ストロマで起こる反応

ストロマには，炭素同化にかかわる多くの酵素があり，一連の反応経路を構成している。炭素同化の反応経路は回路状であり，発見者に因んで**カルビン回路**（カルビン・ベンソン回路）とよばれる。カルビン回路は光を必要としない。

CO_2 は，リブロース二リン酸カルボキシラーゼ／オキシゲナーゼ（Rubisco，ルビスコ）とよばれる酵素によって固定される。CO_2 は，ルビスコのはたらきで，カルビン回路のリブロース二リン酸（RuBP）（C_5）と結合して，2 分子のホスホグリセリン酸（PGA）（C_3）が生じる。PGA は ATP からリン酸を受け取ると活性化状態になり，さらに NADPH から高エネルギーをもつ電子を受け取って還元され，グリセルアルデヒドリン酸（GAP）（C_3）になる。GAP からリブロースリン酸（C_5）がつくられ，リブロースリン酸が ATP からリン酸を受け取ると RuBP になり，回路は一周する。この過程で GAP の一部が有機物（$C_6H_{12}O_6$）の合成に使われる。カルビン回路では，1 分子の有機物（$C_6H_{12}O_6$）の合成のエネルギー源として 18 分子の ATP が使われ，6 分子の二酸化炭素（CO_2）の還元に 12 分子の NADPH が使われる。

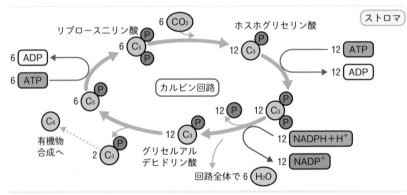

図 2-14　カルビン回路

補足 図 2-14 では，炭素 6 個からなる有機物を合成する過程を描いてあるため，6 分子の CO_2 がカルビン回路に取り込まれるように描いているが，実際には回路を 1 周するごとに 1 分子の CO_2 が取り込まれる。

　光合成で合成された有機物は，葉緑体から細胞質基質に出てスクロースに変えられ，師管を通って植物体全体に運ばれる。有機物からスクロースを合成する化学反応には，ミトコンドリアで合成された ATP が使われる。植物体のある組織から別の組織に物質が運ばれることを転流という。転流によって運ばれたスクロースは，エネルギー源として生命活動に利用されたり，脂肪やアミノ酸の合成に使われたりする。種子や根ではグルコースに変えられ，デンプンとして貯蔵される。

コラム　｜　砂糖の原料

　砂糖のおもな原料は，サトウキビやサトウダイコンである。サトウキビの茎にある柔細胞の液胞や，サトウダイコンの根の液胞には，転流によって運ばれたスクロースが蓄積されている。これを搾って煮詰め，濃縮，生成したものが砂糖になる。

POINT

● 光エネルギーを吸収した光化学系IIのクロロフィルは，電子を放出すると強い酸化状態になり，水 (H_2O) を酸化して電子を取り出し補充する。このとき，酸素が発生する。

● 電子が電子伝達系を流れる間に電子のエネルギーが消費されてH^+がストロマに運ばれ，ストロマに蓄積されたH^+の濃度勾配を利用してATPが合成される。

● 電子は光化学系Iに受け取られ，光化学系Iが光エネルギーを吸収すると電子が放出される。電子はNADP$^+$に受け取られ，還元型のNADPHが生じる。

● ストロマでは，ATPのエネルギーを利用し，CO_2をNADPHが還元することにより有機物が合成される。

4 光合成のまとめ

これまでの光合成の反応をまとめると，次のような反応式になる。

- $6CO_2 + 12H_2O + 光エネルギー \rightarrow C_6H_{12}O_6 + 6H_2O + 6O_2$

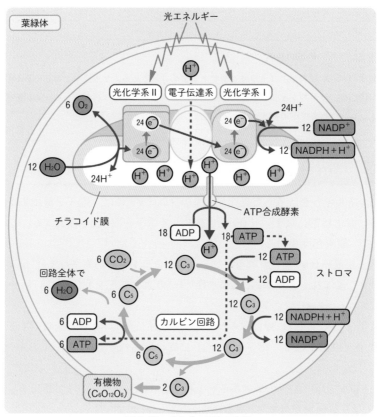

図 2-15 光合成の反応の全容

参考　乾燥に適応した植物

　イネ，コムギ，ホウレンソウなどの多くの植物は，CO_2 が固定されて最初に生じる化合物が C_3 のホスホグリセリン酸であるため，**C_3植物**とよばれる。C_3 植物は光合成を行う日中に気孔を開いて CO_2 を取り込むが，蒸散により水が失われるため，夜は気孔を閉じている。しかし，気温が高く乾燥した環境になると，日中でも気孔を閉じる。気孔を閉じると，葉の中に CO_2 が入らなくなるため葉肉細胞の CO_2 濃度が低下し，光合成速度が低下する。

　高温や乾燥に適したトウモロコシやサトウキビは，気孔を少ししか開かなくても効率よく光合成をするしくみをもっている。これらの植物では，CO_2 が固定されて最初に生じる化合物が C_4 のオキサロ酢酸であるため，**C_4植物**とよばれる。気孔の開きが小さければ，CO_2 を取り込みにくくなるはずであるが，C_4 植物の葉肉細胞は CO_2 濃度が低くても効率よく CO_2 を固定する特性をもっており，固定された CO_2 は維管束鞘細胞に送られ，100 倍に濃縮される。維管束鞘細胞では，濃縮された CO_2 をカルビン回路で固定し，有機物を合成している。一般に C_4 植物の光合成速度は C_3 植物より大きい。

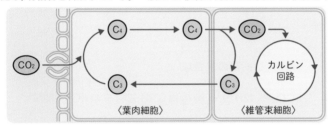

図 2-16　C_4 植物

補足　維管束鞘細胞は維管束の周囲にある細胞であり，C_4 植物の維管束鞘細胞は葉緑体をもつが C_3 植物はもたない。

　砂漠のように特に乾燥した環境に生育するサボテンやベンケイソウは，日中は気孔を閉じて水の蒸散を防ぎ，夜に開いて CO_2 を取り込む。光合成は気孔を閉じたまま日中に行われる。このしくみを，ベンケイソウ型有機酸代謝(Crassulacean acid metabolism：CAM)といい，このしくみをもつ植物を **CAM植物** という。

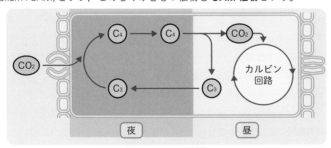

図 2-17　CAM 植物

5 細菌の光合成

　光合成を行う細菌を光合成細菌という。光合成細菌には，酸素を発生しない細菌と，酸素を発生する細菌(シアノバクテリア)がある。

　緑色硫黄細菌や紅色硫黄細菌の光合成色素は，クロロフィルとよく似た構造のバクテリオクロロフィルであり，光化学系を1つしかもたない。バクテリオクロロフィルは，可視光よりエネルギーが少ない遠赤色光をおもに吸収するため，光化学系は水(H_2O)を酸化することができず，水より酸化しやすい硫化水素(H_2S)から電子(e^-)を獲得する。その結果，酸素(O_2)ではなく硫黄(S)が生じる。

　シアノバクテリアは植物と同様に，クロロフィルと光化学系Ⅰと光化学系Ⅱをもち，光エネルギーを吸収した光化学系Ⅱが水(H_2O)を酸化して電子(e^-)を獲得する。そのため，酸素(O_2)が発生する。

補足 　緑色硫黄細菌は光化学系Ⅰに似た光化学系をもち，紅色硫黄細菌は光化学系Ⅱに似た光化学系をもつ。

緑色硫黄細菌の光合成

$$6CO_2 + 12H_2S \xrightarrow{\text{光エネルギー}} 有機物(C_6H_{12}O_6) + 6H_2O + 12S$$

シアノバクテリアの光合成

$$6CO_2 + 12H_2O \xrightarrow{\text{光エネルギー}} 有機物(C_6H_{12}O_6) + 6H_2O + 6O_2$$

コラム　｜　**チラコイドの進化**

　チラコイドには光合成色素と電子伝達系があり，チラコイドで光エネルギーを吸収して，ATPを合成している。現生のシアノバクテリアは細胞内にチラコイドをもち，葉緑体は内膜の内部にチラコイドをもつ。シアノバクテリアより原始的な非酸素発生型の光合成細菌では，細胞膜に光合成色素と電子伝達系があり，細胞膜でATPを合成している。原始的な緑色硫黄細菌の細胞膜は扁平であるが，紅色硫黄細菌の細胞膜は細胞内部に向けて陥没しており，多数の単純な袋状の構造がある。最も後から出現した非酸素発生型光合成細菌の紅色非硫黄細菌では，袋状になった細胞膜が複雑に分岐し，平板状に積み重なっている。これらのことから，細胞膜が陥没して扁平に積み重なり，チラコイドになったと考えられている。

参　考　化学合成細菌

　　無機物を酸化して得られる化学エネルギーを利用して ATP や NADPH を合成し，二酸化炭素から有機物を合成する反応を化学合成という。化学合成を行う細菌には，硝酸菌や亜硝酸菌などがいる。これらを化学合成細菌とよぶ。

1 亜硝酸菌

　　土壌の微生物によって，生物の遺骸や排出物が分解されると，アンモニアが発生する。亜硝酸菌は，アンモニウムイオン(NH_4^+)を酸化して亜硝酸イオン(NO_2^-)に変えるときに得られる化学エネルギーを利用し，カルビン回路によって有機物を合成する。

> 亜硝酸菌による化学合成
> $2NH_4^+ + 3O_2 \rightarrow 2NO_2^- + 2H_2O + 4H^+ +$ 化学エネルギー

2 硝酸菌

　　硝酸菌は，亜硝酸イオン(NO_2^-)を酸化して硝酸イオン(NO_3^-)に変えるときに得られる化学エネルギーを利用し，カルビン回路によって有機物を合成する。

> 硝酸菌による化学合成
> $2NO_2^- + O_2 \rightarrow 2NO_3^- +$ 化学エネルギー

3 硫黄細菌

　　硫黄細菌は，火口や熱水噴出孔から噴出する硫黄(S)や硫化水素(H_2S)などの無機硫黄化合物を酸化し，得られた化学エネルギーを利用して，カルビン回路によって有機物を合成している。

> 硫黄細菌による化学合成
> $2H_2S + O_2 \rightarrow 2H_2O + 2S +$ 化学エネルギー

この章で学んだこと

代謝は，物質の変化だけでなく，エネルギーの変化や出入りをともなう。この章では，呼吸や光合成のしくみを詳しく学び，エネルギーの利用について理解を深めた。

1 代謝とエネルギー

❶ **酸化還元反応** エネルギーの移動を伴う反応。エネルギーの本体は電子で，電子を受け取ると還元，電子を失うと酸化。

❷ **補酵素** 酸化還元反応では，NAD^+，FAD，$NADP^+$ といった補酵素が重要な役割を果たす。

2 呼吸

❶ **呼吸** 酸素を用いて，グルコースなどの有機物を酸化すること。反応には3つの過程がある。

❷ **解糖系** 細胞質基質で行われる。グルコースは2分子のピルビン酸にまで分解される。基質レベルのリン酸化により，ATP がつくられる。

❸ **クエン酸回路** ミトコンドリアのマトリックスで行われる。ピルビン酸が分解され，CO_2，NADH，$FADH_2$ が生じる。

❹ **電子伝達系** ミトコンドリア内膜にあるタンパク質の複合体で，電子の受け渡しにともなう酸化還元反応が連鎖的に起きている。酸化的リン酸化により ATP がつくられる。

3 発酵

❶ **発酵** 酸素を使わずに有機物を分解し，ATP を合成する反応。乳酸発酵やアルコール発酵がある。ATP の生産量は少ない。

❷ **解糖** 酸素が不足している筋細胞で，グルコースやグリコーゲンを解糖系で分解し，ATP を得ること。

4 呼吸基質と呼吸商

❶ **呼吸基質** 呼吸に利用される有機物のこと。グルコースだけでなく，脂肪とタンパク質も呼吸基質である。

❷ **呼吸商** 呼吸で消費した O_2 と発生した CO_2 の体積比(CO_2/O_2)のこと。

5 光合成

❶ **光合成** 光エネルギーを利用して ATP を合成し，その ATP で有機物をつくる反応。

❷ **光合成色素** 光エネルギーを吸収する。クロロフィルやカロテノイドがある。

❸ **光化学系** チラコイド膜にある反応系。光化学系ⅠとⅡがある。反応中心にクロロフィル a をもつ。

❹ **光リン酸化** チラコイド膜の内側に濃縮された H^+ の濃度勾配を利用して ATP が合成されること。

❺ **光合成と酸素** 光合成で発生する酸素は，光化学系Ⅱの電子を補充する過程の副産物である。

❻ **カルビン回路** ストロマにおける炭酸同化の反応経路。

❼**CAM 植物** 砂漠などの乾燥した環境でも生育できる，特殊な代謝のしくみをもつ。サボテンなど。

❽ **光合成細菌** 光合成を行う細菌のこと。緑色硫黄細菌などは，光合成色素としてバクテリオクロロフィルをもつ。

❾ **化学合成細菌** 無機物を酸化して得られる化学エネルギーを使って ATP を合成できる。

定期テスト対策問題 2

解答・解説は別冊 p.539

1 呼吸に関する次の文章を読み，下の問い(1)～(3)に答えよ。

酸素を用いて有機物からエネルギーを取り出す過程は呼吸とよばれ，(a)解糖系，(b)クエン酸回路，および(c)電子伝達系の3つの反応系に大別される。

(1) 下線部(a)に関して，次の文章中の ア ～ ウ に入る語と数値の組合せとして最も適当なものを，下の①～⑧のうちから1つ選べ。

解糖系は， ア で行われる反応系である。解糖系における段階的な反応を経て，1分子のグルコースから2分子のピルビン酸が生じる。解糖系には，ATPが使われる反応とATPがつくられる反応とが含まれ，グルコース1分子あたり，差し引き イ 分子のATPが生じる。また解糖系には，補酵素が還元される反応もあり，この反応においては，グルコース1分子あたり，2分子の ウ が生じる。

	ア	イ	ウ
①	ミトコンドリア	2	NADH
②	ミトコンドリア	2	$FADH_2$
③	ミトコンドリア	4	NADH
④	ミトコンドリア	4	$FADH_2$
⑤	細胞質基質	2	NADH
⑥	細胞質基質	2	$FADH_2$
⑦	細胞質基質	4	NADH
⑧	細胞質基質	4	$FADH_2$

(2) 下線部(b)に関する記述として最も適当なものを，次の①～⑤のうちから1つ選べ。
① 水が使われる反応を触媒する酵素がはたらいている。
② 2分子のアセチルCoA同士を結合して1分子のクエン酸を生成する反応を触媒する酵素がはたらいている。
③ 二酸化炭素が生じる反応を触媒する酵素がはたらいていない。
④ ピルビン酸1分子あたり2分子のATPがつくられる。
⑤ ピルビン酸1分子あたり2分子のNADHがつくられる。

(3) 下線部(c)に関して，次の文章中の　エ　～　カ　に入る語の組合せとして最も適当なものを，下の①～⑧のうちから１つ選べ。

解糖系とクエン酸回路で生じた NADH や FADH₂ は，電子伝達系に運ばれる。電子伝達系では，NADH と FADH₂ から電子が放出される。この電子が電子伝達系のタンパク質に次々と受け渡されていくとき，ミトコンドリアの　エ　をはさんだ内側と外側との間に，　オ　の濃度差が生じる。この濃度勾配に従って，　オ　が ATP 合成酵素内を通過する際，ATP が合成される。このようにミトコンドリアの電子伝達系で放出されるエネルギーを用いて ATP が合成される反応は　カ　という。

	エ	オ	カ
①	外　膜	Na^+	酸化的リン酸化
②	外　膜	Na^+	光リン酸化
③	外　膜	H^+	酸化的リン酸化
④	外　膜	H^+	光リン酸化
⑤	内　膜	Na^+	酸化的リン酸化
⑥	内　膜	Na^+	光リン酸化
⑦	内　膜	H^+	酸化的リン酸化
⑧	内　膜	H^+	光リン酸化

(センター試験　改題)

2　光合成に関する次の文章中の　ア　～　ウ　に入る語の組合せとして最も適当なものを，下の①～④のうちから１つ選べ。

光合成は，葉緑体内の　ア　における光が直接関係する過程と，葉緑体内の　イ　における光が直接関係しない過程に分けられる。光合成にどのような波長の光が有効かは，植物にいろいろな波長の光を照射して光合成速度を調べることでわかる。光の波長と光合成速度の関係を示したものを　ウ　という。

	ア	イ	ウ
①	ストロマ	チラコイド	作用スペクトル(作用曲線)
②	ストロマ	チラコイド	吸収スペクトル(吸収曲線)
③	チラコイド	ストロマ	作用スペクトル(作用曲線)
④	チラコイド	ストロマ	吸収スペクトル(吸収曲線)

(センター試験)

第 **3** 部

生命現象と物質

MY BEST

Advanced Biology

第 **1** 章

遺伝現象と物質

1 | DNAの構造と複製

1 DNAの構造

A DNAを構成するヌクレオチド

DNAは**ヌクレオチド**を基本単位とし，そのヌクレオチドが多数連結した鎖状の構造をしている。ヌクレオチドは，**リン酸，糖，塩基**からなる。塩基は**アデニン（A），チミン（T），グアニン（G），シトシン（C）**のいずれかである。DNAを構成する糖は，**デオキシリボース**である。デオキシリボースの

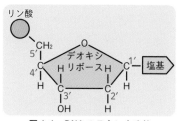

図1-1　DNAのヌクレオチド

炭素には1′から5′まで番号がつけられており，**1′の炭素には塩基が結合し，5′の炭素にはリン酸が結合している。**

B 二重らせん構造

DNAは，2本のヌクレオチド鎖が対になった，**二重らせん**構造をとる。それぞれのヌクレオチド鎖からは，塩基が内側に突き出ており，塩基どうしは**水素結合**によって結合している。塩基どうしの結合を**塩基対**といい，塩基対は常にAとT，GとCの組み合わせになっている。AとTは2つの水素結合で，GとCは3つの

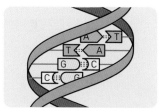

図1-2　DNAの二重らせん構造

水素結合で結合している。塩基の組み合わせが決まっているのは，2つの塩基が凹凸のように相補的な構造をしているからである。決まった塩基が対になる性質を**相補性**という。

アデニン（A）　　　チミン（T）　　　　グアニン（G）　　　シトシン（C）

図1-3　塩基の構造

ⓒ ヌクレオチド鎖の方向性

　ヌクレオチド鎖には方向性がある。リン酸側の末端を5′末端といい、デオキ
シリボースのヒドロキシ基(− OH)側の末端を3′末端という。**DNA の 2 本のヌ
クレオチド鎖は、反対方向を向いて結合しており、一方の鎖が 5′ → 3′ の向きで
あれば、もう一方は 3′ → 5′ となる。**

　ヌクレオチド鎖がつくられるときは、デオキシリボースの 3′ の炭素に次のヌ
クレオチドのリン酸が結合する。

補足
- 5′末端…リン酸が結合しているデオキシリボースの炭素の番号が 5′ であることに由来
  する。
- 3′末端…ヌクレオチドのリン酸がデオキシリボースの 3′ の炭素に結合することに由来
  する。

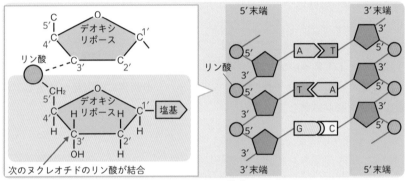

図 1-4　DNA の構造

2　DNA の複製

　体細胞分裂では、細胞分裂をする前に母細胞に含まれる DNA が複製され、娘
細胞に均等に分配される。DNA 複製には多くの酵素がかかわる。

Ⓐ 半保存的複製

　DNA の複製の際は、DNA の二重らせんがほどけ、1 本鎖になったそれぞれの
ヌクレオチド鎖が鋳型(鋳型鎖)になり、相補的なヌクレオチド鎖(新生鎖)が合成
される。その結果、**鋳型鎖と新生鎖からなる DNA がつくられる。**このような複
製方式を半保存的複製という。

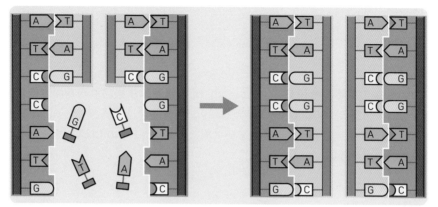

図1-5　DNA の半保存的複製

B DNA ポリメラーゼ

　DNA の複製は，鋳型鎖の塩基に，相補的な塩基をもつヌクレオチドが結合していくことで進行する。このとき，ヌクレオチドを結合するのが **DNA ポリメラーゼ**（DNA 合成酵素）である。DNA ポリメラーゼは，鋳型鎖を 3′末端から 5′末端方向に移動しながら，**新生鎖を 5′末端から 3′末端の方向に合成する。**

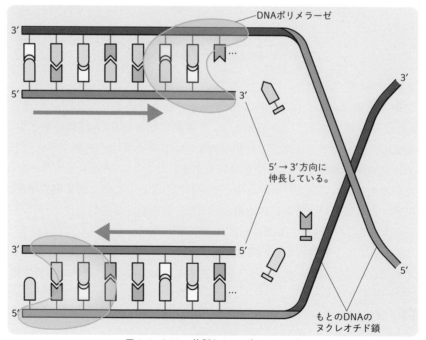

図1-6　DNA の複製と DNA ポリメラーゼ

3 DNA複製のしくみ

A 複製起点

DNA 複製の開始点を複製起点（ふくせい きてん）という。**DNA 複製は複製起点から両方向に進行する。**大腸菌のゲノム DNA は環状であり，複製起点は 1 ヵ所である。真核生物のゲノム DNA は染色体に分かれていて線状であり，**1 本の DNA に数十から数百の複製起点がある。**

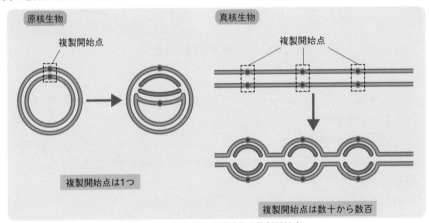

図1-7 原核生物と真核生物の複製開始点

B DNA 複製のしくみ

DNA の複製は，まずは **DNA ヘリカーゼ**という酵素が 2 本鎖 DNA をほどき（開裂（かいれつ）），1 本鎖にすることから始まる。1 本鎖になった DNA は鋳型鎖となる。鋳型鎖のヌクレオチドに結合した相補的なヌクレオチドは，DNA ポリメラーゼによって次々と連結され，新生鎖は伸長する。ただし，DNA ポリメラーゼは，ヌクレオチド鎖の 3′ 末端にヌクレオチドを付加していくため，**新生鎖の伸長は，5′ 末端→3′ 末端という方向にのみ進む。**また，新生鎖の伸長開始には，**プライマー**という短い RNA が必要である。

「DNA がほどけていく方向と**同じ方向**」に合成される新生鎖を**リーディング鎖**という。一方，「DNA がほどけていく方向と**逆の方向**」に合成される新生鎖を**ラギング鎖**という。

補足 ・プライマーは，DNA プライマーゼという酵素によってつくられる。鋳型鎖に相補的な塩基配列をもっている。

・プライマーは分解され，DNA に置き換えられる。

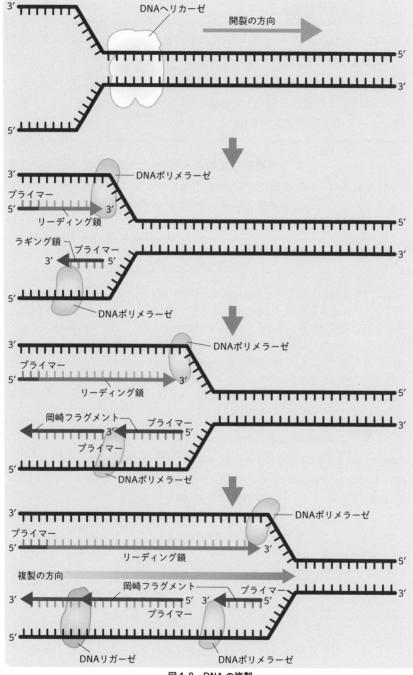

図1-8　DNA の複製

- リーディング鎖は，3′→5′方向のDNAを鋳型鎖とし，5′→3′方向にDNA をどんどん伸ばしていく。
- ラギング鎖は，5′→3′方向のDNA鎖を鋳型とするが，5′→3′方向に少し ずつDNA鎖を合成していく。なぜなら，DNAポリメラーゼは，5′→3′の 方向にしか新生鎖を合成できないから。

　ラギング鎖は，少しずつ**不連続に複製**されるが，**DNAリガーゼ**という酵素 によって連結され，1本の長いDNA鎖となる。ラギング鎖の複製過程で生じる DNA断片を，発見者の岡崎令治にちなんで**岡崎フラグメント**という。

Q DNA複製のとき，間違いが起こることはないのでしょうか？

A DNAポリメラーゼが誤ったヌクレオチドを連結することがあります。その確率は約10万塩基に1つ（$1/10^5$）です。しかし，DNAポリメラーゼには修復機能があります。鋳型と相補的でないヌクレオチドが連結されると，そのヌクレオチドを取り除き，複製を再開するという働きがあるのです。ただし，すべての間違いを正せるわけではなく，約1000万塩基に1つはミスが起きています。

コラム ｜ **テロメアと細胞の寿命**

　線状のDNAの末端には，テロメアとよばれる特定の短い塩基配列の繰返し構造がある。 動物の体細胞は，DNA複製のたびにテロメアが短くなり，テロメアの長さが一定以下にな ると細胞分裂が停止する。テロメアの長さは，細胞の寿命に関係している。

　一方、生殖細胞では，短くなったテロメアを修復する「テロメラーゼ」という酵素がはたら いている。テロメラーゼによりテロメアの長さが元にもどるため，生殖細胞には寿命がなく， 世代を超えて受け継がれる。

半保存的複製を証明した実験

　メセルソンとスタールは，窒素に同位体 ^{14}N と ^{15}N があることに着目した。^{15}N は ^{14}N より質量が大きいため，^{15}N を含む DNA は ^{14}N を含む DNA より重い。この重さの違いを研究に利用した。

　まず，大腸菌を，^{15}N を含む培地(^{15}N 培地)で培養して，大腸菌の DNA に含まれるすべての窒素を ^{15}N におきかえた。次に，^{14}N を含む培地(^{14}N 培地)に移して培養し，分裂のたびに大腸菌から DNA を抽出して重さを調べた。

　^{14}N 培地に移してから1回目の分裂でできた DNA を調べると，^{15}N 培地のみで培養した大腸菌の DNA と ^{14}N 培地のみで培養した大腸菌の DNA の中間の質量であった。2回目の分裂でできた大腸菌の DNA は，^{14}N 培地のみで培養した大腸菌の DNA と，中間の質量の DNA が半分ずつ含まれていた。

　この実験結果により，DNA の複製は半保存的に行われることが証明された。

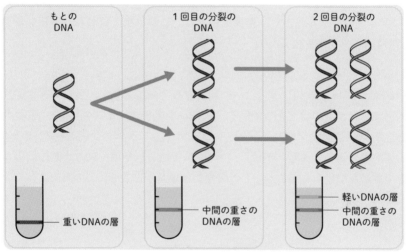

図1-9　DNA の半保存的複製の実験

2 | 遺伝子の発現

1 遺伝子発現の流れ

遺伝子の情報にもとづいてタンパク質が合成されることを**遺伝子の発現**という。遺伝子が発現するまでには，次の2つのステップがある。

①**転写**：DNAの塩基配列がRNAに写し取られる。

②**翻訳**：転写されたRNAの塩基配列がアミノ酸配列に置き換えられ，タンパク質が合成される。

転写は**RNAポリメラーゼ**（RNA合成酵素）によって行われ，翻訳は**リボソーム**によって行われる。また，**真核生物では，転写は核で行われ，翻訳は細胞質で行われる**（→ **p.338** 図1-19）。

遺伝子発現とRNA

RNAは，DNAと同様に**ヌクレオチド**を基本単位として，多数のヌクレオチドが連結した鎖状の構造をしている。ヌクレオチドは，**リン酸，糖，塩基**からなる。RNAの塩基はアデニン(A)，**ウラシル(U)**，グアニン(G)，シトシン(C)のいずれかである。また，糖は，**リボース**である。リボースの炭素には1′から5′まで番号がつけられており，1′の炭素には塩基が結合し，5′の炭素にはリン酸が結合している。

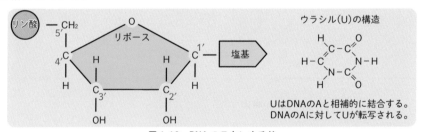

図1-10 RNAのヌクレオチド

転写と翻訳には mRNA（伝令RNA），tRNA（転移RNA），rRNA（リボソームRNA）の3種類のRNAがかかわる。

tRNAとrRNAも，**それぞれの遺伝子からRNAポリメラーゼによって転写されてつくられる。**

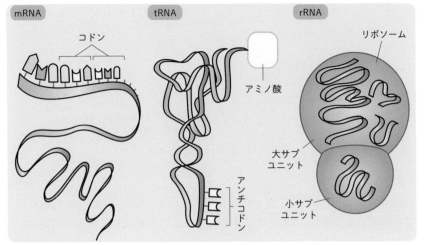

図1-11　RNA の種類

- mRNA：遺伝子のDNAの塩基配列が転写されてできたRNA。このRNA
をもとにリボソームで翻訳が行われる。
- tRNA：アミノ酸をリボソームに運搬するRNA。
- rRNA：タンパク質とともに，リボソームを構成するRNA。

2　転写のしくみ

A　転写の開始

　転写には，転写の開始→RNA の伸長→転写の終了の3つの段階がある。真核
生物の転写は核内で行われる。遺伝子には，**遺伝子の始まりの目印となる塩基配
列**があり，これを**プロモーター**という。転写は，このプロモーター部分に
RNA ポリメラーゼが結合することによって開始される。しかし，真核生物の
RNA ポリメラーゼは，**単独ではプロモーターに結合することができない**。RNA
ポリメラーゼは，**基本転写因子**とよばれるタンパク質がプロモーターに結合し
たことを認識し，基本転写因子と複合体を形成する。その結果，RNA ポリメラー
ゼが転写開始点に結合する。

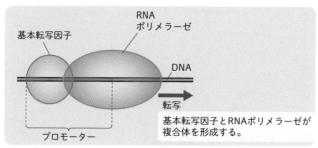

図1-12　真核生物の転写の開始

B 転写の過程

　RNA ポリメラーゼがプロモーターに結合すると，DNA の 2 本鎖がほどける。**転写の鋳型になるのは，DNA の 2 本鎖のうち片方の鎖だけ**である。RNA ポリメラーゼは，鋳型となる DNA 鎖を 3′→5′方向に移動しながら，鋳型鎖と相補的なヌクレオチドを次々と連結する。**RNA は 5′→3′方向に伸長する。**RNA ポリメラーゼは，遺伝子の終わりの目印となる塩基配列に達すると DNA から外れ，転写が終了する。

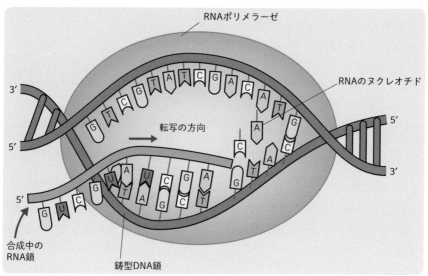

図1-13　転写

C センス鎖とアンチセンス鎖

　転写の鋳型になるのは，DNA の２本鎖のうち片方の鎖だけであり，どちらが鋳型鎖になるかはプロモーターの向きによる。どちらが鋳型鎖になるかは，遺伝子によって異なっている。**「鋳型になる方」をアンチセンス鎖**，**「鋳型にならない方**（転写される RNA と同じ塩基配列の鎖）**をセンス鎖**という。

　１本の DNA 鎖の中で，アンチセンス鎖となる部分とセンス鎖となる部分が混在している。

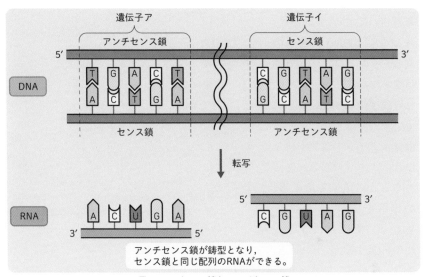

図1-14　センス鎖とアンチセンス鎖

 POINT

- 遺伝子によってプロモーターの向きは異なる。
- DNA ２本鎖のうち，どちらがアンチセンス鎖になるかは，遺伝子によって異なる。
- センス鎖は，アンチセンス鎖と相補的な塩基配列をもつ。
- アンチセンス鎖が鋳型となり，センス鎖と同じ配列の RNA ができる。

A スプライシング

真核生物の遺伝子には，**エキソン**という領域と**イントロン**という領域がある。エキソンもイントロンもすべて転写されて RNA になるが，**エキソンは mRNA になるのに対し，イントロンは mRNA にはならない。**

転写直後の RNA は **mRNA 前駆体**とよばれる。mRNA 前駆体からイントロンが取り除かれ，エキソン部分が連結されると mRNA が完成する。この過程を**スプライシング**といい，RNA はこういった加工を受ける。

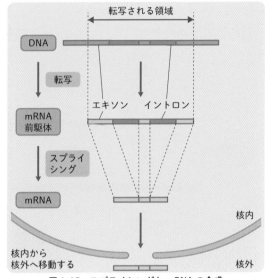

図 1-15 スプライシングと mRNA の合成

また，ふつう，原核生物の遺伝子にはイントロンはない。そのため，転写された RNA はそのまますべて mRNA となる。

POINT

● エキソンはイントロンで分断されている。
● イントロンが除去され，エキソンが連結されることで mRNA となる。

B 選択的スプライシング

1種類の mRNA 前駆体から，複数種の mRNA がつくられることがある。なぜなら，スプライシングによって取り除かれる領域が異なるからである。これを**選択的スプライシング**という。選択的スプライシングによってできた mRNA は，それぞれエキソンの組み合わせが異なるので，違うタンパク質が生じること

となる。

　ヒトの遺伝子は約20000個しかないが，タンパク質は約10万種類合成されている。それは，この選択的スプライシングによるものである。

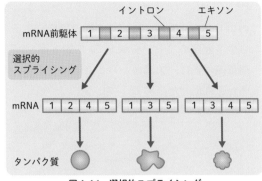

図1-16　選択的スプライシング

4　翻訳のしくみ

　真核生物では，mRNAは核膜孔を通って細胞質基質に運ばれ，リボソームによってタンパク質に**翻訳**される。

A　コドンと遺伝暗号表

●コドン（遺伝暗号）によるアミノ酸の指定

　mRNAには，**コドン**とよばれる，塩基が3つずつ並ぶ配列（トリプレット）がある。コドンは，**3塩基一組で1つのアミノ酸を指定**する。RNAには4種類の塩基があるため，コドンの塩基配列の組み合わせは64通りになる。コ

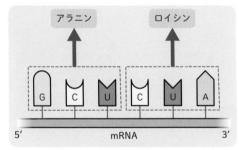

図1-17　アミノ酸を指定するコドン

ドンは64通りあるが，タンパク質合成に用いられるアミノ酸は20種類である。そのため，複数種類のコドンがひとつのアミノ酸を指定することも多い。

　64種類のコドンが，どのアミノ酸を指定するかを一覧できるようにした表を**遺伝暗号表**という。

　翻訳は，遺伝暗号表を使って，塩基配列をアミノ酸に訳すことに例えられる。翻訳を開始するコドンは，AUGと決まっており，これを**開始コドン**という。AUGは，アミノ酸の**メチオニン**を指定しているため，**タンパク質の合成は，かならずメチオニンから始まる。**

UAA，UAG，UGA の 3 種類のコドンには，指定するアミノ酸がない。この 3 つのコドンのいずれかにより，翻訳は終結する。タンパク質合成の終了を示すこれらの 3 種類のコドンを終止コドンとよぶ。

遺伝暗号表は，大腸菌からヒトに至るまで共通しており，地球上の生物が共通祖先から進化した証拠の 1 つになっている。

表　遺伝暗号表

		第 2 番目の塩基				
		ウラシル(U)	シトシン(C)	アデニン(A)	グアニン(G)	
第1番目の塩基	U	UUU UUC } フェニルアラニン UUA UUG } ロイシン	UCU UCC UCA UCG } セリン	UAU UAC } チロシン UAA （終止）** UAG （終止）	UGU UGC } システイン UGA （終止） UGG トリプトファン	U C A G	第3番目の塩基
	C	CUU CUC CUA CUG } ロイシン	CCU CCC CCA CCG } プロリン	CAU CAC } ヒスチジン CAA CAG } グルタミン	CGU CGC CGA CGG } アルギニン	U C A G	
	A	AUU AUC AUA } イソロイシン AUG メチオニン(開始)*	ACU ACC ACA ACG } トレオニン	AAU AAC } アスパラギン AAA AAG } リシン	AGU AGC } セリン AGA AGG } アルギニン	U C A G	
	G	GUU GUC GUA GUG } バリン	GCU GCC GCA GCG } アラニン	GAU GAC } アスパラギン酸 GAA GAG } グルタミン酸	GGU GGC GGA GGG } グリシン	U C A G	

＊開始コドン…メチオニンを指定するコドンであると同時に，タンパク質の合成を開始する目印としての働きをもつ。
＊＊終止コドン…対応するアミノ酸がないので，タンパク質の合成が止まる。

B tRNA とアンチコドン

tRNA は，約 80 個のヌクレオチドからなる小さな RNA で，**アミノ酸をリボソームに運搬する**はたらきがある。tRNA には，mRNA のコドンに相補的な，**アンチコドン**とよばれる塩基配列があり，アンチコドンの部分で mRNA に結合する。アミノ酸を指定するコドンの多くは，1 種類のアミノ酸に対して複数種類ある。同様に，1 つのアミノ酸に対応する tRNA も複数種類ある。

C リボソームによる翻訳

翻訳には，翻訳の開始→ペプチド鎖の伸長→翻訳の終了の 3 つの段階がある。それぞれのステップを見てみよう。

●翻訳の開始

mRNA が核から細胞質に出ると，リボソームが mRNA の 5′末端に結合する。リボソームが mRNA の 5′末端から 3′末端方向に移動して，開始コドンの AUG まで来ると，メチオニンを結合した tRNA が AUG に結合する。

●ペプチドの伸長

アミノ酸を結合した tRNA が次のコドンに結合すると，運搬されたアミノ酸はメチオニンとペプチド結合をする。リボソームは mRNA を 3′末端方向にコドン 1 つ分だけ移動し，メチオニンを運搬した tRNA は mRNA とリボソームから離れる。このような流れの繰り返しでペプチド鎖は伸長する。

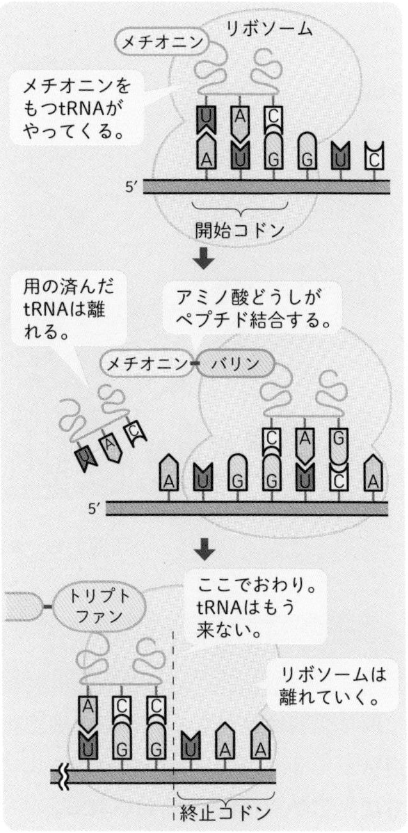

●翻訳の終了

リボソームが終止コドンまでくると，翻訳が終了し，リボソームは mRNA から離れる。

メチオニンをもつtRNAがやってくる。

開始コドン

用の済んだtRNAは離れる。

アミノ酸どうしがペプチド結合する。

メチオニン — バリン

ここでおわり。tRNAはもう来ない。

リボソームは離れていく。

トリプトファン

終止コドン

図 1-18　翻訳

補足　mRNA には翻訳されない領域がある。開始コドンの 5′末端側と，終止コドンの 3′末端側は翻訳されない。

POINT

- 翻訳は開始コドンで始まり，終止コドンによって終結する。
- tRNAはリボソームにアミノ酸を運ぶ。アミノ酸どうしはペプチド結合によって連結し，ペプチド鎖は伸長する。

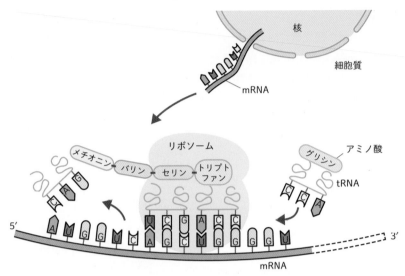

図1-19　タンパク質合成の過程

5　原核生物の転写と翻訳

　原核生物は核がなく，転写は細胞質基質で行われる。また，通常，原核生物の遺伝子にはイントロンがないためスプライシングもされず，**転写が終了しないうちに mRNA の翻訳が開始される。**

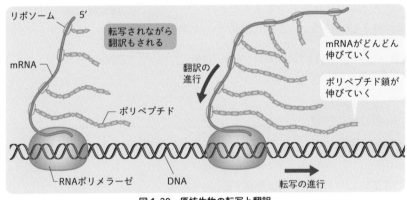

図1-20　原核生物の転写と翻訳

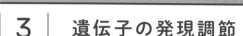
3 | 遺伝子の発現調節

　遺伝子には，常に発現している遺伝子と，特定の条件下でのみ発現する遺伝子がある。たとえば，基本的な生命活動に必要な遺伝子は常に発現しているが，分化した細胞でのみ発現する遺伝子は，発現が調節されている。

1 遺伝子の発現と細胞分化

　多細胞生物の体細胞は，すべて同じ遺伝情報をもっているが，その機能はさまざまである。細胞が特定の機能をもつようになることを**細胞分化**という。細胞が分化するのは，特定の遺伝子が特定の細胞で発現するからである。たとえば，アミラーゼ遺伝子は，だ腺の細胞で発現するが，すい臓の細胞では発現しない。また，インスリン遺伝子はすい臓の細胞で発現するが，だ腺の細胞では発現しない。**細胞の分化は，特定の遺伝子が発現するとともに，他の遺伝子の発現が抑制されることで起こる。**

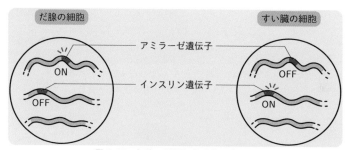

図 1-21　細胞の種類と発現する遺伝子

2 転写の調節

A 転写調節領域

　遺伝子発現の調節は，おもに転写開始の段階で行われる。転写の調節には，特定の塩基配列がかかわる。転写の調節にかかわる塩基配列をもつ DNA 領域を**転写調節領域**という。

転写の調節は，転写調節領域に**調節タンパク質**（転写調節因子）が結合したり，はずれたりすることにより起こる。調節タンパク質は，**調節遺伝子**から転写・翻訳によってつくられる。

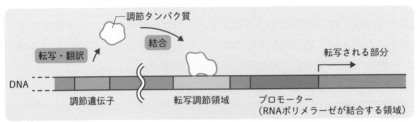

図1-22　転写調節

B　調節タンパク質

　調節タンパク質には，転写を促進する**転写活性化因子（アクチベーター）**と，転写を抑制する**転写抑制因子（リプレッサー）**がある。転写活性化因子が転写調節領域に結合すると転写が促進され，転写抑制因子が転写調節領域に結合すると転写が抑制される。

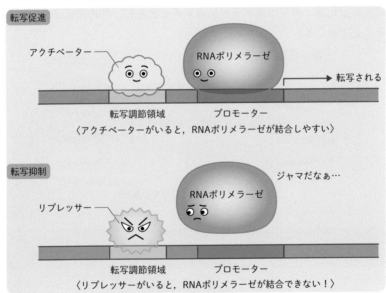

図1-23　転写調節因子

3　原核生物の遺伝子発現調節

　原核生物では，関連する複数の遺伝子が隣接して存在し，転写がまとめて調節される場合がある。まとめて調節される遺伝子群を**オペロン**という。オペロンは1つのプロモーターによって調節されている。

■ ラクトースオペロン

　グルコースは，生物にとって，エネルギー源として最も有効な有機物である。大腸菌は，環境に**グルコースがあるときはグルコースを用いるが，ラクトースしかない場合は，ラクトースをエネルギー源とする**。ラクトースの利用にかかわる3つの遺伝子は，大腸菌のゲノム上でオペロンを構成している。ラクトースしかない環境では，ラクトースオペロンが発現する。**ラクトースオペロンの転写調節には，リプレッサーとオペレーター**がかかわる。オペレーターとは，オペロンの転写調節領域にある，特定の領域のことである。

　リプレッサー遺伝子は常に発現していて，リプレッサーはオペレーターに結合している。リプレッサーがオペレーターに結合していると，RNAポリメラーゼがプロモーターに結合できず，転写が妨げられる。ラクトースが存在すると，ラクトースの代謝物がリプレッサーに結合し，リプレッサーの立体構造が変化する。その結果，**リプレッサーはオペレーターに結合できなくなり，RNAポリメラーゼがプロモーターに結合して転写が開始される**。ラクトースオペロンが発現すると，ラクトースが分解されてグルコースとガラクトースが生じる。

補足　グルコースが存在すると，ラクトースがあってもラクトースオペロンは発現しない。ラクトースよりもエネルギー源として有用なグルコースがあれば，ラクトースを利用する必要がないためであり，こうして無駄を省いていることになる。

POINT

- **グルコースがあるとき**：ラクトースオペロンは<u>転写されない</u>。
- **グルコースがなく，ラクトースがあるとき**：ラクトースオペロンは<u>転写される</u>。

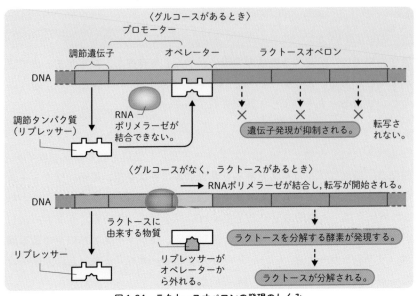

〈グルコースがあるとき〉

プロモーター

調節遺伝子　　　オペレーター　　　ラクトースオペロン

DNA

調節タンパク質
（リプレッサー）

RNA
ポリメラーゼが
結合できない。

遺伝子発現が抑制される。

転写されない。

〈グルコースがなく，ラクトースがあるとき〉

RNAポリメラーゼが結合し，転写が開始される。

DNA

ラクトースに
由来する物質

リプレッサー

リプレッサーが
オペレーターか
ら外れる。

ラクトースを分解する酵素が発現する。

ラクトースが分解される。

図1-24　ラクトースオペロンの発現のしくみ

4 真核生物の遺伝子発現調節

　真核生物の DNA は，ヒストンに巻き付いてヌクレオソームを形成し，ヌクレオソームが折りたたまれてクロマチンを形成している。クロマチンの構造は転写調節にかかわる。

A クロマチン構造と転写

　クロマチンには，ほどけた状態と，折りたたまれて凝縮した状態がある。**クロマチンが凝縮した状態では，RNA ポリメラーゼはプロモーターに結合することができず，遺伝子は発現しない。**細胞の分化に必要な遺伝子は，クロマチンの凝縮によって厳密に発現が抑制されている。

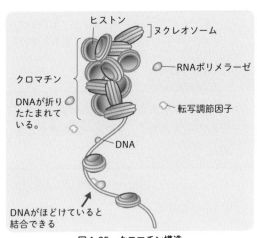

ヒストン

ヌクレオソーム

クロマチン

DNAが折り
たたまれて
いる。

RNAポリメラーゼ

転写調節因子

DNA

DNAがほどけていると
結合できる

図1-25　クロマチン構造

凝縮したクロマチンにある遺伝子であっても，クロマチンがほどけると転写が可能になる。ショウジョウバエのだ腺染色体には，パフという膨らんだ部分がある。パフはクロマチンがほどけた状態にあり，転写が盛んである。パフの位置は発生の進行にともなって移動する。

B 基本転写因子

原核生物である細菌の場合は，RNAポリメラーゼはプロモーターを認識し，そのまま結合することができる。真核生物の場合，RNAポリメラーゼがプロモーターに結合するためには，**複数の基本転写因子とよばれる調節タンパク質と結合し，複合体を形成する必要がある。**この複合体を**転写複合体**という。真核生物の転写調節は，転写複合体の安定化と不安定化によって行われる。

C 真核生物の転写調節

転写複合体の安定化と不安定化は，転写調節領域に結合した転写活性化因子や転写抑制因子によって行われる。真核生物の**転写調節領域は，プロモーターから離れた位置にあることが多い。**転写活性化因子や転写抑制因子などの**調節タンパク質が転写調節領域に結合し，さらに基本転写因子に結合すると，転写が促進されたり抑制されたりする。結果的にDNAは折れ曲がる。**

ふつう，転写調節領域には，調節タンパク質が結合する塩基配列が複数種類あり，塩基配列に対応する転写活性化因子や転写抑制因子が結合する。また，一つの調節タンパク質は複数種類の遺伝子の転写を調節する。**転写調節は，複数種類の調節タンパク質の作用の総和によって統合的に行われる。**

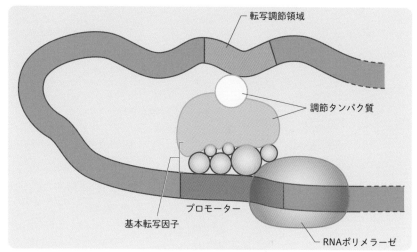

図1-26　真核生物の転写調節

環境や細胞分化の段階などに応じて，調節タンパク質の種類が変わることで遺伝子の転写調節が行われる。調節遺伝子による転写調節の連鎖を遺伝子発現調節ネットワークといい，受精卵から始まる転写調節の連鎖によって遺伝子が選択的に発現し，細胞が分化する。

　調節遺伝子や転写調節領域に突然変異が起きると，形態や機能が大きく変化することがある。カンブリア紀以降の多細胞生物の爆発的な多様化と進化の要因は，調節遺伝子や転写調節領域の突然変異にある。

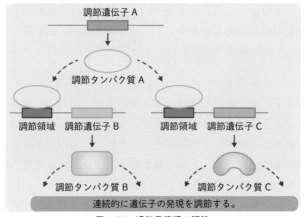

図 1-27　遺伝子発現の調節

この章で学んだこと

この章では，DNA の複製のしくみについてくわしく学んだ。また，真核生物と原核生物の遺伝子発現のしくみを学習し，その違いについて理解を深めた。

1 DNA の構造と複製

❶ **ヌクレオチド鎖** リン酸側の末端を 5′ 末端，デオキシリボースのヒドロキシ基（− OH）側の末端を 3′ 末端という。

❷ **複製起点** DNA の複製が開始される地点のこと。真核生物の1本の染色体 DNA 上には，数十から数百ヶ所ある。

❸ **DNA の複製と酵素** DNA ヘリカーゼ（2 本鎖 DNA をほどく），DNA ポリメラーゼ（新生鎖を 5′ 末端→3′ 末端方向に合成），DNA リガーゼ（ラギング鎖など DNA の連結）。

❹ **プライマー** DNA 新生鎖の伸長開始に必要な，短い RNA のこと。

❺ **DNA の新生鎖** リーディング鎖とラギング鎖（不連続に複製）がある。

2 遺伝子の発現

❶ **RNA ポリメラーゼ** 転写において，鋳型鎖と相補的なヌクレオチドを連結する酵素。RNA 鎖は 5′ → 3′ 方向に伸長。

❷ **プロモーター** RNA ポリメラーゼが結合する部分。遺伝子の始まりの目印。

❸ **基本転写因子** 真核生物の RNA ポリメラーゼは，基本転写因子と複合体を形成することで，プロモーターに結合する。

❹ **転写の鋳型** 鋳型になる鎖がアンチセンス鎖，鋳型にならない鎖（転写される RNA と同じ塩基配列の鎖）がセンス鎖。

❺ **真核生物の mRNA** mRNA 前駆体からイントロンを取り除き，エキソンをつなぎ合わせて完成させる（スプライシング）。

❻ **rRNA** リボソームを構成する RNA。

❼ **リボソーム** rRNA とタンパク質からできている。翻訳の場としてはたらく。

❽ **翻訳の開始・終結** 翻訳開始の目印を開始コドン（AUG があたる），終結の目印を終始コドンという。

❾ **リボソームと翻訳** リボソームは mRNA の 5′ 末端から 3′ 末端方向に移動する。開始コドンで翻訳を始め，終止コドンまでくると離れる。

❿ **原核生物の転写・翻訳** 転写・翻訳が同時に進行する。

3 遺伝子の発現調節

❶ **転写の調節** 転写調節領域に調節タンパク質がくっついたり，はなれたりすることで起こる。

❷ **調節タンパク質** 転写活性化因子（アクチベーター）と転写抑制因子（リプレッサー）がある。

❸ **オペロン** まとめて転写が調節される，原核生物の遺伝子群のこと。

❹ **オペレーター** オペロンの転写調節領域にある。ここにリプレッサーが結合すると，転写が妨げられる。

❺ **クロマチンと遺伝子発現調節** クロマチンが凝縮したりほどけたりすることで，遺伝子発現が調節される。

定期テスト対策問題 1

解答・解説は p.539

1 次の文章は原核生物の遺伝子発現調節に関するものである。空欄 ア ～ ウ に適する語を下の語群から選べ。

　　大腸菌では，機能的に関連のある遺伝子が隣接して存在し，まとめて転写の調節を受けることがある。例えば，ラクトースを栄養源として利用するために必要な複数の遺伝子が，まとめて転写の調節を受ける。このような遺伝子群のまとまりを ア という。 ア において，転写に関わる塩基配列のうち，RNA ポリメラーゼが結合する領域をプロモーターといい，リプレッサーが結合する領域を イ という。リプレッサーが イ に結合すると，転写が ウ される。

〔語群〕

　イントロン　エキソン　オペロン　オペレーター　プライマー
　アクチベーター　基本転写因子　促進　抑制

（センター試験　改題）

2 大腸菌は，ラクトースを栄養源として利用するために，ラクトースを分解する酵素の遺伝子の転写を調節している。そのしくみに関する記述として最も適当なものを，次の①～⑥のうちから一つ選べ。

① RNA ポリメラーゼは，ラクトースに由来する物質と結合することによって，プロモーターに結合できるようになる。

② RNA ポリメラーゼは，ラクトースに由来する物質と結合することによって，プロモーターに結合できなくなる。

③ リプレッサーは，ラクトースに由来する物質と結合することによって，転写を調節する塩基配列に結合できるようになる。

④ リプレッサーは，ラクトースに由来する物質と結合することによって，転写を調節する塩基配列に結合できなくなる。

⑤ ラクトースが存在するときは，リプレッサーがつくられない。

⑥ ラクトースが存在しないときは，リプレッサーがつくられない。

（センター試験　改題）

3 　下の図は，4つのエキソン（エキソン1〜4）とその間のイントロン（イントロン a〜c）が含まれる mRNA 前駆体を示している。この mRNA 前駆体から選択的スプライシングによってエキソンの組合せが異なる mRNA が生成される。このとき，最大で何種類の mRNA が生成されるか。最も適当なものを，下の①〜⑧のうちから一つ選べ。ただし，エキソン1とエキソン4は常に含まれ，イントロンは全て除去されるものとする。

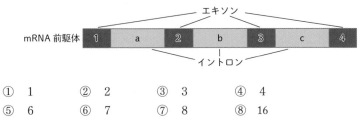

①	1	②	2	③	3	④	4
⑤	6	⑥	7	⑦	8	⑧	16

（センター試験　改題）

4 　大腸菌における DNA の複製は，下の図のように，複製起点とよばれる領域で始まり，そこからリーディング鎖とラギング鎖を合成しながら両側に進行する。大腸菌のもつ DNA は 450 万塩基対の環状二本鎖 DNA であり，複製起点が一つである。大腸菌の DNA 合成酵素が 1 秒あたり 1500 ヌクレオチドの速度で合成するとき，大腸菌の DNA の 1 回の複製には何分かかるか。最も適当なものを，下の①〜⑨のうちから一つ選べ。

複製起点

①	15	②	25	③	30	④	50	⑤	150
⑥	250	⑦	300	⑧	1500	⑨	3000		

（センター試験　改題）

第 **2** 章

発生と
遺伝子発現
調節

1 | 動物の配偶子形成と受精

　動物は配偶子として精子や卵を形成し，受精により次の世代を生じる。卵が受精して成体になるまでの過程を**発生**という。

1 精子と卵の形成

　配偶子のもとになるのは**始原生殖細胞**で，これは発生の早い段階で体細胞と区別されて生じる。始原生殖細胞($2n$)は生殖器官となる部位に移動して分化し，**精原細胞**($2n$)または**卵原細胞**($2n$)となる。その後，減数分裂を経て精子(n)または卵(n)となる。

A 精子の形成

　精巣では，精原細胞が体細胞分裂を繰り返して増殖する。個体が成熟すると，一部の精原細胞が体細胞分裂を停止して成長し，**一次精母細胞**($2n$)となる。一次精母細胞は減数分裂を開始し，減数分裂・第一分裂を終えると２個の**二次精母細胞**(n)になる。二次精母細胞は第二分裂を終えると，４個の**精細胞**(n)になる。精細胞は，細胞質の大部分を失い，形を変えて**精子**(n)になる。

　精子は頭部，中片部，尾部からなり，頭部には核と**先体**，中片部にはミトコンドリアと中心体，尾部には鞭毛をもつ。

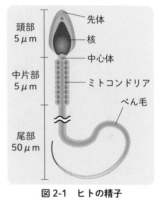

図2-1　ヒトの精子

（頭部 $5\mu m$　先体　核　中心体　中片部 $5\mu m$　ミトコンドリア　べん毛　尾部 $50\mu m$）

一次精母 細胞($2n$)	（減数分裂） 第一分裂	二次精母 細胞(n)	（減数分裂） 第二分裂	精細胞 (n)	変態	精子 (n)

B 卵の形成

　卵巣では，卵原細胞が体細胞分裂を繰り返して増殖する。個体が成熟すると，一部の卵原細胞が体細胞分裂を停止して，栄養分や mRNA といった初期発生に必要な成分を蓄えて肥大成長し，**一次卵母細胞**($2n$)となる。

卵母細胞の減数分裂では，**細胞は不均等に分裂する**。減数分裂・第一分裂では，減数分裂の細胞質の大部分を受け継いだ二次卵母細胞(n)と，**細胞質をほとんどもたない**第一極体(n)が生じる。第二分裂でも二次卵母細胞は不均等に分裂して，細胞質の大部分を受け継いだ卵(n)と，細胞質をほとんどもたない第二極体(n)になる。第一極体と第二極体は，その後消失する。

一次卵母 細胞$(2n)$	〔減数分裂〕 $\xrightarrow{}$ 第一分裂	二次卵母 細胞(n)	〔減数分裂〕 $\xrightarrow{}$ 第二分裂	卵(n)

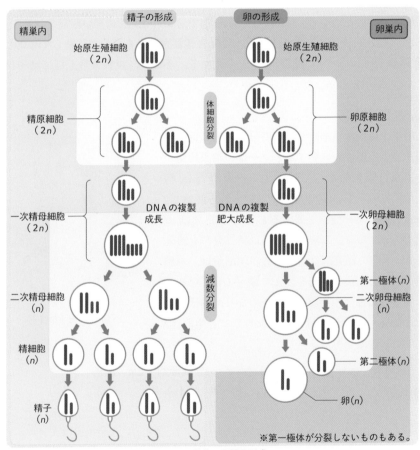

図 2-2　動物の配偶子形成

POINT

● 精子の形成…1個の一次精母細胞から4個の精子が形成される。
● 卵の形成…1個の一次卵母細胞から1個の卵と3個の極体が形成される。

2　動物の受精

　精子が卵に接触して進入し，核どうしが融合するまでの過程を受精という。**受精によって発生が開始される。**ウニを例に受精についてみていこう。

A　先体反応

　精子が卵のゼリー層（卵の外側の層）に到達すると，刺激により先体が崩壊して内容物が放出される。この現象を先体反応という。先体の内部にはタンパク質分解酵素などが蓄えられており，ゼリー層の下にある卵黄膜も分解して通過できる。
　先体反応が起こると精子頭部の細胞質ではアクチンフィラメントの束が形成され，突起が生じる。これを先体突起という。先体突起の表面には，卵の細胞膜と結合するタンパク質があり，**先体突起が卵黄膜を通過して卵の細胞膜に接すると，精子と卵の細胞膜が融合して，受精の過程が始まる。**

B　表層反応

　卵の細胞膜のすぐ下には，膜に包まれた多数の表層粒(ひょうそうりゅう)がある。精子の細胞膜と卵の細胞膜が融合すると，卵の細胞質のカルシウムイオン(Ca^{2+})濃度が増加する。すると，Ca^{2+}濃度の増加が刺激となって，表層粒の膜と卵の細胞膜が融合し，**表層粒の内容物が細胞膜と卵黄膜の間に放出される。**これを表層反応という。
　表層粒の内容物が卵黄膜に結合すると，**卵黄膜は硬化して受精膜になる。**受精膜ができると，精子は通過できなくなる。

C　精核と卵核の融合

　精子の核のクロマチンは高度に凝縮していて，転写はまったく行われていない。しかし，卵の細胞質に入るとクロマチンがほどける。**精核と卵核は接近して融合し，受精が完了**する。受精すると，タンパク質合成やDNA複製が開始される。

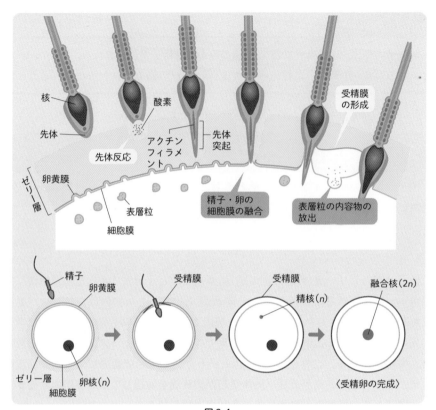

図 2-4

 Q どうしてウニのことを勉強しないといけないんですか？

 A ウニは卵が透明で観察しやすいですし，卵も精子も入手しやすいので，昔から受精や発生の研究によく使われてきたんです。ウニの研究によって明らかになったことのほとんどは，ヒトにも当てはまるんですよ。だからウニのことを学ぶんです。

2 | 初期発生

受精すると，タンパク質合成やDNA複製が開始され，細胞分裂が起きて発生が始まる。多細胞生物の発生における初期段階の個体を胚（はい）という。

1 卵の種類と卵割

A 動物の卵の種類

卵において，極体が生じる部位を動物極，その反対側を植物極という。また，赤道面より動物極側を動物半球，植物極側を植物半球という。多くの動物の卵には極性（物質の偏り）があり，卵黄は植物極側に蓄えられる。卵黄は発生のエネルギー源や体をつくる素材となる。

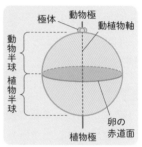

図2-5　動物極と植物極

B 卵割

動物の受精卵は，**個体の体積をほとんど変えずに細胞分裂を繰り返す。**受精卵の細胞分裂は，卵を分割するようにみえるため卵割（らんかつ）といい，卵割によって生じた細胞を割球（かっきゅう）という。**割球は，卵割のたびに小さくなる。**卵割は卵黄が多い部分では起こりにくいため，卵黄の分布のしかたにより卵割の様式が異なる。少ない卵黄が卵に均等に分布するウニでは，卵割で同じ大きさの割球が生じる。一方，卵黄が植物半球に多く含まれるカエルでは，植物半球の割球が動物半球の割球より大きくなる。同じ大きさの割球が生じる卵割を等割（とうかつ）といい，異なる大きさの割球が生じる卵割を不等割という。

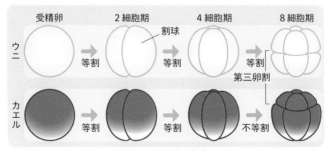

図2-6　卵割の様式

2 ウニの発生

A 卵割から胞胚まで

ウニは，8細胞期までは等割をするが，16細胞期になるときは不等割が起こる。16細胞期には，大中小3種類の大きさの割球が生じる。卵割が進み，細胞数が増えてくると胚の内部に空所(卵割腔)が生じる。この時期の胚はクワ(桑)の実のように見えるため，桑実胚とよぶ。

さらに卵割が進むと一層の細胞からなる球形の胚になり，内部の空所が大きくなる。この時期の胚を胞胚といい，内部の空所は胞胚腔という。やがて，胞胚の細胞に繊毛が生じ，受精膜から出て泳ぎ出す(ふ化)。

胞胚が泳ぎ出すと，植物極付近の小割球由来の細胞が胞胚腔内に移動し，一次間充織細胞になる。

B 原腸胚

発生が進むと，植物極の細胞が胚の内部に向かって入り込む(陥入)。陥入した細胞層と生じた空所を原腸といい，この時期の胚を原腸胚という。原腸の入り口である原口は，ウニでは肛門になる部位である。原腸の陥入が進むと，原腸の先端の細胞は胚の内部に遊離し，二次間充織細胞となる。

原腸胚の外側を構成する細胞層を外胚葉，原腸を構成する細胞を内胚葉という。外胚葉と内胚葉の間に位置する細胞が中胚葉である。

補足 一次間充織細胞と二次間充織細胞を合わせたものが，中胚葉である。一次間充織細胞は骨片をつくる細胞に，二次間充織細胞は筋細胞や食細胞になる。

C 幼生

陥入した原腸が少し曲がって，原腸の先端が外胚葉に到達すると，そこに口が開く。口が開くとプランクトンなどを食べることができる幼生になる。幼生とは，胚と成体の中間期にあたる個体をいう。ウニの幼生には，プリズム幼生とよばれる時期がある。このときの幼生は，透明で三角形の体をしており，プリズムのような形態である。その後，原腸が食道，胃，腸に分化し，骨片が伸びて腕が形成される。この時期の幼生をプルテウス幼生という。プルテウス幼生は食物を食べて成長し，変態して成体になる。

補足 昆虫では幼生を幼虫という。幼生は変態して成体になる。

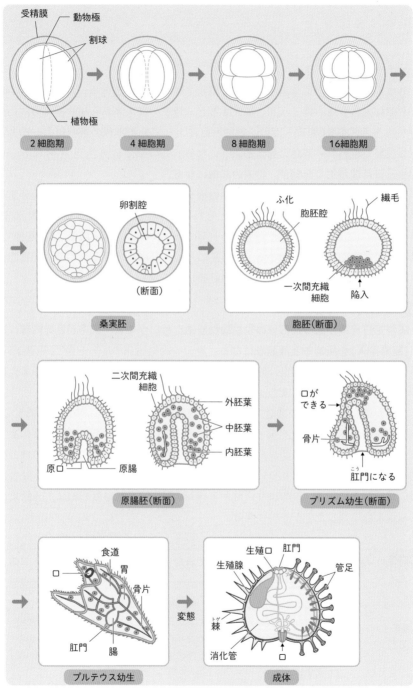

図 2-7　ウニの発生

3 カエルの発生

A 受精から胞胚まで

　カエル卵の動物半球は黒色に見え，植物半球は白色に見える。精子は動物半球から卵に進入する。精子が卵に進入すると，精子の進入点から植物極の方向に表層が約 30°ずれる(**表層回転**)。表層回転によって動物半球の細胞質の一部は透明な表層で覆われ，灰色に見えるようになる。この部分を**灰色三日月環**といい，**灰色三日月環が生じた側が，将来の背側になる。**

　第一卵割は等割であり，動物極と植物極を結ぶ軸で，灰色三日月環を等分するように起こる。生じた 2 つの割球は，それぞれ体の左右を構成する細胞になる。第二卵割も(右図の 4 細胞期)等割だが，第三卵割(右図の 8 細胞期)は不等割で，動物極に近い面で卵割が起こる。桑実胚になると胚の動物極側の内部に卵割腔が生じ，胞胚になると空所が広がって胞胚腔になる。

B 原腸胚

　灰色三日月環があった部分のやや植物極側に原口ができ，細胞が胚の内部に陥入(原腸陥入)を始めると原腸胚になる。 原口の動物極側の部分を**原口背唇部**という。原口背唇部の細胞は，陥入すると動物極側の胚の表層を裏打ちするように広がり，中胚葉になる。また，原腸の植物極側の細胞は内胚葉になる。

　発生が進むと原腸の領域が大きくなり，胞胚腔は縮小して，やがて消失する。原腸の先端が外胚葉に接すると，将来的に，そこに口ができる。動物極側にあった外胚葉の細胞層は，胚の表面を覆うように広がり，植物極側の内胚葉のほとんどを包み込む。外胚葉はさらに植物極側の内胚葉のほとんどを包み込み，胚の表面に残った内胚葉は，栓のように見える(卵黄栓)。卵黄栓は最終的に，外胚葉に包み込まれ，残った穴が肛門になる。

 Q カエルの発生とウニの発生では，だいぶ違うんですか？

 A 基本的には同じですよ。ただし，受精する卵の成熟の段階は異なっています。ウニの卵は減数分裂が完了していますが，カエルの卵は二次卵母細胞の段階で停止しています。二次卵母細胞は，精子が進入すると減数分裂を再開し，第二極体を放出します。その後，卵核と精核が融合して受精が成立します。

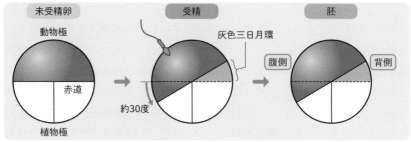

図 2-18　精子の進入とカエルの背腹軸の決定

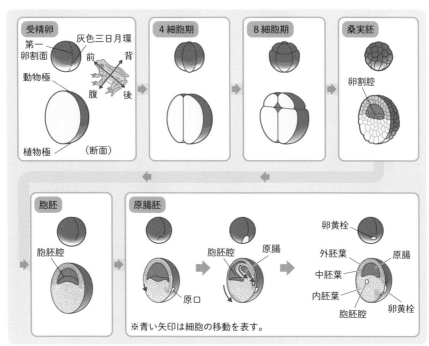

※青い矢印は細胞の移動を表す。

図 2-9　カエルの発生（受精卵から原腸胚まで）

C 神経胚から幼生まで

　原腸胚形成が完了すると，背側外胚葉は厚くなり，板のように平らになる。これを神経板といい，神経板の中央の溝を神経溝という。やがて，**神経板の両側が盛り上がり，内側に折れ曲がってつながると神経管になる**。発生が進むと，神経管の前方が膨らんで脳になり，後方は脊髄になる。神経板と神経管が形成される時期の胚を神経胚という。神経板を裏打ちする中胚葉の一部から脊索が形成され，脊索の両側に体節が形成される。

　その後，胚の後端が伸びて尾芽となる。この時期の胚を尾芽胚といい，尾芽は後に尾になる。尾芽胚の後期に孵化が起き，口が開く。そして，おたまじゃくしとよばれる幼生になる。幼生はえら呼吸をしているが，やがて変態して肺呼吸をする成体になり，陸上で生活するようになる。

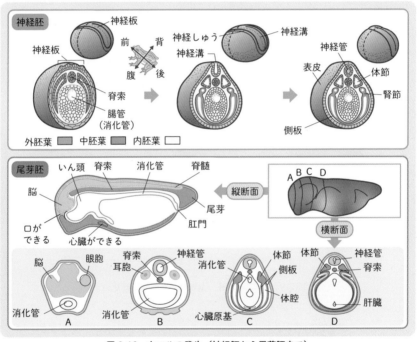

図2-10　カエルの発生（神経胚から尾芽胚まで）

4　カエルの器官形成

　発生の初期過程で外胚葉，内胚葉，中胚葉に分かれた胚葉は，それぞれさまざまな組織や器官に分化する。それぞれの胚葉から生じる器官をみていこう。

●外胚葉からできる器官

　外胚葉から神経管が分化し，脳や脊髄ができる。神経管と表皮の間に神経堤細胞（神経冠細胞）が生じ，感覚神経や交感神経になる。表皮や眼の水晶体，角膜も外胚葉から生じる。

●中胚葉からできる器官

　中胚葉からは，脊索，体節，腎節，側板が分化する。体節からは，骨格，骨格筋，真皮ができる。腎節からは腎臓が生じ，側板からは心臓や血管，血球，消化管の平滑筋などが生じる。脊索は退化する。

●内胚葉からできる器官

　内胚葉は食道，胃，腸など消化管の上皮になる。肺や気管，肝臓，すい臓は消化管が膨らんでできる。

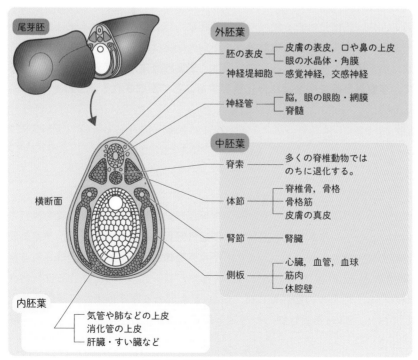

図 2-11　胚葉の分化と器官形成

3 | 形態形成と誘導

1 誘導

卵には動物極と植物極があり，それを結ぶ動植物軸がある。また，動物の体は，前後，左右，背腹の区別があり，それぞれ**前後軸**，**左右軸**，**背腹軸**がある。これらの軸をまとめて**体軸**といい，動物の体は体軸を基準に形成されていく。

発生の初期では，卵に蓄えられた体軸の情報にしたがって，遺伝子の発現が調節される。発生が進むと，細胞間の相互作用により細胞が分化するようになる。胚のある領域が，その近くの領域に作用して，分化を引き起こす働きを**誘導**といい，誘導する作用をもつ領域を**形成体（オーガナイザー）**という。

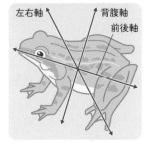

図 2-12　カエルの体軸

（図中のラベル：左右軸，背腹軸，前後軸）

A カエルの中胚葉誘導

将来，外胚葉に分化する領域が予定外胚葉，内胚葉に分化する領域が予定内胚葉である。カエルなどの両生類では，予定外胚葉は動物極側に形成され，予定内胚葉は植物極側に形成される。中胚葉は，**予定内胚葉が予定外胚葉にはたらきかけて，予定外胚葉を中胚葉に分化誘導することで形成される**。これを**中胚葉誘導**という。

> **補足** 中胚葉誘導には，ノーダルとよばれるタンパク質がかかわる。ノーダルは予定内胚葉の細胞でつくられ，分泌されて胚の内部に拡散する。予定外胚葉はノーダルを受け取ると，外胚葉にならずに中胚葉に分化する。

B カエルの神経誘導

カエルの原腸陥入は，中胚葉の原口背唇部が動物極側の予定外胚葉を裏打ちするように起こる。**陥入した中胚葉は，予定外胚葉にはたらきかけて，予定外胚葉を神経に分化誘導する**。このように，予定外胚葉から神経組織が誘導される現象を**神経誘導**という。神経誘導には，ノギンとコーディンとよばれるタンパク質がかかわる。カエルの胞胚期には，BMP とよばれる情報伝達物質が胚全体で発現しており，BMP を受け取った予定外胚葉は表皮に分化する。しかし，中胚葉

からノギンとコーディンが分泌されると，**ノギンとコーディンはBMPに結合して，BMPはBMP受容体に結合できなくなる。**そのため，予定外胚葉は表皮にならずに神経に分化する。

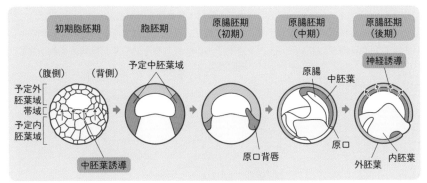

図 2-13　中胚葉誘導と神経誘導

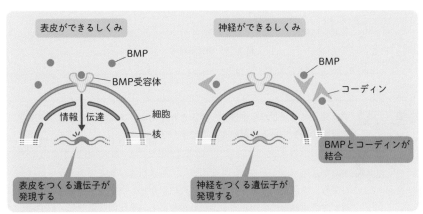

図 2-14　神経誘導にかかわるタンパク質

 POINT

● 中胚葉は，予定内胚葉が予定外胚葉に働きかけることで誘導される。

● 神経組織は，BMPの情報がないときに外胚葉から誘導される。

　両生類の胞胚の動物極付近にある細胞層は予定外胚葉であり，これをアニマルキャップという。アニマルキャップを切り出し，単独で培養すると外胚葉にしか分化しない。一方，植物極付近の細胞層は予定内胚葉であり，単独で培養すると内胚葉にしか分化しない。ところが，アニマルキャップと予定内胚葉を組み合わせて培養すると，予定内胚葉と接したアニマルキャップの細胞層は中胚葉に誘導される。

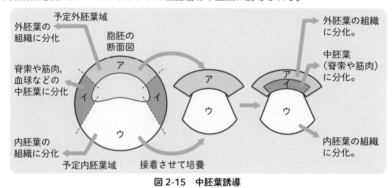

図 2-15　中胚葉誘導

Q アニマルキャップから中胚葉が誘導されるには，アニマルキャップと予定内胚葉が接している必要があるのですか？

A アニマルキャップと予定内胚葉の間に，小さな孔があるフィルターをはさんでも，中胚葉が誘導されます。この結果から，フィルターを通過する物質が中胚葉誘導にかかわることがわかります。予定内胚葉からノーダルというタンパク質が分泌されて，アニマルキャップの細胞膜にある受容体に結合すると，細胞内に情報が伝達されます。すると，外胚葉になる遺伝子の発現が抑制され，中胚葉になる遺伝子が発現するため，中胚葉になります。

c 誘導の連鎖

「胚の特定の部域が形成体となり，他の未分化な領域を誘導して分化させ，その分化した組織が形成体となって，さらに別の組織を誘導する」というように，連続して誘導が起こることがある。これを誘導の連鎖という。両生類の眼の発生では，水晶体（レンズ）と網膜の形成に誘導の連鎖がみられる。

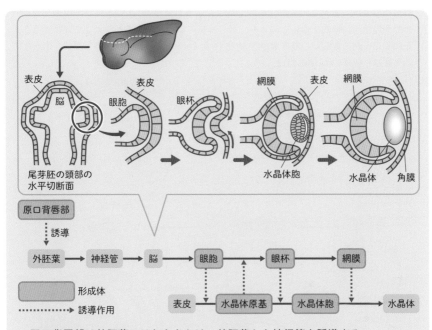

原口背唇部は外胚葉にはたらきかけ，外胚葉から神経管を誘導する。
→　神経管から脳が生じ，脳から眼胞が生じる。
→　眼胞は表皮にはたらきかけ，表皮から水晶体原基を誘導する。
→　水晶体原基は眼胞にはたらきかけ，眼胞から眼杯を誘導する。
→　眼杯は水晶体原基にはたらきかけ，水晶体原基から水晶体胞を誘導する。
→　眼杯から生じた網膜は水晶体胞にはたらきかけ，水晶体胞から水晶体を誘導する。

図 2-16　誘導の連鎖による眼の形成

1 予定運命

　発生過程では，胚の未分化な細胞の集団が，位置を変えながら徐々に特定の役割を
もつ組織や器官に分化する。組織や器官になる前の細胞の集団を原基といい，胚のそ
れぞれの領域が将来どのような組織や器官になるかを予定運命という。特殊な色素
で胚を局所的に染色することにより，胚の特定の領域が，将来どのように分化するか
を知ることができる。この方法が局所生体染色法である。また，予定運命を示した
図を原基分布図（予定運命図）という。

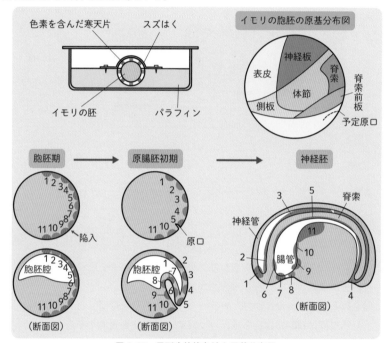

図 2-17　局所生体染色法と原基分布図

2 形成体の発見

　シュペーマン（ドイツ）は，イモリの初期原腸胚から原口背唇部を切り出し，別のイ
モリの初期原腸胚の腹側の予定表皮域に移植する実験を行った。その結果, 本来の胚（一
次胚）とは別に，もう一つの胚（二次胚）が形成された。移植した原口背唇部は，中胚葉
の脊索や体節の一部になったが，外胚葉の神経管や，中胚葉の体節の一部，内胚葉の
腸管などは宿主胚から形成されていた。シュペーマンは，未分化な予定表皮域を調和
のとれた胚に誘導する能力のある原口背唇部を，形成体（オーガナイザー）と命名した。

現在では，原口背唇部に限らず，誘導能力をもつ部域や組織を形成体という。

❸ 反応能

　発生が進むにつれて，組織の運命は徐々に決まっていく。誘導に対する応答能力を**反応能**という。**反応能は運命が決まるにつれて失われていく。**

　皮膚は表皮と真皮で構成され，真皮の誘導によって表皮の形質が決まる。ニワトリでは，背と腹の皮膚は羽毛で覆われているが，後肢は鱗で覆われている。羽毛になるはずの皮膚と鱗になるはずの皮膚を，表皮と真皮に分け，組み合わせを変えて一緒に培養してみると，胚の日齢によって異なる結果がみられる。

　ニワトリの5日目の胚の背中の表皮と，15日目の胚の後肢の真皮を組み合わせて培養すると，**表皮は真皮からの誘導に応答して鱗に分化**する。しかし，8日目の胚の背中の表皮では羽毛になる。このことから，5日目の胚の背中の表皮は，後肢の真皮からの誘導に対して反応能をもつが，8日目には失われていることがわかる。

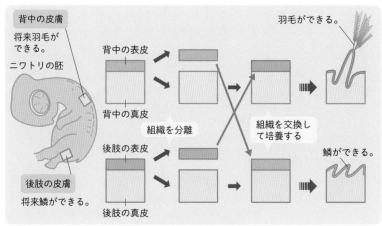

図2-18　表皮の反応能

❹ プログラム細胞死

　発生には，細胞の分化だけではなく，細胞の死もかかわる。あらかじめプログラムされた細胞の死を**プログラム細胞死**という。

　ヒトの手足には，胎児の時期には水かきがある。しかし，出生前のプログラム細胞死によって水かきが除かれ，1本1本独立して動かせる指が形成される。

　プログラム細胞死では，細胞がその機能を維持したままクロマチンが凝集し，DNAが断片化する。そして，周囲に影響を与えることなく細胞が消滅する。このような細胞の死が**アポトーシス**である。動物の組織や器官の多くは，アポトーシスによって常に新しい細胞に置きかわっている。

4 | 発生と遺伝子発現調節

A ショウジョウバエの発生

　ショウジョウバエの受精卵は，核分裂だけが何度も起こり，多核の細胞となる。やがて，核は卵の表層に移動する。そこで個々の核は細胞膜につつまれて細胞になり，一層の細胞層ができる。そして胞胚となり，先端部，頭部，胸部，腹部，尾部の領域に分化する。その後，さらに細分化されて14個の**体節**が生じる。胚はふ化して幼虫になり，蛹を経て成虫になる。

補足 体節（segment）とは，動物の体の前後軸に沿って周期的に繰り返される構造単位をいう。

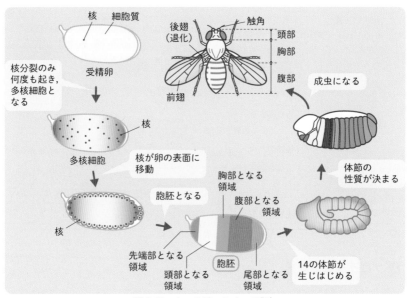

図2-19　ショウジョウバエの発生

B 前後軸形成

　卵に蓄えられたmRNAやタンパク質は，母親の遺伝子（**母性効果遺伝子**）からつくられる。母性効果遺伝子からつくられた物質を，**母性因子**という。ショウジョウバエの**前後軸は，母性因子の偏り（局在）により形成される。**

　ショウジョウバエの卵には，ビコイドとナノスというタンパク質の mRNA がある。ビコイドもナノスも母性因子である。ビコイドの mRNA は卵の前端に，ナノスの mRNA は後端にそれぞれ局在する。受精するとこれらは翻訳され，ビコイドは前端から後端へ向けて，ナノスは後端から前端へ向けて濃度勾配が生じる。

　ビコイドは転写や翻訳を調節し，ナノスは翻訳を調節する調節タンパク質である。**核や細胞質はビコイドとナノスの濃度勾配の情報を直接受け取り，他の調節遺伝子の転写や翻訳が調節される。**

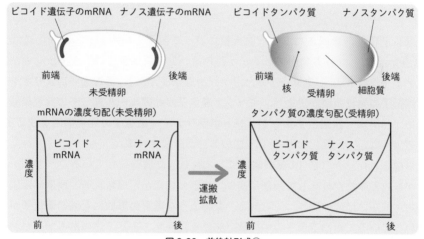

図 2-20　前後軸形成①

　ショウジョウバエの卵には，ハンチバック mRNA とコーダル mRNA も母性因子として存在する。ハンチバック mRNA とコーダル mRNA は胚に均一に蓄えられており，受精すると翻訳が開始される。しかし，ビコイドはコーダル mRNA の翻訳を妨げるため，**胚の前半部にはコーダルがほとんどない。**一方，ナノスはハンチバック mRNA の翻訳を妨げるため，**胚の後半分にはハンチバックはほとんどない。**胚の前半部では，母性因子のハンチバック mRNA が翻訳され，さらにビコイドはハンチバック遺伝子の転写を活性化するため，胚の前端ではハンチバックの濃度が高まり，胚の前端から後端に向けてハンチバックの濃度勾配が生じる。ビコイド，ハンチバック，コーダルは転写調節にかかわる調節タンパク質であり，これらの**調節タンパク質の濃度勾配によりショウジョウバエの胚の前後軸が確立する。**

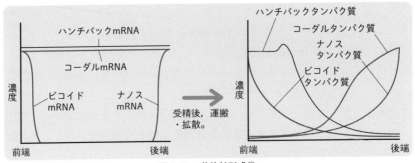

図 2-21 前後軸形成②

C 胚の区画化と器官形成

　胚に前後軸が形成されると，前後軸に沿って区画化が始まる。区画化には**分節遺伝子**とよばれる調節遺伝子がかかわる。分節遺伝子には，ギャップ遺伝子，ペアルール遺伝子，セグメントポラリティー遺伝子がある。**母性因子によりギャップ遺伝子の発現領域が決まり，ギャップ遺伝子がペアルール遺伝子の発現領域を決め，ペアルール遺伝子がセグメントポラリティー遺伝子の発現領域を決める。**このようにして区画化が進み，14 個の体節が形成される。

　形成されたばかりの 14 個の体節は，どれも似た構造をしている。しかし，発生が進むと体節が分化して頭部，胸部，腹部の構造が形成される。頭部には眼や触角，胸部には肢や翅がつくられる。このような**器官の形成にも調節遺伝子がかかわっている。**調節遺伝子の中には，突然変異が起こると，体のある部分が別の部分に置き換わるものがある。このような突然変異を**ホメオティック突然変異**といい，ホメオティック変異の原因となる遺伝子を**ホメオティック遺伝子**という。たとえば，アンテナペディアというホメオティック遺伝子の突然変異体では，触角が生じるはずの部位に肢が生じる。また，ウルトラバイソラックスというホメオティック遺伝子の突然変異体では，胸部の第三体節が第二体節に置き換わり，通常より 2 枚多い 4 枚の翅をもつようになる。**ホメオティック遺伝子には，体節の構造に特徴をもたせるはたらきがある。**

 POINT

● 母性効果遺伝子の前後軸の情報をもとに，分節遺伝子がはたらく。すると体節が形成される。
● ホメオティック遺伝子は，体節の構造に特徴をもたせる。

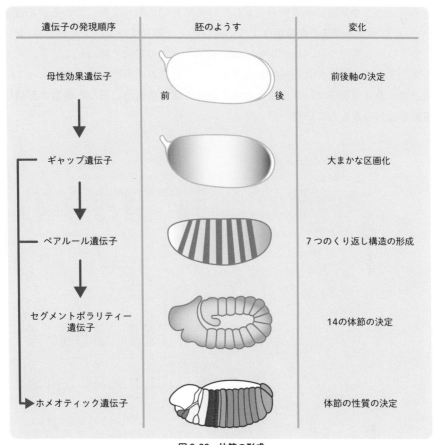

遺伝子の発現順序	胚のようす	変化
母性効果遺伝子	前　　　　　後	前後軸の決定
ギャップ遺伝子		大まかな区画化
ペアルール遺伝子		7つのくり返し構造の形成
セグメントポラリティー遺伝子		14の体節の決定
ホメオティック遺伝子		体節の性質の決定

図 2-22　体節の形成

D　ホックス遺伝子

　動物のホメオティック遺伝子の多くには，180塩基対からなる保存配列がある。この保存配列を**ホメオボックス**といい，ホメオボックスをもつホメオティック遺伝子を**ホックス遺伝子**という。多くの動物では，複数種類のホックス遺伝子が染色体上に並んで存在している。ホメオボックスの塩基配列は，ホメオドメインとよばれるポリペプチドの情報をもち，ホメオドメインには遺伝子の転写調節領域に結合するはたらきがある。ホックス遺伝子からつくられた調節タンパク質は，ホメオドメインで遺伝子の転写調節領域に結合し，遺伝子の発現を調節する。**発現するホックス遺伝子は体節によって異なるため，体節ごとに異なる構造がつくられる。**

各々のホックス遺伝子の発現領域は，体の前後軸に沿って並んでいる。その並び順は，**ホックス遺伝子の染色体上での並び順と一致**している。このことは，ショウジョウバエやマウス，ヒトなど，ほとんどすべての動物で共通している。そのため，すべての動物が共通祖先から進化してきたことの根拠のひとつとなっている。**ホックス遺伝子は，さまざま動物において体の前後軸に沿った器官の形成に重要なはたらきをしている。**

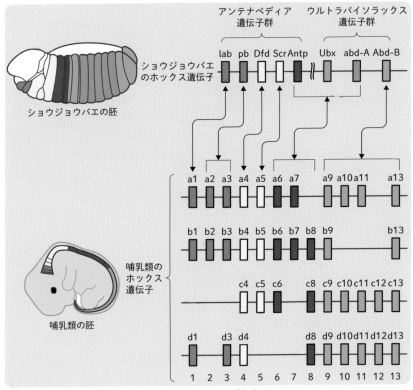

図 2-23　ホックス遺伝子

この章で学んだこと

　この章では，ウニやカエルを材料に，動物の発生について細胞レベルで学んだ。また，ショウジョウバエを材料に，発生の過程を遺伝子レベルでも学習して理解を深めた。

1 動物の配偶子形成と受精

❶ 始原生殖細胞　生殖器官に移動して，精原細胞または卵原細胞に分化。

❷ 精子形成　精原細胞→一次精母細胞→二次精母細胞→精細胞→精子

❸ 卵形成　卵原細胞→一次卵母細胞→二次卵母細胞→卵

❹ 受精　精子が卵に進入し，精核と卵核が融合するまでをいう。

❺ 先体反応　精子の先端が崩壊して分解酵素が放出され，精子が卵黄膜を通過できるようになる。

2 初期発生

❶ 卵割　受精卵の細胞分裂。割球は卵割の度に小さくなる。等割や不等割がある。

❷ ウニの発生　桑実胚→胞胚→原腸胚→プリズム幼生→プルテウス幼生→成体

❸ 胚葉の分化　原腸胚のころ，外胚葉・中胚葉・内胚葉の三つができる。

❹ カエルの発生　桑実胚→胞胚→原腸胚→神経胚→尾芽胚→幼生→成体

❺ 灰色三日月環　表層回転によってできる。将来的に，この付近に原口が形成される。

❻ 原口背唇部　原口の動物極側にある。この部分の細胞は，陥入すると中胚葉になる。形成体の働きをもつ。

❼ カエルの器官形成　外胚葉→皮膚の表皮・水晶体・脳・脊髄など　中胚葉→脊椎骨・腎臓・心臓・筋肉など　内胚葉→肺や消化管の上皮・肝臓・すい臓など

3 形態形成と誘導

❶ 体軸　動物の形態形成の基準となる。前後軸・左右軸・背腹軸がある。

❷ 誘導　胚のある領域がその近くの領域に作用し，分化を促すこと。誘導する作用をもつ領域を形成体という。

❸ 中胚葉誘導　予定内胚葉が予定外胚葉にはたらきかけ，予定外胚葉を内胚葉に分化誘導する。

❹ 神経誘導　カエルでは，陥入した中胚葉が予定外胚葉にはたらきかけ，神経に分化誘導する。ノギンとコーディンタンパク質が関与。

❺ 誘導の連鎖　誘導は連続的に起こることがある。眼の発生では，水晶体と網膜の形成で誘導の連鎖が起こる。

4 発生と遺伝子発現調節

❶ 母性効果遺伝子　母親の遺伝子。卵には母親の遺伝子からつくられた mRNA やタンパク質が蓄えられている。

❷ 母性因子　母性効果遺伝子からつくられた物質のこと。ショウジョウバエの前後軸は，母性因子の偏りによって形成。

❸ ビコイドとナノス　ビコイドは転写・翻訳を，ナノスは翻訳を調整する母性因子。

❹ 分節遺伝子　胚の区画化に関わる調節遺伝子。ギャップ遺伝子やペアルール遺伝子などがある。

❺ ホメオティック突然変異　体の一部の構造が，別の部分の構造に転換する。

❻ ホメオボックス　ホメオティック遺伝子にある保存された塩基配列。

1 次の文を読み，(1)〜(3)に答えよ。

　生物の体は，前後，背腹，左右を区別することができ，これらの方向に沿った軸を体軸という。体軸は，発生の過程で決定される。例えば，アフリカツメガエルにおいて，背腹軸形成は受精時に始まる。受精の際，アフリカツメガエルの精子は動物半球から進入する。受精後，卵の表層が細胞質に対して約30°回転し，精子の進入点の反対側に　A　と呼ばれる色の変化した部分が現れる。この部分は将来　B　になる。卵形成の過程で卵に蓄えられた mRNA やタンパク質が背腹軸形成に重要な役割を果たすことが知られている。このような卵形成の過程で卵に蓄えられた因子は一般に　C　と呼ばれている。

　その後，発生が進むと三胚葉が分化し，様々な器官が形成される。このとき，胚のある領域が，隣接する領域の分化の方向性に影響を及ぼす現象が知られている。例えば，目の形成の際，神経管の一部が突出して　D　となり，　D　が　E　として表皮に作用し，水晶体への分化を　F　する。さらに，水晶体は　E　として周辺の表皮に作用し，角膜への分化を　F　する。このように，　F　によって形成された組織が別の組織を　F　することを，　G　という。

(1) 文中の　A　〜　G　に入る，最も適当な語句を記せ。　B　については，背側か腹側のどちらか答えよ。

(2) 以下に挙げた語は，異なる発生段階におけるアフリカツメガエルの胚の名称である。これらの胚について，記号を時系列に沿って並べ替えよ。
(ア) 原腸胚　　(イ) 尾芽胚　　(ウ) 胞胚　　(エ) 神経胚　　(オ) 桑実胚

(3) 下線部について，中胚葉から形成される器官を以下から全て選び，記号で答えよ。
(ア) 表皮　　(イ) 小腸上皮　　(ウ) 骨格筋　　(エ) 水晶体　　(オ) 腎臓
(カ) 網膜　　(キ) 脊髄　　(ク) 脊椎骨　　(ケ) 肝臓腺上皮　　(コ) 肺上皮

（浜松大　改題）

2 次の文章を読み，(1)〜(3)に答えなさい。

　細胞分化はしばしば細胞間の相互作用に依存しており，胚を構成するそれぞれの細胞が近接した他の細胞からのシグナルを受け取ることにより，細胞分化が促進されると考えられている。例えば，カエルの胚発生では，(ア)予定内胚葉の細胞は予定外胚葉領域に働きかけて中胚葉を生じさせることが知られている。(イ)背側の中胚葉(原口背唇部)は形成体と呼ばれる領域であり，近傍の外胚葉の細胞に働きかけて神経板を生じさせる。このような細胞間の相互作用は，胚を構成するそれぞれの細胞が「自分はどこにいるか」という位置情報を得るための手がかりとなっており，各細胞はそれに応じた適切な細胞分化を遂げる。

　上記の例では，形成体を生じさせるシグナルとしてノーダルタンパク質が，神経板を生じさせるシグナルとして　ウ　タンパク質や　エ　タンパク質が知られている。いずれも細胞外へ分泌されるタンパク質であり，細胞間の相互作用に重要な役割を果たしていることがわかっている。

(1) 下線部(ア)，(イ)の現象をそれぞれ何と呼ぶか，名称を答えなさい。

(2) 文中の　ウ　エ　にあてはまる語を答えなさい。

(3) 脊椎動物の外胚葉および内胚葉が，それぞれ将来形成する組織・器官を，以下の(a)〜(i)から全て選び，記号で答えなさい。

(a) 角膜　　(b) 骨格筋　　(c) 肺　　(d) 脊髄　　(e) 肝臓　　(f) 腎臓

(g) 心臓　　(h) すい臓　　(i) 腸管上皮(腸の内壁)

(神戸大　改題)

3 次の文章の空欄　ア　〜　オ　にあてはまる適当な語を答えなさい。

　動物の発生は，受精から始まる。ウニでは，精子が未受精卵の　ア　に到達すると，　イ　が壊れて内容物が放出されるとともに精子の先端に突起が形成される。その突起が卵の細胞膜と接触すると，卵の細胞質内でカルシウムイオン濃度が高まる。すると，　ウ　の内容物が細胞膜と卵黄膜の間に放出されて　エ　ができる。　エ　には，卵を保護したり他の精子の進入を防いだりする役割がある。この後，卵と精子の核が融合して，受精が完了する。受精卵は細胞分裂を開始し，細胞数は増加する。発生初期に見られるこのような細胞分裂を　オ　と呼ぶ。

(群馬大　改題)

Advanced Biology

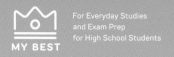
1 | バイオテクノロジー

　バイオテクノロジーとは，微生物をつかった食品の発酵や動植物の品種改良など，生物の能力を利用した技術のことである。現在では遺伝子操作による遺伝子治療や，有用な形質をもつ動植物の作出などがある。ここでは遺伝子操作を用いたバイオテクノロジーについてみていこう。

1 遺伝子組換え技術

　特定の遺伝子を含む DNA 断片を取り出し，別の DNA 断片と組み合わせることを**遺伝子組換え**という。

A DNA の切断と連結

　DNA の特定の塩基配列を切断するはたらきをもつ酵素がある。これを**制限酵素**といい，おもに細菌由来である。制限酵素には多くの種類があり，それぞれ切断する塩基配列が異なる。一方，DNA 断片どうしを連結する酵素もある。これを DNA リガーゼという。**同じ制限酵素で切断された DNA 断片どうしは，DNA リガーゼを用いて連結することができる。**

　異なる遺伝子の DNA を制限酵素で切断し，得られた DNA 断片を DNA リガーゼでつなぐと，新しい組み合わせの DNA （**組み換え DNA**）が生じる。

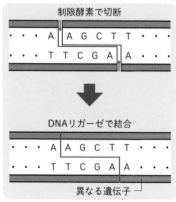

制限酵素で切断

・・・ A　A G C T T ・・・
・・・ T T C G A　A ・・・

DNAリガーゼで結合

・・・ A　A G C T T ・・・
・・・ T T C G A　A ・・・
　　　　　　　　　異なる遺伝子

図 3-1　DNA の切断と連結

B 組換え DNA の増殖

　ある遺伝子の機能を調べたいと思ったら，その遺伝子をまずは増やす必要がある。このとき重要になるのが**プラスミド**とよばれる，細菌がもつ小型で環状の DNA である。

●**遺伝子を増やす流れ**

①プラスミドに目的の遺伝子を組み込む。

②目的遺伝子を組み込んだプラスミドを，大腸菌の中に入れる。

③培養して大腸菌を増やす。プラスミドも増えることになる。

④プラスミドが増えれば，プラスミドに組み込まれた遺伝子も増える。

　プラスミドに遺伝子を組み込み，大腸菌に入れると，**プラスミドは大腸菌の複製メカニズムを利用して増える。プラスミドが増えれば，そこに組み込まれた遺伝子も増える。**この性質を利用し，バイオテクノロジー実験ではプラスミドがよく活用される。目的の遺伝子を宿主(この場合は大腸菌)の中に運び込む役割をもつ DNA を，　**ベクター**（運び屋）とよぶ。遺伝子組換え実験では，プラスミドをベクターとして利用している。

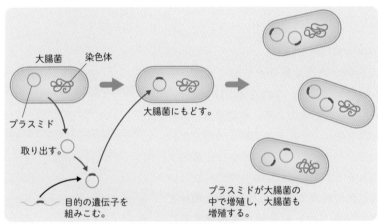

図 3-2　DNA 断片の増幅

2　PCR 法

　プラスミドと大腸菌を用いなくても，試験管内で目的の遺伝子をもつ DNA 断片を増幅する技術がある。この技術では，**DNA ポリメラーゼを連鎖的にはたらかせて DNA を増幅させる**ため，**PCR 法**(ポリメラーゼ連鎖反応法)という。PCR 法が開発されたことにより，ごく微量の DNA でも容易に大量増幅させることができるようになった。

PCR 法では，「増幅させたい DNA の塩基配列に相補的なプライマー（2 種類）」，「耐熱性 DNA ポリメラーゼ」，基質となる「A，T，C，G のヌクレオチド（デオキシリボヌクレオシド三リン酸）」，「周期的に加熱冷却させる装置」を使う。

[PCR 法の原理]

①増幅したい DNA を 95℃に加熱し，2 本鎖の DNA を 1 本鎖に解離させる。

②温度を 55℃に下げ，プライマーを 1 本鎖 DNA に相補的に結合させる。

③耐熱性 DNA ポリメラーゼの最適温度の 72℃に加熱する。DNA ポリメラーゼが 1 本鎖 DNA を鋳型にして，プライマーの 3′末端にヌクレオチドを連結していく。

①〜③を繰り返すことで，2 種類のプライマーの間の DNA 鎖が，**1 サイクルごとに 2 倍**になり，急激に増幅する。

> **補足** ・DNA 複製では RNA のプライマーが合成されるが，PCR 法では RNA より安定な DNA のプライマーを用いる。
>
> ・95℃でも失活しない好熱菌由来の耐熱性 DNA ポリメラーゼを用いる。

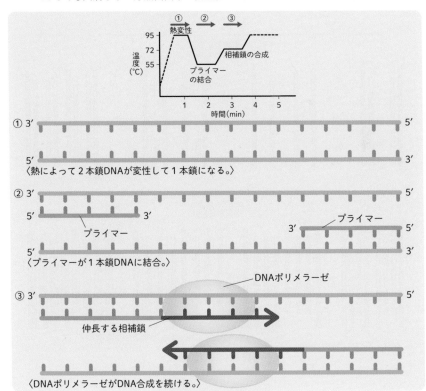

図 3-3 PCR 法の原理

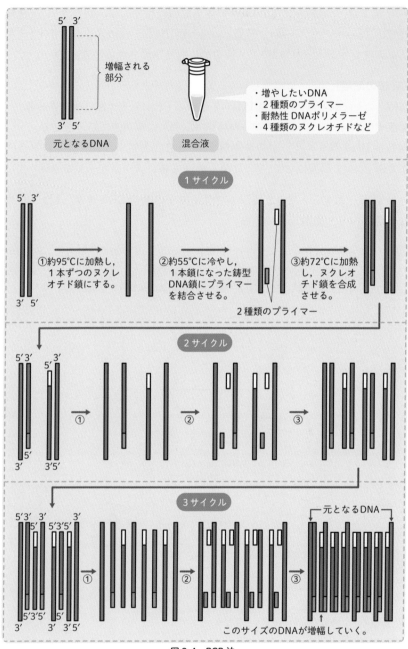

図 3-4　PCR法

3　電気泳動

　DNAに含まれるリン酸は水溶液中では負（－）に帯電しているため，**DNAは電圧をかけると陽極（＋）の方向に移動する。**アガロース（寒天の成分）などのゲル中でDNAに電圧をかけると，ゲルの網目構造に妨げられてDNAの移動は遅くなる。長いDNA（塩基対の数が多い）ほど動きが妨げられ，移動は遅くなる。この性質を利用して，**DNAを長さによって分離することができる。**この方法を電気泳動という。長さがわかっているDNAをマーカー（目印）として一緒に電気泳動すると，マーカーDNAの移動距離と比較することで，目的のDNAがどのくらいの長さ（塩基対の数）なのかを推定することができる。

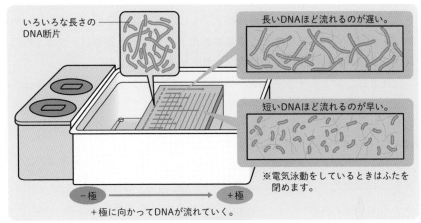

図3-5　電気泳動法

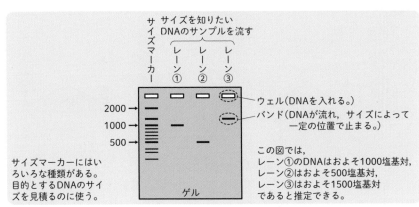

図3-6　電気泳動とDNAサイズ

4 塩基配列の解析

　DNA の複製を利用した方法により，DNA の塩基配列を調べる方法がある。これをサンガー法（ジデオキシ法）という。サンガー法はサンガー（イギリス）により，1970 年代の後半に開発された。

［塩基配列解析の原理］
① 　配列を知りたい DNA 鎖，その DNA に相補的に結合するプライマー，A・T・G・C の各ヌクレオチド，A・T・G・C とよく似た特殊なヌクレオチド，DNA ポリメラーゼを混ぜた溶液をつくり，ヌクレオチド鎖の合成反応を行う。
② 　ヌクレオチド鎖の合成反応の途中で，**特殊なヌクレオチドが取り込まれると，そこで伸長反応は停止する。**特殊なヌクレオチドには，それぞれ異なる蛍光色素が結合している。そのため，**合成されたヌクレオチド鎖は，4 つのうちのどれか一種類の蛍光色素によって標識されていることになる。**
③ 　合成されたヌクレオチド鎖を一本鎖にし，**DNA シーケンサー**とよばれる装置にかける。装置の中ではゲル電気泳動が行われており，ヌクレオチド鎖の長さが比較されるとともに，蛍光色素の読み取りが行われる。

［特殊なヌクレオチドとは？］
　サンガー法で使われる特殊なヌクレオチドとは，ddNTP というヌクレオチドである。ddNTP は，3′ の炭素の位置に（OH ではなく）H が結合したジデオキシリボースをもつ。ddNTP の 3′ の H にはリン酸が結合できないため，ddNTP が取り込まれるとそこで伸長反応が停止する。

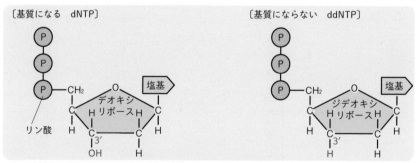

〔基質になる　dNTP〕　　　　　　　　　　〔基質にならない　ddNTP〕

図 3-7　特殊なヌクレオチド

　たとえば，dNTP に ddNTP を加えて DNA の合成反応を行うと，A のところで伸長反応が停止したさまざまな長さの DNA 鎖が合成されることになる。4 種類

の ddNTP に，それぞれ異なる蛍光標識を付けておき，T，C，G についても同様の反応を行う。**反応産物を電気泳動して DNA シーケンサーで蛍光色素の種類を順にたどることで，塩基配列を知る**ことができる。

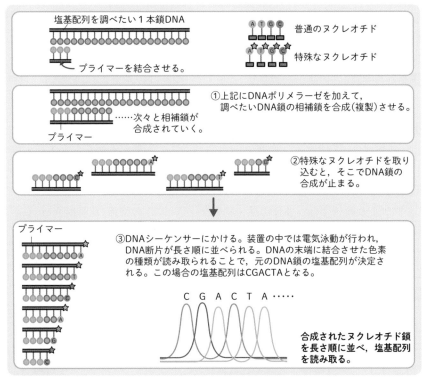

図 3-8　DNA の塩基配列の解析法

 POINT

● 蛍光色素で標識をした，特殊なヌクレオチドでDNAの合成を行う。

● 合成されたヌクレオチド鎖を長さ順に並べて読み取ることで，塩基配列を特定する。

5 次世代シーケンサー

　近年，塩基配列を高速かつ安価に決定する技術が開発された。その技術を用いた解析装置を**次世代シーケンサー**（ハイスループットシーケンサー）という。次世代シーケンサーは**網羅的な塩基配列の決定に適している**。網羅的な解析というのは，たとえば生物の全ゲノムの塩基配列を調べることなどをいう。

補足　2022年現在，次世代シーケンサーを使えば，ヒト1個人の全ゲノムをわずか5時間で解析できる。

Ａ メタゲノム解析

　メタゲノム解析とは，環境中(土壌や海水)に生息するたくさんの微生物のゲノムをまとめて解析し，どのような微生物がいるのか特定しようという手法である。この解析には次世代シーケンサーが欠かせない。

　メタゲノム解析では，多数の微生物のゲノム DNA の情報(塩基配列)が混ざった状態で得られる。コンピューターによってこのような情報を分析してつなぎ合わせると，種ごとのゲノム情報を得ることができ，微生物を特定することができる。

補足　メタゲノム解析により，未知の生物の存在も明らかになっている。

Ｂ 遺伝子発現の解析

　遺伝子が発現すると，転写されて RNA が生じる。全 RNA の塩基配列を網羅的に決定する方法を **RNA シーケンシング**(RNAseq)という。RNAseq では，RNA を鋳型に相補的な塩基配列をもつ DNA（cDNA）を合成し，cDNA の塩基配列を次世代シーケンサーで解析する。この方法により，**発現している遺伝子の種類と相対的な発現量がわかる**。

補足　・RNA と相補的な塩基配列をもつ DNA を cDNA（complementary DNA：相補的 DNA）という。RNA を鋳型に cDNA を合成することを逆転写という。

　　　・RNAseq では，検出される塩基配列の数が多いほど，その塩基配列の遺伝子の発現量が多いことになる。

2 | 動植物細胞への遺伝子導入

　細胞や受精卵に遺伝子を導入して発現させることができる。遺伝子を導入する操作を**遺伝子導入**といい，人為的に外来の遺伝子を導入された生物を**トランスジェニック生物**という。遺伝子導入により，特定の遺伝子のはたらきを明らかにしたり，遺伝子治療を行ったりすることができるようになった。

1 動物への遺伝子導入

　動物の受精卵には，微小なガラス針で DNA を注入する顕微注入法（けんびちゅうにゅうほう）が用いられる。注入された DNA は，ゲノム DNA に組み込まれて発現する。ウイルスの感染力を利用して遺伝子を導入するウイルスベクター法もある。これは遺伝子治療への応用が期待されている。

緑色蛍光タンパク質（GFP）の利用

　タンパク質は無色透明なため，そのままの状態では観察することができない。しかし，GFP（Green Fluorescent Protein）とよばれる緑色の蛍光を発するタンパク質を利用すると，**生きた細胞を使って，タンパク質の動きやその分布を調べることができる。**

　例えば，調べたいタンパク質 A の遺伝子と GFP 遺伝子を連結して，体細胞や受精卵に遺伝子導入すると，タンパク質 A と GFP が連結した融合タンパク質がつくられる。つまり，タンパク質 A と GFP は細胞内で一体となって動く。GFP は，タンパク質 A の動きを知るための目印として利用することができるのである。GFP を使うことで，これまでにさまざまなタンパク質の働きが明らかにされている。

2 植物への遺伝子導入

　植物細胞へ遺伝子導入を行う際は，**アグロバクテリウム**とよばれる細菌が用いられる。アグロバクテリウムは植物に感染する力をもち，感染した植物の染色体 DNA に，自身のもつプラスミド DNA の一部を組み込む。そのため，アグロバクテリウムのプラスミドに特定の遺伝子を連結し，アグロバクテリウム内に戻して植物に感染させると，**トランスジェニック植物**を得ることができる。

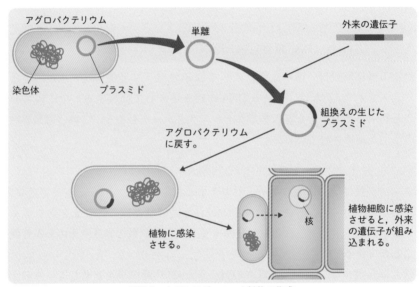

図3-9　トランスジェニック植物の作成

3 | ゲノム編集

　ゲノムの**任意の塩基配列**でDNA２本鎖を切断し，配列に変更を加える技術を**ゲノム編集**という。DNA２本鎖を，塩基配列特異的に切断する酵素としては，制限酵素がある。しかし，制限酵素が識別する塩基数は，４〜８個であり，切断箇所は$4^4 \sim 4^8$($256 \sim 65{,}536$)塩基に１か所の確率で存在することになる。したがって，制限酵素が切断する箇所はゲノムに多数存在することになり，特定の遺伝子だけを狙って切断することはできない。一方，**ゲノム編集で用いる人工酵素は，ゲノムの特定の１ヵ所だけを切断するように設計されている。**

　ゲノム編集では，細菌のストレプトコッカス由来のCas9（キャスナイン）とよばれるDNA切断酵素を用いる。Cas9には，標的DNAの塩基配列に相補的に結合する**ガイドRNA**を組み込む。ガイドRNAの塩基配列は20塩基からなるため，その配列が存在する確率は$4^{20} \fallingdotseq 1.2 \times 10^{12}$分の１となり，ヒトのゲノムサイズ$3 \times 10^9$の特定の１か所を切断するのに十分な精度となる。Cas9遺伝子と，ガイドRNAの遺伝子を細胞に導入すると，まずは，転写されて生じたガイドRNAがCas9に組み込まれる。そして，そのガイドRNAとの相補性により，**標的DNAの塩基配列にCas9が結合する。するとCas9がDNAを切断することになる。**

　切断された箇所は修復されるが，切断箇所の塩基配列には，一定の頻度で欠失や挿入が起こる。タンパク質の情報をもつ塩基配列にフレームシフト（読み枠のずれ）が起きれば，遺伝子の機能が損なわれる。ゲノム編集によって遺伝子を破壊し，それによって生じる形質の変化を調べることで，ターゲット遺伝子の機能を知ることができる。

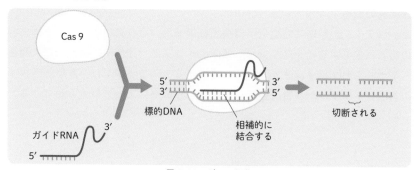

Cas 9
標的DNA
相補的に
結合する
切断される
ガイドRNA
5′ 3′
5′ 3′
3′ 5′

図3-10　ゲノム編集

4 | バイオテクノロジーの応用

1 医療への応用

●遺伝子診断

　現在行われている**遺伝子診断**は，突然変異が疑われる遺伝子について塩基配列を調べ，原因遺伝子を特定するために行われている。原因遺伝子が明らかになれば，有効な治療法を選択することが可能になることもある。これまでに，さまざまな疾患とゲノム情報を関連させたデータベースが蓄積されてきている。そして，遺伝子診断により，個々の人に最適な**オーダーメイド医療**が行われるようになってきている。

> 補足　オーダーメイド医療：従来は，がんが発生した臓器の種類によって抗がん剤を選択していたが，現在は，がん組織の遺伝子診断を行い，遺伝子の突然変異の種類に応じて抗がん剤を選択するようになっている。

●遺伝子治療

　遺伝子の変化が原因となって発症する**遺伝病**の患者に，正常な遺伝子を導入する**遺伝子治療**が試みられている。遺伝子の導入法として，ウイルスベクター法による治験が進められており，ロドプシンの遺伝子治療やがんの治療など，一部は安全性と有効性が確認され，薬事承認されている。

> 補足　ロドプシンの遺伝子治療：ロドプシンは網膜に発現するタンパク質。ロドプシンの遺伝子異常により，視力の低下が起こる病気がある。

●医薬品の製造

　薬やワクチンの製造にも遺伝子組換え技術が用いられている。たとえば，糖尿病の患者に投与するインスリンは，ヒトのインスリン遺伝子を導入した大腸菌によってつくられている。また，B型肝炎ウイルスのワクチンは，B型肝炎ウイルスの表面にあるタンパク質の遺伝子を導入した酵母によってつくられている。

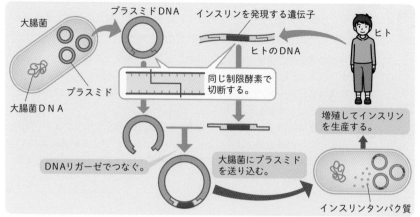

図 3-11　大腸菌にヒトのインスリンを合成させる方法

2　有用動植物の作出

　遺伝子組換えによって農業や水産，畜産に有用な動植物が作出されている。植物では，昆虫の食害を受けにくいトウモロコシ（昆虫に消化不良を起こすタンパク質の遺伝子を組み込んである），ビタミンＡのもとになる物質を合成する遺伝子を組み込んだイネ，青い色素をつくる遺伝子を組み込んだバラなどがある。また，動物では，成長ホルモンの遺伝子を組み込んだ大きく成長するサケなどがある。これらは，遺伝子組換え生物であるため，生物多様性への影響がないようにカルタヘナ法にもとづき栽培・養殖されている。また，食品としての安全性について科学的評価を受けて，問題のないもののみ，流通が許可されている。

　ゲノム編集は，それ自体では外来遺伝子を組み込むわけではないため，作出された作物は自然に生じる突然変異と見分けがつかない。そのため，**ゲノム編集作物は，栽培や流通の規制を受けない。**ゲノム編集によって，成長や食欲を抑制する遺伝子を破壊して，個体のサイズを大きくしたマダイやトラフグ，栄養価を高めたトマトなどの食品が生産され，販売されている。

補足　ゲノム編集と遺伝子組換えを組み合わせると，効率よく外来遺伝子をゲノムに挿入することができるが，そのような作物は遺伝子組換え作物となり，規制の対象となる。

Q ノックアウトマウスって，どういうものですか？　何に役立つんですか？

A 特定の遺伝子が破壊されたマウスのことです。遺伝子を壊すことを「ノックアウト」というのです。ある遺伝子の機能を調べたいとき，その遺伝子を破壊したノックアウトマウスをつくり，マウスがどうなるか調べる…といったことができます。

マウスは哺乳類であり，ヒトと共通する遺伝子を多くもっています。ですから，ヒトの遺伝病の研究などに役立っています。ゲノム編集によって，マウスに限らず，さまざまな生物で遺伝子をノックアウトすることが可能になりました。

3　DNA型鑑定

　DNAの塩基配列によって個人を特定することを **DNA鑑定**という。ヒトのゲノム中には，**マイクロサテライト**とよばれる数塩基を単位とする塩基配列の繰返し（反復配列）が多くあり，反復配列の数は個人によって異なる。また，ヒトゲノムに約1000万か所ある一塩基多型（→ **p.203**）も個人によって異なる。DNA鑑定には，マイクロサテライトや一塩基多型の違いが利用されている。

コラム　｜　**DNA鑑定の応用**

　ゲノムのDNAは母方と父方から受け継ぐため，塩基配列の半分は母親と同じで，半分は父親と同じである。したがって，親子や兄弟姉妹の鑑定にDNAの塩基配列を用いることができる。

　生物種は同じであっても，DNAの塩基配列は少し異なる。たとえば，イヌには多様な犬種があり，同じ血統のイヌであれば同じ形質のイヌが生まれるが，異なる血統の犬種を交配してできた子の形質は親の形質とは異なり，いわゆる雑種となる。

　高級ブランドの神戸ビーフの牛は，兵庫県内で生まれた黒毛和牛の但馬牛であり，特定の形質をもつ系統を代々受け継いでいる。中でも，霜降りの度合いや肉質など一定の形質をもつ牛の肉だけを神戸ビーフという。神戸ビーフは他の黒毛和牛の肉と見た目にはほとんど区別がつかない。神戸ビーフの偽装を防ぐためDNA鑑定が導入されている。

　機能が失われた組織や臓器などに，必要な細胞を補って修復し，再生させる医療のことを再生医療という。再生医療の研究で用いられる幹細胞には，ES細胞，iPS細胞，体性幹細胞がある。iPS細胞は遺伝子の導入によって作出される。

1 ES細胞

　ヒトやマウスなどの哺乳類の受精卵は，卵割を繰り返し，桑実胚を経て，胞胚に相当する胚盤胞になる。胚盤胞は胚の表面にある栄養外胚葉と，胚の内部にある内部細胞塊からなる。栄養外胚葉は後に胎盤になり，内部細胞塊からは体がつくられる。内部細胞塊の細胞は多能性をもつ。胚盤胞から内部細胞塊を取り出し，培養と選別を繰り返すと，多能性と分裂能を維持したES細胞（胚性幹細胞：Embryonic Stem cell）が得られる。ヒトのES細胞を，さまざまな細胞に分化させ，組織を形成させることは可能であり，それを移植する再生医療への期待がある。しかし，ヒトになるはずの胚を用いるため倫理的な問題がある。ES細胞を使う再生医療は，実用化されていない。

2 iPS細胞

　分化した細胞でも，多能性の維持にはたらく遺伝子を導入すると，多能性と自己複製能の両方をもつ細胞が得られる。体細胞に遺伝子導入してつくりだされた多能性細胞をiPS細胞（人工多能性幹細胞：induced Pluripotent Stem cell）という。iPS細胞は患者自身の細胞を使うため，倫理的な問題と拒絶反応の問題を回避することができるが，多能性の維持にはたらく遺伝子は，がんを引き起こす遺伝子でもあるため，iPS細胞ががん化する可能性がある。iPS細胞を用いた再生医療は，まだ研究の段階であり，健康保険適用の対象にはなっていない。iPS細胞を開発した山中伸弥は2012年にノーベル生理学・医学賞を受賞した。

3 体性幹細胞

　健康保険が適用されて実際に再生医療に使われているのは，体性幹細胞である。体性幹細胞には造血幹細胞や皮膚幹細胞など，さまざまな種類がある。これらの細胞には，特定の組織や臓器において，死滅していく細胞を補い，組織や臓器を維持するはたらきがある。体性幹細胞は分裂回数に限度があるが，一定の限られた種類の細胞に分化することが可能である。再生医療に最も用いられている体性幹細胞は，間葉系幹細胞である。間葉系幹細胞は脂肪組織や皮膚，骨髄など全身に分布している。間葉系幹細胞は骨，軟骨，脂肪組織細胞や，肝細胞，神経細胞などに分化させることができる。間葉系幹細胞には遺伝子操作を加えないため，がん化するリスクもほとんどない。

この章で学んだこと

　この章では，遺伝子組換え，PCR法，電気泳動，シーケンシングなどのバイオテクノロジーについて，その原理や利用法を学んだ。ゲノム編集といった新しい手法や，バイオテクノロジーの医療への応用についても理解を深めた。

---

1 バイオテクノロジー

❶ **バイオテクノロジー**　微生物による発酵や動植物の品種改良などに加え，遺伝子操作による有用な動植物の作出など。生物の能力を利用した技術全般。

❷ **遺伝子組換え**　特定のDNA断片を別のDNA断片と組み合わせること。制限酵素でDNAを切断し，DNAリガーゼで結合する。

❸ **組み換えDNA**　新しい組み合せのDNA断片のこと。

❹ **プラスミド**　細菌がもつ小型な環状DNA。遺伝子組換え実験では，目的の遺伝子を運ぶベクターとして利用される。

❺ **PCR法**　微量のDNAを大量に増幅させることができる技術。鋳型DNA，プライマー，ヌクレオチド，DNAポリメラーゼが必要。温度管理が大切。

❻ **電気泳動**　ゲルにDNAを入れて水溶液中で電圧をかけると，DNAは陽極側に移動する。大きいDNAはゆっくり，小さいDNAは速く移動する。この性質を利用してDNA分子を長さによって分ける。

❼ **サンガー法**　DNAの塩基配列を調べる方法。蛍光色素で標識したヌクレオチドを用いてDNA合成し，ヌクレオチド鎖に取り込まれた蛍光色素をDNAシーケンサーで読み取る。

❽ **ddNTP**　サンガー法で用いられる特殊なヌクレオチド。

❾ **次世代シーケンサー**　全ゲノム解析のような網羅的な塩基配列の決定に適したシーケンサー。高速・安価。

❿ **メタゲノム解析**　環境中の微生物のゲノムを網羅的に解析し，微生物種を特定すること。

⓫ **RNAシーケンシング**　全RNAからcDNAを合成して，その塩基配列を網羅的に解析し，発現している遺伝子の種類や相対的発現量を調べる方法。

2 動植物細胞への遺伝子導入

❶ **トランスジェニック生物**　遺伝子導入された生物。動物細胞の場合，ウイルスの感染力を利用して遺伝子を導入することがある。植物細胞の場合は，アグロバクテリウムがよく利用される。

3 ゲノム編集

❶ **ゲノム編集**　ゲノムの任意の塩基配列でDNAを切断し，変更を加える技術。酵素のCas9がDNAを切断する。Cas9を切断部位に誘導するのは，DNAと相補性をもつガイドRNAという分子。

4 バイオテクノロジーの応用

❶ **医療とバイオ**　遺伝子診断，遺伝子治療のほか，医薬品の製造にもバイオテクノロジーは欠かせない。

❷ **ゲノム編集作物**　ゲノム編集によって作出された魚や農作物がある。

❸ **DNA鑑定**　塩基配列の繰り返しであるマイクロサテライトを利用した個人の特定技術が使われている。

定期テスト対策問題 3

解答・解説は別冊 p.540

1 次の文を読み，以下の問い(1)〜(4)に答えよ。

　ポリメラーゼ連鎖反応(PCR)法は，微量のDNAを鋳型として，特定の塩基配列のDNA断片を大量に増幅させる方法である。鋳型となるDNA，DNAポリメラーゼ，プライマー，（　①　）など必要な試薬を加えた反応液を，繰り返し加熱・冷却することで反応が進行する。以下は，一般的なPCR法の例である。

　はじめに反応液を95℃の高温まで加熱すると，［　A　］。次にその溶液を60℃まで冷却すると，［　B　］。その後，再び72℃まで加熱すると，［　C　］。この加熱・冷却のサイクルを30回程度繰り返すことで，目的のDNA断片が何十万倍にも増幅される。

　大腸菌は，染色体DNAとは別に，（　②　）とよばれる環状のDNAをもつ。PCR法で増幅させた特定の遺伝子を含むDNA断片を，制限酵素と（　③　）を用いてプラスミドにつなぎ合わせることができる。このようにDNA断片をつなぎ合わせたプラスミドを大腸菌に導入することで，その遺伝子が指定するタンパク質を大腸菌につくらせることができる。

(1)　文中の空欄（　①　）〜（　③　）に当てはまる最も適当な語句を，次の選択肢からそれぞれ一つ選び，記号で答えよ。
　(ア)　DNAヘリカーゼ　　(イ)　DNAリガーゼ　　(ウ)　ラギング鎖
　(エ)　リーディング鎖　　(オ)　プロモーター　　(カ)　オペロン
　(キ)　プラスミド　　(ク)　ヌクレオチド　　(ケ)　ヌクレオソーム
　(コ)　アグロバクテリウム　　(サ)　シーケンシング　　(シ)　ガイドRNA

(2)　文中の［　A　］〜［　C　］に当てはまる最も適当な文を，次の選択肢からそれぞれ一つ選び，記号で答えよ。
　(ア)　DNAポリメラーゼのはたらきによりプライマーが分解される
　(イ)　DNAポリメラーゼのはたらきにより2本鎖DNAの一方の鎖が分解される
　(ウ)　DNAポリメラーゼのはたらきによりDNA鎖が合成される
　(エ)　2本鎖DNAが1本ずつに分かれる
　(オ)　2本のDNA鎖が1本につながる
　(カ)　鋳型DNAの一部にプライマーが結合する

(3) 下線部について,ヒトもDNAポリメラーゼをもつが,ヒトのDNAポリメラーゼをもちいた場合,PCR法はうまくいかないと考えられる。なぜそのように考えられるのか,理由を簡潔に説明せよ。

(4) PCR法の利用に関する記述のうち,波線部がその解析手法として**適当でない**ものを,次の(ア)～(エ)のうちから一つ選べ。

(ア) ヒトのゲノムDNA中には,数塩基から数十塩基の配列が繰り返される反復配列が多く存在し,その繰り返しの回数に個人差が認められる。そこで,組織からDNAを抽出後,反復配列を含む領域をPCR法によって増幅し,PCR産物の塩基対の数を比較することによって,個人を識別することができる。

(イ) イネの品種の中には,いもち病抵抗性遺伝子の一種が,ゲノム中に存在するものと,存在しないものがある。そこで,イネからDNAを抽出後,この遺伝子の塩基配列に対応するプライマーを用いてPCR法を行い,PCR産物が得られるかどうかを判別することによって,抵抗性を評価することができる。

(ウ) マウスのゲノムDNA中には,系統間において1塩基単位で塩基配列が異なる部分(一塩基多型)が存在する。そこで,組織からDNAを抽出後,ある塩基が別の塩基に置換された一塩基多型を含む領域をPCR法によって増幅し,PCR産物の塩基対の数を比較することによって,系統を確認することができる。

(エ) ダイズにおいて,除草剤に対する抵抗性向上を目的に,除草剤分解酵素遺伝子を人工的に組み込んだ遺伝子組換えダイズがつくりだされている。そこで,ダイズからDNAを抽出後,除草剤分解酵素遺伝子の塩基配列に対応するプライマーを用いてPCR法を行い,PCR産物が得られるかどうかを判別することによって,上記の遺伝子組換えダイズを識別することができる。

(甲南大・センター試験 改題)

第 4 部

生物の環境応答

第 1 章

ニューロンと
その興奮

1 刺激の受容と応答

　動物は環境からの刺激を受け取り，適切に対応して行動する。刺激の受容から行動に至るまでの一連の過程には，**ニューロン(神経細胞)**がかかわっている。

1 受容器と効果器

　生物をとりまく環境は絶えず変化し，生物はその変化に対応しながら生活している。環境の変化が刺激となり，生物の体はそれに応答する。動物には刺激を受け取る受容器と，刺激に応じて反応する効果器がある。**受容体と効果器は神経系により連絡されており，情報の伝達が行われている。**

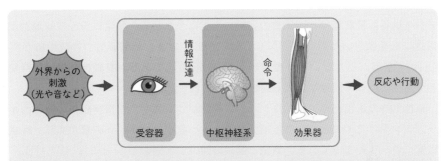

受容器は刺激を受け取ると信号を発する。信号を受け取った感覚神経は興奮して，興奮を中枢神経系に伝える。中枢神経系では，情報処理が行われる。中枢神経系から信号を受けた運動神経は興奮し，興奮が効果器に伝えられ，刺激に対応する行動となる。

図 4-1　刺激の受容から反応までの流れ

2 適刺激

　それぞれの受容器が，最も敏感に反応することのできる刺激を適刺激という。例えば，眼の視細胞にとっては光，耳の聴細胞にとっては音波が適刺激である。受容器が適刺激を受けて信号を発すると，信号は感覚神経を介して脳に伝えられ，**脳で感覚が生じる。**たとえば，眼が光の刺激を受けると，それが脳に伝えられて視覚が生じる。

2 │ 情報伝達と神経

1 ニューロンの構造

刺激の受容と応答には，神経系の構成単位であるニューロンがかかわる。ニューロンは，核のある細胞体と，細胞体から伸びた多数の樹状突起，長く伸びた軸索からなる。

ニューロンは他の細胞からの信号を樹状突起で受け取り，細胞体で統合する。統合された信号は，軸索を伝わり，軸索の先端と接する他のニューロンや効果器に送られる。軸索は神経繊維ともいい，神経繊維が束になったものが神経である。

脊椎動物の末梢神経の神経繊維は，シュワン細胞でできた筒状の神経鞘で包まれている。神経鞘は神経繊維の保護や再生にかかわる。軸索にシュワン細胞が何層にも巻きついた構造を髄鞘（ミエリン鞘）という。髄鞘をもつ神経繊維が有髄神経繊維，もたない神経繊維が無髄神経繊維である。有髄神経繊維は無髄神経繊維に比べて信号を伝える速度が大きい。

脊椎動物の末梢神経の髄鞘はシュワン細胞がつくるが，中枢神経系の髄鞘はオリゴデンドロサイトとよばれる細胞がつくる。髄鞘は約1mmの幅があり，神経繊維に沿って連なっている。髄鞘と髄鞘の間のすき間をランビエ絞輪という。

2 ニューロンの種類

ニューロンは，その働きによって次の3つに分けられる。

●感覚ニューロン

受容器から受け取った信号を中枢に伝える。感覚ニューロンの神経繊維の束を感覚神経という。感覚ニューロンの多くは細胞体が軸索の途中にある。軸索の末端にある樹状突起は，受容器と接して受容器からの信号を受け取る。もう一方の軸索の先端は介在ニューロンの樹状突起に接しており，感覚ニューロンの信号は介在ニューロンを介して脳に伝えられる。

●運動ニューロン

中枢からの信号を筋肉などの効果器に伝える。運動ニューロンの神経繊維の束を**運動神経**という。

●介在ニューロン

比較的短い軸索をもち，近くにあるニューロンどうしをつなぐ。中枢神経系は介在ニューロンどうしがつながり合い，複雑なネットワークを形成している。感覚ニューロンと運動ニューロンは介在ニューロンを介してつながる。

補足 脳内のほとんどのニューロンは介在ニューロンである。介在ニューロンは，脳や脊髄からなる中枢神経系を構成する。

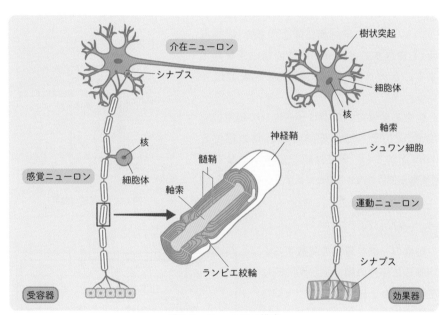

図 4-2　ニューロンの構造

 Q ニューロンのはたらきを助ける細胞があるって聞いたのですが？

 A グリア細胞のことですね。神経系の細胞の多くは実はグリア細胞なのです。情報を伝えるのではなく，ニューロンに栄養分を供給したり，髄鞘をつくったりしています。シュワン細胞やオリゴデンドロサイトもグリア細胞のひとつです。

3 | 刺激とニューロンの興奮

　ニューロンが刺激を受けると，細胞膜の内外で電気的な変化が起こる。電気的な変化は軸索を伝わり，他のニューロンや効果器を刺激する。

1 静止電位と活動電位

A 静止電位

　ニューロンの細胞膜に微小な電極(記録電極)を挿入すると，細胞内外の電位差を測定することができる。この電位差を膜電位という。

　刺激を受けていないニューロンの膜電位を静止電位という。細胞膜の外側の電位を0 mV とすると，内側は約 −60 mV になる。

補足 細胞膜の内外で電位に差が生じることを分極という。

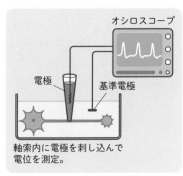

オシロスコープ

電極

基準電極

軸索内に電極を刺し込んで電位を測定。

図4-3　膜電位の測定

B 活動電位

　軸索の一部を電気で刺激すると，刺激した部分の膜電位が瞬間的に逆転してもとに戻る。この一連の膜電位の変化を活動電位といい，興奮とは活動電位が発生することである。ニューロンの発した活動電位は興奮として軸索を伝わる。実験的に，体外に取り出した軸索を刺激すると，興奮は刺激した点から両方向に伝わる。しかし，体内のニューロンでは，興奮は軸索を一方向に伝わる。

補足 活動電位が発生すると，一瞬，膜電位が負から正の値になり，約 1/1000 秒でもとにもどる。

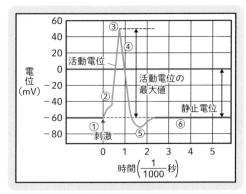

図4-4　活動電位

※右ページの C 静止電位と活動電位の発生のしくみの番号と対応している。

ⓒ 静止電位と活動電位の発生のしくみ

　静止電位と活動電位の発生には，ナトリウムポンプとチャネルがかかわる。静止電位と活動電位の発生のしくみは以下の通りである。

[静止電位のしくみ]

①動物の細胞は，ナトリウムポンプのはたらきにより，Na^+ を細胞内から細胞外に排出し，K^+ を細胞外から細胞内に取り込んでいる。ニューロンも同様であるが，ニューロンの細胞膜には**常に開いているカリウムチャネルがあり，細胞内に取り込まれた K^+ は細胞外に漏れ出している**。正電荷（＋）をもつ Na^+ が細胞外に排出され，K^+ も細胞外に漏れ出しているため，細胞外は正（＋）に帯電し，細胞膜の内側は負（−）に帯電することになる。この膜内外の電位差が静止電位となる。

[活動電位の発生から静止電位へ]

②ニューロンのような興奮する細胞には，電位依存性の**ナトリウムチャネル**（→ **p.286**）がある。ニューロンが刺激を受けると，電位依存性ナトリウムチャネルが開き，Na^+ が細胞内に流入する。正電荷（＋）をもつ Na^+ が細胞内に流入するため，負（−）の膜電位からゼロ（0）に近づく。膜電位が，負の静止電位からゼロに近づくことを**脱分極**という。脱分極が刺激となって，さらに多くの電位依存性ナトリウムチャネルが開き，さらに Na^+ が細胞内に流入する。この正のフィードバックにより，軸索の膜電位は正（＋）に転じる。

③電位依存性ナトリウムチャネルはすぐに閉じる。

④ニューロンには，電位依存性の**カリウムチャネル**があり，脱分極が始まると電位依存性カリウムチャネルが開く。K^+ チャネルが開くと，**軸索内の K^+ が細胞外に急速に流出するため，膜電位は低下する**。膜電位が低下して負（−）の静止電位に近づくことを**再分極**という。

[過分極から静止電位へ]

⑤膜電位が静止電位に戻っても，電位依存性カリウムチャネルが開いているため，一時的に膜電位がさらに低下する。静止電位よりさらに分極した状態を**過分極**という。

⑥電位依存性カリウムチャネルが閉じてナトリウムポンプがはたらくと，再び静止電位に戻る。

POINT

活動電位の発生と興奮の伝導

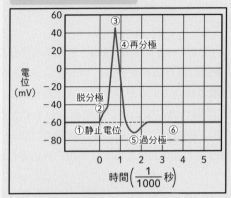

イオンチャネルの働き

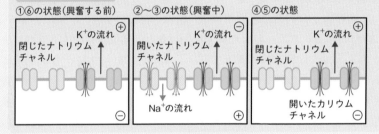

図4-5　活動電位と興奮

2 閾値と刺激

A 全か無かの法則

　ニューロンは一定以上の強さの刺激でなければ興奮しない。興奮が起こる最小の刺激の強さを閾値（いきち）という。また，閾値以上であれば，どのような強さの刺激を与えても，興奮の強さは変わらない。感覚細胞やニューロンは，興奮が起きるか(ON)起こらないか(OFF)のいずれかを示す。これを**全か無かの法則**という。

　閾値は膜電位で表される。ニューロンが刺激を受けると，電位依存性ナトリウムチャネルの一部が開き，細胞内に Na^+ が流れ込んで脱分極する。しかし，刺激が弱く膜電位が閾値に達しない場合は，ナトリウムチャネルは再び閉じてしまい，活動電位は生じない。**膜電位が閾値を超えるほど大きく脱分極すると，すべての電位依存性ナトリウムチャネルが開き，活動電位が発生する。**

補足 閾値を超えると，脱分極と電位依存性ナトリウムチャネル開口の正のフィードバックにより，爆発的に細胞内に Na^+ が流れ込んで活動電位が発生する。

B 刺激の強さの情報

　ニューロンで発生する活動電位の大きさは，刺激の強さによらず一定である。一方，ニューロンは強い刺激を受けるほど，**高い頻度**で活動電位を発する。つまり，**刺激の強さの情報は，興奮の発生頻度で伝えられる。**

　神経は複数のニューロンの神経繊維が束になっており，刺激の強さによって，興奮する神経のニューロンの数は変化する。刺激の強さの情報は，興奮する神経のニューロンの数によっても伝えられる。

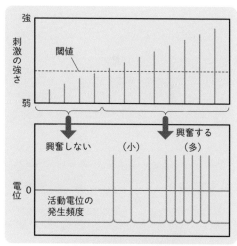

図4-6　刺激の強さと興奮の発生

3 興奮の伝導

興奮が起こると，興奮部と隣接する静止部との間に電位差が生じ，微弱な電流が流れる。この電流を**活動電流**といい，活動電流が刺激となって隣接部が興奮し，次々と隣の部分に興奮が伝わっていく。これが**興奮の伝導**である[*1]。

興奮部はすぐには再び興奮できない状態(**不応期**)になるため，興奮は直前に興奮した部分に戻って伝わることはなく，**一定の方向に伝わっていく**[*2]。

興奮が伝導する速度は，**無髄神経より有髄神経の方がはるかに速い**。有髄神経の髄鞘は電気的な絶縁体の働きをするため，興奮はランビエ絞輪の部分だけで起こり，絞輪から絞輪へ飛び飛びに伝導する。これを**跳躍伝導**といい，伝導速度が非常に大きい。

補足 *1　興奮部では電位依存ナトリウムチャネルが開いて Na⁺ が軸索内に流れ込み，軸索内の正電荷は局所的に高密度になる。高密度の正電荷領域は，軸索内を音波と同様のしくみで高速で伝播する。

*2　開いた電位依存ナトリウムチャネルは，膜電位が正(＋)になると不活性化されて閉じる。不活性化は約 20 ミリ秒(20/1000 秒)続き，この間は刺激に反応できなくなる。

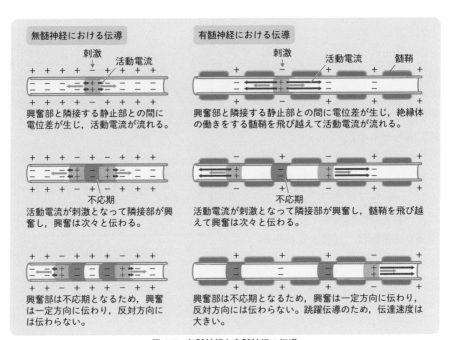

図 4-7　無髄神経と有髄神経の伝導

- 興奮は，直前に興奮した部分に戻って伝わることはない。
- 跳躍伝導が起こるため，有髄神経の方が興奮の伝導速度が大きい。

参 考　興奮の伝導速度

1 無髄神経繊維と有髄神経繊維の伝導の違い

　無髄神経繊維では，興奮が起きた部位と次の興奮が起こる部位との距離が短く，小刻みに興奮が伝わる。また，軸索の細胞膜から活動電流が漏れ出すため，活動電流は軸索を減衰しながら伝わる。したがって，離れた場所にある電位依存ナトリウムチャネルを刺激することができず，興奮の伝導速度は小さい。一方，有髄神経繊維では，髄鞘は絶縁体であるため，髄鞘が巻き付いた部分では活動電流の漏れがない。したがって，活動電流の減衰が少なく，遠くの電位依存ナトリウムチャネルまで刺激をすることができる。

　有髄神経繊維では興奮の伝導速度は大きい。直径 $30\ \mu m$ のカニの無髄神経繊維における伝導速度は 4 m / 秒であるが，直径 $15\ \mu m$ のヒトの有髄神経繊維では 100 m / 秒である。

2 電気抵抗と興奮の伝導

　イカの巨大神経軸索は直径が $600\ \mu m$ もあり，無髄神経繊維であるにもかかわらず，伝導速度は 25 m / 秒にもなる。神経繊維は太くなると電気抵抗が小さくなり，膜電位の上昇の波(高密度正電荷領域の波)が速く伝わるため，興奮の伝導速度が大きくなる。イカの動きがすばやいのは，巨大神経軸索のおかげである。

4 興奮の伝達

A シナプスと興奮の伝達

　軸索の末端は，他のニューロンの樹状突起や効果器などと，狭い間隙を隔てて接続している。この接続部分を**シナプス**，狭い間隙を**シナプス間隙**という。軸索を伝わってきた興奮は，シナプス前細胞(興奮を伝えるニューロン)から，シナプス後細胞(興奮を受け取るニューロン)へと，シナプスを介して伝えられる。シナプスで情報が伝えられることを**伝達**といい，軸索内における伝導とは区別される。

B 神経伝達物質と興奮の伝達

　シナプス前細胞の軸索の先端には**シナプス小胞**がある。ニューロンの興奮が軸索の先端まで到達すると，電位依存性カルシウムチャネルが開いて Ca^{2+} が細胞内に流入する。Ca^{2+} の流入が刺激となり，シナプス小胞から神経伝達物質がシナプス間隙に放出され，興奮が伝達される。

　シナプス後細胞の細胞膜には，伝達物質依存性イオンチャネル(リガンド依存性イオンチャネル)があり，神経伝達物質が結合するとイオンチャネルが開き，イオンが流入して膜電位が変化する。この膜電位の変化を**シナプス後電位**という。

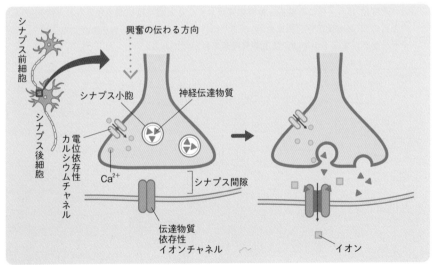

シナプス前細胞
シナプス後細胞
興奮の伝わる方向
シナプス小胞　神経伝達物質
電位依存性カルシウムチャネル
Ca^{2+}
シナプス間隙
伝達物質依存性イオンチャネル
イオン

図4-8　興奮の伝達

C 興奮の伝わる方向

シナプスでは，神経伝達物質の受け渡しにより興奮が伝えられるため，**興奮は一方向にしか伝達されない**。神経伝達物質がシナプス間隙に残っていると，シナプス前細胞からの刺激が継続するため，次の伝達はできない。シナプス間隙に放出された神経伝達物質は，すみやかに酵素により分解されたり，シナプス前細胞によって回収されたりする。このしくみにより，シナプス前細胞から次々と来る信号はシナプス後細胞に適切に伝達される。

5 興奮性シナプスと抑制性シナプス

ニューロンには，**興奮性ニューロン**（興奮性シナプスを形成）と**抑制性ニューロン**（抑制性シナプスを形成）がある。

A 興奮性シナプス

興奮性シナプスの神経伝達物質には，**アセチルコリン**やノルアドレナリン，グルタミン酸がある。神経伝達物質がシナプス後細胞の伝達物質依存性ナトリウムチャネルに結合すると，チャネルが開いて Na^+ が流入し，シナプス後細胞は**脱分極する**。これを**興奮性シナプス後電位**（EPSP）という。EPSP が生じたシナプス後細胞は活動電位を発生しやすくなり，**膜電位が閾値を超えると活動電位が発生する**。

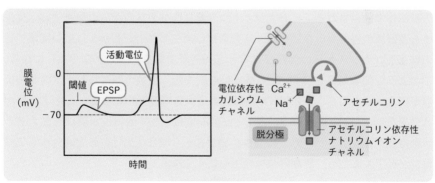

図 4-9　興奮性シナプス

B 抑制性シナプス

抑制性シナプスの神経伝達物質には，γーアミノ酪酸(GABA)などがある。神経伝達物質がシナプス後細胞の伝達物質依存性塩化物イオンチャネルに結合すると，チャネルが開いて Cl^- が流入し，シナプス後細胞の膜電位は**過分極になる**。これを**抑制性シナプス後電位(IPSP)**という。**IPSP が生じたシナプス後細胞は活動電位が発生しにくくなる。**

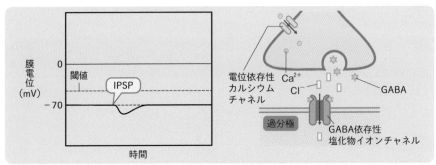

図4-10　抑制性シナプス

6 信号の統合

一つのニューロンには，他のニューロンの末端が接続し，多くのシナプスを形成している。シナプスを介して伝えられた興奮または抑制の信号は，ニューロンの細胞体で統合される。たとえば，1 つの興奮性シナプスからの信号では，発生する脱分極の程度が小さければ，活動電位は発生しない。しかし，短い間隔で次の興奮性シナプスからの信号が来ると EPSP が加算され，大きな EPSP になる。このような加算効果を時間的加重という。また，複数の興奮性シナプスから信号が伝えられた場合も，EPSP が加算され，大きな EPSP になる。このような加算効果を空間的加重という。EPSP が積み重ねられて膜電位が閾値を超えると，活動電位が発生する。一方，抑制性シナプスから信号を受け取ると過分極して膜電位が低下するため，活動電位は発生しにくくなる。

興奮と抑制の信号は細胞体で統合されている。

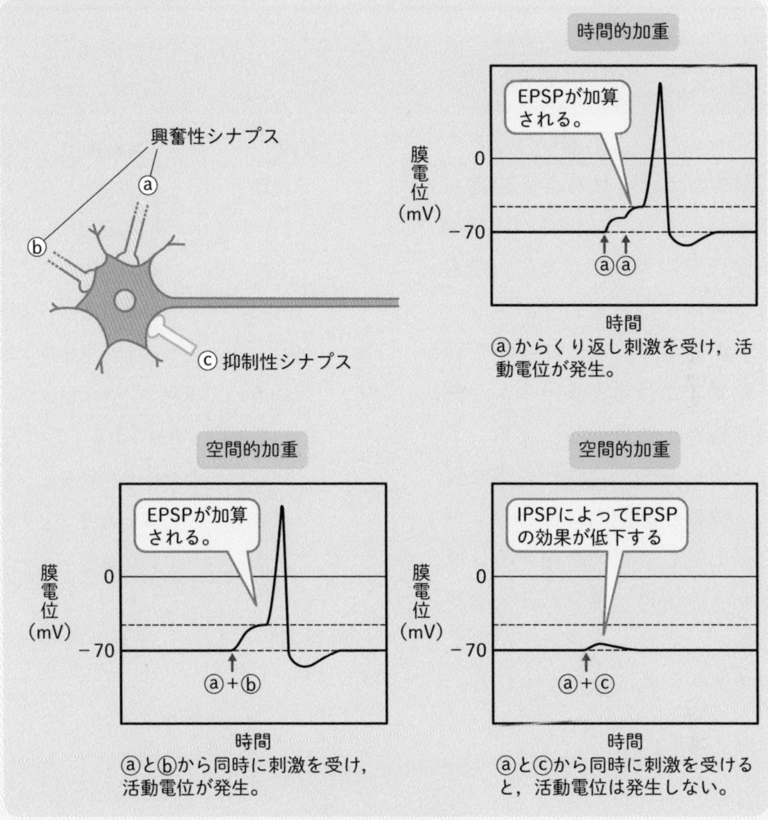

興奮性シナプス
ⓐ
ⓑ

ⓒ 抑制性シナプス

時間的加重

膜電位（mV）

EPSPが加算される。

0

−70

ⓐⓐ

時間

ⓐからくり返し刺激を受け，活動電位が発生。

空間的加重

膜電位（mV）

EPSPが加算される。

0

−70

ⓐ＋ⓑ

時間

ⓐとⓑから同時に刺激を受け，活動電位が発生。

空間的加重

膜電位（mV）

IPSPによってEPSPの効果が低下する

0

−70

ⓐ＋ⓒ

時間

ⓐとⓒから同時に刺激を受けると，活動電位は発生しない。

図 4-11　信号の統合

4 | 受容器と感覚

1 受容器

外界からの刺激は，眼や耳などの受容器で受け取られる。受容器には感覚細胞があり，感覚細胞には適刺激を受け取る受容体がある。受容体にはチャネル型とセカンドメッセンジャー型があり，チャネル型受容体は，刺激を受けるとチャネルが開き，感覚細胞が興奮する。セカンドメッセンジャー型受容体が刺激を受けると，情報が細胞内に伝わり，感覚細胞が応答して信号を発する。感覚細胞からの信号が感覚ニューロンに伝わると，感覚ニューロンが興奮して中枢神経系に伝わり，興奮の信号は中枢神経系で処理されて感覚が生じる。

	受容器	適刺激	感覚
眼	網膜	光（可視光）	視覚
耳	コルチ器官	音（可聴音）	聴覚
	前庭	体の傾き	平衡
	半規管	体の回転	感覚
鼻	嗅上皮	空気中の化学物質	嗅覚
舌	味蕾	液体中の化学物質	味覚
皮膚	接点（圧点）	接触による圧力	圧覚
	痛点	強い圧力・熱など	痛覚
	温点	高い温度	温覚
	冷点	低い温度	冷覚

2 光の受容と視覚

視覚は光の刺激で生じる。光に対する受容体をもつ感覚器を視覚器といい，眼は視覚器である。網膜には，光を感じる視細胞がある。視細胞の色素が光を吸収することによって光を感じ，光の情報は視神経を通って脳に伝えられる。感覚が生じるのは，興奮が感覚器から大脳へ伝えられるからである。眼に異常がなくても，視神経が切れたり，大脳の視覚を感じる部分が破壊されたりすると視覚は生じない。

A ヒトの眼の構造

ヒトの眼に入った光は，角膜と水晶体（レンズ）で屈折し，網膜上に像を結ぶ。視神経の束が眼球の外に出る部分では，視神経が網膜を貫いているため，網膜はない。網膜がない部分を盲斑といい，ここに結ばれる像は見えない。

ヒトの網膜の中心部は錐体細胞が多く黄色い色をしているため，これを<ruby>黄斑<rt>おうはん</rt></ruby>
という。黄斑は眼球の正面から入ってきた光が像を結ぶ位置にあり，視野の中心
部となる。

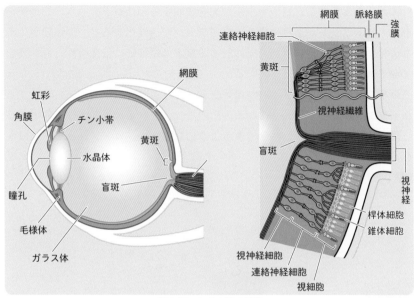

図4-12　ヒトの眼の構造

B 視細胞

　ヒトの視細胞には<ruby>桿体細胞<rt>かんたいさいぼう</rt></ruby>と<ruby>錐体<rt>すいたい</rt></ruby>
<ruby>細胞<rt>さいぼう</rt></ruby>がある。

●**桿体細胞**

・薄暗い所でよくはたらき，明暗の識
　別にかかわる。

・色の識別にはかかわらない。

・黄斑の周辺部に多く分布する。

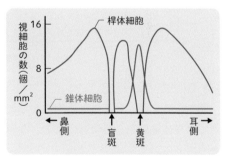

図4-13　視細胞の分布

補足 薄暗い所で見つめていても見えない
　　ものが，視線を少しそらすと見えることがある。それは，黄斑周辺にある桿体細胞が弱
　　い光でも反応するからである。

●**錐体細胞**

・明るい所ではたらき，色の識別にかかわる。

・黄斑部分にたくさん分布する。

桿体細胞には，感光物質（視物質）である**ロドプシン**が含まれている。ロドプシンはオプシンとよばれるタンパク質と，レチナールという物質からなり，レチナールが光を受容する。レチナールが光を吸収すると，レチナールの立体構造が変わり，ロドプシンが活性化する。ロドプシンが活性化すると，桿体細胞に電気的な変化が生じる。桿体細胞の光に対する反応は視神経に伝えられ，視神経を介して脳に信号が伝わり，光を感じる。

立体構造が変わったレチナールはオプシンから遊離するため，光を吸収するほどロドプシンが減少することになる。暗所では，遊離したレチナールの構造がもとに戻り，再びオプシンに結合できるようになるため，ロドプシンが再構成される。

補足 レチナールはビタミンＡからつくられる。ビタミンＡが欠乏するとレチナールが不足し，薄暗い所でものが見にくくなる夜盲症になる。

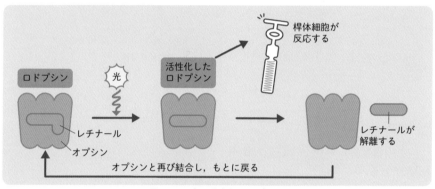

図 4-14　光の受容とロドプシン

D 明順応と暗順応

明るい所では，おもに錐体細胞からの情報によって視覚が生じる。一方，暗い所では桿体細胞からの情報による。なぜなら，錐体細胞は弱い光には反応しないからである。

暗い所から急に明るい所に出ると，最初はまぶしくてものが見えないが，やがて慣れて見えるようになる。これを**明順応**という。一方，明るい所から，急に暗い所に入ると，最初は真っ暗に感じてものが見えないが，やがて慣れて見えるようになる。これを**暗順応**という。暗順応と明順応にはロドプシンがかかわっている。

●**明順応**：急に明るい所に出るとまぶしく感じるのは，桿体細胞にロドプシンが蓄積していて，桿体細胞の感度が高くなっているからである。光が当たるとオプシンからレチナールが遊離するため，やがて桿体細胞の感度が低下する。その結果，明るさに慣れる。

●**暗順応**：明るい所では，オプシンからレチナールが遊離しており，桿体細胞の感度が低下している。そのため，急に暗い所に入るとものが見えなくなる。しばらく暗い所にいると，レチナールがオプシンに結合してロドプシンが蓄積される。すると桿体細胞の感度が高まり，薄暗くてもものが見えるようになる。

E 色彩感覚

　ヒトの錐体細胞には，青錐体細胞，緑錐体細胞，赤錐体細胞の３種類がある。それぞれの錐体細胞は，異なる波長の光を吸収するフォトプシン（視物質の１つ）をもつ。それぞれの錐体細胞が受け取った光の刺激は，視神経を介して脳に伝えられ，脳で刺激情報が統合されて色覚となる。たとえば，緑錐体細胞と赤錐体細胞が同程度に刺激を受ければ，脳は黄色と感じる。また，３種類の錐体細胞が同程度に刺激を受ければ，脳は白色と感じる。

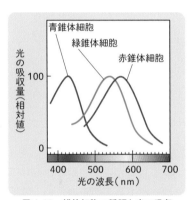

図4-15　錐体細胞の種類と光の吸収

補足 フォトプシンもロドプシンと同様にオプシンとレチナールからなる。

コラム　｜　**視神経の興奮**

　桿体細胞と視神経は，感覚神経の連絡神経細胞（正式名称は双極細胞）を介してつながっている。暗闇では，桿体細胞は神経伝達物質のグルタミン酸を放出しており，グルタミン酸を受け取った連絡神経細胞は静止状態を維持している。桿体細胞が光を受け取ると過分極になり，神経伝達物質のグルタミン酸の放出を停止する。グルタミン酸を受け取れなくなった連絡神経細胞は脱分極（興奮）し，連絡神経細胞の興奮は視神経に伝えられる。視神経の興奮は脳に伝えられ，視覚が生じる。

A　明暗の調節

　眼に入る光の量は，**虹彩**が**瞳孔**(ひとみ)の大きさを変えることによって調節
されている。虹彩には瞳孔括約筋と瞳孔散大筋があり，瞳孔括約筋の筋は瞳孔の
周囲を輪状に並び，瞳孔散大筋の筋は瞳孔から放射状に並んでいる。瞳孔括約筋
が収縮すると瞳孔が縮小し，瞳孔散大筋が収縮すると瞳孔が拡大する。

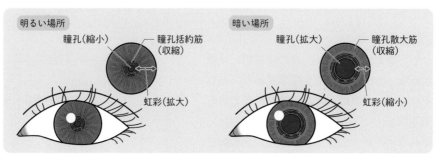

図 4-16　光量の調節

B　遠近の調節

　眼に入る光は，角膜と水晶体で屈折し，網膜上に像を結ぶ。水晶体と網膜の距
離は一定である。そのため，鮮明な像を見るには，**見る対象となる物の遠近によ
り，水晶体の厚みを変える必要がある。**水晶体の厚みが変わると光の屈折率を変
えることができる。

　水晶体の周囲には環状に毛様筋があり，毛様筋と水晶体はチン小帯で結ばれて
いる。弛緩している毛様筋では，環が大きくなり，チン小帯に張力がかかる。す
ると，水晶体は周囲に引っ張られ薄くなる。一方，収縮している毛様筋では，環
が小さくなり，チン小帯が緩む。すると，水晶体は自らの弾性によって厚くなる。

> **POINT**
>
> ● 遠くを見るとき，水晶体は薄くなる。
> ● 近くを見るとき，水晶体は厚くなる。

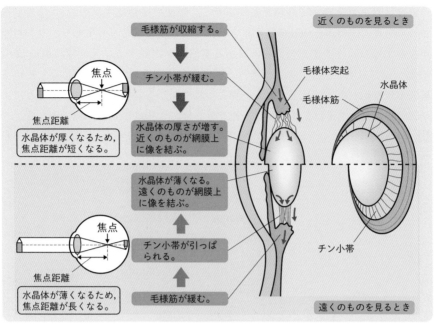

近くのものを見るとき

毛様筋が収縮する。

↓

チン小帯が緩む。

↓

水晶体の厚さが増す。近くのものが網膜上に像を結ぶ。

焦点

焦点距離

水晶体が厚くなるため、焦点距離が短くなる。

毛様体突起

毛様体筋

水晶体

水晶体が薄くなる。遠くのものが網膜上に像を結ぶ。

↑

チン小帯が引っぱられる。

↑

毛様筋が緩む。

焦点

焦点距離

水晶体が薄くなるため、焦点距離が長くなる。

チン小帯

遠くのものを見るとき

図 4-17　遠近調節のしくみ

4　耳と聴覚・平衡覚

A 耳の構造と聴覚

　ヒトの耳は外耳・中耳・内耳に分けられる。外耳は空気を伝わってくる音波を集め，中耳は鼓膜の振動を増幅して内耳に伝える。音を感じる感覚細胞である聴細胞は，内耳のうずまき管にある。また，内耳には体の傾き（重力覚）を受容する感覚器である前庭と，体の回転（回転覚）を受容する感覚器である半規管がある。

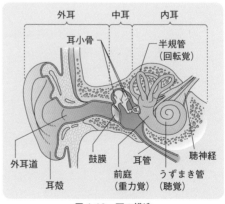

外耳　中耳　内耳

耳小骨

半規管（回転覚）

外耳道

耳殻

鼓膜

前庭（重力覚）

耳管

うずまき管（聴覚）

聴神経

図 4-18　耳の構造

音波は外耳道を通って鼓膜を振動させる。鼓膜の振動は中耳の**耳小骨**<ruby>耳小骨<rt>じ しょうこつ</rt></ruby>で増幅されて内耳に伝わる。内耳のうずまき管はリンパ液で満たされており，リンパ液が振動すると，うずまき管の内部にある基底膜が振動する。基底膜にある**コルチ器**には感覚毛をもつ聴細胞があり，聴細胞の感覚毛は**おおい膜**に接している。基底膜が振動すると感覚毛がおおい膜に触れて曲がる。感覚毛が曲がることにより聴細胞が反応する。この情報は，聴神経を経て大脳に伝わり，聴覚となる。

補足 聴細胞の一部がブラシのように飛び出ている部分を感覚毛といい，感覚毛が曲がると聴神経が興奮する。

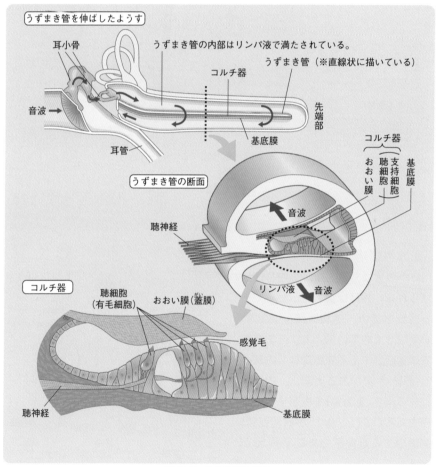

図 4-19　ヒトの聴覚器官

B 平衡覚

　内耳の前庭には体の傾きを感じるしくみがある。前庭の内部にも感覚毛をもつ感覚細胞があり，その上に炭酸カルシウムでできた**平衡石**(耳石)がのっている。体が傾くと，平衡石がずれて感覚毛が曲がり，感覚細胞が興奮する。

　半規管は互いに直交した３つの管をもち，管の基部には感覚毛をもつ感覚細胞がある。体が回転するとリンパ液が動き，それによって刺激を受けた感覚毛で回転を感知する。前庭も半規管も内部はリンパ液で満たされている。

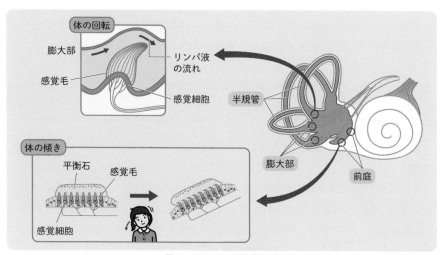

図 4-20　ヒトの平衡覚器官

参　考　音の高低の感覚

　うずまき管の基底膜は細長く，音の高低によって振動する場所が異なる。うずまき管の根元に近い基底膜は，１秒間の振動数が大きい(周波数が高い)高音で振動し，興奮は聴神経を介して高音を認識する聴覚中枢に伝えられる。一方，振動数が小さい(周波数が低い)低音では先端部が振動し，興奮は低音を認識する聴覚中枢に伝えられる。このようにして，音の高低が認識される。

5 | 神経系

1 神経系の構成

　受容器と効果器は神経系によってつながっている。脊椎動物の神経系では，ほとんどのニューロンが脳と脊髄に集中している。脳と脊髄をまとめて中枢神経系といい，情報処理の中枢を担う。また，中枢神経系以外の神経をまとめて末梢神経系という。末梢神経系は，中枢神経系とからだの末端を連絡している。

2 ヒトの脳

　脳は大脳，間脳，中脳，小脳，橋，延髄などに分けられる。

[大脳]

　大脳は左右の大脳半球に分かれており，脳梁が連結している。大脳の表面には大脳皮質が，内側には大脳髄質がある。ニューロンの細胞体が集まっている大脳皮質は，灰白色をしているため灰白質ともいう。また，軸索が集まっている大脳髄質は，白色をしているため白質ともいう。

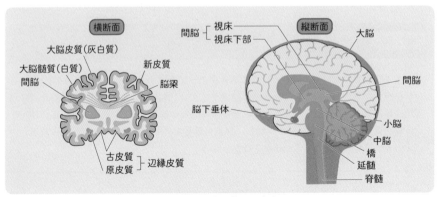

図 4-21　ヒトの脳のつくり

416

哺乳類の大脳皮質は，新皮質と辺縁皮質からなり，ヒトでは新皮質が発達している。新皮質には，学習や思考など高度な精神活動の中枢である連合野，感覚の中枢である感覚野，随意運動の中枢である運動野がある。辺縁皮質は原始的な大脳であり，感情や欲求などにかかわる。辺縁皮質から出る軸索は，間脳，中脳，橋，延髄からなる脳幹とつながっている。

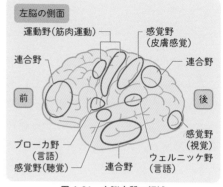

図 4-21　大脳皮質の領域

[間脳]

視床と視床下部からなる。視床は感覚神経の信号を中継して，大脳皮質に伝える。視床下部には自律神経系の中枢があり，内分泌系の調節にかかわる脳下垂体とつながっている。

[中脳]

姿勢の保持，眼球運動，瞳孔反射の中枢である。間脳と小脳を連絡している。

補足　瞳孔反射：光の量の変化などの刺激に対して瞳孔の大きさが変化する反射。

[小脳]

随意運動の調節や，体の平衡を保つ中枢である。スポーツの練習により，バランスが取れた滑らかな運動ができるようになるのは，小脳のはたらきによる。

[橋]

大脳からの信号を小脳に中継する。

[延髄]

呼吸運動や血液循環を調節する中枢であり，生命維持に重要なはたらきを担う。消化管の運動や消化液の分泌の調節，咳やくしゃみの中枢でもある。

3 神経回路の形成とシナプスの可塑性

A 神経回路の形成

　ニューロンは**神経幹細胞**から生じる。発生過程で生じたニューロンの軸索は，標的となる細胞に向かって伸び，シナプスを形成する。シナプスが形成されると，ニューロンは生存・成長にかかわる神経成長因子を標的細胞から受け取る。一方，適切な細胞とシナプスを形成しなかったニューロンは成長因子を受け取れず死滅する。このように，シナプスの形成や消失によって最適な神経回路が形成される。

B シナプスの可塑性

　神経回路の形成が一旦完了すると，大きな再編は起こらない。しかし，シナプスにおける興奮の伝達効率は，強化されたり減衰したりする。これを**シナプスの可塑性**といい，これが記憶や学習を可能にしている。つまり，**刺激が強くなることでシナプスの伝導効率が強化されれば記憶が形成され，刺激が低下してシナプスが消失すると忘れてしまう**のである。

●記憶

　1つのシナプス前細胞からの刺激の頻度が高くなり，シナプス後細胞の活動が継続すると，シナプス前細胞の軸索末端が分岐して複数のシナプスが形成される。また，複数のシナプスによる興奮の伝達が同時に起こることが頻繁にあると，個々のシナプスの伝達効率が強化される。→記憶が形成される。

●忘却

　シナプス前細胞からの刺激が低下するとシナプスが消失する。→忘れてしまう。

参考　記憶と海馬

　記憶には海馬とよばれる領域がかかわる。海馬は大脳の辺縁皮質の一部であり，大脳の深くに一対ある。受容器によって受け取られた日常的な刺激は電気信号となり，感覚神経によって信号が大脳に伝えられる。大脳に伝えられた信号は，大脳皮質連合野で統合・分析され，統合された信号情報はすべて海馬に入り短期記憶となる。海馬で保持された短期記憶は，時間とともに大脳皮質に保存され，長期記憶となる。

4 ヒトの脊髄

　脊髄は，受容器・効果器と脳を連絡し，興奮の中継として働く中枢神経系である。介在ニューロンや運動ニューロンの細胞体が髄質にあるため，脊髄は大脳と反対で，**皮質が白質，髄質が灰白質**である。

　脊髄の左右からは末梢神経の束が出ている。脊髄の腹側から出ている神経の束を腹根，背側から出ている神経の束を背根という。**運動神経は腹根を通り，感覚神経は背根を通る。**

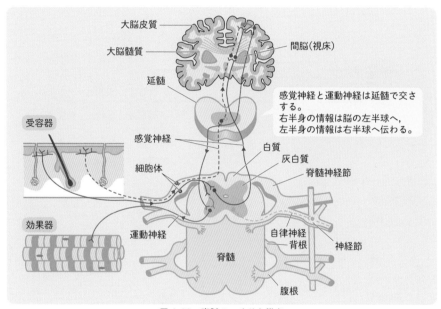

図 4-22　**脊髄のつくりと働き**

　受容器から中枢神経系に信号を伝える感覚ニューロンの細胞体は，背根の脊髄神経節にある。感覚を生じた大脳は運動ニューロンを介して効果器に信号を送り，行動などの適切な対応が可能となる。

5 反射

　無意識に起こる動作を反射という。膝下をたたくと足先が跳ね上がる膝蓋腱反射，熱いものに触れたときに思わず手を引っ込める屈筋反射などは，脊髄を中枢とする脊髄反射である。

　反射が起こる経路は，**受容器→感覚神経→反射中枢→運動神経→効果器**である。反射が起こるときに興奮が伝わる経路を反射弓という。反射には，自律神経による調節も含まれる。反射の中枢は，脊髄，延髄，中脳などにあり，**大脳を介さない。少ない数のシナプスだけを通る**神経回路であるため，速い反応が可能になる。

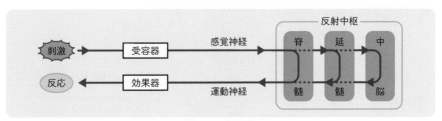

図 4-23　反射弓

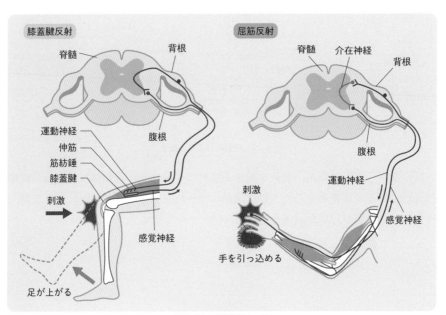

図 4-24　脊髄反射の例

420

6 | 効果器

受容した刺激に応じて動物は反応を示す。その際に働く器官が**効果器**である。効果器には筋肉やべん毛，繊毛などがある。汗腺やだ腺などの外分泌腺や，ホルモンを分泌する内分泌腺も効果器である。

1 筋肉

脊椎動物の筋肉には**横紋筋**（おうもんきん）と**平滑筋**（へいかつきん）がある。

●横紋筋
・骨格筋（腱（けん）を介して骨に付着）と心筋（心臓にある）がある。
・収縮の速度が大きく，発生する力も大きい。
・顕微鏡で観察すると，横じまが見える。

●平滑筋
・内臓や血管にある。
・収縮の速度が小さい。

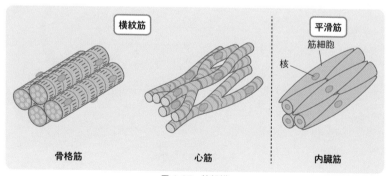

図 4-25　筋組織

　骨格筋を構成する筋細胞は多核であり，1個の細胞に数百個の核がある。多核の筋細胞を**筋繊維**とよぶ。筋繊維の中には，円柱状の構造が束になって詰まった**筋原繊維**がある。筋原繊維は収縮力の発生にかかわる。筋原繊維の中には，ミオシンフィラメント（太い繊維の束）と，アクチンフィラメント（細い繊維の束）が規則正しく配列されている。顕微鏡で観察すると，ミオシンフィラメントが束になって存在する領域は暗く見える。これを**暗帯**という。一方，ミオシンフィラメントが存在しない領域は明るく見えるため，**明帯**という。明帯の中央には**Z膜**とよばれる仕切りがある。Z膜とZ膜の間の領域を**サルコメア**（筋節）といい，サルコメアが単位となって筋収縮の力が発生する。筋原繊維は同方向に連なったサルコメアで構成されている。

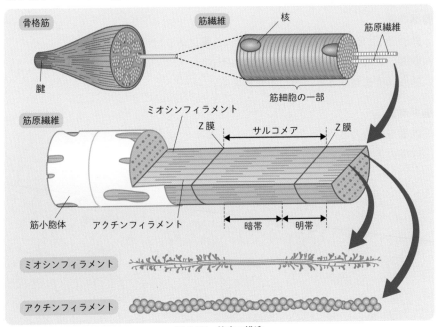

図 4-26　筋肉の構造

　筋肉が収縮することを**筋収縮**といい，筋収縮により運動が起こる。

　ミオシンは頭部でアクチンフィラメントに結合し，ATPのエネルギーを用いてアクチンフィラメント上を移動する。このとき，ミオシンフィラメントがアクチンフィラメントをたぐり寄せることになる。その結果，**サルコメアが短くなって筋肉が収縮する。**

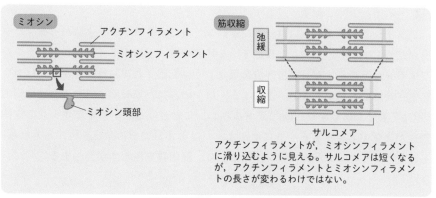

アクチンフィラメントが，ミオシンフィラメントに滑り込むように見える。サルコメアは短くなるが，アクチンフィラメントとミオシンフィラメントの長さが変わるわけではない。

図 4-27　筋肉のつくりと筋収縮

[筋収縮のしくみ]

①ミオシン頭部のATP分解酵素活性により，ATPがADPとリン酸に分解される。すると，ATPのエネルギーによってミオシン頭部の立体構造が変化する。（このとき，ミオシン頭部に力を発生させるエネルギーが蓄えられる。）

②構造が変化したミオシン頭部がアクチンフィラメントに結合する。

③ADPとリン酸がミオシン頭部から放出されると，ミオシン頭部の立体構造が変化し（ミオシン頭部に蓄えられた力のエネルギーが消費されて），ミオシンがアクチンフィラメントを手繰り寄せる。

④ミオシン頭部にATPが結合すると，ミオシン頭部はアクチンフィラメントから解離する。

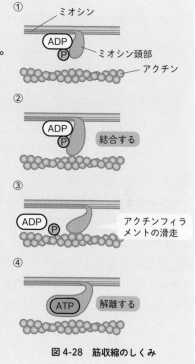

図 4-28　筋収縮のしくみ

C 骨格筋の収縮制御

アクチンフィラメントには，トロポニンとトロポミオシンとよばれるタンパク質が結合している。筋肉が弛緩している状態では，トロポミオシンは，アクチンフィラメントのミオシン結合部位を覆うように配置されており，ミオシンは力を発生させることができない。運動ニューロンの興奮が筋細胞に伝わると筋細胞内の Ca^{2+} 濃度が高くなり，Ca^{2+} がトロポニンに結合するとトロポミオシンの立体構造が変化する。すると，トロポミオシンはミオシンとの結合部位から外れる。そのため，ミオシンがアクチンに結合して，筋収縮を生む力が発生する。

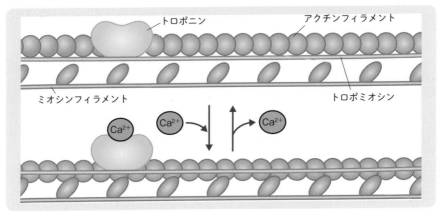

図4-29　カルシウムイオンによる筋収縮の調整

D 単収縮と強縮

脊椎動物から，運動神経が接続したまま取り出した骨格筋のことを，神経筋標本という。神経筋標本の神経に対し，瞬間的な刺激を一度だけ与えると，筋肉には 0.1 秒間ほどの弱い収縮が起きて弛緩する。このような 1 回の刺激で起きる収縮を**単収縮**という。一方，弛緩する前に次の刺激を与えることを繰り返すと，持続的な強い収縮が起こる。これを**強縮**という。強縮は運動神経から毎秒数十回の刺激を受けると起こる。骨格筋の収縮は強縮による。

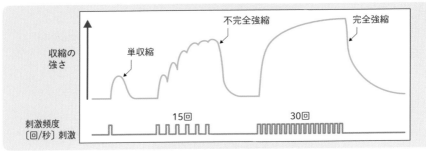

図4-30　さまざまな収縮

この章で学んだこと

　動物は環境からの刺激を受け取り，適切に対応して行動する。そのためにはニューロンの働きが大切となる。この章ではニューロンの働きや，環境への応答について学んだ。

1 刺激の受容と応答
❶ 刺激と応答　受容器が刺激を受け取り，効果器が応答する。
❷ 適刺激　眼なら光が，耳なら音が適刺激となる。

2 情報伝達と神経
❶ ニューロン　神経系の構成単位。細胞体,樹状突起,軸索からなる。感覚ニューロン，運動ニューロン，介在ニューロンがある。
❷ 神経繊維　軸索のこと。髄鞘の有無により，有髄神経繊維と無髄神経繊維に分けられる。

3 刺激とニューロンの興奮
❶ 静止電位　刺激を受けていないニューロンの膜電位。
❷ 活動電位　刺激を受けた部分の膜電位の変化。興奮として軸索を伝わる。
❸ 閾値　興奮が起こる最小の刺激。刺激の強弱で，興奮の発生頻度が変わる。
❹ 活動電流　興奮によって発生する微弱な電流。隣接部を興奮させる刺激となり，興奮を伝導。
❺ 伝達　シナプスで情報が伝えられること。一方向に伝わる。
❻ 神経伝達物質　アセチルコリン，ノルアドレナリン，γ−アミノ酪酸など。

4 受容器と感覚
❶ 光の受容　光は角膜と水晶体で屈折し，網膜上に像を結ぶ。
❷ 視細胞　桿体細胞(明暗の識別)と錐体細胞(色の識別)がある。

❸ ロドプシン　感光物質。明順応(暗い所から明るい所へ)と暗順応(明るい所から暗い所へ)にかかわる。
❹ 明暗の調節　瞳孔の大きさを変えることで光量を調節。例：明るい所では瞳孔括約筋が収縮→瞳孔縮小→光量減
❺ 遠近の調節　水晶体の厚みを変えることで，鮮明な像を網膜に結ぶよう調節。例：近いものを見るときは，毛様体筋が収縮→チン小帯が緩む→水晶体が分厚くなる→近くのものが像を結ぶ。

5 神経系
❶ 大脳　左右の半球を脳梁が連結。表面が大脳皮質，内側が大脳髄質。ヒトでは新皮質が発達。
❷ 脊髄　受容器・効果器と脳を連絡。運動神経は腹根，感覚神経は背根を通る。
❸ 反射　大脳を経由しない反応。膝蓋腱反射や屈筋反射は，反射中枢が脊髄にある脊髄反射。

6 効果器
❶ 骨格筋の筋細胞　筋繊維ともいう。筋原繊維が詰まっている。筋原繊維の中には，アクチンフィラメントとミオシンフィラメントが並ぶ。
❷ 筋収縮　ミオシンフィラメントがアクチンフィラメントを手繰り寄せるとサルコメアが短くなり，筋肉が収縮する。
❶ 刺激と筋収縮　弛緩前に次の刺激を加えることを繰り返すと，持続的な強い収縮(強縮)が起こる。

定期テスト対策問題 1

解答・解説は p.541

1 次の文章を読み，下の問い(1)(2)に答えよ。

神経系を構成する基本単位である神経細胞はニューロンとよばれ，細胞体，樹状突起，および軸索の三つの構造に大きく分けられる。他のニューロンからの情報は主に樹状突起で受け取られ，細胞体を経て(a)活動電位として軸索を伝導していく。軸索の末端は，次のニューロンの樹状突起などとシナプスにおいて連絡し，次のニューロンへと(b)情報が伝達される。このようにして，神経系で情報は処理されていく。

(1) 下線部(a)に関して，軸索には有髄神経繊維と無髄神経繊維の2種類があり，有髄神経繊維の方が，活動電位の伝導速度が速いことが知られている。この理由として最も適当なものを，次の①～⑥のうちから一つ選べ。

① 有髄神経繊維の興奮した部位は，しばらくは再び興奮できない。

② 静止状態においては，有髄神経繊維の外側は内側に比べ電位が正になっている。

③ 有髄神経繊維においては，ランビエ絞輪でのみ活動電位が発生する。

④ 閾値より強い刺激によって，はじめて有髄神経繊維に興奮が生じる。

⑤ 有髄神経繊維に活動電位が生じるとき，ナトリウムイオンが流入する。

⑥ 有髄神経繊維では，活動電位が両方向に伝導する。

(2) 下線部(b)に関して，シナプスで生じる化学的伝達のしくみについて，次の文章中の ア ～ ウ に入る語として最も適当なものを，下の語群から選べ。

活動電位が軸索の末端に到達すると，末端部にある ア が軸索の膜に融合し，内部に蓄えられていた イ が，シナプスの間隙に向かって放出される。 イ は，隣接するニューロンの樹状突起上などにある受容体(受容部位)に結合して， ウ の活性化による電位変化などを起こす。

〔語群〕

神経伝達物質　　ロドプシン　　シナプス小胞　　ホルモン

シナプス間隙　　ランビエ絞輪　　イオンチャネル

(センター試験　改題)

2 次の文章を読み，下の問い(1)(2)に答えよ。

　ヒトの骨格筋は　ア　という多核の細長い細胞が束状に集まって構成されている。1個の　ア　内には多数の　イ　が細胞の長軸方向に平行に並んでおり，さらに　イ　は，T管や大量の　ウ　を蓄えている筋小胞体によって取り巻かれている。　イ　を電子顕微鏡で拡大して観察すると，細い　エ　フィラメントと太い　オ　フィラメントが規則正しく配列している。骨格筋の収縮は，これらのフィラメントのはたらきによって起こる。

(1) 上の文章中の　ア　～　オ　に入る語として最も適当なものを，下の語群から選べ。

　〔語群〕

　　平滑筋　　　筋繊維　　　サルコメア　　　ミオシン　　　Na⁺　　　ATP

　　筋原繊維　　アクチン　　　Ca²⁺

(2) 下線部に関連して，次の図は，骨格筋内部の微細構造の一部を拡大して示した模式図である。図のa〜dのうち，筋収縮時に長さが短くなる部分を過不足なく含むものを，下の①〜⑧のうちから一つ選べ。

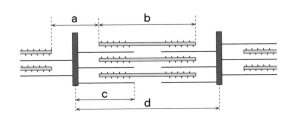

　①　a　　　　　　②　b　　　　　　③　c　　　　　　④　d

　⑤　a，b　　　　⑥　a，d　　　　⑦　b，c　　　　⑧　b，d

（センター試験　改題）

3 次の問いに答えよ。

　光の受容器であるヒトの眼は，物体までの距離に応じて水晶体の厚さを変え，焦点の位置を調節して網膜に像を結ばせる遠近調節のしくみをもつ。ヒトが遠くのものを見るときの毛様筋(毛様体)，チン小帯，および水晶体の変化の組合せとして最も適当なものを，次の①～⑧のうちから一つ選べ。

	毛様筋(毛様体)	チン小帯	水晶体
①	収縮する	緊張する	薄くなる
②	収縮する	緊張する	厚くなる
③	収縮する	ゆるむ	薄くなる
④	収縮する	ゆるむ	厚くなる
⑤	弛緩する	緊張する	薄くなる
⑥	弛緩する	緊張する	厚くなる
⑦	弛緩する	ゆるむ	薄くなる
⑧	弛緩する	ゆるむ	厚くなる

（センター試験　改題）

4 　ヒトのひざ関節のすぐ下を軽くたたくと，思わず足が跳ね上がる。これを膝蓋腱反射という。この膝蓋腱反射が起きる際の情報が伝わる経路として最も適当なものを，次の①～⑥のうちから一つ選べ。

① 筋紡錘 → 背根 → 脊髄 → 腹根 → 伸筋
② 筋紡錘 → 腹根 → 脊髄 → 背根 → 伸筋
③ 筋紡錘 → 背根 → 脊髄 → 延髄 → 脊髄 → 腹根 → 伸筋
④ 筋紡錘 → 腹根 → 脊髄 → 延髄 → 脊髄 → 背根 → 伸筋
⑤ 筋紡錘 → 背根 → 脊髄 → 大脳 → 脊髄 → 腹根 → 伸筋
⑥ 筋紡錘 → 腹根 → 脊髄 → 大脳 → 脊髄 → 背根 → 伸筋

（センター試験　改題）

Advanced Biology

第  章　動物の行動

1 | 生得的行動

　環境に対して，生物が反応したりはたらきかけたりする活動を**行動**とよぶ。行動には，動物が生まれながらに備えている定型的な行動である**生得的行動**と，生後の経験により可能となる**学習**がある。また，推理や洞察などの**知能行動**もある。これらの行動には神経系が深く関わっている。

1 かぎ刺激

　動物に生得的行動を起こさせる刺激を**かぎ刺激**という。**かぎ刺激を受けると，動物は常に決まった行動を起こす。**たとえば，イトヨとよばれる淡水魚の雄は，繁殖期になると腹部が赤くなり，自分の巣に別のオスが接近すると攻撃する。この攻撃行動は，腹部の赤色がかぎ刺激となっている。

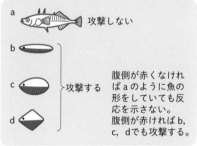

腹側が赤くなければ a のように魚の形をしていても反応を示さない。腹側が赤ければ b, c, d でも攻撃する。

図4-31　イトヨのオスのモデル

2 行動の連鎖

　かぎ刺激が生得的行動を引き起こし，その行動がさらなるかぎ刺激となって他の個体の生得的な行動を引き起こすことがある。このような**生得的行動の連鎖を引き起こす神経回路は，遺伝的にプログラムされている。**そのため，学習することなく，求愛のような社会性のある行動ができている。イトヨの求愛行動では，最初にかぎ刺激となるのは腹部が膨らんでいる個体である。これは「卵をもつ成熟した雌である」という信号になっている。かぎ刺激を受けた雄は求愛行動を始め，それに応じた雌は巣に入る。そして，産卵，放精と相互に連鎖的な行動が起こる。

補足　ショウジョウバエの求愛行動の連鎖も遺伝的にプログラムされている。雄のショウジョウバエの求愛行動のかぎ刺激は，雌の出現である。ショウジョウバエの雄は他の個体を見つけると，前脚で相手の腹部に触れてフェロモンの成分を調べる。同種の雌であることがわかると，求愛行動を始め，雄の求愛行動がかぎ刺激となって雌が応答して行動する。そして，雌の行動がかぎ刺激となって交尾行動が起こる。

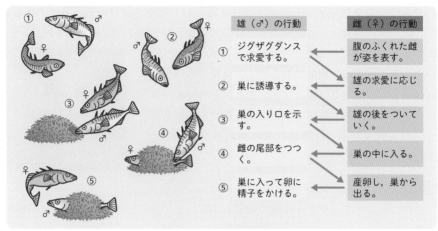

雄（♂）の行動

① ジグザグダンスで求愛する。
② 巣に誘導する。
③ 巣の入り口を示す。
④ 雌の尾部をつつく。
⑤ 巣に入って卵に精子をかける。

雌（♀）の行動

腹のふくれた雌が姿を表す。
雄の求愛に応じる。
雄の後をついていく。
巣の中に入る。
産卵し，巣から出る。

図4-32　イトヨの生殖行動

3　定位

　動物が刺激源に対し，特定の方向に体を向けることを定位という。定位には，刺激源に反射的に向かったり，遠ざかったりする走性や，鳥の渡りのように長距離の移動をともなうものもある。刺激に向かっていく走性を正の走性といい，遠ざかる場合を負の走性という。

　走性を引き起こす刺激には，光，化学物質，音波，電気などがある。ガやミドリムシは光に対して正の走性を示し，ミミズ，ゴキブリ，プラナリアなどは負の走性を示す。

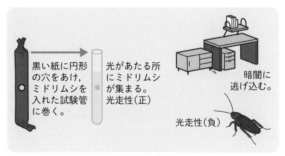

黒い紙に円形の穴をあけ，ミドリムシを入れた試験管に巻く。

光があたる所にミドリムシが集まる。光走性（正）

暗闇に逃げ込む。

光走性（負）

図4-33　走性

A　音源による定位

　音源が正面にあれば，音波は左右の耳に同時に同じ強さで届く。しかし，音源が正面以外にあると，音源に近い方の耳と遠い方の耳では，音波が届くタイミングにずれが生じる。また，頭部で音波が遮断されるため，音源の反対側の耳では届く音波が弱くなる。動物は，音波の届くタイミングのずれと音波の強度の差を，神経回路で分析して音源の位置を認識している。

メンフクロウは暗闇でも音源を頼りに定位して獲物を捕らえることができる。それは，耳の位置と，耳から入った音の信号を三次元の空間情報として統合・分析する神経回路によるものである。多くの動物では，左右の耳の位置が対称的であるが，メンフクロウの右耳は眼より下，左耳は眼より上にある。そのため，メンフクロウは水平方向ばかりでなく，垂直方向も含めた三次元的な音源の位置情報を認識することができる。

B 太陽の位置による定位

日中に渡りをする鳥は，太陽の位置を基準にして方向を認識している。太陽の位置情報をもとに定位するしくみを**太陽コンパス**という。たとえば，ホシムクドリは，アフリカ地中海沿岸やアラビア半島などで越冬し，春になるとヨーロッパに渡る。春の渡りの季節になると北西方向に定位する。ホシムクドリの北西方向の定位は太陽の位置を基準にしている。太陽は時間によって位置を変えるため，方角の基準にならないように思えるが，ホシムクドリは時間を認識して方向を補正している。実験的に，太陽に模した動かない光源がある籠にホシムクドリを入れると，1時間に約15度の角度で反時計回りに定位の方向を変える。夜間に渡りをする鳥は，北極星とその周辺の星の位置を基準にして定位する。このしくみを**星座コンパス**という。

C 地磁気による定位

伝書バトは太陽コンパスによって帰巣するが，曇りで太陽の位置がわからないときは地磁気を感知して飛ぶ方向を決めている。サケの遡上にも地磁気が使われる。地磁気を定位に利用する動物の内耳には，地磁気の受容にはたらく「壺のう」とよばれる部位がある。壺のうには鉄を含む耳石（→ **p.415**）があり，耳石が感覚毛を刺激して脳に信号を伝えるため，方角を認識できる。実験的に，伝書バトの壺のうの近くに磁石を埋め込むと，曇った日には帰巣できなくなる。

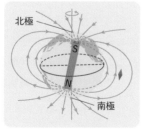

図4-34　地磁気

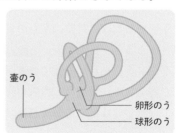

図4-35　鳥の耳石器

4 動物の社会性

同種の個体間の情報交換を**コミュニケーション**という。コミュニケーションには，**フェロモン**による誘引や警報，ミツバチのダンス，鳥のさえずりなどがある。

A フェロモン

体外に分泌され，同種の他の個体に作用して，特定の行動や生理的変化を引き起こす物質を**フェロモン**という。

表　フェロモンの例

フェロモン	動物	作用
性フェロモン	カイコガ	異性を誘引して交尾行動を起こさせる。
集合フェロモン	ゴキブリ	個体を集合させる。
警報フェロモン	アブラムシ，アリ	捕食者や侵入者などの危険を知らせる。
道しるべフェロモン	アリ	他個体を食物のある場所に導く。
女王フェロモン	ミツバチ	働きバチに作用し巣作りや養育をさせ，新たな女王の出現を抑制する。

B ミツバチのダンス

ミツバチの働きバチは，蜜や花粉が豊富にある場所(蜜源)をみつけると，巣に戻って仲間の働きバチに蜜源の方向と距離を尻振りダンスによって伝え，蜜源に誘導する。

●蜜源との距離とダンス

蜜源が近い場合(約 80 m 以内)
鉛直面で右回りと左回りを繰り返す円形ダンスを行う。円形ダンスには蜜源の方向の情報は含まれておらず，情報を受け取った働きバチは自ら近隣の蜜源を探す。

円形ダンス
(蜜源が近いとき)

8の字ダンス
(蜜源が遠いとき)

図4-36　ミツバチのダンス

蜜源が遠い場合
鉛直面で8の字ダンスを行う。8の字ダンスでは，羽音をたてて尻振りダンスをしならが直進した後，右回りまたは左回りをして8の字を描く。

ミツバチは，太陽の方向と重力の方向を基準に，尻振りダンスの進行方向で蜜源の方向を示している。蜜源との距離は単位時間当たりのダンスの回数で示され，回数が多いほど蜜源が近いことを意味する。巣にいた働きバチは尻振り

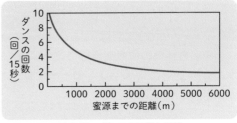

図 4-37　ダンスの回数と距離

ダンスをするハチの後をついて回り，蜜源の位置情報を認識する。

●蜜源の方向とダンス

・蜜源が太陽の方向にある場合：鉛直線の上方に向けて動きながらダンスをする（図①）。
・蜜源が太陽と逆方向の場合：鉛直線の下方に向けて動きながらダンスをする（図②）。
・蜜源が太陽の方向から右に 45 度の場合：鉛直線から右に 45 度の角度で上方に向けて動きながらダンスをする（図③）。

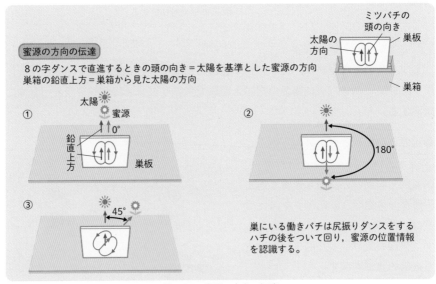

図 4-38　蜜源の方向の伝達

補足　曇った日は紫外線が少ないように思えるが，長波長の紫外線 UVA（320-400 nm）は可視光に比べて雲の透過率が高く，約 75％の UVA が雲を通過する。ミツバチは紫外線を受容する視細胞をもっているため，曇りの日でも太陽の位置を知ることができる。

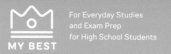

2 | 学習

　誕生した後の経験を記憶し，記憶によって状況に応じた行動をとるようになることを**学習**という。記憶には短期記憶と長期記憶がある。学習には神経回路のシナプスの可塑性(→ **p.418**)がかかわっている。

1 慣れ

　軟体動物のアメフラシは，背中にえらをもつ。そのえらにつながる水管で海水を出し入れし，呼吸している。この水管を刺激すると，アメフラシはえらを引っ込める反射運動(引っ込め反射)をする。水管に繰り返し何度も刺激を与えると，やがてえらを引っ込めなくなる。これは**慣れ**とよばれる単純な学習である。

　水管で感じた刺激を伝達する感覚ニューロンは，えらを引っ込める運動ニューロンとシナプスで接続しており，水管の刺激に応じてえらが引っ込む。しかし，繰り返し与えられる刺激が無害であると，感覚ニューロンの末端から放出される神経伝達物質の量が減り，**シナプスの伝達効率が低下**する。その結果，運動ニューロンが興奮しにくくなり，慣れが生じる。

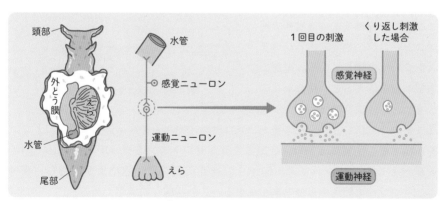

図 4-39　アメフラシの学習

　感覚ニューロンの興奮が続くと，感覚ニューロンのカリウムチャネルが活性化し，ニューロンが脱分極する時間が短縮される。脱分極の時間が短くなると，感覚ニューロンの軸索末端の電位依存性カルシウムチャネルの開口が抑制され，シナプス小胞からの神経伝達物質の放出量が減少し，運動ニューロンの興奮も抑制される。この状態が続くと，電位依存性カルシウムチャネルが不活性化したり，シナプス小胞の数が減少したりして刺激にさらに反応しにくくなり，慣れの状態になる。

2　脱慣れと鋭敏化

　慣れを起こしたアメフラシであっても，尾部に電気刺激を与えると，えら引っ込め反射が再び起こるようになる（脱慣れ）。また，尾部に強い電気刺激を与えると，通常では引っ込め反射を起こさないような弱い刺激を水管に与えた場合も，引っ込め反射を起こすようになる（鋭敏化）。脱慣れと鋭敏化には介在ニューロンが関係している。

　尾部の感覚ニューロンの軸索末端は，介在ニューロンとシナプスでつながっており，この介在ニューロンの軸索末端は水管の感覚ニューロンの軸索末端とシナプスを介して接続している。尾部に電気刺激を与えると，尾部からの感覚ニューロンの興奮が介在

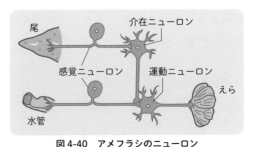

図4-40　アメフラシのニューロン

ニューロンに伝わり，介在ニューロンは軸索末端から神経伝達物質のセロトニンを放出する。感覚ニューロンの軸索末端がセロトニンを受容すると，Ca^{2+}の流入量が多くなってシナプス小胞からの神経伝達物質の放出量が増加し，運動ニューロンへの興奮の伝達効率が高まる。この状態が鋭敏化である。

補足　神経伝達物質の放出量の増加による鋭敏化は，刺激がなくなれば解消される短期記憶である。尾部への電気刺激をさらに続けると，新たなシナプスが形成される。感覚ニューロンと運動ニューロンを接続するシナプスの数が増えると，長期記憶となる。

3 連合学習

　複数の異なる感覚刺激を結び付けて学習することを**連合学習**という。連合学習には条件づけやオペラント条件づけなどがある。

Ａ 古典的条件づけ

　空腹なイヌに食べ物を見せると，無条件にだ液を分泌する。生得的に特定の行動を引き起こすかぎ刺激を**無条件刺激**といい，学習を必要としない。

　ベルの音を聞かせてから食物を与えることを繰り返すと，イヌはベルの音だけで唾液を分泌するようになる。このベルの音と唾液の分泌のように，**かぎ刺激とは無関係な刺激で学習行動を起こす**現象を**条件づけ**（古典的条件づけ）という。このように，特定の行動とは無関係な刺激であっても，かぎ刺激と組み合わされることにより，特定の行動が引き起こされる刺激を**条件刺激**という。

Ｂ オペラント条件づけ

　動物が起こす自発的な行動と，その結果生じる報酬や罰などの出来事が結びつく学習を**オペラント条件づけ**という。用語のオペラント（operant）は，心理学・行動分析学者による造語であり，操作する（operate）に由来する。

［ネズミをもちいたオペラント条件づけ］

　レバーを押すとえさが出る箱の中に，ネズミを入れておく。箱の中でネズミは動き回り，偶然にレバーを押す。すると，えさが出てくる。レバーはえさのかぎ刺激ではないが，偶然が重なると，**レバーを押すという自発的な行動と，えさという報酬を結びつける学習が成立**する。レバーを押すと報酬を受けられることを学習したネズミを，レバーを押すと電気ショックを受ける箱に入れると，レバーを押さなくなる。

［ミツバチをもちいたオペラント条件づけ］

　ミツバチが，蜜がある花の色を覚え，その色の花を訪れる行動は自発的行動である。青色の花に蜜があることを覚えさせたミツバチを，青色の花には蜜がなく，黄色の花に蜜がある環境におくと，やがて黄色の花を訪れるようになる。

3 | 試行錯誤と知能行動

A 試行錯誤

　ネズミは自分の周囲の空間情報を記憶することができる。迷路の奥にえさを置き，入り口にネズミを置くと，最初はなかなかえさにたどりつけない。しかし，繰り返すうちに道順を記憶して，最短距離でえさにたどり着けるようになる。このような，失敗を繰り返すうちに誤りが減っていく学習を試行錯誤という。

B 刷り込み

　ニワトリやカモは，ふ化したときに最初に見た動くものを親と認識して，その後を追うようになる。このような，生後間もなく覚え，長期間持続する学習を刷込み（インプリンティング）という。刷り込みが起こる時期は限られており，一定期間を過ぎると起こらなくなる。

　ある反応が起こる限定的な時期を臨界期（感受期）という。刷り込みは，ある刺激と，その刺激に応答する神経回路が構築されるタイミングが合うと成立する。臨界期を過ぎると神経回路を変更することはできない。

C 知能行動

　過去の経験をもとに未経験の問題を解決する行動を知能行動という。ネズミやイヌ，アライグマは，えさとの間に障害物があると，試行錯誤によって障害物を避けてえさにたどり着き，やがて迂回することを学習する。一方，大脳が発達したチンパンジーは，知能行動により，最初から迂回することができる。また，チンパンジーは，木の枝をシロアリの巣に差し込み，シロアリを取り出す道具として使う知能行動をする。

この章で学んだこと

　動物の行動には，生まれながらに備えている定型的な行動（生得的行動）と，生後の経験に基づく行動（学習）があることを学んだ。

1 生得的行動

❶ **生得的行動**　生まれながらに備えている定型的な行動。

❷ **かぎ刺激**　動物に生得的行動を起こさせる刺激のこと。

❸ **行動の連鎖**　かぎ刺激による生得的行動は連鎖的に起こることがある。

❹ **定位**　動物が刺激源に対して，特定の方向に体を向けること。メンフクロウは音源による定位により，獲物を捕まえている。

❺ **太陽コンパス**　太陽の位置情報をもとに定位するしくみ。

❻ **地磁気による定位**　曇っていて太陽の位置が分からない場合，伝書バトは地磁気を感知して飛ぶ方向を決める。

❼ **コミュニケーション**　同種の個体間の情報交換のこと。フェロモンによる誘引など。

❽ **尻振りダンス**　ミツバチが蜜源の位置を仲間の働きバチに伝える方法。蜜源が近いと円形ダンス，遠いと8の字ダンスをする。

2 学習

❶ **学習**　生後の経験を記憶し，状況に応じた行動をとるようになること。

❷ **慣れ**　無害な繰返し刺激によって生じる。例えば，アメフラシの水管に何度も刺激を与えると，やがてえらを引っ込める反射は起きなくなる。慣れはシナプスの伝導効率の低下によって起こる。

❸ **脱慣れ**　例えば，慣れを起こしたアメフラシの尾部に電気刺激を加えると，えら引っ込め反射がまた起きるようになる。

❹ **鋭敏化**　例えば，アメフラシの尾部に強い電気刺激を与えると，普通はえら引っ込め反射を起こさないような刺激を水管に与えた場合でも，反射を起こすようになる。鋭敏化はシナプスの伝導効率の強化によるものである。

❺ **連合学習**　複数の異なる感覚刺激を結び付けて学習すること。古典的条件付けなど。

❻ **無条件刺激**　生得的に特定の行動を引き起こすかぎ刺激のこと。

❼ **条件づけ**　かぎ刺激とは無関係な刺激で学習行動を起こす現象。

❽ **条件刺激**　かぎ刺激と組み合わされることにより，特定の行動が引き起こされる刺激。

❾ **オペラント条件付け**　動物が起こす自発的な行動と，その結果生じる報酬や罰などの出来事が結びつく学習。

❿ **試行錯誤**　失敗を繰り返すうちに，誤りが減っていく学習。

⓫ **刷り込み**　生後間もなく覚え，長期間に渡って持続する学習。

⓬ **臨界期**　ある反応が起こる限定的な時期。

⓭ **知能行動**　過去の経験をもとに未経験の問題を解決する行動。

定期テスト対策問題 2

解答・解説は p.542

1 　生物の環境応答に関する次の文章を読み，下の問い(1)(2)に答えよ。

　動物には，環境に応じて行動を変化させる，学習とよばれる能力がある。例えばアメフラシは，水管に触れられると鰓を引っ込める反射(鰓引っ込め反射)を起こすが，刺激が無害だと，(a)鰓引っ込め反射の反応は小さくなる。これは「慣れ」とよばれる。また空腹なイヌに肉片を見せると唾液を流すが，肉片を見せるのと同時にブザー音を鳴らすことを繰り返すと，やがてイヌは(b)ブザー音だけで唾液を流すようになる。これは「条件付け」とよばれる。慣れと条件付けは，いずれも神経系の機能の変化によって生じると考えられている。

(1) 　下線部(a)に関して，図は，一定の間隔で同じ強さの接触刺激を水管へ3回繰り返し与えた場合の，水管の感覚を伝える感覚ニューロンの反応(上段)，感覚ニューロンの興奮によって引き起こされる，運動ニューロンの電位変化(中段)，この運動ニューロンによって引き起こされる，鰓引っ込め反射の反応の大きさ(下段)を，それぞれ示している。図から導かれる考察として最も適当なものを，次ページの①～⑤のうちから一つ選べ。ただし，感覚ニューロンと運動ニューロンとは，単一のシナプスを介して連絡しているものとする。また，図の右側に示すように，上段および中段に示した反応と，下段に示した反応との時間の尺度は異なる。

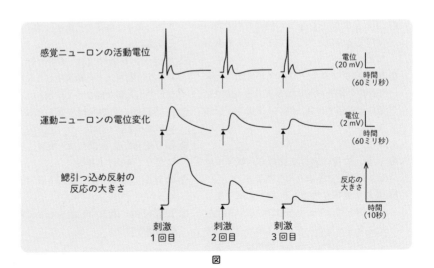

図

① 慣れが生じると，水管への一定の接触刺激に対する感覚ニューロンの反応は弱まる。

② 慣れが生じると，感覚ニューロンの一定の興奮に対する運動ニューロンの反応は弱まる。

③ 慣れが生じると，感覚ニューロンと運動ニューロンとのシナプスの伝達の効率は高まる。

④ 慣れが生じても，感覚ニューロンの一定の興奮が引き起こす鰓引っ込め反射の反応の大きさは不変である。

⑤ 慣れが生じると，感覚ニューロンの活動電位が生じる閾値は低下する。

(2) 下線部(b)に関連して，条件付けでは，異なった中枢の間の連絡に何らかの変化が生じたと考えられる。下線部(b)の条件付け反応が生じたしくみの考察として最も適当なものを，次の①～⑤のうちから一つ選べ。

① 味覚中枢と，唾液分泌の中枢との間に連絡路が生じた。

② 味覚中枢と，唾液分泌の中枢との間の連絡路が途絶えた。

③ 聴覚中枢と，唾液分泌の中枢との間に連絡路が生じた。

④ 聴覚中枢と，唾液分泌の中枢との間の連絡路が途絶えた。

⑤ 聴覚中枢と，味覚中枢との間の連絡路が途絶えた。

（センター試験　改題）

2 生得的な行動の例として適当なものを，次の①～⑥からすべて選べ。

① メダカは，水流に逆らって泳ぎ，同じ位置にとどまろうとする。

② ボボリンクという鳥は，地磁気や星座の位置を利用して渡りの方向を決定する。

③ チンパンジーは，木の枝を使って，アリ塚の中の蜜をなめることができる。

④ 餌場を発見したミツバチは，巣に戻り，ダンスを踊って餌場の位置を仲間に伝える。

⑤ メンフクロウは，暗闇の中で獲物の位置を正確に特定する。

⑥ 迷路中のネズミは失敗を繰り返すが，最終的には迷わずにエサにたどり着ける。

（立命館大　改題）

MY BEST

Advanced Biology

第 **3** 章　植物の
環境応答

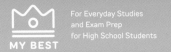
1 | 植物の生殖と発生

1 被子植物の配偶子形成と受精

　被子植物の生殖器官は花であり，多くの被子植物は1つの花の中におしべとめしべをもつ。雄性配偶子はおしべの花粉から生じ，雌性配偶子はめしべの胚のうから生じる。

A 花粉の形成

　花粉は，おしべのやくの中の花粉母細胞(2n)からつくられる。花粉母細胞は減数分裂を行って4個の細胞からなる花粉四分子(n)となる。花粉四分子は互いに分離して未熟な花粉となり，さらに不等分裂して，細胞質の多い花粉管細

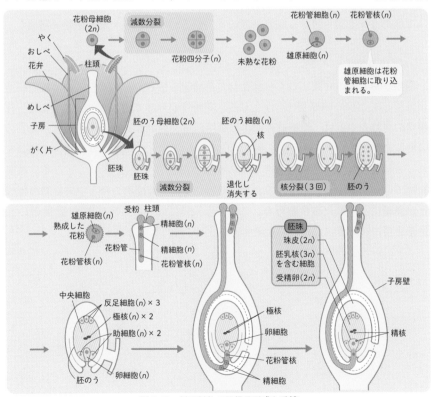

図4-41　被子植物の配偶子形成と受精

胞と，細胞質の少ない雄原細胞が生じる。雄原細胞は花粉管細胞の中に取り込まれ，成熟した花粉となる。

花粉母細胞→花粉四分子→花粉管細胞・雄原細胞→花粉

B 胚のうの形成

　卵細胞は胚のう母細胞からつくられる。胚のう母細胞($2n$)は，めしべの子房の中の胚珠にある。胚のう母細胞は減数分裂を行って4個の娘細胞(n)をつくる。娘細胞のうち，3個は退化して1個の胚のう細胞(n)が残る。胚のう細胞は連続した3回の核分裂を行ない，8個の核をもつ胚のうになる。胚のうの8個の核のうち，6個が細胞膜で包まれ，1個の卵細胞と，卵細胞を両側から挟むように2個の助細胞が生じ，その反対側に3個の反足細胞が生じる。残りの2個の核は，中央細胞の極核となる。中央細胞とは，胚のうの大部分の細胞質を含む細胞である。

胚のう母細胞→胚のう細胞→胚のう→卵細胞・助細胞・反足細胞・極核

C 重複受精

　花粉がめしべの柱頭につくと発芽して花粉管を生じ，花粉管の中では雄原細胞が分裂して2個の精細胞(n)が生じる。花粉管が伸びて胚のうに到達すると，花粉管の先端がやぶれ，精細胞が胚のうの中に放出される。胚のうの中で，片方の精細胞は卵細胞(n)と接合して受精卵($2n$)となる。もう一方の精細胞は細胞膜を失って精核となり，中央細胞の2個の極核と融合して胚乳核($3n$)となる。被子植物では，精細胞と卵細胞の接合（受精）のほかに，**精細胞の核と中央細胞の極核とが受精によく似た融合を行う**。これらは同時に起きるため，重複受精という。重複受精は被子植物に特有の現象である。

2 被子植物の胚と種子の形成

A 胚の形成

受精卵は最初の細胞分裂で，頂端細胞と，胚のうに接している基部細胞を生じる。頂端細胞は細胞分裂を繰り返し胚球となり，胚球は細胞分裂を続け，幼芽と子葉，胚軸，幼根がつくられる。

基部細胞は細胞分裂して胚柄となり，胚球と接している胚柄の細胞から根冠が生じる。根冠は根の先端部を構成する。胚柄のその他の部分は後に消失する。

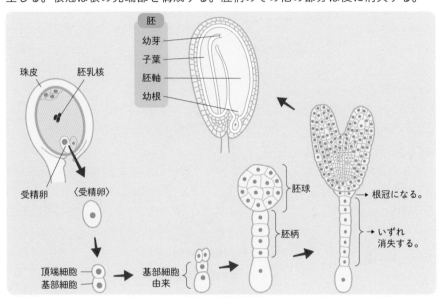

図 4-42　胚の形成

B 種子の形成

被子植物の中央細胞は受精すると，核分裂だけを繰り返して多核細胞になる。やがて，その一つひとつの核の周りに細胞膜が形成され，**胚乳**になる。胚乳は，胚の発生と発芽に使われる栄養分を貯蔵している。

発達した胚珠では，胚のうは何層もの細胞で包まれており，外側の 1～2 層を珠皮とよぶ。珠皮はやがて種皮となり，種皮の内部に胚と胚乳をもつ種子がつくられる。種子が成熟する過程で，胚の子葉に吸収されて胚乳が無くなくなる（**無胚乳種子**）植物と，胚乳が種子に残る（**有胚乳種子**）植物がある。子房壁は果皮になり，発達した果皮と種子を合わせて果実という。

エンドウ，クリ，ナズナの種子は無胚乳種子，カキやリンゴ，イネ，トウモロコシの種子は有胚乳種子である。

補足 イチゴの赤い可食部は茎の一部が成長したもので，花床(花托)といい，植物学上は果実ではない。表面にたくさん付いている種子のようなものが果実である。リンゴの可食部も果実ではなく，リンゴでは芯が果実にあたる。

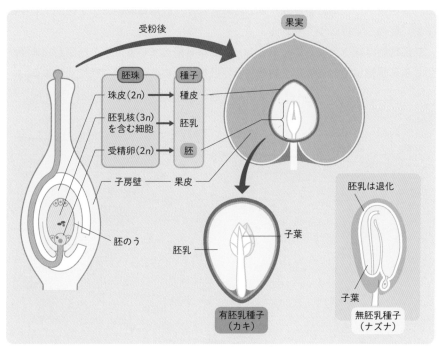

図4-43 被子植物の胚発生

POINT

● 精細胞(n)＋卵細胞(n) ⇒受精卵(2n)⇒(分裂・分化)⇒胚(2n)
● 精細胞(n)＋極核2個(n，n) ⇒胚乳核(3n)⇒(分裂・分化)⇒胚乳(3n) 種子

3 被子植物の器官形成

　植物は，細胞分裂が活発な分裂組織の細胞が増殖することにより成長する。分裂組織は未分化な細胞で構成されている。分裂組織には頂端分裂組織と形成層がある。被子植物は，葉，茎，根などの器官で構成され，成長すると生殖器官である花を形成する。

Ａ 頂端分裂組織

　植物の茎と根の先端にある分裂組織を頂端分裂組織という。茎の頂端分裂組織が茎頂分裂組織，根の頂端分裂組織が根端分裂組織である。これらの細胞が増殖することで植物体は長軸方向に成長する。茎頂分裂組織の周囲には葉の原基がつくられる。若い葉に囲まれた茎頂分裂組織を，まとめて芽といい，茎の先端にある芽が頂芽である。また，葉と茎の間に生じた芽を側芽といい，茎の一部の細胞が分裂して生じた茎頂分裂組織からつくられる。側芽が成長すると枝になる。地上部の植物体は，茎・葉・頂芽・側芽が単位となって形成される。

　種子の中にある幼根（→ p.445）は，発芽して成長すると主根になる。主根の先端には根冠があり，そのすぐ内側には根端分裂組織がある。主根の側部にある細胞が分裂して生じた根端分裂組織からは，側根がつくられる。

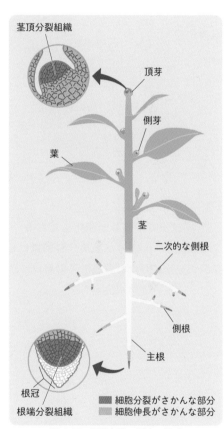

図 4-44　被子植物の器官の構成

側根の先端にも根冠がある。地下部の植物体は，主根と側根が単位となって形成される。

　被子植物の茎と根の木部と師部の間には，**形成層**とよばれる分裂組織がある。形成層の細胞が分裂して，木部や師部の細胞がつくられ，茎や根が肥大する。木部には道管があり，根から吸収した水が通る。師部には師管があり，葉などで合成された有機物が通る。

補足 師部と木部を合わせて維管束系という。

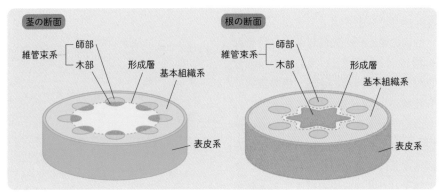

図4-45　茎・根の断面

C 花芽の形成

　花芽は頂芽や側芽が変化したものである。葉でつくられた花芽の形成を促進する物質（→ **p.451**）が茎頂分裂組織に移動し，受容体がその物質を受け取ると，花芽の分化にかかわる遺伝子の発現が誘導され，花芽が形成される。

2 | 植物の環境応答

1 刺激の受容と応答

　植物も動物と同様に，光，水，温度，重力など，環境からの刺激を受け取る。植物は刺激に応じて遺伝子発現を調節したり，細胞の活動を調節したりすることで，環境に応答している。植物の環境応答には，**植物ホルモン**が重要なはたらきをしている。

A 受容体

　光を受容するのは，**光受容体**とよばれるタンパク質である。植物の環境応答にかかわる光受容体には，赤色光や遠赤色光を受容する**フィトクロム**，青色光を受容する**クリプトクロム**と**フォトトロピン**がある。

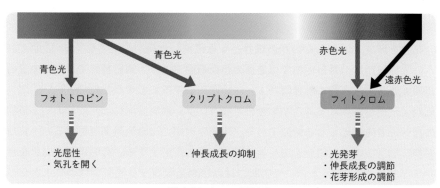

図4-46　3つの光受容体

B 植物ホルモン

　植物でつくられ，植物細胞の活動に影響をもたらし，発生や成長などを調節する生理活性物質を**植物ホルモン**という。植物は環境からの刺激に応じて植物ホルモンを合成し，環境に応答している。植物ホルモンにはオーキシンやジベレリン，アブシシン酸，エチレンなどがある。

補足 植物ホルモンの作用は，濃度やはたらく組織，器官によって異なり，濃度によって応答が促進されることも，抑制されることもある。

2　花芽形成の環境応答

被子植物の花は生殖器官であり，種の存続に不可欠である。植物は，ある特定の時期になると生殖器官のもとになる花芽をつける。花芽は，頂芽や側芽になる予定の芽が変化したものである。

A　光周性

春になれば日が長くなり，夜が短くなる。夏から秋にかけては，日が短くなり，夜が長くなる。生物がこうした日長の変化に反応する性質を光周性という。日が長くなると花芽を形成する植物を長日植物といい，日が短くなると花芽を形成する植物を短日植物という。実際には，長日植物，短日植物とも日の長さではなく，連続した暗期（夜の長さ）を認識している。日長や暗期に関係なく，ある程度まで成長すると花芽を形成する植物を中性植物という。アブラナやカーネーションは長日植物で，アサガオやキクは短日植物である。中性植物にはトウモロコシやトマトがある。

B　限界暗期と花芽の形成

花芽を形成するかしないかの境界となる連続した暗期の長さを限界暗期という。限界暗期は，**長日植物では最長の連続暗期であり，短日植物では最短の連続暗期**である。人為的に限界暗期より短い暗期にすることを長日処理といい，限界暗期より長い暗期にすることを短日処理という。連続暗期は，光周性のある植物の花芽形成のかぎとなる刺激である。暗期の途中で光を短時間照射すると，長日植物，短日植物とも暗期を短くした場合と同じ反応をする。このような効果を示す光照射を光中断とよぶ。光中断には赤色光を吸収する光受容体のフィトクロムがかかわっている。

  Q キクは短日植物で，本当は秋に咲く花ですよね。でも，キクの花は一年中売っていますよ。どうしてですか？

  A 長日処理によって開花を抑制し，出荷前に短日条件にすることで季節にかかわらずキクの花を咲かせることができているからです。このように栽培されたキクを電照菊といいます。

明　暗　周　期		長日植物	短日植物
明　期 〈限界暗期〉 暗　期		○	×
明　期 暗　期		×	○
明　期 〔光照射〕 暗　期		○	×
〔光照射〕 明　期 暗　期		×	○
←————— 24時間 —————→			

○：花芽を形成する。　×：花芽を形成しない。

Ⓒ 花芽形成を促進するフロリゲン

　植物は，日長が花芽形成に適しているという情報を受容すると，葉で**フロリ
ゲン**（花成ホルモン）とよばれるタンパク質を合成する。フロリゲンは花芽の分
化を促進するホルモンとして働く。葉で合成されたフロリゲンは師管を通って茎
頂分裂組織に達し，花芽の分化に必要な遺伝子の発現を調節する。その結果，茎
の頂端に花芽が形成される。

〈補足〉長日植物であるシロイヌナズナのフロリゲン（FT）は，長日条件で合成される。短日植物
　　　　であるイネのフロリゲン（Hd3a）は，短日条件で合成される。FT と Hd3a は，茎頂分裂
　　　　組織の細胞にある転写調節因子と複合体を構成して花芽形成遺伝子の発現を促進し，花
　　　　芽を形成させる。

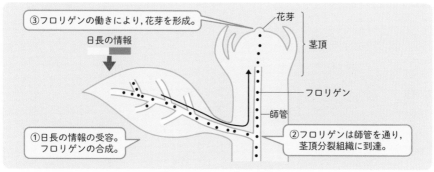

③フロリゲンの働きにより，花芽を形成。　　花芽

日長の情報　　　　　　　　　　　　　　　茎頂

　　　　　　　　　　　　　　　　　　　　フロリゲン

　　　　　　　　　　　　　　　　　　　　師管

①日長の情報の受容。　　　②フロリゲンは師管を通り，
　フロリゲンの合成。　　　　茎頂分裂組織に到達。

図 4-47　フロリゲンの働き

D フロリゲンの合成と移動に関する実験

　フロリゲンの実態が解明される前に，研究者はさまざまな実験を行って花成ホルモンが存在することを予想していた。短日植物のオナモミを使った実験を紹介する。

【オナモミの実験】

　短日植物のオナモミは，葉がないと短日処理をしても花芽をつけないが（①），1枚でも葉があると花芽をつける（②）。また，長日条件でも1枚の葉だけに短日処理をすると花芽をつける。二つに分かれた植物体において，片側の植物体の葉を短日処理すると，長日条件でも短日処理をした側の植物体は全体的に花芽をつける。しかし，茎から師部の一部を取り除くと，その部分より先では花芽をつけない（③）。これらの実験から，花成ホルモンは葉でつくられ，師管を通って茎頂に運ばれ，花芽の形成を誘導すると予想された。

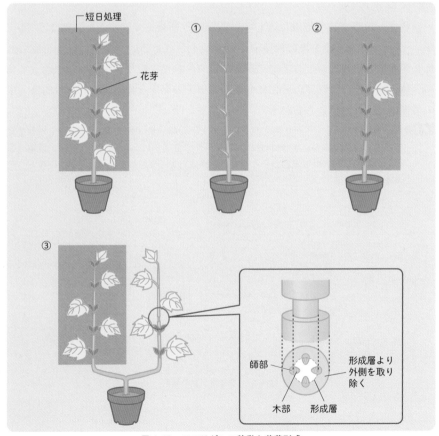

図4-48　フロリゲンの移動と花芽形成

E　春化

　花芽の形成には環境の温度も影響する。秋まきコムギは，秋に種子をまくと初夏に結実する。秋まきコムギが結実するには，一定の期間 10℃以下の環境にさらされる必要がある。秋まきコムギの種子を春にまくと，年内は結実しないが，種子を発芽させてから 10℃以下の気温に数十日間さらすと，花芽形成が促進されて結実する。このように，発芽した種子や，ある程度の大きさに成長した植物体が**低温を経験することで花芽形成が誘導される**ことを**春化**といい，春化をもたらす低温処理を**春化処理**という。

　春化には植物ホルモンのジベレリンがかかわっている。秋まきコムギにジベレリンを与えると低温にさらされなくても花芽が形成される。

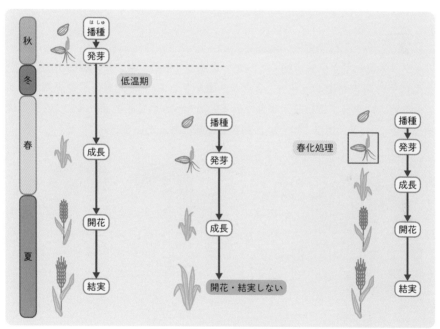

図4-49　秋まきコムギの春化処理

3 | 花器官の分化と遺伝子発現

被子植物の生殖器官は花である。花の形はさまざまであるが，基本的な構造は同じであり，外側から内側に向かってがく片，花弁，おしべ，めしべの順に同心円状に配置されている。花を構成するこれらの4つの単位をまとめて花器官という。花をつける条件が整うと，葉をつくる茎頂分裂組織から花器官が分化する。花器官の細胞分化には，A，B，Cとよばれる3つのクラスのホメオティック遺伝子がかかわる。この花器官形成機構のモデルを ABC モデルという。

1 ABC モデルのしくみ

Aクラス遺伝子が単独で働くと，がく片がつくられ，Aクラス遺伝子とBクラス遺伝子の両方が働くと花弁，Bクラス遺伝子とCクラス遺伝子の両方が働くとおしべ，Cクラス遺伝子が単独で働くとめしべがつくられる。また，Aクラス遺伝子とCクラス遺伝子は互いに働きを抑制しあっている。

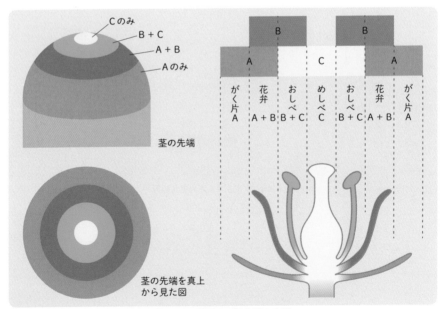

図 4-50 ABC モデルと茎の先端

参考 A，B，Cクラス遺伝子の突然変異

A，B，Cクラス遺伝子が突然変異により欠損すると，正常な花の構造が形成されなくなる。

●**Aクラス遺伝子の欠損** Aクラス遺伝子が発現していた領域1と2まで，Cクラス遺伝子の発現領域が広がる。その結果，領域1のがく片はめしべに変わり，領域2の花弁はおしべに変わる。

●**Bクラス遺伝子の欠損** 領域2の花弁ががく片に変わり，領域3のおしべがめしべに変わる。

●**Cクラス遺伝子の欠損** Cクラス遺伝子が発現していた領域3と4まで，Aクラス遺伝子の発現領域が広がる。その結果，領域3のおしべは花弁に変わり，領域4のめしべはがく片に変わる。

●**A，B，Cの3つのクラスの遺伝子がすべて欠損** 花器官は形成されず，葉が形成される。

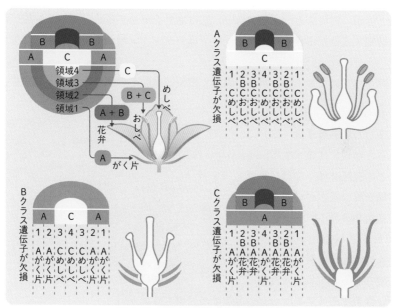

図4-51 遺伝子の欠損と花の突然変異

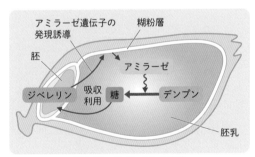

4 | 植物と発芽

　多くの植物の種子は成熟した後，いったん活動を停止し，発芽が抑制される。この状態を**休眠**という。休眠中の種子では，種皮は水や酸素をほとんど通さず，発芽や生育に不適当な時間を耐えたり，遠くに運ばれることが可能になったりする。休眠期間を経た種子は発芽できるようになる。

1 種子の休眠と発芽

A 休眠

　種子の休眠には，植物ホルモンの**アブシシン酸**がかかわる。種子が成熟する過程でアブシシン酸が蓄積され，アブシシン酸のはたらきで，種子は脱水されて乾燥と低温に耐性をもつようになり，胚は活動を停止する。アブシシン酸には発芽を抑制するはたらきもあるため，種子はアブシシン酸が減少するまで発芽しない。

　休眠から覚めた種子は，水分，温度，酸素濃度などの環境が整うと発芽する。

B 発芽

　乾燥した成熟種子は，水分に触れると物理的に吸水する。イネなどの有胚乳種子では，発芽の環境が整い吸水がはじまると，胚で植物ホルモンの**ジベレリン**が合成される。ジベレリンは胚乳を包む糊粉層にある受容体と結合する。すると，発芽に必要な酵素であるアミラーゼの遺伝子が発現する。

図 4-52　ジベレリンと発芽

　糊粉層から胚乳に分泌されたアミラーゼは，胚乳に蓄積されたデンプンを分解してマルトースにする。生じたマルトースにより浸透圧が高まり，種子の吸水が進む。マルトースはさらに分解されてグルコースが生じ，グルコースは胚に吸収されて成長のエネルギー源となる。その結果，胚が成長して発芽が起こる。

2　光と発芽の関係

A　光発芽種子

　レタス，タバコ，シロイヌナズナなどの種子は，**発芽に光を必要とする**。このような種子を光発芽種子という。光発芽種子は，水分や温度などの条件が適切でも，光が当たらないと発芽しない。小型で蓄えている栄養分が少なく，発芽後すぐに光合成を開始しないと枯れてしまうためである。

B　暗発芽種子

　光によって発芽が抑制される，または暗闇でも発芽する種子を暗発芽種子という。たとえば，乾燥地で育つカボチャは，光によって発芽が抑制される。乾燥地では，光の届く地表には水分がなく発芽に適さないが，光が届かない地中は水分がある。暗発芽種子は大型で種子に栄養分を蓄えており，光合成をしなくても芽を地表まで伸ばしたり，根を水分の多い地中まで伸ばしたりできる。乾燥地に生育する植物は，光によって発芽が抑制されるしくみを獲得した。

補足　暗発芽種子は，水だけあれば容易に発芽するように人為的に選抜された栽培植物に多い。
　　　エンドウやインゲンマメ，トウモロコシなどがこれにあたる。

3　光受容体

A　フィトクロムの2つの型

　光発芽種子の発芽には，光受容体の**フィトクロム**がかかわっている。フィトクロムには，赤色光吸収型（Pr 型）と遠赤色光吸収型（Pfr 型）の2つがあり，受け取る光の波長によって変化する。

　Pr 型が赤色光（660 nm 付近）を吸収すると Pfr 型になり，Pfr 型が遠赤色光（730 nm 付近）を吸収すると Pr 型に変化する。Pfr 型と Pr 型の変換は可逆的であり，何度でも変換できる。**Pr 型は不活性型で，Pfr 型は活性型である**。光発芽種子の発芽は，

図 4-53　フィトクロムの可逆的変化

Pfr 型のフィトクロムの増加によって起こる。Pfr 型は光発芽種子の発芽促進，伸長成長の抑制，花芽誘導などの生理活性をもつ。

補足　Pr 型：**P**hytochrome **r**ed photoreceptor
　　　Pfr 型：**P**hytochrome **f**ar-**r**ed photoreceptor

B Pfr 型のフィトクロムと発芽

　光発芽種子の胚が赤色光を受けると，胚の細胞中の Pfr 型が増える。Pfr 型は核の中に入ってジベレリンの合成にかかわる遺伝子の発現を促進する。ジベレリンが合成され，受容体に結合して核内ではたらくと，今度は発芽にかかわる遺伝子が発現して発芽が起こる。

C 遠赤色光による発芽の抑制

　赤色光は光合成に有効な波長の光であり，クロロフィル a と b によって選択的に吸収される。一方，光合成に利用できない遠赤色光は吸収されないため，薄暗い林の奥深くまでとどく。つまり，**遠赤色光は，発芽には適さない薄暗い条件下にあるという信号**となっている。

　遠赤色光（波長 730 nm 付近）が種子に当たると，赤色光の影響は打ち消され，発芽は抑制される。逆に，遠赤色光の影響は赤色光により打ち消される。そのため，**最後にどちらの光を受けたかによって発芽するか否かが決まる。**

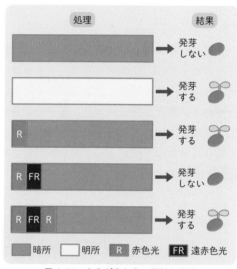

図 4-54　さまざまな光の照射と発芽

> ### コラム　｜　2000 年も休眠していた種子
>
> 　ハスでは 2000 年も前に実った種子が発芽して成長し，花を咲かせた例がある。このハスの種子は千葉県検見川遺跡の泥炭地層で発見された。地面の中で発芽せずに 2000 年もの間，休眠していたのである。発掘調査の指揮をとった大賀一郎博士の名前をとって，このハスは大賀ハスとよばれ，現在も咲き続けている。

5 | 植物の成長

1 植物細胞の伸長と肥大

　植物の細胞は，セルロースなどでできた細胞壁で囲まれている。細胞が成長するためには，細胞壁の構造がゆるむ必要がある。細胞が伸長するか肥大するかは，ホルモンの種類とセルロース繊維の方向によって決まる。

補足 セルロース繊維には，長軸方向に伸びにくい性質がある。

　オーキシンが適度な濃度で存在すると，細胞壁の構造がゆるみ，吸水が促進されて細胞が成長する。オーキシンは伸長と肥大の両方にかかわる。

　細胞壁のセルロース繊維は横方向と縦方向に並んでおり，**ジベレリン**がはたらくと横方向のセルロース繊維が増え，横方向の成長が妨げられる。そして，オーキシンの影響で**縦方向の成長が促進され，茎は伸長する**。日陰にある植物は，ジベレリンを合成して背丈を高くし，日陰から脱出する。

　エチレンがはたらくと縦方向のセルロース繊維が増え，縦方向の成長が妨げられる。そして，オーキシンの影響で**横方向に肥大成長し，茎は太くなる**。強い風を受けると，機械刺激によりエチレンの合成が促進されて茎が太くなり，風で倒れにくくなる。

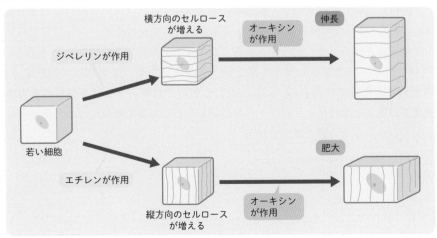

図4-55 植物細胞の伸長と肥大

　オーキシンには，遺伝子の発現調節を介する作用と，遺伝子の発現調節を介さない作用がある。遺伝子の発現調節を介する作用では，オーキシンは転写調節因子と結合して，オーキシン応答遺伝子の発現を調節する。遺伝子の発現調節を介さない作用には，オーキシン結合タンパク質 ABP1 (Auxin binding protein 1) がかかわり，ABP1 にオーキシンが結合すると，カリウムチャネルなどが活性化して細胞壁を酸性化し，細胞壁をゆるめることで細胞を伸長させると考えられている。

2　光による成長の調節

　発芽したばかりの植物体を芽生えという。暗所で育った芽生えの色は黄白色で，子葉は閉じ，茎は細長い。もやしがその例である。一方，明所で育った芽生えは緑色をしており，子葉が開き，茎は比較的短い。

　赤色光と青色光は光合成に有効な光であるが，茎の成長の調節にもかかわる。光合成に有効な光がある環境では，光を求めて急速に茎を伸長させる必要はない。遠赤色光は，光合成に使える波長の光がないことを意味している。そのため，遠赤色光がある環境では，茎を伸長させて光合成が可能な位置まで葉を到達させる必要がある。**赤色光と青色光は茎の伸長を抑制し，遠赤色光は促進する。**

　赤色光と遠赤色光は，環境応答にはたらく光受容体の**フィトクロム**（→ **p.449**）により吸収される。赤色光がある環境では，フィトクロムは活性型のPfr となり，遺伝子の発現調節を行って茎の伸長にかかわるオーキシンやジベレリンの量を減少させる。遠赤色光を受けたフィトクロムは不活性型の Pr となり，Pr はオーキシンやジベレリンの量を減少させないため，茎が急速に伸長する。青色光は光受容体の**クリプトクロム**にも吸収される。**クリプトクロムも青色光を受け取ると活性化し，**遺伝子の発現調節を行って茎の伸長にかかわるオーキシンやジベレリンの量を減少させる。

3 頂芽優性

頂芽が成長している間は，側芽の成長が抑えられる。この現象を頂芽優性という。**頂芽優性により，植物体は縦方向に成長し，より高く明るい場所に到達する**ことができる。

●オーキシンと側芽

オーキシンは頂芽でつくられ，茎の成長を促進する。その一方で，オーキシンは下方へ移動して側芽の成長を抑制している。頂芽を切断しても，茎の切断端にオーキシンを与えると，側芽の形成が抑制される。

●サイトカイニンと側芽

頂芽を失い，オーキシンの濃度が減少すると，側芽ではサイトカイニンがつくられる。側芽の細胞はサイトカイニンにより分裂が促進され，側芽が新たな頂芽になる。茎頂部を切断しなくても，側芽にサイトカイニンを与えると，細胞分裂が促進され，側芽が成長する。

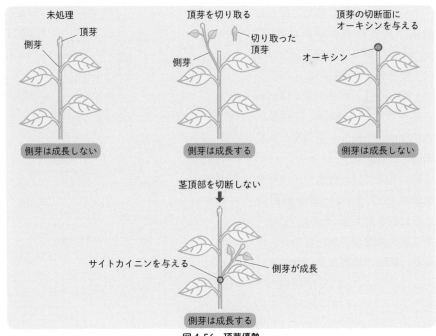

図 4-56　頂芽優勢

6 | 屈性と傾性

　植物は動物のようには動けないが，刺激を受けると，茎や根が曲がるなどの反応を示すことがある。この性質を屈性という。刺激源の方向に曲がる性質を正（＋）の屈性，刺激源の方向とは反対側に曲がる性質を負（－）の屈性という。たとえば，根は重力に対して正の屈性を示し，茎は負の屈性を示す。屈性には，重力屈性，光屈性，水分屈性，化学屈性，接触屈性がある。

1 オーキシンの極性移動

　屈性による屈曲の多くは細胞の成長をともない，細胞の成長の調節にはオーキシンの濃度がかかわる。オーキシンは主に茎頂でつくられる。茎頂で合成されたオーキシンは，茎の細胞を伝わって植物体の基部方向に，さらには根の根冠に向かって移動する。このような，方向性のある物質の移動を極性移動という。

　オーキシンの極性移動には，細胞膜にある輸送体がかかわる。オーキシン取り込み輸送体(AUX)は，細胞外から細胞内にオーキシンを取り込む。オーキシン排出輸送体(PIN)は，基部側の細胞膜にあり，オーキシンを茎頂側から基部側に送る。

　若い細胞では，重力や光の刺激を受けると PIN の一部が細胞膜上の位置を変える。その結果，オーキシンの濃度が不均一になる。すると，細胞の成長速度に差が生じ，茎や根が屈曲する。

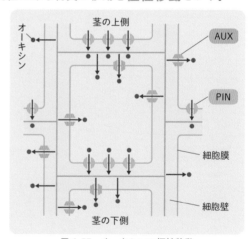

図4-57　オーキシンの極性移動

2 オーキシンに対する感受性

　オーキシンは細胞の成長を促進するが，一定以上の濃度では逆に成長を抑制する。オーキシンには，最も強い成長促進作用を示す最適濃度がある。器官によって適した濃度は異なり，一般に根＜芽＜茎の順に最適濃度は高くなる。

　根はオーキシンに対する感受性が高く，ほかの器官に比べて低い濃度で反応する。**茎の成長を促進する最適濃度では，根の成長は抑制される。**

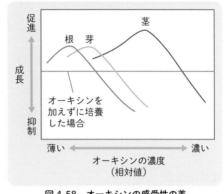

図4-58　オーキシンの感受性の差

3 重力屈性とオーキシン

　植物体を水平におくと，根は正の重力屈性を示し，茎は負の重力屈性を示す。重力の方向は，根では根冠の**コルメラ細胞**が，茎では内皮細胞が感受する。これら重力感受細胞の中には，**アミロプラスト**という細胞小器官がある。アミロプラストは周囲の細胞質よりも比重が大きいため，重力の方向に沈み，細胞膜に接する。すると，そちら側の細胞膜にオーキシ

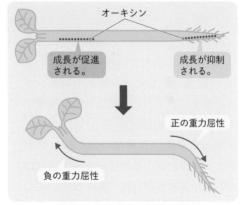

図4-59　オーキシンと重力屈性

ン排出輸送体（PIN）が移動する。その結果，重力方向にオーキシンが移動する。

●根の屈曲

　茎頂から運ばれてきたオーキシンの流れは，根冠で向きが反転する。根を水平におくと，コルメラ細胞でPINが重力方向に移動し，重力の方向（下側）のオーキシンの濃度が高く，上側では低くなる。**根ではオーキシン濃度が低い方が成長しやすいため，上側の方が伸びる。**その結果，根は重力方向に屈曲する。

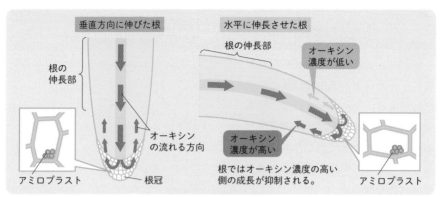

図 4-60　根の重力屈性

●茎の屈曲

　茎を水平におくと，内皮細胞で PIN が重力方向に移動し，重力の方向（下側）のオーキシンの濃度が高く，上側では低くなる。**茎ではオーキシン濃度が高い方が成長しやすいため，下側の方が伸びる。**その結果，茎は重力方向と反対側に屈曲する。

4　光屈性とオーキシン

　光屈性には青色光受容体の**フォトトロピン**がかかわる。フォトトロピンが青色光を吸収すると，茎頂付近の細胞のオーキシン排出輸送体(PIN)は，青色光が当たる側とは反対側の細胞膜に移動する。その結果，茎のオーキシン濃度は，青色光が当たらない側で高くなる。茎の細胞の成長を促進するオーキシンの最適濃度は高いため，オーキシン濃度が高くなると成長が促進される。その結果，茎は青色光の方向に屈曲する。

補足　青色光を含まない光は，光屈性にかかわらない。

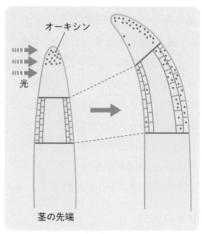

図 4-61　光屈性とオーキシン

5 傾性

　刺激の方向とは無関係に起こる植物の屈曲運動を傾性（けいせい）という。傾性には光傾性，温度傾性，接触傾性がある。

●光傾性

（例）・タンポポの花・ハギの葉：昼に開き，夜は閉じる

　　　・オオマツオイグサの花：夜に開く

　　　・ホウセンカ：夜になると葉が垂れ下がる（就眠運動）

●温度傾性

（例）・チューリップ：1℃温度が高くなると花が開く

　　　・クロッカス：0.2℃温度が高くなると花が開く

　光傾性と温度傾性による花弁や葉の開閉は，単なる開閉ではなく，花弁または葉柄（ようへい）の内側と外側の細胞の成長率の違いによる。**光傾性と温度傾性は成長中の花弁または葉柄のみにみられる。**

●接触傾性

（例）・オジギゾウ：手を触れると葉が折りたたまれる

　オジギソウの葉柄の基部や，小葉の基部には葉枕（ようちん）とよばれる組織がある。葉枕の細胞は内部に水を溜めこみ，かたい細胞壁の内側は圧が高まっている。この圧力を膨圧（ぼうあつ）といい，膨圧によって葉枕に機械的な強度がもたらされ，葉枕が葉や小葉を支えている。接触刺激を受けると，葉枕の下側の細胞は水を放出するため膨圧が下り，機械的な強度が低下して垂れ下がる。葉枕

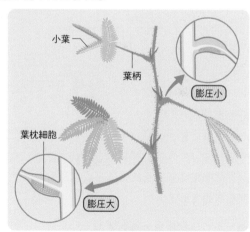

小葉

葉柄

膨圧小

葉枕細胞

膨圧大

図4-62　膨圧運動による屈曲

の下部の細胞の膨圧が高まれば，葉は再びもち上がる。**接触傾性の運動は成長をともなわず，運動は可逆的に起こる。**

7 | 果実の成長と成熟

A 果実の成長

　受粉によって種子植物に種子ができると，種子はオーキシンやジベレリンを合成して分泌する。これらの植物ホルモンは，子房壁にはたらきかけて果実の肥大成長を促進する。受粉しなくても，人為的にジベレリンをめしべに与えると，種なしの果実ができる。この性質を利用したのが種なしブドウの生産である。

補足 イチゴやリンゴなどバラ科の植物では，オーキシンやジベレリンが花床にはたらきかけて，果肉の成長を促進する。

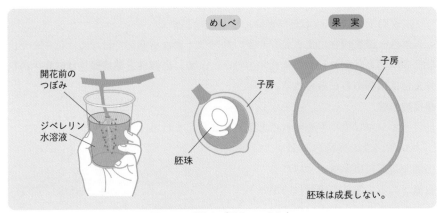

図 4-63　種なしブドウのつくり方

B 果実の成熟

　果実は，最初は緑色で硬い。しかし，やがて成熟して黄や赤に色づき，柔らかくなって甘くなる。果実が一定の大きさになると，**エチレン**が発生する。エチレンは果実の成熟を促進する。成熟した果実では多量に生成され，周辺にある果実を成熟させる。

●エチレンが作用するしくみ

　エチレンがエチレン受容体に結合すると，細胞内の情報伝達系がはたらき，エチレン応答遺伝子が発現する。すると，細胞の呼吸が促進され，細胞壁やデンプンの分解が起こる。その結果，組織が柔らかくなり，細胞内の糖の濃度が高くなる。エチレンを放出する果実は，自身がつくったエチレンにより急速に成熟する。

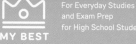
8 | 老化と落葉

　植物体の老化が始まるとエチレンの合成量が増える。エチレンは花や葉の老化を促進する。エチレンの作用により花はしおれ，枯れ，落花する。また，**アブシシン酸**も葉の老化を促進する。葉の葉柄の基部には離層とよばれる細胞層があり，葉の老化が進むと離層の部分から葉が脱落する。

●葉が落ちるしくみ

　若い葉では，オーキシンがはたらいてセルラーゼなどの遺伝子の発現を抑制しているが，葉が老化するとオーキシンの生成量が減り，葉が脱落する直前には離層で大量のエチレンが合成される。エチレンがエチレン受容体に結合すると，離層の細胞では細胞壁を分解する酵素であるセルラーゼなどの遺伝子が発現し，分解酵素のはたらきによって離層の細胞では細胞壁の結合力が弱くなり葉が脱落する。

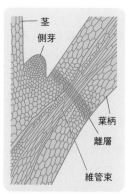

図 4-64　離層

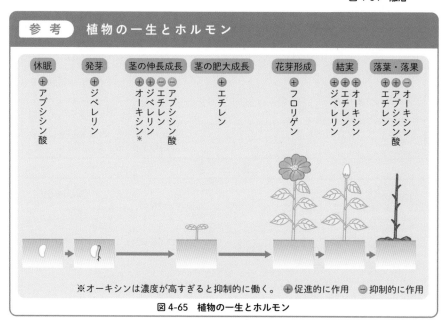

図 4-65　植物の一生とホルモン

9 | 気孔の開閉と環境応答

　維管束植物の葉の表皮には気孔がある。気孔は2個の孔辺細胞で囲まれている。孔辺細胞は細胞壁の厚みが不均一であり，湾曲した構造をしている。気孔は二酸化炭素の取り込みと，酸素の放出を行う。光合成をするためには気孔が開いている必要があるが，開くと蒸散により水分が失われる。そのため，環境の変化に応じて開閉するしくみがある。

●気孔が開くしくみ

　光合成に有効な青色光が当たると，青色光をフォトトロピンが吸収する。青色光を吸収したフォトトロピンは活性型となり，細胞内情報伝達系を介してカリウムイオンなどが孔辺細胞に流入する。すると浸透圧が高くなり吸水が起こる。吸水すると膨圧が高くなるため気孔は開く。

●気孔が閉じるしくみ

　乾燥するとアブシシン酸がつくられ，カリウムイオンなどが孔辺細胞から流出する。すると，孔辺細胞の浸透圧が下がり，水が流出して膨圧が下がる。その結果，気孔は閉じて水分の蒸散を防ぐことができる。

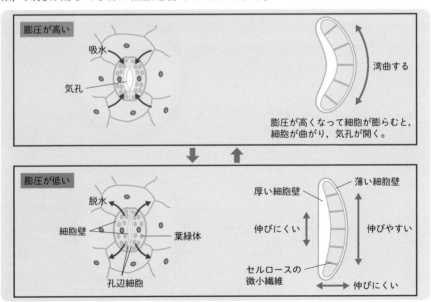

図4-66　気孔の開閉のしくみ

この章で学んだこと

植物の発生や環境応答のしくみについて理解を深めた。

1 植物の生殖と発生

❶ 花粉の形成　花粉母細胞→花粉四分子→花粉管細胞・雄原細胞→花粉

❷ 胚のうの形成　胚のう母細胞→胚のう細胞→胚のう　その後，卵細胞などが形成される。

❸ 重複受精　精細胞・卵細胞の接合（受精）と，精細胞の核と中央細胞の極核の融合が同時に起きること。

❹ 有胚乳種子　カキ・リンゴ・イネなどの種子は，胚乳が種子に残る。

❺ 植物の成長　頂端分裂組織と形成層の細胞が増殖することによって起こる。

2 植物の環境応答

❶ 光受容体　フィトクロム，クリプトクロム，フォトトロピンがある。

❷ 植物ホルモン　オーキシン，ジベレリン，アブシシン酸，エチレンなど。

❸ 光周性　生物が日長に対して反応する性質。

❹ 日長と花芽形成　長日植物も短日植物も，日長ではなく，実際は連続した暗期を認識して花芽の形成を判断。

❺ 限界暗期　花芽を形成するかしないかの境界となる，連続した暗期。

❻ 光中断　暗期を短くした場合と同じ効果をもたらす光照射。

❼ フロリゲン　花芽形成ホルモン。

❽ 春化　低温を経験することで花芽形成を誘導。ジベレリンが関与。

3 花器官の分化と遺伝子発現

❶ ABC モデル　花器官形成機構のモデル。ホメオテック遺伝子が関与。

4 植物と発芽

❶ 休眠　発芽や生育に不適当な時期を耐える。アブシシン酸が関与。

❷ 発芽　ジベレリンの合成→アミラーゼ遺伝子の発現→デンプンの分解→グルコースにより成長促進→発芽

❸ 光と種子　光発芽種子（発芽に光が必要），暗発芽種子（光で発芽が抑制）。

❹ フィトクロム　Pr 型は赤色光を吸収し，活性型である Pfr 型となる。

❺ 発芽抑制　遠赤色光が当たると，種子の発芽が抑制される。

5 植物の成長

❶ 伸長と肥大　オーキシン→伸長・肥大　ジベレリン→伸長　エチレン→肥大

❷ 頂芽優勢　側芽の成長を抑制し，植物体を縦方向に成長させる。

6 屈性と傾性

❶ 屈性　刺激によって曲がるなどする。屈曲にはオーキシンが関与。

❷ オーキシンの最適濃度　根＜芽＜茎の順に最適濃度が高くなる。

❸ 傾性　刺激の方向とは無関係に起こる屈曲運動。

❹ 膨圧　細胞壁の内側の圧力。接触傾性や気孔開閉に関わる。

7 その他

❶ 果実の成熟　エチレンが関与。

❷ 落葉　離層から脱落する。エチレンが関与。

❸ 気孔の開閉　膨圧が高いと開き，低いと閉じる。

定期テスト対策問題 3

解答・解説は p.542

1 次の文章中の ア ～ オ に入る語と数値を答えよ。

被子植物の有性生殖は，配偶子の接合によって行われる。おしべでは，1個の ア から減数分裂を経て花粉四分子が形成される。花粉四分子を構成する4個の細胞のそれぞれは，さらに細胞分裂を1回行って，大きな花粉管細胞と小さな イ に分かれ，やがて成熟した花粉になる。胚珠では，1個の細胞から減数分裂を経て，最終的に1個の ウ が形成される。 ウ は エ 回の核分裂を行い，これによって生じた核の一部は，卵細胞の核や中央細胞の核となる。このような過程を経た後に オ とよばれる被子植物に特有の受精が行われる。

(センター試験　改題)

2 植物の器官分化に関する次の文章を読み，問い(1)～(6)に答えなさい。

被子植物の器官は， ア ， イ ， ウ の3つに大きく分けられる。これらの構造は， イ と ウ の先端において，細胞が分裂することによってつくられる。 ウ の先端の エ 分裂組織からは ウ がつくられ， イ の先端の オ 分裂組織からは ア ， イ ，場合によっては(あ)花がつくられる。

植物は，(い)種子の段階ですでに， オ 分裂組織としてはたらく幼芽と， エ 分裂組織をもつ幼根をもっており，(う)発芽後，これらから植物体の新しい部分がつくられていく。

花を咲かせる時期になった植物では，花芽が分化するが，これは頂芽や側芽が変化したものである。(え)花芽分化は(お) ア で合成された花芽形成を誘導する物質が， オ 分裂組織に移動した後に オ 分裂組織の細胞内で核内に移動し，花芽分化に関係する一群の遺伝子の発現を誘導することで起こる。

(1) 上の文章中の ア ～ オ に入る適切な用語を答えなさい。

(2) 下線部分(あ)に関して，シロイヌナズナのような被子植物の花は，がく片，花弁，おしべ，めしべという4種類の器官から構成されている。これらの花器官の分化にはAクラス，Bクラス，Cクラスの遺伝子がかかわっている。花弁のかわりにおしべが，がく片のかわりにめしべが形成される変異体では，どの遺伝子の機能が失われていると考えられるか。最も適切なものを次の①～⑦の中から1つ選び，番号で答えなさい。

① A 　② B 　③ C 　④ AとB 　⑤ AとC 　⑥ BとC
⑦ AとBとC

(3)　下線部分(い)に関する次の文章中の　カ　に入る適切な用語を答えなさい。

　　イネ科やカキノキ科などでは，胚乳は種子の完成まで発達を続け，養分を蓄える。一方，マメ科やアブラナ科，ブナ科などでは，胚乳がそれほど発達せず，種子の完成までに消滅してしまい，栄養分は胚乳のかわりに　カ　に蓄えられる。

(4)　下線部分(う)に関して，光発芽種子の発芽を制御している光受容体の名称と，その光受容体が光照射によって活性化された際に合成が誘導されて発芽を促進する植物ホルモンの名称とをそれぞれ答えなさい。

(5)　下線部分(え)に関して，右の図に示した限界暗期を有する短日植物をA～Dの光周期で栽培する場合，花芽分化が起こる条件はどれか全て選びなさい。

(6)　下線部分(お)の名称を答えなさい。

（学習院大）

3　次の文章中の空欄　A　～　F　に適する語句を答えなさい。ただし，同じ語句があてはまることがある。また，①～③の［　］内のa，bからそれぞれ適切な語を選び，記号で答えなさい。

　植物にとって光は，さまざまな反応を行うシグナルとして利用されている。光を受容するタンパク質を光受容体といい，赤色光を受容するものや　A　色光を受容するものがある。

　種子の発芽などは赤色光によって促進されるが，光屈性や気孔の開閉などは　A　色光受容体である　B　からの情報によって生じる。光屈性では，　B　が　A　色光を感知すると，　C　の輸送タンパク質の分布が変わり，光の当たらない側へ　C　が移動する。これにより，光の当たらない側の成長が促進されて，光の方向への屈曲が起こる。

　また，暗所で育った芽生えの子葉は閉じたままで成長しているが，光が当たると，子葉が展開して緑化し，伸長成長が抑制される。このときの反応は，　D　という光受容体によって受容された　E　色光が関与している。

　赤色光と遠赤色光の光受容体は　F　で，Pr型とPfr型との間で分子構造が可逆的に変化する。光合成色素のクロロフィルは，赤色光を吸収するが，遠赤色光はほとんど吸収しない。このため，他の植物に覆われて陰になった場所で生育している植物は，①［a　赤　b　遠赤］色光を多く受け，②［a　Pr型　b　Pfr型］の割合が多くなり，茎の伸長が③［a　促進　b　抑制］されなくなる。これにより，日陰を回避できるようになると考えられる。

（名城大　改題）

Advanced Biology

第 **5** 部

生態と環境

第 **1** 章

個体群と
生物群集

1 | 個体群

1 個体群とは

　ある地域で生活しながら，互いに影響を及ぼし合う同じ種の個体のまとまりを
個体群という。個体群の考え方は，動物だけではなく植物にもあてはまる。同
じ種であっても，山や川などによって隔てられて交流がない個体どうしは，別々
の個体群にあるとみなされる。同じ個体群の個体間には，競争など，食物や繁殖
をめぐるさまざまな関係がある。

2 個体群を構成する個体の分布

　個体群を構成する個体は，密集していたり，散在していたりする。分布の様式
は，生物の種や環境によって異なり，分布の様式の違いにより集中分布，一様分
布，ランダム分布に分類される。

○集中分布
　個体群内の個体が特定の場所に集中している
分布。自然界で最も多い様式である。動物が生殖
行動のために集まる場合や，植物が生活するのに
適した場所がかたよっている場合などにみられ
る。

○一様分布
　個体群内の個体が一定の距離を保っている規
則的な分布。動物が縄張りをつくる場合などにみ
られる。

○ランダム分布
　個体群内の個体がランダム（でたらめ）に存在
している不規則な分布。風で散布されたタンポポ
やススキなどの種子が，発芽し成長する場合など
にみられる。

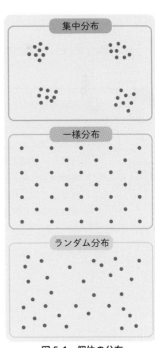

図 5-1　個体の分布

3　個体群の大きさ

　個体群の大きさとは，個体群を構成する個体数をいう。個体数を測定しようと
しても，生物の生息環境が広く数が多い場合は，実際に数を数えることは難しい。
そのようなときは，次の２つの方法で個体数を推定する。

A　区画法

　一定の面積の区画をいくつかつくり，その中の個体数を数えて地域全体の個体
の総数を推定する方法を区画法という。区画法は，植物や動きが遅い動物に用い
られる。区画法による個体数の推定は以下の式で表す。

$$全個体数＝区画内の個体数の平均値×\left(\frac{生息地の面積}{1区画の面積}\right)$$

B　標識再捕法

　行動範囲が広く，よく動く動物には，標識再捕法（ひょうしきさいほほう）が用いられる。標識再捕法
とは，捕獲したすべての個体に標識して放し，標識個体が十分に拡散した後，同
じ方法で個体を捕獲し，そこに含まれる標識個体の割合から個体数を推定する方
法である。標識再捕法による個体数の推定は以下の式で表される。

$$全体の個体数（X）＝最初に捕獲して標識した個体数×\frac{2回目に捕獲された個体数}{2回目に捕獲された標識個体数}$$

Q 標識再捕法を行うときに注意することはありますか？

A 標識は消えにくいものを使わないといけません。また，標識された個体の
行動と，標識されない個体の行動が同じである必要があります。１日の活
動時間や行動範囲が決まっている動物が多いので，最初の捕獲と２回目の
捕獲は，同じ時間，同じ場所で行ってください。個体の死亡，移入や移出
がおこらない調査場所を選ぶ必要もあります。

例 ある畑でモンシロチョウを 20 匹採集し，それぞれに標識をつけて放した。数日後，60 匹捕獲したところ，標識された個体は 8 匹であった。この畑のモンシロチョウの個体数（X）は，

$$X = 20 \times \frac{60}{8}$$

したがって，X＝150（匹）

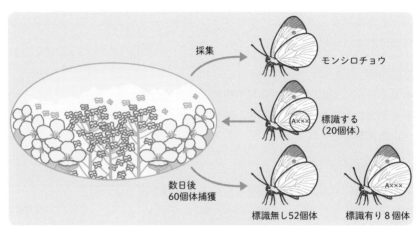

採集
モンシロチョウ

標識する
（20個体）

数日後
60個体捕獲

標識無し52個体   標識有り 8 個体

図 5-2 標識再捕法の例

コラム ｜ **視点によって異なる個体の分布様式**

　アホウドリやカツオドリなどの海鳥の多くは，繁殖期になると特定の島の特定の場所に高密度の集団繁殖地（コロニー）をつくり，子育てをする。島全体として見ると，コロニーが存在する領域は島の一部になるため，個体群の分布様式は集中分布となる。しかし，コロニーの中で見ると，雄が巣を中心に縄張り（→ **p.486**）をもち，しかも縄張りは非常に狭いため，個体は均等に分布するようになる。したがって，個体群の分布様式は一様分布となる。このように個体の分布は，視点によって異なる様式になる。

　アホウドリは，繁殖期以外は集団で暮らすことはなく，ベーリング海やアラスカ沿岸などの北太平洋に分散し，魚やイカ，オキアミを食べて，海上で単独で生活している。繁殖期の 10 月になると伊豆諸島の鳥島に戻り，つがいをつくって子育てをする。カツオドリも繁殖期の夏は伊豆諸島や，小笠原諸島などでコロニーをつくって繁殖するが，繁殖期が過ぎると太平洋，インド洋，大西洋の亜熱帯に広く分散し，魚やイカを食べて海上で単独で生活する。

2 | 個体群の成長

1 個体群の成長と競争

個体群を構成する個体数は，さまざまな要因によって変動する。どのような要因が個体群の成長に影響を及ぼすのだろうか。

A 個体群密度

ある生物が，一定の面積や体積の中に生息しているとき，単位空間あたりの個体数を示したものを個体群密度という。個体群密度は，個体群の特徴を考えるときに指標となる。

B 環境収容力

生活するのに必要な空間と食物などが十分あれば，個体数が増加し，個体群密度は高くなる。これを個体群の成長といい，その変化のようすをグラフで表したものを成長曲線という。

食物や生活空間に限りがないとき，ある環境下で生息する個体数は無制限に増加する（A）。しかし，個体群密度が高くなると，生活空間や食物をめぐる個体間の競争（種内競争）が激しくなり，生まれてくる子の数が減少したり，個体間の競争により死亡する個体が増加したりする。この結果，個

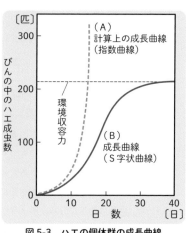

図5-3 ハエの個体群の成長曲線

体数は増加しなくなり，成長曲線は一定の値に近づいてS字状となる（B）。ある環境で存在できる最大の個体数を環境収容力という。

2　さまざまな密度効果

　個体群密度の変化にともない，個体群を構成する個体の発育や生理，形態などが変わることを密度効果という。例えば，キイロショウジョウバエを試験管内で飼育すると，個体群密度が低いときには親1匹あたりの産卵数が多いが，個体群密度が高くなると産卵数が少なくなる。これは密度効果によるものである。

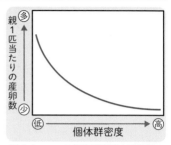

図5-4　ハエの個体群密度と産卵数の関係

A　植物の密度効果

　植物の成長や増殖には，光エネルギーや栄養塩類，水が必要であり，これらの資源は一定の環境空間では限られている。そのため，個体群密度が高くなると個体が得られる資源の量が少なくなり，生産量が減ったり種子の生産数が減ったりするなどの密度効果が生じる。

●最終収量一定の法則

　ダイズの種子を一定面積に密度を変えてまくと，発芽してまもなくは，密度の高い方が低い方より全個体の合計の重さは大きい。しかし，成長するにつれて，どの密度でも全個体の合計の重さは一定の値に近づく。また，発芽して時間が経過するにつれて，ダイズ個体の平均の重さは，密度が高い方が低い方より小さくなる。つまり，**密度が高い場合は個体の大きさは小さく，密度が低い場合は個体の大きさは大きくなる。**

　このように，種子をまいてから時間が経過すると，単位面積当たりの個体群全体の重さ(収量)は，種子をまいたときの密度に関係なくほぼ一定の値になる。これを最終収量一定の法則という。

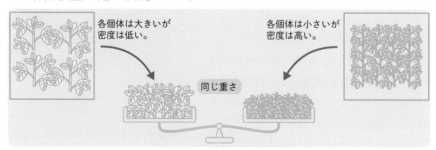

各個体は大きいが密度は低い。　　各個体は小さいが密度は高い。

同じ重さ

図5-5　最終収量一定の法則

B 動物の密度効果

　十分な食物と生活に必要な空間があれば，動物の個体群は成長するが，一定以上の個体群密度になると密度効果が生じる。密度効果が動物の行動や形態に現れる例がある。低密度で育った個体に現れる形質を**孤独相**といい，高密度で育った個体に現れる形質を**群生相**という。孤独相のトノサマバッタの成虫は，後肢は長く，翅は短い。また体色は緑色であり，草むらで飛び跳ねる暮らしに適している。一方，群生相のトノサマバッタの成虫は，後肢は短く，翅は長い。群生相のトノサマ

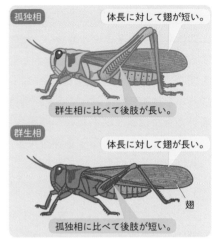

図5-6　トノサマバッタの孤独相と群生相

バッタは，過密になった個体群を飛び出し，長い距離を飛翔して分布域を広げることが可能になっている。

　このように，個体群密度によって生じる形態や行動の変化を**相変異**という。相変異を起こすバッタがみられるのは，年降水量の変化が大きいため，食物となる草の量が大きく変動する地域である。このような**相変異も，変動の大きい環境への生物の適応の例といえる。**

補足　バッタのほか，ヨトウガ，ウンカなども相変異を起こす昆虫として知られている。

C 個体群密度の変動

　野外において，気温や食料は一定ではなく，個体群密度は常に変動している。

　例えば，イギリスのカシワ林に生息するガのフユナミシャクの個体群密度の記録がある。カシワの葉を食べる幼虫が$1\,m^2$あたり500個体もいた年は，葉は食べつくされてカシワの林は衰退した。林が衰退すると食べ物が少なくなり，個体数が減少する。その結果，カシワの林は回復して多くの葉をつけるようになり，個体数は再び増加した。

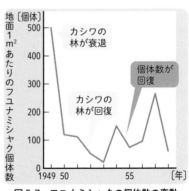

図5-7　フユナミシャクの個体数の変動

3 | 個体群の構造

1 齢構成と生存曲線

　個体群は，さまざまな年齢の個体から成り立っていることが多い。個体群の発育段階は，生殖期に至る前と，生殖期，それ以降に大きく分けることができる。生まれた時には数多くいた個体は，死亡により減少していく。

A 個体群の齢構成

　個体群がどのような発育段階（年齢）の個体から成り立っているか，発育段階ごとにその個体数分布を示したものを**齢構成**という。また，発育段階ごとに個体数を棒グラフにして重ねて図に示したものを**年齢ピラミッド**という。個体群の齢構成によって，その後の個体群の成長や衰退を予測することができる。

　いろいろな動物の個体群について齢構成を調べると，大きく３つに分けることができる。

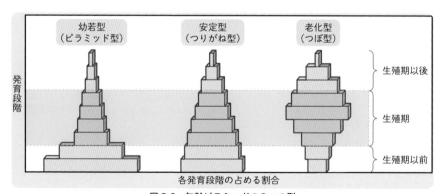

図 5-8　年齢ピラミッドの３つの型

●幼若型（ピラミッド型）

　出生率が高く，生殖期以前の個体数が多い個体群では，幼若型（ピラミッド型）になる。このような個体群では，個体数が増加することが予想される。

●安定型（つりがね型）

　出生率が幼若型より小さく，各齢の死亡率が寿命近くまでほぼ一定に保たれる

個体群では，安定型(つりがね型)になる。近い将来も個体数は大きく変化しないことが予想される。

●老化型(つぼ型)

安定型より出生率が低下した個体群では老化型(つぼ型)になり，将来的には個体数が減少することが予想される。

B 生命表と生存曲線

自然界の生物は，捕食や病気，食物の不足，環境の変化などで，多くの個体が親になる前に死亡する。産まれた卵や子，生産された種子が成長する過程でどれだけ生き残るかを示した表を**生命表**といい，これをグラフに表したものを**生存曲線**という。

下の表はガの一種であるアメリカシロヒトリの生命表で，右のグラフは，生命表をグラフで表した生存曲線である。これを見ると，幼齢・中齢の幼虫では死亡率が低く，老齢幼虫では死亡率が高いことがわかる。これは，幼齢・中齢の幼虫は巣網の中で生活するため，外敵から守られているのに対し，老齢の幼虫は巣網から出るため，鳥やアシナガバチによる捕食が増えるからである。また，蛹の時期は寄生バエにより死亡する個体も多く，成虫になるのはごくわずかである。

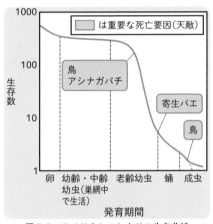

図5-9　アメリカシロヒトリの生存曲線

表　アメリカシロヒトリの生命表

	はじめの生存数	期間内の死亡数	期間内の死亡率(%)		はじめの生存数	期間内の死亡数	期間内の死亡率(%)
卵	4287	134	3.1	四齢幼虫	1414	1373	97.0
ふ化幼虫	4153	746	18.0	七齢幼虫	41	29	70.7
一齢幼虫	3407	1197	35.1	前　蛹	12	3	25.0
二齢幼虫	2210	333	15.1	蛹	9	2	22.2
三齢幼虫	1877	463	24.7	羽化成虫	7	7	100.0

C 生存曲線の3つの型

右のグラフは，さまざまな生物の生存曲線を模式的に示したものである。

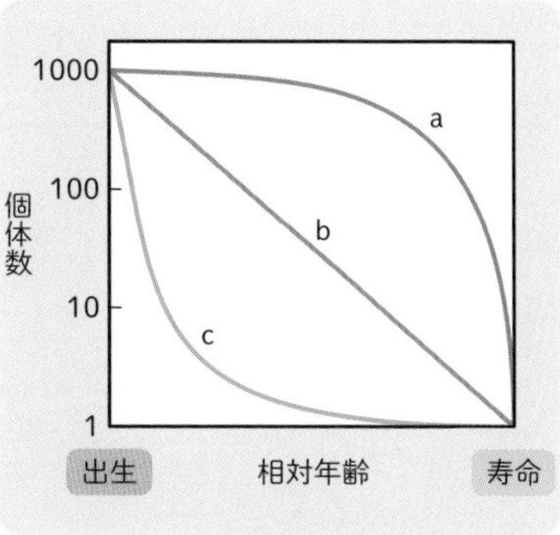

a 老齢期に死亡が集中する型（晩死型）

産卵・産子数が少ない生物に多くみられる。ヒトやサルなどの哺乳類に多い型である。親が子の保護をするため，幼齢期の死亡率が低い。

b 死亡率が一定の型（平均型）

小型の哺乳類や鳥類，は虫類に多くみられる。各時期における死亡率がほぼ一定している。

図5-10　生存曲線の3つの型

c 出生直後の死亡率が高い型（早死型）

産卵・産子数が多い動物に多くみられる。無脊椎動物や魚類に多い型である。出生直後は動きが遅いため，他の動物に捕食されやすいが，成長すると捕食から逃れることができるようになり，死亡率が低下する。

 Q 図5-10のグラフの縦軸も対数目盛ですか？

 A そうです。1から1000までの数字の変化をコンパクトに表すのに都合がよいですね。縦軸の数字は1000から1目盛り下がると1/10になります。グラフbは一定の割合（死亡率）で減少していることを意味します。

コラム　｜　**動物の卵の大きさと産卵数**

動物では，卵や子の大きさや数は，種によって異なる。雌が産卵（産子）に使えるエネルギーの量には限りがあるので，小さな卵（子）を産む場合には，1回に産める卵（子）の数が多くなり，大きな卵（子）を産む場合には，1回に産める卵（子）の数は少なくなる。

一般に，気候や食物量などの変動が激しい環境では，子の時期における死亡率が高い。したがって，小さな卵（子）を数多く産んで，広く分散させる小卵多産型が有利になる。これに対して，気候が温暖で安定し，得られる食物量も安定している環境や，一定の周期で季節が変化する環境で生活する動物では，大きな卵（子）を少数産んで大きな子に育て，子の競争力を高める大卵少産型が有利になる。大型の鳥類や哺乳類など，大卵少産型の動物は，子の生存をより確実にするため，親が子の保護を行う場合もある。

4 | 個体群内の相互作用

　生物は互いに影響を及ぼし合って生活している。互いに影響を及ぼし合うことを**相互作用**とよぶ。個体群において，同じ種の動物の個体どうしが，摂食や生殖において継続的に相互作用をしている場合，その関係を**社会性**という。

1 群れ

　動物には，同じ種の個体どうしが集まって，統制のとれた行動を取るものが多い。このような集まりを**群れ**という。動物は，群れをつくることによって，捕食者を早く発見したり，食物を効率的に得たりすることができる。また，求愛・交尾・育児といった繁殖活動が容易になるなど，利益を得ることができる。一方，群れをつくることによって個体どうしで食物を奪い合う種内競争が起きたり，病気が伝染しやすくなったりするような不利益もある。

●群れの大きさ
　群れには，利益と不利益がつりあう最適な大きさがある。最適な群れの大きさは，食物の量や外敵の有無などの環境によって変化する。
　群れが小さい場合は，個体間の争いは少ないが，一方で外敵を警戒するために使う個々の労力が大きい。群れが大きい場合は，個体間の争いが大きいが，外敵を警戒する労力が少ない。個体間の争いと外敵に対する警戒の労力の合計が最小になるときが，最適な群れの大きさとなる。

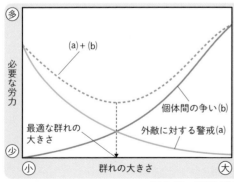

外敵に対する警戒(a)と個体間の争い(b)を示したグラフ。(a)と(b)の合計が最も小さくなる群れの大きさが，最適な群れの大きさとなる。

図 5-11　最適な群れの大きさ

Q 前ページの図で，群れの生物に対する捕食者が増加したときと，群れの生物の食物が不足したときでは，最適な群れの大きさはそれぞれどうなりますか？

A 外敵に対する警戒（a）と個体間の争い（b）の合計が最も小さくなるところが最適な群れの大きさとなります。この図では，（a）のグラフと（b）のグラフが交わる点です。捕食者が多くなれば，（a）のグラフは全体的に上に移動しますので，（a）のグラフと（b）のグラフが交わる点は右に移動します。したがって群れは大きくなります。食物が不足しますと，（b）のグラフは全体的に上に移動しますので，（a）のグラフと（b）のグラフが交わる点は左に移動します。したがって群れは小さくなります。

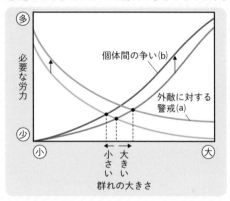

最適な群の大きさの変化

- ・捕食者の増加→群れが大きいほうがよくなる。
- ・食物の不足→群れが小さいほうがよくなる。

2 縄張り

A 縄張り

　動物の個体あるいは群れが，同じ種の他の個体や，ほかの群れを寄せつけず，積極的に一定の空間を占有することがある。このように，他の個体の侵入を防いでいる空間を**縄張り**（テリトリー）という。縄張りは，魚類・鳥類・哺乳類・昆虫類などで多くみられる。縄張りをもつ利点としては，縄張り内で効率的に食物や交配相手を確保できることなどがあげられる。

　シオカラトンボやカワトンボの縄張りは，交配相手を確保するためにつくられる。また，アユは河川の石に付着する藻類を食物としており，縄張りは，食物を確保するためのものである。

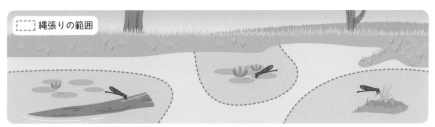

　　縄張りの範囲

図 5-12　カワトンボの縄張りの例

参考　アユの縄張り

　アユは，秋に河川の中下流域でふ化し，海に下って沿岸域で生活する。春になると，稚アユは河川を上る。中流域に到着した稚アユは，川底の石に付着する藻類を食べるようになる。このときに，1 匹ごとに縄張りをつくり，石に付着する藻類を確保する。しかし，アユの密度が高くなりすぎると，縄張りに侵入する個体が増え，縄張りを守ることができなくなる。その結果，群れをつくるアユの個体が増加することになる。

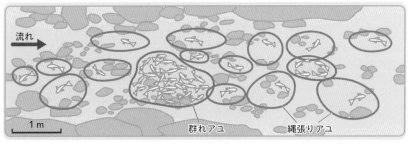

流れ

1 m

群れアユ　　　　縄張りアユ

図 5-13　アユの縄張り

B 縄張りの最適な大きさ

　縄張りが大きくなるほど得られる食物
（利益）は多くなる。しかし，縄張りの面積
が大きくなると，侵入者の数も多くなり，
縄張りを守るために必要な労力は増す。縄
張りが小さいと，得られる食物は少ないが，
縄張りを守るための労力は少ない。

　**縄張りは，縄張りを守るために必要な労
力を，縄張りから得られる利益が上回ると
ころで成立する。**縄張りから得られる利益

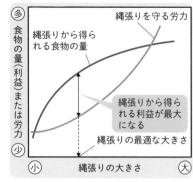

図 5-14　**縄張りの最適な大きさ**

から，縄張りを守る労力を差し引いた値が大きくなると，生息しやすくなり，そ
の値が最大になる縄張りの面積が，最適な縄張りの大きさとなる。

Q 右上の図で，個体群密度が大きくなると，縄張りの最適な大きさはどうな
りますか？

A 環境からは一定量の食物が供給されます。個体が食べる量はほぼ一定です
ので，縄張りから得られる食物の量は，縄張りがある程度広くなればそれ
以上多くなりません。個体群密度が大きくなると，食物をめぐって競争し
合う労力が大きくなり，縄張りから得られる利益は，左に移動します。し
たがって，縄張りは小さくなります。

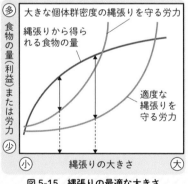

図 5-15　**縄張りの最適な大きさ**

●個体群密度が大きくなると…

　最適な縄張りの大きさは小さくなる。

3 動物の社会に見られる相互作用

A 順位制

　群れの中では，強い個体と弱い個体の優劣関係ができることで争いがなくなり，一定の秩序が保たれることが多い。このような関係を**順位制**といい，鳥類や哺乳類の群れでよくみられる。ふつう，順位の高い個体ほど交配の相手を見つけやすい。順位制はオオカミやサル，ニワトリなどにみられる。

B つがい関係

　動物が，繁殖のためにつくる雌と雄の関係を**つがい関係**という。一夫一妻制，一夫多妻制などさまざまな関係がある。一夫多妻制では，1頭または少数の雄が多数の雌と交配する。ライオンやゾウアザラシが一夫多妻制をとり，1頭の雄と，その交配相手の多数の雌およびその子どもからなる群れを**ハレム**という。ハレムをもつ雄は，侵入しようとする成体の雄を追い払う。ハレムをもつ雄は多数の子を残せるが，ハレムをもてない雄は子孫を残せない。

C 共同繁殖

　親以外の個体が，子に食べ物を与えたり，世話をしたりすることがある。このような繁殖様式を**共同繁殖**といい，おもに哺乳類や鳥類に見られる。共同繁殖にかかわる親以外の個体である**ヘルパー**は，血縁関係のある個体(姉，兄，おば，おじなど)のことが多い。例えば，鳥類では前年に生まれた子がヘルパーになる場合がある。ヘルパーによって巣立つ子の数が多くなるため，自分の子ではなくても，結果として自分と共通する遺伝子をもつ個体を多く残すことになる。

D 社会性昆虫

　ミツバチやアリ，シロアリは，母子や姉妹などの血縁関係にある個体が多数集まり，集団を形成している。このような集団を**コロニー**とよぶ。これらの個体群の中では，生殖を行う個体はごく少数であり，自らは生殖を行わず，血縁関係にある他個体の子を育てる個体もいる。集団で生活するうえで，繁殖や労働など，はっきりとした**分業**がみられる昆虫を**社会性昆虫**という。

女王バチ

働きバチ(ワーカー)

図5-16　社会性昆虫(ミツバチ)

●セイヨウミツバチの例

　セイヨウミツバチのコロニーは，卵を産む1匹の女王バチと多数の働きバチ（ワーカー），少数の雄バチからできている。働きバチはすべて雌で，巣づくり，花の蜜や花粉の収集，女王バチ・卵・幼虫の世話をする。雄バチは，女王バチと交尾を行うのみで働かない。このような分業をカースト制という。

> **コラム** ｜ **利他行動はどうして生じたのか**
>
> 　ある個体が，自分が不利益をこうむるにもかかわらず，他個体に利益を与える行動を「利他行動」という。イギリスの生物学者ハミルトンは，生物の個体にとって，自分の子を増やすことより，自分がもっている遺伝子を増やすことの方が重要であると考えた。自分が子を産まなくても，血縁関係のある兄弟や姉妹の子を多く育てれば，自分が子をつくるのと同じように，自分の遺伝子を残せるというのである。ミツバチのように，雄バチが一倍体(n)の種では，働きバチの姉妹間で共通する対立遺伝子は，平均すると75%になり，女王バチと働きバチの母娘間で共通する対立遺伝子の50%より大きくなる。つまり，自分の子を残すより，姉妹の世話をする方が自分と同じ遺伝子を多く残すことになる。こうして，利他行動が発達したものと考えられている。

> **Q** 雄バチはどのように生まれ，どんな一生を送るのですか？

> **A** 女王バチは未受精卵と受精卵を産み分けます。雄バチは未受精卵から生じます。雄バチは女王バチと一緒に巣から出て，交尾を試みます。交尾に成功した雄はすぐに死にます。交尾に成功しなかった雄バチは巣に戻り，巣の中で何もせずに暮らしますが，蜜や花粉が乏しくなると巣から追い出されて飢え死にします。
>
> 　一方，受精卵から生じるハチはすべて雌バチです。雌バチには，不稔の働きバチと女王バチがいます。雌バチにロイヤルゼリーが与えられると女王バチになります。

5 | 異種個体群間の関係

1 生物群集

　生物はさまざまな環境の中で互いに影響を及ぼしあっている。ひとつの種は個体群をつくり，別の種の個体群と影響を及ぼしあう。個体群の集団をひとまとめにして生物群集という。

　同じ場所で生活する異なる種の間には，食う・食われるの関係（→ **p.168**）や競争（→ **p.492**），共生（→ **p.498**）など，さまざまな関係がある。

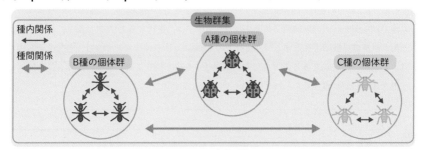

図 5-17　生物群集

2 被食者・捕食者の相互関係

　動物は，ほかの生物種を食べて生きている。食べるほうを捕食者といい，食べられるほうを被食者という。生態系の中では，被食者が捕食者に食べ尽くされることはなく，共存している。

　植物食性のハダニ（被食者）と，ハダニを食べる動物食性のカブリダニ（捕食者）を，ハダニの食物となるオレンジ数個を少しずつ間隔を空けて置き，一緒に飼育した。すると，それぞれ個体数を増やしたり減らしたりしながら，両種は共存していた。

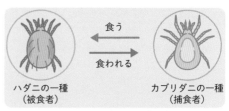

図 5-18　ハダニとカブリダニ

捕食者が被食者を食べると，被食者の個体数が減る。被食者の個体数が減ると，捕食者の食物が少なくなり，捕食者の個体数も減少する。捕食者の数が減ると，被食者が再び増加する。このように，捕食者と被食者の個体数は，周期的に変動する。

Q 被食者が，捕食者に食い尽くされる，ということもありますか？

A 被食者が捕食者に食べられると，被食者の数が減ります。そうすると，捕食者の食べ物が少なくなって，子の数が減ります。その結果，被食者は捕食されにくくなるので，食べ尽くされることはありません。万一，被食者が捕食者に食い尽くされると，捕食者の食べ物がなくなるため，捕食者もいなくなります。

　捕食者から身を守る被食者の適応〜擬態

　捕食者の存在は，被食者の形態や行動などに適応をもたらすことがある。ある種のチョウやガの翅は，木の幹や葉にそっくりな色や模様をしており，鳥などの捕食者に見つかりにくくなっている。また，毒針をもつハチや味の悪いチョウに似た形をすることで，鳥などの捕食者に食べられないようにしている昆虫もいる。このように，ある動物が，他の動物の形態に似た外見をしていることを擬態という。

POINT

● 捕食者と被食者は共存しており，被食者が食べつくされることはない。

異種間で，資源や生活空間をめぐって競争することを**種間競争**という。種間競争は，動物・植物の両方で生じる。

A 動物の種間競争

生活する場所や食物などが似ている異種間では種間競争が起こる。例えば，食物について競争関係にあるゾウリムシとヒメゾウリムシを，実験的に一つの容器で一緒に飼育したとする。すると，ゾウリムシの数は減少し，やがて絶滅する。ヒメゾウリムシは，ゾウリムシより体が小さく，少ない量の食物で生きられるため，ゾウリムシとの生存競争に勝つからである。このように，生活上の要求が似た種の間では競争が起こり，一方の種が同じ場所で共存できなくなることを**競争的排除**という。また一方，ミドリゾウリムシは，光合成によって有機物を得ることができる。そのため，ゾウリムシとミドリゾウリムシは競争関係になく，共存が可能である。

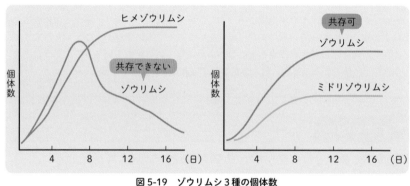

図 5-19　ゾウリムシ 3 種の個体数

B 植物の種間競争

植物にも，光や水，栄養塩類をめぐる種間競争がある。特に光は，生存と成長に不可欠なため，競争がはげしい。例えば，ソバと，ソバより草丈が低いヤエナリを別の場所に植えると，どちらも成長し個体数が増加する，ところが，ソバとヤエナリの集団を一緒に植えると，やがてヤエナリは激減する。これは，高い位置にあるソバの葉が光を吸収し，ヤエナリの葉まで十分な量の光が届かなくなり，ヤエナリが光合成をすることができなくなるからである。

4 生態的地位と共存

　それぞれの種は，生物群集の中で，生活空間や食物の確保，活動時間などにおいて，ある位置を占めている。ある種が占める，生態系の中の位置を**生態的地位**(ニッチ)という。

　生態系にはさまざまな生態的地位があり，生物はそれに応じて生きている。生態的地位の重なりが小さい種は，種間競争が少ないため共存できる。互いに似た生活様式をもつ生物は，生態的地位の重なりが大きいため，種間競争が激しくなり，共存することが難しい。

 POINT

　　生活する場所や食物などが似ていると，競争が起こる。しかし，生態的地位を少しだけ変えることで，共存が可能となる。

参考　間接効果

　食う・食われるの関係が，全く別の種の個体数の増減に対し，間接的に影響を与えることがある。このような影響を間接効果という。

　アブラムシがソラマメの植物体から汁を吸い，そのアブラムシをナナホシテントウが食べる。アブラムシがナナホシテントウに食べられて，アブラムシの数が減ると，アブラムシによるソラマメの食害が減る。これは，捕食者(ナナホシテントウ)が被食者(アブラムシ)を減少させることで，間接的に植物(ソラマメ)への食害を減少させる間接効果の例である。

ソラマメに群がるアブラムシ　　**ナナホシテントウ**

5 多様な種が共存するしくみ

A 生態的地位（ニッチ）の分割による共存

　生態系では，生態的地位の似た種が共存している場合がある。こうした種の間では，食物網や生活空間，活動時間など，利用する資源が大きく重ならないようになっていることがある。これを生態的地位の分割という。

●リスとムササビ

　リスとムササビは，同じ場所に生息し，どちらも同じ果実や葉を食物としている。しかし，リスは昼間に活動し，ムササビは夜間に活動することで生態的地位を分割している。そのため，共存が可能である。

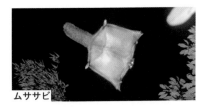
ムササビ

●モンシロチョウとスジグロシロチョウ

　モンシロチョウとスジグロシロチョウは，どちらの幼虫もアブラナ科の植物の葉を食べ，成虫は開けた場所で生活し，昼間に活動する。そのため，両種は生態的地位が重なり共存できないように見える。しかし，よく調べてみると，モンシロチョウの幼虫は，同じアブラナ科でもキャベツの葉を食べ，スジグロシロチョウの幼虫はイヌガラシの葉を食べる。また，スジグロシロチョウは，比較的陰になる場所を好む。このように，両種は，生態的地位を少しだけずらすことで共存している。

モンシロチョウ　　　スジグロシロチョウ

●すみわけ

　チーターとヒョウはどちらも肉食であるが，チーターは草原で生活し，ヒョウは林で生活するため，生活空間が分かれている。また，河川に生息するヤマメとイワナはどちらも川底に生えている藻をたべているが，ヤマメは河川の下流で生

活し，イワナは上流で生活するため共存できている。このように，生態的地位が近く，同じ食物を食べるが，異なる生活空間を分けることで共存することを特に**すみわけ**という。

参考　ダーウィンフィンチの種分化と形質置換

　南米のガラパゴス諸島に生息するダーウィンフィンチの祖先は，異なる環境に適応して14種に進化した。ダーウィンフィンチは，突然変異と自然選択によって，くちばしの太さや長さが変化したことにより，種によって昆虫や種子，サボテン，果実など，食物を食い分けて共存している。14種のダーウィンフィンチの中には，コガラパゴスフィンチとガラパゴスフィンチがいる。どちらも種子を食べ，似た生態的地位をもち，くちばしの形と大きさもよく似ている。ところが，2種が共存している島では，コガラパゴスフィンチのくちばしの高さは低く，ガラパゴスフィンチは高い。くちばしの高さが異なるように形質が変化したことで，異なる種子を食べるようになり，生態的地位がずれて共存が可能になっている。食物などの資源をめぐる競争で，競争を避けるように適応した結果，種の形質が変化する現象を形質置換という。このように，同じ種であっても形質置換は容易に起こり，形質置換によって獲得した形質は遺伝する。

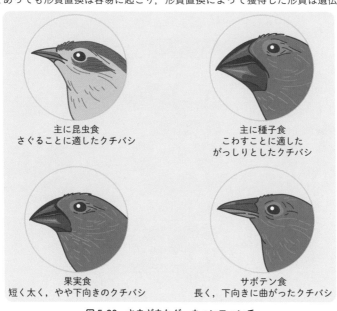

主に昆虫食
さぐることに適したクチバシ

主に種子食
こわすことに適した
がっしりとしたクチバシ

果実食
短く太く，やや下向きのクチバシ

サボテン食
長く，下向きに曲がったクチバシ

図5-20　さまざまなダーウィンフィンチ

B ニッチの分割をともなわない共存〜中規模のかく乱

　生態系が，火山の噴火や台風，山火事，河川の氾濫などによって破壊されることを**かく乱**という。かく乱の規模が大きい場所では，かく乱に強い種が多く見られ，かく乱が小さい場所では，種間競争に強い種が多く見られる。かく乱が中規模である場所では，かく乱に強い種，種間競争に強い種など多くの種が共存する。このように，中規模のかく乱により多くの種が共存するという考えを**中規模かく乱説**という。

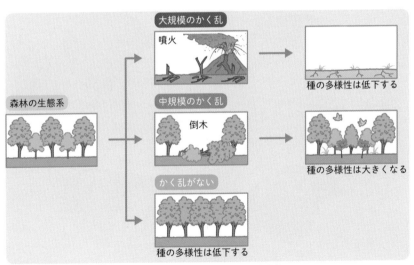

図 5-21　かく乱の規模と生物多様性

オーストラリアのサンゴ礁について，サンゴ礁の北側では，強い波によりサンゴ礁が破壊されてサンゴの被度が低くなり，サンゴの種数は少ない。一方サンゴ礁の南側では，波が弱いためサンゴ礁が破壊されることは少なく，サンゴの被度は高かったが，サンゴの種数は少なかった。このことから，波が強い場所ではかく乱に強いサンゴの種だけが生存し，波が弱い場所ではサンゴの種間競争に強い種だけが生存するといえる。つまり，サンゴの多様な種の共存には，適度な強さの波が深くかかわっていることがわかる。

◖c◗ 捕食者の存在による多種の共存

　ある生態系において，食物網の上位にあって，生態系のバランスを保つのに大きな影響をおよぼす捕食者がいることがある。このような生物種を**キーストーン種**という。北アメリカの岩礁の潮間帯（満潮と干潮の海面にはさまれた場所）では，図5-22のような食物網がみられる。この場所で，ヒトデを継続して除去する実験を行ったところ，生息する生物の種数は少なくなり，岩場のほとんどをイガイがおおうようになった。この結果から，この生態系では，ヒトデがキーストーン種であり，イガイをはじめとする多くの生物種をヒトデが捕食することで，イガイの増殖が抑制され，多様な生物種の共存が可能になっていたと考えられる。

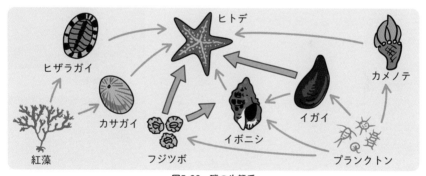

図5-22　磯の生態系

6 さまざまな共生

　異なる種の生物が密接な結びつきをもって生活する関係を共生という。共生している生物が，互いに利益を受けている場合を相利共生といい，片方のみが利益を受けている場合を片利共生という。共生のうち，片方は利益を得ているが，もう片方は不利益をこうむる関係を寄生という。

A 相利共生

　根粒細菌は空気中の窒素を固定し，窒素化合物としてマメ科植物に提供する。一方，マメ科植物は，光合成により生産した有機物を，栄養源として根粒細菌に与えている。窒素を固定することができない植物と，光合成をすることができない根粒細菌が共生することで互いに利益を得ている。

　アリがアブラムシを捕食者から守り，アブラムシがアリに栄養分を与える関係も相利共生である。

B 片利共生

　コバンザメは，頭部の吸盤で大型の魚に張り付き，保護を受けるとともに，移動するエネルギーを節約している。コバンザメに吸着される魚には利益がない。

頭部の吸盤

コバンザメ

C 寄生

　ダニやシラミは，哺乳類の体表に付着し，血を吸って生きる外部寄生者である。一方，カイチュウやサナダムシのように，宿主の消化管内に侵入し，栄養分を吸収して生きる生物を内部寄生者という。

　寄生は，動物に限らず，植物にもみられる。ヤドリギは，樹木に付着して幹から養分を吸い取って生活している。

ヤドリギ

参考 シロアリと"シロアリの腸内微生物"

シロアリは，シロアリの腸の中にすむ微生物と相利共生の関係にある。シロアリは木材のセルロースを食物とするが，シロアリ自身はセルロースを消化することができない。シロアリの腸内で生活する微生物は，セルロースを分解して，シロアリが利用できる栄養分にする。一方，シロアリは，微生物に生活場所を提供している。シカやウシなどの草食動物も，その腸内にすむ微生物と相利共生の関係にある。

コラム 多くの陸上植物と共生する菌根菌

陸上植物の8割は菌類と共生しており，菌類と共生することで生育できる。

植物の根の表面や内部で菌類が共生している根を菌根といい，菌根をつくる菌類を菌根菌という。菌根菌は，根毛より細い菌糸を土壌中にはりめぐらせて，植物の生育に必要なリンや窒素を吸収して植物に提供している。一方で，菌根菌は，植物が光合成によりつくる有機物の提供を受けている。

菌根菌には，菌糸が根の細胞の中に入るアーバスキュラー菌根菌や，菌糸が根の外側をおおい，根の中に入り細胞を外側から包む外生菌根菌がある。アーバスキュラー菌根菌は草本植物などにみられ，外生菌根菌はブナ科やマツ科などの樹木で多くみられる。キノコをつくる菌類の半分は，外生菌根菌といわれる。

  相利共生の関係にある植物と菌根菌は，寄生の関係になる場合がありますか？

 土壌中のリン（P）の濃度が低いと，植物は菌根菌からリンをもらい，菌根菌は植物から光合成産物（有機物）を受け取ります。ところが，ある植物では，土壌中のリン濃度が高くなると自分の根からリンを吸収するので，菌根菌からリンを受け取る割合が下がります。このときでも，菌根菌は植物から有機物を受け取るので，両者は寄生の関係に変化します。

この章で学んだこと

　生物は互いに影響しあって生きている。この章では，同じ種どうしの関係や，異なる種どうしの関係について学んだ。

---

1 個体群
❶ 個体群　互いに影響し合う同じ種の個体のまとまり。各個体は密集していたり，散在していたりする。

❷ 個体数の推定法　区画法，標識再捕法により推定できる。

2 個体群の成長
❶ 個体群密度　単位空間あたりの個体数。成長曲線とは，個体群密度の変化のようすをグラフ化したもの。

❷ 環境収容力　ある環境で存在できる最大の個体数。

❸ 密度効果　個体群密度の変化にともない，個体の形態などが変わること。動物にも植物にもみられる。

❹ 最終収量一定の法則　単位面積当たりの個体群全体の重さは，種子をまいたときの密度に関係なく，結局はほぼ一定になる。

❺ 相変異　個体群密度によって，形態や行動は変化する。

3 個体群の構造
❶ 齢構成　ある個体群が，どのような発育段階の個体から成り立っているのかを示す。図にしたものを年齢ピラミッドといい，幼若型，安定型，老化型がある。

❷ 生命表　卵や子，種子が，成長する過程でどのくらい生き残るかを示す。

❸ 生存曲線　生命表をグラフにしたもの。晩死型，平均型，早死型がある。

4 個体群内の相互作用
❶ 群れ　統一のとれた行動を取る，同じ種の個体の集まり。最適な大きさがある。

❷ 縄張り　同種の他の個体の侵入を防いでいる空間。効率的に食物を得ることができるなどのメリットがある。

❸ 動物の社会に見られる相互作用　順位制，つがい関係，共同繁殖などがある。

5 異種個体群間の関係
❶ 生物群集　個体群の集団。

❷ 被食者・捕食者の相互関係　生態系の中では，被食者と捕食者が共存している。

❸ 種間競争　異種間における，資源などをめぐる競争。動物にも植物にもある。

❹ 生態的地位　ある種が占める，生態系の中での地位。似たような生活様式をもつ生物は，生態的地位の重なりが大きいため，共存できない。

❺ 生態的地位の分割　生活空間や活動時間などが大きく重ならないようになっていること。これにより共存できる。

❻ 中規模のかく乱　大規模なかく乱が起きた場合や，逆にかく乱がない場合だと，種の多様性は低下する。中規模のかく乱が起きると，種の多様性は大きくなる。

❼ 共生　異なる種の生物が，密接な結びつきをもって生活する関係。相利共生，片利共生がある。

❽ 寄生　共生のうち，片方は利益を得るが，もう片方は不利益をこうむる関係。

定期テスト対策問題 1

解答・解説は別冊 p.543

1 ある小さなため池でアメリカザリガニ(以下ザリガニと略す)を 27 匹釣り上げ,ザリガニの成体の背中に油性ペンで印をつけて放した。翌日,再び 42 匹のザリガニの成体が釣れ,その中には印のついた個体が 3 匹含まれていた。以下の問いに答えなさい。

(1) 上の文の調査によってザリガニの個体数を推定する方法を何というか。

(2) このため池には,何匹のザリガニの成体が生息していると推定されるか。

(名城大 改題)

2 右下の図は,ある生物の個体群における個体数の変化を示したものである。以下の問いに答えなさい。

(1) 図のグラフを何というか。

(2) 図の個体数 K のレベルは何を示しているか。

(3) 図の a,b,c の点について,個体群の成長速度(単位時間当たりに増加した個体数)が大きい順に答えなさい。

(4) 理論的には,個体数は A のように増加するはずである。しかし実際には B のようになる。その原因として,どのような環境要因が考えられるか。主なものを 3 つ答えなさい。

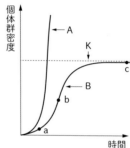

(東邦大,信州大 改題)

3 右下の図は,生物が生まれたときの個体数を 1000 とし,時間とともに個体数がどのように減少していくかを示したものである。以下の問いに答えなさい。

(1) 図のような曲線を何というか。

(2) 図の A 型の生物にあてはまる特徴を次の(ア)〜(エ)の中から,C 型にあてはまる特徴を(オ)〜(キ)からそれぞれ選びなさい。

(ア) 大卵少産   (イ) 小卵少産

(ウ) 大卵多産   (エ) 小卵多産

(オ) 死亡率が一生を通じてほぼ一定

(カ) 死亡率が幼若期に高い

(キ) 死亡率が老齢期に高い

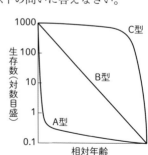

(3) 図の A 型〜C 型の生物にあてはまる生物を次から全て選びなさい。

(ア) シジュウカラ   (イ) ゾウ   (ウ) ブリ

(エ) ミツバチ   (オ) ヘビ   (カ) カニ

❹ 次の文の空欄に適する語を答えなさい。

　トノサマバッタは，幼虫時代に個体群密度の低い状態で生育すると（　ア　）相とよばれる緑色系のバッタとなる。一方，密度の高い状態で生育すると，黒色系の（　イ　）相のバッタになる。（　イ　）相のバッタは，（　ア　）相のバッタと比べ，体の大きさに対して翅が（　ウ　）なり，集合して移動する傾向が強い。このように，生育時の密度の違いにより，色や形態，行動等に変化が見られる現象を（　エ　）とよぶ。

（宇都宮大　改題）

❺　右の図1～図3は，生物A，Bの個体数の変化を模式的に示したものである。以下の問いに答えなさい。

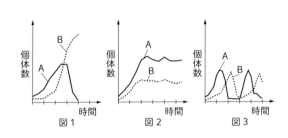

(1)　図1～図3で示される生物A，Bの関係は，下のどれにあたるか。

　　(ア)　捕食・被食　(イ)　競争　(ウ)　食いわけ（異なる食物を食べ，共存する）

(2)　生物A，Bの生態的地位の重なりが大きいのは，(1)の(イ)と(ウ)のどちらか。

❻　動物の個体群や群集において，さまざまな相互作用が同種内や異種間に観察される。そのいくつかの例を下にあげた。以下の問いに答えなさい。

【相互作用例】

(ア)　一方の種が他の種を食物にしている。

(イ)　一定の空間をある個体が占有している。

(ウ)　異種が同じ資源をとり合う。

問　上の(ア)～(ウ)に示された動物の相互作用例について，最も適切な呼称と最も関係の深い動物名を下からそれぞれ選びなさい。

【呼称】

　　a．順位性　　b．捕食・被食　　c．寄生
　　d．競争　　　e．社会性　　　　f．縄張り

【動物名】

　　a．ニホンザル　　b．イワシ　　　　c．ヒトとカイチュウ
　　d．シロアリ　　　e．オオカミとシカ　f．ニワトリ
　　g．アユ　　　　　h．ヒメウとカワウ　i．イワナとヤマメ
　　j．イタチとテン

（明治大　改題）

Advanced Biology

第 2 章　生物の生活と環境

1 | 物質生産

1 生態系における物質生産

　葉緑体をもつ植物や藻類などの生産者は，太陽の光を受けて光合成を行い，有機物を生産している。この有機物を生産する過程を**物質生産**という。

A 物質生産

　物質生産は主として同化器官である葉で行われる。光合成のエネルギー源は光なので，植物は光を受ける面積を広くするためにできるだけ多くの葉をつける。しかし，上方にたくさんの葉をつけると，下方の葉には十分な光が当たらなくなる。また，葉を支える茎を発達させることが必要となる。光が当たらない部分に葉をつけたり，非同化器官である茎を発達させたりすることは，植物には負担となる。植物が同化器官である葉を，どこにどのようにつけるかは，その植物の生活と関係する。

参考　植物の葉のつきかた

　植物が同化器官である葉をどこにつけるかは，他の植物との光をめぐる競争で重要なポイントとなる。アカザなど直立形の草本は長い茎の先に葉をつけるので，草本どうしの光をめぐる競争では有利である。オオバコやタンポポなどのロゼット形の草本は，地面に放射状に葉を広げる。直立形などの草本との競争では負けるが，動物やヒトに踏みつけられる場所では有利である。ヤブガラシやヒルガオなどつる形の草本は，直立形の草本などにつかまって上方に葉をつける。

アカザ

オオバコ

ヤブガラシ

図 5-23　植物の葉のつき方

B 生産構造

　植物の物質生産は，主として同化器官である葉で行われるので，葉のつき方と密接な関係がある。植物群集の同化器官（葉）と，非同化器官（茎や花・種子など）を，物質生産という観点から見た空間的な分布のようすを**生産構造**という。

　生産構造は，一定の面積に存在する植物群集を上から順に一定の厚さの層で切り取り，それぞれの層ごとに同化器官と非同化器官の質量を測定することによって調べることができる。この方法を**層別刈取法**といい，その結果を表したものを**生産構造図**という。

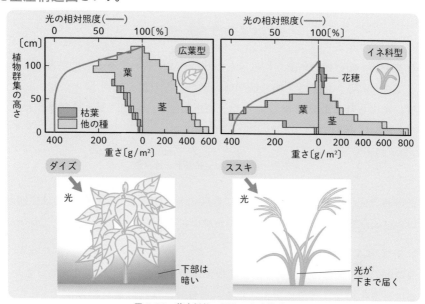

図 5-24　草本植物の群集の生産構造図

　草本の場合，生産構造は，大きく２つの型に分けられる。広葉型（アカザやダイズなど）は，広い葉が水平に上部につき，**光合成を行う層が比較的上部に集まっている**。光は上部の葉でさえぎられるので，下部では光は弱くなる。一方，イネ科型（チカラシバやススキなどのイネ科植物）は，細長い葉がななめに立っていて，光は葉のつけ根の方まで届くので，**下部でも光合成が比較的活発に行われる**。また，葉は比較的茎の低い位置に多くつき，非同化器官の占める割合が小さいので，物質生産の効率も高くなる。

補足　樹高が 15 m 以上に達するような木本（樹木）の群集では，同化器官である葉は上部に集中し，非同化器官である幹が上部から下部まで多くの割合を占めている。上部に同化器官をつけると，より多くの太陽の光を吸収できる。しかし，その一方で，呼吸によりエネルギーを消費する非同化器官が多く必要となる。

2 生態系における物質の生産と消費

A 生産者の生産量と成長量

一定の面積内の生産者が、ある一定期間に生産する有機物の量を**総生産量**という。生産者は、光合成によって有機物を合成すると同時に、呼吸によって有機物を消費する。有機物が呼吸によって消費される量を**呼吸量**といい、総生産量から呼吸量を差し引いたものを、生産者の**純生産量**という。

純生産量＝総生産量－呼吸量

生産者は、植物体の一部が枯れ落ちたり、一次消費者である動物に食べられたりして失われる。生産者である植物体が枯れ落ちる量を**枯死量**といい、一次消費者に食べられる量を**被食量**という。純生産量から、枯死量と被食量を差し引いたものを**成長量**という。

成長量＝純生産量－（枯死量＋被食量）

ある時点において、一定の面積内に存在する生物量を**現存量**（または生物量）という。現存量は乾燥重量やエネルギー量などで表す。

B 消費者の同化量と成長量

消費者である動物は、栄養段階が1段下位の生物を摂食し、同化する。しかし、一部は未消化のまま体外に排出される。摂食した食物の量を**摂食量**といい、未消化のまま体外に排出される物質の量を**不消化排出量**という。摂食量から不消化排出量を差し引いたものを**同化量**という。

同化量＝摂食量－不消化排出量

消費者が同化した有機物は呼吸に使われ、エネルギー源として消費される。呼吸によって消費される有機物の量を**呼吸量**という。消費者の同化量から呼吸量を差し引いたものを、**消費者の生産量**という。

消費者の同化量は生産者の総生産量に相当し，同化量から呼吸量を差し引いた生産量が，生産者の純生産量に相当する。消費者は栄養段階が一段階上位の動物に食べられる。また，捕食以外の要因でも死亡する。死亡により失われる量を死亡量とすると，消費者の成長量は次のように表せる。

消費者の成長量＝同化量－（呼吸量＋被食量＋死亡量）

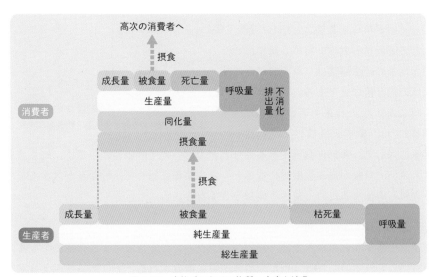

図5-25 生態系における物質の生産と消費

 **POINT**

- ●生産者　純生産量＝総生産量－呼吸量
  　　　　　成長量＝純生産量－（被食量＋枯死量）
- ●消費者　同化量＝摂食量－不消化排出量
  　　　　　成長量＝同化量－（呼吸量＋被食量＋死亡量）

3 さまざまな生態系における物質生産

陸地には森林や草原，水界には湖沼や海洋などがあり，そこではいろいろな生態系が広がっている。物質生産，とくに**現存量と純生産量の関係は，生態系によって大きな違いが見られる。**

A 陸上での物質生産

陸上にはさまざまなバイオームがあり，それぞれ特有の生態系が形成されている。物質生産は，生態系の特徴により異なる。

例えば，森林の単位面積当たりの生物体の量は大きく，草原の約10倍になる。これは，同化器官である葉と非同化器官である幹を大量にもっているからである。しかし，幹などの呼吸量も大きいため，単位面積当たりの純生産量は，草原の純生産量の約2倍にとどまる。

同じ森林でも，年齢の若い森林（幼齢林）では，葉の光合成による総生

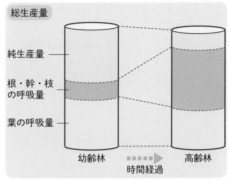

図5-26　森林の年齢と生産量・呼吸量の関係

産量に対して，非同化器官である幹などが小さいので呼吸量が小さく，純生産量は大きい。年齢が進み高齢林になると，総生産量に対して，幹などが大きくなり呼吸量も増加するため，純生産量は小さくなる。

B 水界での物質生産

湖沼や海洋などの水界では，植物プランクトンの光合成による有機物の生産は，表層に限られる。これは，光が水や浮遊物に吸収されるため，ある水深より深くなると植物プランクトンの純生産量がゼロになるからである。植物プランクトンの光合成量と呼吸量が等しくなる水深を補償深度という。

水界での単位面積当たりの純生産量は，森林や草原と比べてかなり小さい。海洋では，外洋の純生産量は小さく，沿岸などの浅海では大きい。沿岸では，河川から植物プランクトンの増殖に必要な栄養塩類(窒素化合物・リン酸)が供給されるためである。

補足　補償深度は，水中のプランクトンの量などによって異なる。栄養塩類に富んだ湖ではプランクトンが繁殖し，プランクトンによって光が吸収されるため，光が深くまで届かない。そのため，補償深度は数m程度しかない。栄養塩類が少ない外洋は，プランクトンが少ないため，光が深くまで届き，補償深度は100m程度にもなる。

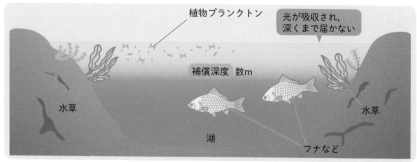

図 5-27　湖の補償深度

C 地球全体の物質生産

　地球全体では，毎年 1.7×10^{14} kg の有機物が生産されている。そのうち，地球の全面積のほぼ 30％ を占める陸地で約 2／3 が生産されている。ほぼ 70％ を占める海洋の生産量は全体の約 1／3 にとどまる。

表　地球上の主な生態系における生産者の現存量（生物量）と純生産量

	面積 (10^6 km²)	現存量（乾燥重量）		純生産量（乾燥重量）	
		平均値 (kg/m²)	世界全体 (10^{12} kg)	平均量 (kg/(m²・年))	世界全体 (10^{12} kg/年)
海洋合計	361.0	0.01	3.9	0.15	55
浅海域	29.0	0.1	2.9	0.47	13.5
外洋域	332.0	0.003	1.0	0.13	41.5
陸地合計	149.0	12.3	1837	0.77	115
森林	57.0	29.8	1700	1.40	79.9
草原	24.0	3.1	74	0.79	18.9
荒原	50.0	0.4	18.5	0.06	2.8
農耕地	14.0	1.0	14	0.65	9.1
湖沼・河川・湿地	4.0	7.5	30.1	1.13	4.5
地球全体	510.0	3.6	1841	0.33	170

純生産量は，単位面積あたり，単位時間あたりに増加したり減少したりする有機物質で表され，単位として kg/(m²・年) が使われることが多い。

● 森林の単位面積当たりの現存量は草原の 10 倍もあるが，純生産量は 2 倍しかない。（森林の呼吸量が大きいため）

前ページの表について，現存量1 kgあたりの年間の純生産量が多いのは，森林と海洋のどちらでしょうか？

A 現存量，純生産量の平均値から計算してみましょう。

森林… $\dfrac{純生産量の平均値}{現存量の平均値} = \dfrac{1.4}{29.8} = 0.047$

海洋…同様に， $\dfrac{0.15}{0.01} = 15.0$

よって，海洋の方が大きいですね。

森林では非同化器官（幹など）が占める割合が大きいため，現存量1 kg当たりの純生産量は小さくなります。海洋では，非同化器官がほとんどない植物プランクトンの割合が大きいため，現存量1 kg当たりの純生産量は大きくなります。

参考 おもな生態系の現存量 1 kg 当たりの純生産量

●海洋と陸地

　海洋と陸地の現存量1 kg 当たりの年間の純生産量を比べると，海洋が 15 kg，陸地が 0.063 kg で，海洋の方が物質生産の効率が高い。これは，海洋の生産者の多くを占める植物プランクトンの増殖速度が大きく，植物プランクトンには非同化器官がほとんどないからである。

●海洋の浅海域と外洋域

　海洋の陸地に近い浅海域と外洋域の現存量1 kg 当たりの年間の純生産量を比べると，浅海域が 4.7 kg，外洋域が 43 kg で，外洋域の方が物質生産の効率が高い。これは，生産者には植物プランクトンに加えて海藻（藻類）・海草（種子植物）があり，海藻・海草は植物プランクトンに比べて物質生産の効率が低いためである。外洋域では植物プランクトンしか物質を生産しないため，生産速度が大きくなる。しかし，外洋域には栄養塩類がほとんどないため，現存量はきわめて低い。

●森林・草原・荒原

　陸地の生態系をみると，森林は現存量・純生産量ともに最も多いが，現存量1 kg 当たりの年間の純生産量は 0.047 kg で，草原の 0.25 kg，砂漠など荒原の 0.15 kg を下まわっている。これは，樹木は同化器官ではない幹が現存量の多くの部分を占めているため，物質生産の効率は低くなるためである。

4　物質循環とエネルギーの流れ

　生物を構成する主要な元素として，炭素，水素，酸素，窒素，リン，硫黄がある。**これらの元素は再利用されながら体をめぐり，生態系の中を循環している。**特に，炭素は有機物の骨格となる重要な元素であり，窒素はタンパク質を構成するアミノ酸や，遺伝情報を担う核酸に不可欠な元素である。そのため，炭素と窒素は生態系に重要な役割を果たしている。

A 炭素の循環

　大気や水に含まれる二酸化炭素（CO_2）は，生産者に吸収され，光合成による有機物の合成に利用される。炭素（C）は，重量にして有機物の約半分を占める。合成された有機物は，生産者自身や消費者の栄養源となり，呼吸によって二酸化炭素として体外に放出される。放出された二酸化炭素は，大気に拡散したり，水に溶け込んだりする。二酸化炭素は，再び生産者に吸収され，生態系を循環する。

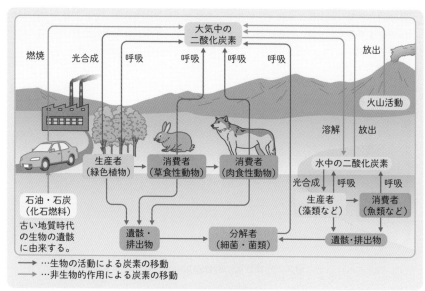

図 5-28　炭素の循環

二酸化炭素の大部分は海水に溶け込むが，海水から大気に放出されるものもあり，海水と大気中の二酸化炭素濃度は一定に保たれている。しかし，近年は，人間の活動により石油や石炭などの化石燃料が大量に消費されているため，二酸化炭素が大量に放出され，大気中の二酸化炭素濃度が高くなっている。二酸化炭素には温室効果があり，地球温暖化の原因となっている可能性がある。

B エネルギーの流れ

生産者が合成した有機物には太陽の光エネルギーが化学エネルギーとして蓄えられている。有機物の化学エネルギーは生産者自身も消費するが，食物連鎖を通じて一次消費者から肉食性のより高次の消費者に移ってゆき，それぞれの生命活動に利用される。生物の排出物や遺体の有機物も，分解者によって消費され，分解者の生命活動に用いられる。有機物の化学エネルギーは，生命活動に用いられる際に，一部は熱エネルギーとして放出される。**有機物に蓄えられた太陽光のエネルギーは，最終的にはすべて熱エネルギーとなって生態系外に放散される。**エネルギーは生態系内を一方向に流れ，循環することはない。

補足 植物が吸収した太陽エネルギーのうち，有機物の化学エネルギーとして蓄えられるのは約1%である。一見，効率が悪いように思えるが，実際には驚異的に高いエネルギー効率である。

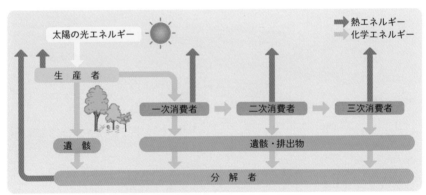

図5-29　生態系におけるエネルギーの流れ

C　窒素の循環

　植物は，土壌に含まれるアンモニウムイオン（NH_4^+）や硝酸イオン（NO_3^-）など
の窒素を含む無機物（無機窒素化合物）を吸収し，アミノ酸やタンパク質，核酸な
どの窒素を含む有機物（有機窒素化合物）を合成する。無機窒素化合物から有機窒
素化合物を合成することを窒素同化という。動物は無機窒素化合物を利用する
ことができず，体内に取り込んだ有機窒素化合物を窒素源とする。有機窒素化合
物は食物連鎖を通じて生態系を移動する。やがて生物の遺体や排出物の一部とな
り，細菌や菌類などの分解者によって NH_4^+ に分解される。NH_4^+ は硝化菌（亜硝
酸菌，硝酸菌）により亜硝酸イオン（NO_2^-）を経て硝酸イオン（NO_3^-）になる。NO_3^-
と NH_4^+ は，再び植物の窒素同化に利用される。

　土壌の硝酸塩の一部は，脱窒素細菌により窒素（N_2）に変えられ，大気に放出
される。これを脱窒という。

　N_2 は大気の約80％を占めるが，ほとんどの生物は N_2 を利用することができ
ない。しかし，マメ科植物に共生する根粒菌やアゾトバクター，クロストリジウ
ム，シアノバクテリア（ネンジュモ）などの細菌は，大気の N_2 を NH_4^+ に変える
ことができる。この働きを窒素固定という。このような窒素固定を行う細菌を
まとめて窒素固定細菌という。

　落雷などの空中放電でも窒素が固定される。また，化学肥料として工業的に窒
素が固定されている。

POINT

●炭素や窒素は生態系を循環するが，エネルギーは循環しない。

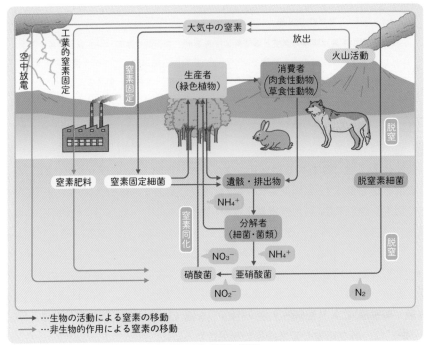

図 5-30　窒素の循環

Q 炭素循環と窒素循環では，炭素や窒素を大気と生物の間で直接やりとりしているの？

A 炭素循環では，炭素（C）が植物や動物，菌類や細菌などの生物に取り込まれたあと，それぞれが呼吸をして大気中にCO_2になってもどります。つまり，炭素はいろいろな生物と大気の間で直接やりとりされているのです。一方，窒素循環では，窒素（N）は植物や動物に取り込まれたあと，遺体や排出物などとなって菌類・細菌などによって分解され，再び植物に利用されます。つまり，生物と大気の間での窒素のやりとりは，脱窒素細菌や窒素固定細菌に限られており，窒素の大部分は生物のみの間で循環しているのです。

参　考　植物の窒素同化と窒素固定

　植物は，硝酸イオン（NO_3^-）やアンモニウムイオン（NH_4^+）などの無機窒素化合物を根から吸収し，タンパク質や核酸などの有機窒素化合物を合成することができる。

　NO_3^- や NH_4^+ は，水に溶けた状態で，根から道管を通って葉に運ばれる。NO_3^- は，葉の細胞の細胞質基質で，硝酸還元酵素によって亜硝酸イオン（NO_2^-）に還元され，次に，NO_2^- は葉緑体に入り，ストロマで亜硝酸還元酵素によって NH_4^+ に還元される。NH_4^+ は ATP のエネルギーを用いてグルタミン酸と結合し，グルタミンとなる。グルタミンのアミノ基は，α-ケトグルタル酸に転移してグルタミン酸になる。グルタミン酸のアミノ基がアミノ基転移酵素によりさまざまな有機酸に転移して各種アミノ酸になる。

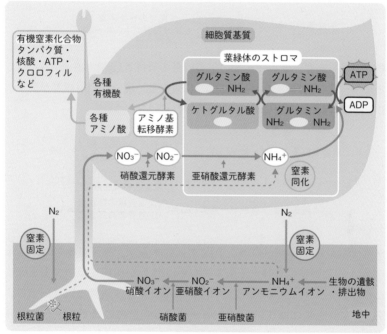

図 5-31　窒素同化と窒素固定

生態系では，炭素の循環にともなって，エネルギーの移動が起こっている。生態系において，生産者を出発点とする食物連鎖の各段階を**栄養段階**という。食物連鎖の各栄養段階において，前の段階のエネルギー量のうちのどれくらいのエネルギーが利用されるか，その割合(%)を示したものを**エネルギー効率**という。

●エネルギー効率

生産者のエネルギー効率とは，緑色植物などの生産者に入射した太陽エネルギー量に対する，光合成により有機物として取り込まれたエネルギー量(総生産量または同化量)の割合(%)をいう。

$$生産者のエネルギー効率(\%) = \frac{生産者の総生産量}{太陽の入射エネルギー量} \times 100$$

消費者のエネルギー効率は，前の栄養段階の消費者(または生産者)が取りこんだエネルギー量(同化量または総生産量)に対する，現段階の消費者が取り込んだエネルギー量(同化量または総生産量)の割合(%)をいう。

$$消費者のエネルギー効率(\%) = \frac{その栄養段階の同化量}{1つ前の栄養段階の同化量} \times 100$$

$$○一次消費者のエネルギー効率(\%) = \frac{一次消費者の同化量}{生産者の総生産量} \times 100$$

$$○二次消費者のエネルギー効率(\%) = \frac{二次消費者の同化量}{一次消費者の同化量} \times 100$$

各栄養段階のエネルギー効率を10%と仮定すると，生産者のもつエネルギーの10%が1次消費者に移り，そのエネルギーのうちの10%が2次消費者に移ることになる。つまり，生産者のエネルギーの1%が2次消費者に移動する。したがって，3次消費者には0.1%，4次消費者には生産者のエネルギーの0.01%が移動することになる。一般に，**栄養段階が上位になるほど，エネルギー効率は大きくなることが多い。**

補足 実際のエネルギー効率は，生産者が0.1～5%，消費者が10～20%である。

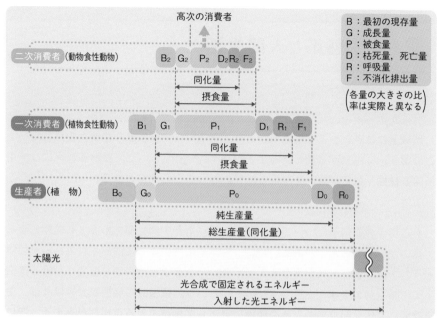

図 5-32　エネルギー効率

●生物が利用できるエネルギー量

　栄養段階が上位の生物ほど，利用できるエネルギー量は少ない。

　各栄養段階で，一定期間内に獲得されるエネルギー量（生物生産量）を横向きの棒グラフに表し，それを下位のものから順に積み重ねると，栄養段階の上位のものほど獲得されるエネルギー量が少ないため，ピラミッド状になる。これを生産力ピラミッドという。

補足　生物量で表す生物量ピラミッドもあり，一般的に栄養段階が上位になるほど小さくなるが，湖沼や海洋など水界生態系では，生産者である植物プランクトンの生物量が，1次消費者である動物プランクトンの生物量より少ない「逆ピラミッド」になることがある。植物プランクトンの増殖速度は大きいが，現存量が少ないのは，動物プランクトンに活発に食べられるからである。

図 5-33　生産力ピラミッドの例

2 | 生態系と人間生活

1 生物多様性とは

地球上にはさまざまな生態系があり，そこには多種多様な生物が生息している。このように，生物が多様であることを**生物多様性**という。生物多様性には，遺伝的多様性，種多様性，生態系多様性の3つのとらえ方がある。

A 遺伝的多様性

ある特定の遺伝子について塩基配列を調べると，同じ種であっても個体によって違いがみられることがある。特に，海洋や山地によって隔離されている個体群どうしでは，塩基配列が異なることが多い。このように，同じ種内における遺伝子の塩基配列の多様性を**遺伝的多様性**という。**遺伝的多様性が大きければ，生息環境に変化が起きても，その環境に適応して生存できる可能性が高まる。**逆に，遺伝子の配列に多様性がない個体群は，環境の変化に適応できない可能性が高い。

▲多様な品種がいる金魚

B 種多様性

それぞれの生態系には，細菌から動植物まで，さまざまな生物種の個体群が含まれている。ひとつの生態系に含まれる生物種の多さと割合によって，**種多様性**は表される。

ある生態系にA，B，C，D，Eの5種の生物がいたとする。すべての種がほぼ同じ割合で含まれている場合と，A種のみが多く，他種はわずかしか含まれていない場合を比べると，存在する種数は同じでも，それぞれの種が均等に含まれているほうが，種多様性が大きいといえる。

C 生態系多様性

　地球上には，森林，草原，荒原，河川，海洋など，さまざまな生態系が存在している。森林では，気温や降水量に対応して，熱帯多雨林や照葉樹林，雨緑樹林などがある。水界には，湖沼，浅海域（沿岸域），外洋域などの生態系がある。このように，さまざまな環境に対応して多様な生態系が存在することを，**生態系多様性**という。生態系は，それぞれの環境に適応した生物種の個体群によって構成されているが，いくつかの生態系をまたいで生活する生物もいる。例えば，トンボやカエルのなかには，幼虫や幼生の時期は湖沼や水田で生活するが，成虫や成体になると森林や草原で生活するものがいる。

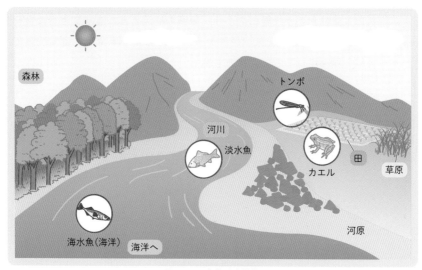

図 5-34　生態系多様性

D 生物多様性と人間生活

　生態系は，これまで述べてきたような生物多様性に支えられている。生態系の一員である**ヒト（人間）の生活も，生物多様性に支えられている**。たとえば，多様な生物がもつ遺伝子のなかには，農作物の品種改良や医薬品の開発などに利用できるものがあるだろう。また，多様な生物が生息し，生物どうしの複雑なネットワーク（食物網，共存，競争など）をつくっている生態系は，かく乱にも強いといわれている。生物多様性の保全は，人間生活にとっても重要である。

　人間活動が生態系にもたらした影響には，ある特定の地域で引き起こされたものもあれば，多くの地域で引き起こされたものもある。ここでは，二酸化炭素排出量増加による気候変動(温暖化)のように，人間活動が多くの地域の生態系に影響をもたらしている現象についてとりあげる。

A　化学肥料の生態系におよぼす影響

　20世紀初め，窒素(N_2)と水素(H_2)を反応させてアンモニアを工業的に生産する方法(ハーバー・ボッシュ法)が開発された。第2次世界大戦後，この方法による窒素肥料の工業的生産が世界に広がり，農薬の使用とあいまって世界の食料生産は急速に増加した。20世紀末，世界の人口のおおよそ半分は，窒素肥料で生産された食料を食べているという見方もある。

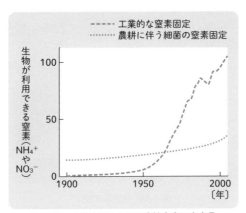

図5-35　人間生活による反応性窒素の生産量

　窒素肥料が農業に投入されることでどのようなことが起きているのだろうか。窒素肥料が農地に施肥されると，土壌中にはアンモニウムイオン(NH_4^+)や硝酸イオン(NO_3^-)が増加し，作物の窒素同化に利用される。作物(植物)に吸収されなかったNH_4^+やNO_3^-は地下水に溶け出し，河川や湖沼，海洋に流れ込み，水界におけるNO_3^-やNH_4^+濃度が高くなる(富栄養化)。富栄養化が起きると植物プランクトンが大量発生し，これらの遺体が分解されるときに大量の酸素が消費される。その結果，水中の酸素が不足して魚介類が大量死し，人間の生活に影響を及ぼすことがある。

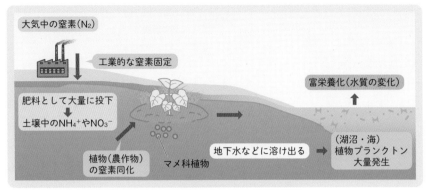

図 5-36　化学肥料が生態系に及ぼす影響

 **POINT**

● 窒素肥料のうち，植物に吸収されなかったNH_4^+やNO_3^-は富栄養化の原因となり，人間の生活に影響を及ぼすことがある。

 Q 人間がNO_3^-を直接取り込んでも平気ですか？

 A 乳児の胃ではNO_3^-を取り込むと，その一部からNO_2^-がつくられやすくなります。NO_2^-が赤血球中のヘモグロビンに結合するとメトヘモグロビンに変化します。メトヘモグロビンは酸素（O_2）と結合できないため，血液中のO_2が少なくなり，酸素欠乏症を引き起こすことがあります。

B 生物の多様性の喪失〜絶滅

　ある生物種，あるいはその個体群が，子孫を残すことなく消滅することを**絶滅**という。絶滅は，環境の変化や人間活動の影響などによって引き起こされる。人間活動によるかく乱を**人為かく乱**という。

●孤立化と分断化

　ある生物種の個体群が，面積が大きくて一続きの土地に生息しているとする。道路が通ったり，住宅開発が行われてその生息地が分断されると，個々の生息地は縮小する。これを生息地の**分断化**という。分断化によりできた小さな個体群を**局所個体群**という。分断化された局所個体群が，他の個体群から隔離された状態になることを**孤立化**という。

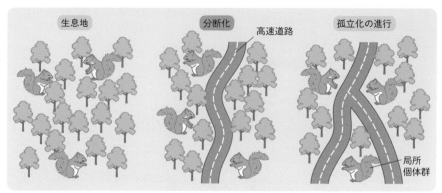

図 5-37　孤立化と分断化

●局所個体群が消滅する要因

　ある生物種について，個体数の少ない局所個体群が生じると，どのようなことが起きるのだろうか。

　個体数の多い個体群では，雄と雌の個体数の比率がほぼ 1：1 になる。しかし，個体数が少ない局所個体群では，どちらかの性にかたよりが生じ，その結果，出生率が低下して個体数が減少することがある。

　個体数が少なくなると，近親交配が起きやすくなる。個体数の多い個体群では，生存に有害な劣性の対立遺伝子が存在しても，優性の正常な対立遺伝子とヘテロ接合になっていれば，表現型として現れてくることはない。しかし，個体数が少ない局所個体群では，近親どうしで交配することが多くなるので，生存に有害な対立遺伝子がホモ接合になり，表現型として現れる可能性が高くなる。これを近交弱勢とよぶ。

●絶滅の渦

　個体群が分断化され，個体群の個体数が少なくなると，性比が偏ったり，出生率が低下したりして，個体数がさらに少なくなる。その結果，個体群間の遺伝的交流が少なくなり，遺伝的多様性が失われる。遺伝的多様性が失われると，環境の変化に適応できず，個体群は子孫を残しにくくなる。こうして，個体群が小さくなると，近親交配が強まり，さらに個体数は減少する。このようにして，個体群は絶滅の渦にまきこまれる。個体群の遺伝的多様性が失われると，もとの遺伝的多様性を回復させることは容易ではない。

補足 個体群密度が高くなると，交配相手と出会う機会が多くなり，また，捕食者に襲われにくくなることで，個体数の増加が促進されることを，この法則を提唱した生態学者の名前にちなんでアリー効果という。個体群中の個体数が減少するとアリー効果が低下して，個体数の減少が一層促進される。

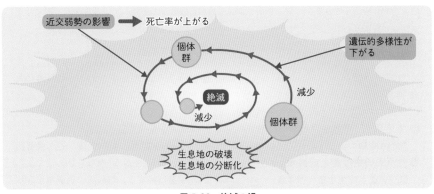

図 5-38　絶滅の渦

 POINT

● 生息地が分断化し，孤立した局所個体群ができる→性比が偏り，出生率が下がる→近親交配が起きる→有害な対立遺伝子がホモ接合となり，近交弱勢が起こる→絶滅

 Q 日本では，絶滅しそうな生物を守るためにどんなことをやっているの？

 A 平成5年（1995年），「絶滅のおそれのある野生動植物の種の保存に関する法律」（種の保存法）が施行されました。個体数が減少している野生の動植物種を指定し，指定された動植物の個体の取り扱いを規制します。必要なら生息地を保護し，保護増殖事業を行っています。保護増殖事業では，例えば，ライチョウ，ツシマヤマネコの場合，遺伝的多様性が低下しないよう注意しながら人工的に交配させて個体数を増やし，野生化を模索しています。

この章で学んだこと

　生態系における物質生産と消費について詳しく学習した。また，炭素や窒素などの元素が生態系の中を循環していることや，さまざまな生態系に適応して生活している生物も，時には絶滅に向かうことを学んだ。

---

1 生態系における物質生産

❶ 物質生産　有機物を生産する過程や，生産によってつくりだされた有機物量。

❷ 生産構造　同化器官と非同化器官の空間的な分布のよう。

❸ 生産者の生産量と成長量
純生産量＝総生産量－呼吸量
成長量＝純生産量－（枯死量＋被食量）

❹ 消費者の同化量と成長量
同化量＝摂食量－不消化排出量
成長量＝同化量－（呼吸量＋被食量＋死亡量）

❺ 陸上・水界の物質生産　森林の生物体の量は草原の10倍だが純生産量は2倍にとどまる。外洋の純生産量は小さいが，沿岸部では大きい。

❻ 補償深度　植物プランクトンの光合成量と呼吸量が等しくなる水深。

❼ 炭素の循環　炭素の重量は有機物の半数を占める。有機物は生産者自身や消費者の栄養源となり，呼吸によって二酸化炭素として体外に放出される。

❽ エネルギーの流れ　有機物に蓄えられた太陽光のエネルギーは，最終的には熱エネルギーとなり，生態系外に放散される。循環はしない。

❾ 窒素の循環　動物は植物が生産した有機窒素化合物を窒素源とする。有機窒素化合物は食物連鎖を通じて，生態系内を循環する。

❿ 生産者のエネルギー効率　生産者に入射した太陽光エネルギーに対する，光合成によって有機物として取り込まれたエネルギー量の割合。

⓫ 消費者のエネルギー効率　前の栄養段階の消費者（生産者）が取り込んだエネルギー量に対する，現段階の消費者が取り込んだエネルギー量の割合。

⓬ 生産力ピラミッド　栄養段階が上位の生物ほど，利用できるエネルギー量が少ないため，ピラミッド型となる。

2 生態系と人間生活

❶ 遺伝的多様性　同じ種内における遺伝子の塩基配列の多様性。

❷ 種多様性　ひとつの生態系に含まれる，生物種の多さと割合によって評価される。

❸ 生態系多様性　さまざまな生態系があり，各生態系は，それぞれの環境に適した生物種で構成される。

❹ 化学肥料と生態系　農地の窒素肥料は作物の窒素同化で消費されるが，その残りが地下水に溶けだすなどして，水界に富栄養化をもたらす。

❺ 個体群の絶滅　生息地が分断化し，孤立した局所個体群ができる→性比が偏り，出生率が下がる→近親交配が起きる→有害な対立遺伝子がホモ接合となり，近交弱勢が起こる→絶滅

定期テスト対策問題 2

解答・解説は別冊 p.543

1 下の図Ａ，Ｂは，物質生産からみた植物群集の構造を示したものである。以下の問いに答えなさい。

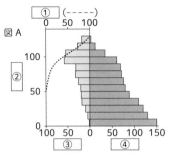

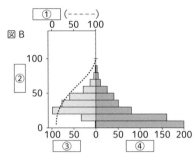

(1) 図Ａ，Ｂのような図を何というか。

(2) 図Ａ，Ｂの空欄①～④に最も適当な語句を下から選びなさい。

　(ア) 非光合成(非同化)器官の生重量

　(イ) 光合成(同化)器官の生重量

　(ウ) 植物群集の高さ

　(エ) 相対的な光の強さ

(3) 次の文は，図Ｂの構造をもつ植物について説明したものである。空欄①～③にあてはまる言葉を下から選びなさい。

　　群集の（　①　）に多くの（　②　）葉をつけているので，地表付近まで光が（　③　）。

　〔上部・下部・幅広い・細い・届く・届きにくい〕

(東京理科大　改題)

2 ある常緑広葉樹林(照葉樹林)の森林生態系における物質収支は，総生産量が5100，生産者の呼吸による消費量が3410，生産者の枯死量と昆虫などの動物による被食量の合計が1260であった。なお，単位はすべて１年間あたりの g/m^2 で示すものとする。

(1) この森林生態系の生産者の純生産量はいくらか。

(2) この植物群集の１年間の成長量はいくらか。

(3) 森林と海洋の沿岸域の生物量を比較すると，前者は後者の20倍以上である。しかし，純生産量を比較すると，逆に沿岸域の方が多い。その理由を，主な生産者の種類を例にあげて説明しなさい。　　　　(京都府立大，熊本大　改題)

3 右下の表は，ある湖沼の栄養段階が生み出す総生産量を表している。以下の問いに答えなさい。

(1) 一次消費者のエネルギー効率を求めなさい。答えは小数第1位を四捨五入して求めること。

(2) 全栄養段階を通して，エネルギー効率についてどのようなことがいえるか。

栄養段階	総生産量 ($kcal/cm^2 \cdot$年)
太陽からの入射光	118872
植物プランクトン，その他の水生植物	111
動物プランクトン，底生動物	14
魚	3

(東京慈恵会医大　改題)

4 次の図は，生体を構成するある主要な元素の生態系における移動を矢印で示したものである。図中の　ア　～　エ　に入る語と，　オ　に入る矢印の向きとして適当なものを語群の中から選びなさい。

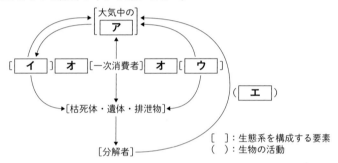

【語群】　二酸化炭素　窒素　酸素　生産者　二次消費者
　　　　　呼吸　窒素固定　窒素同化　脱窒　→　←

(センター試験　改題)

5 生物の絶滅を引き起こす要因に関する次の文を読み，以下の問いに答えなさい。

生物の絶滅を引き起こす要因は，大きく2つに分けられる。1つは，継続的な（　ア　）などによる，連続的な個体数の減少である。もう1つは，（　イ　）が分断化されて（　ウ　）が生じ，個体数が少ないことそれ自体によって起こる絶滅の危険性の高まりである。例えば，個体数が少ないために，偶然オスだけが生まれたりする場合がこれにあたる。また，個体数が少ないと（　エ　）により，生存に有害な劣性遺伝子が（　オ　）接合になり，表現型として現れる可能性が高くなる。

(1) 上の文の空欄（　ア　）～（　オ　）に適する語句を下の語群から選びなさい。

【語群】　遺伝子資源，生息地，乱獲，生物群集，局所個体群，近親交配，
　　　　　自由交雑，ヘテロ，ホモ

(2) 野生生物のうち，個体数が特に少なく，近い将来絶滅の恐れのある生物を何というか。

(和歌山大　改題)

生物基礎　　　　解答・解説

第1部 生物の特徴

定期テスト対策問題 1　p.44

1 解答 (1)　(ア)190万　(イ)多様
(ウ)共通　(エ)遺伝　(オ)遺伝子
(カ)DNA　(キ)系統樹
(2)　①細胞　②エネルギー
③形質　④自己　⑤体内環境

解説 (1)　生物に共通性があることが，共通の祖先から進化してきたことを裏付ける。共通の祖先は，酸素を使わない代謝を行う原核生物だと考えられている。
(2)　⑤　体内の状態を一定に保とうとする性質を恒常性(ホメオスタシス)という。第3部で学ぶ。

POINT

共通の祖先から進化して多様な生物ができた。生物は多様だが共通性がある。細胞・生殖・遺伝・エネルギー・体内環境の調節。

2 解答 (1)　(ア)単細胞生物　(イ)多細胞生物　(2)　(ア)体細胞
(3)　(ア)真核　(イ)原核　(ウ)細胞小器官
(4)　(ア)組織　(イ)器官
(5)　(ア)染色体

解説 (3)　真核細胞からなる生物を真核生物，原核細胞からなる生物を原核生物という。細胞小器官には，ミトコンドリアや葉緑体などがある。
(5)　染色体は，通常は核の中に分散しているが，細胞分裂が起こるときは棒状に凝集し，光学顕微鏡で見えるようになる。ヒトの体細胞の核には，46本の染色体がある。

3 解答 (1)　a－エ　b－オ　c－ア　d－イ
e－ク　f－キ
(2)　動物細胞に含まれないもの－a，e

成長した植物細胞で発達している構造－c
(3)　ア－d　イ－f　ウ－c　エ－e

解説 (3)　核のほか，ミトコンドリアと葉緑体も独自のDNAをもつ。葉緑体に含まれるクロロフィルとは，光合成にかかわる色素である。

POINT

細胞壁，葉緑体，発達した液胞が植物細胞の特徴。

4 解答 (1)　長い　(2)　短い　(3)　しぼる
(4)　d　(5)　$\frac{1}{16}$　(6)　低倍率，平面鏡

解説 (1)(2)　低倍率でピントを合わせ，レボルバーを回転させれば高倍率でもほぼピントが合っている。
(4)　通常，顕微鏡の視野は上下左右ともに逆転している。
(6)　高倍率では，狭くなった視野に凹面鏡で光を集めて観察する。

定期テスト対策問題 2　p.62

1 解答 (ア)代謝　(イ)酵素　(ウ)エネルギー　(エ)同化　(オ)光合成　(カ)吸収　(キ)独立　(ク)異化　(ケ)呼吸　(コ)放出

解説 (オ)光合成のできない動物などは，従属栄養生物であり，他の生物の体(有機物)を食物として取り入れて分解し，体をつくる材料としたり呼吸基質にしたりする。

POINT

同化→エネルギーを吸収する。有機物を合成する。例：光合成。
異化→エネルギーを放出する。有機物を分解する。例：呼吸。

2 解答 (1) アデノシン三リン酸
(2) ア アデノシン イ リン酸
ウ 高エネルギーリン酸
(3) ADP（アデノシン二リン酸）
(4) 葉緑体，ミトコンドリア
(5) エネルギーの通貨

解説 (2) リン酸どうしの結合は他に比べて切れたり結合したりしやすく，エネルギーの貯蔵や放出に適している。ATPはRNAの成分とも共通しており，生物体に多く存在する分子である。
(3) リン酸が1つずれるとADPとなり，エネルギーが放出される。
(4) 葉緑体は光エネルギーを，ミトコンドリアは化学エネルギーを用いてADPとリン酸を結合させ，ATPをつくる。

POINT
代謝にともなうエネルギーは移動する。ATPは化学エネルギーを一時的に保管する。

3 解答 (ア)タンパク質 (イ)アミラーゼ
(ウ)マルターゼ (エ)触媒 (オ)基質 (カ)基質特異性

解説 酵素は触媒として働き，生体内の化学反応を促進する。触媒自身は反応の前後で変化せず，何度も化学反応を促進できる。また，酵素は特定の基質だけにしか反応しないという基質特異性をもつ。

4 解答 (1) (ア)グルコース (イ)(ウ)二酸化炭素，水(順不同) (エ)ATP
(オ)ミトコンドリア (カ)光
(キ)酸素 (ク)葉緑体
(2) ①有機物＋酸素→二酸化炭素＋水＋エネルギー
②二酸化炭素＋水＋光エネルギー→有機物＋酸素
(別解) ① $C_6H_{12}O_6 + 6H_2O + 6O_2$
$\rightarrow 6CO_2 + 12H_2O +$ エネルギー
② $6CO_2 + 12H_2O +$ 光エネルギー
$\rightarrow C_6H_{12}O_6 + 6H_2O + 6O_2$

解説 (1) (オ)真核生物は共通してミトコンドリアをもつ。
(キ)光合成で発生する酸素は水の分解で生じる。
(ク)藻類(大型の海藻や単細胞のクロレラなど)にも葉緑体があり，光合成を行う。

POINT
呼吸（ミトコンドリア）でも，光合成（葉緑体）でもATPがつくられる。

5 解答 ②④⑤

解説 ①正しい ②誤り ATPからリン酸が1つ取れると，ADPとなる。このとき，高エネルギーリン酸結合が切断されるので，エネルギーは放出される。
③正しい
④誤り 燃焼では，グルコースに蓄えられたエネルギーが熱と光として放散する。一方，呼吸はグルコースを段階的に分解するため，エネルギーが一気に放出されることはない。
⑤誤り 光合成にもたくさんの酵素が使われている。

第2部 遺伝子とその働き

定期テスト対策問題 1 p.77

1 解答 ①ア 形質 イ 遺伝子
②ウ DNA（デオキシリボ核酸）
③エ ヌクレオチド
オ 二重らせん構造
④カ T キ C ク 相補
⑤ケ 相同染色体

解説 形質を決めるのは遺伝子であり，遺伝子の本体はDNAである。DNAは2本一組のヌクレオチド鎖からなり，二重らせん構造をしている。DNAの2本鎖は，塩基を介して結合している。塩基の並びを塩基配列といい，塩基配列が遺伝情報として機能する。

2 解答 (1)ア　リン酸　イ　糖（デオキシリボース）　ウ　塩基
ウの種類 A（アデニン）　G（グアニン）　C（シトシン）　T（チミン）
(2)

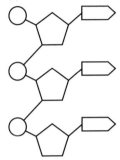

解説 DNA のヌクレオチドは，リン酸・糖（デオキシリボース）・塩基からなる。ヌクレオチドどうしは，糖とリン酸の間で結合し，鎖状に連なっている。

POINT
DNA の塩基の結合は，必ず A と T，G と C が対になっている。そのため，一方が決まれば，もう一方も決まる相補的な関係にある。

3 解答 (1)　30億　(2)　ヒトゲノム
(3)　20000　(4)　1.5
(5)　染色体
解説 遺伝子は，「タンパク質の情報をもつ部分」と，「遺伝子発現を調節する部分」とで構成される。タンパク質の情報をもつ部分は，ヒトゲノムのわずか 1.5% である。

4 解答 (1)　CGCATTGCAGTG
(2)　30%　(3)　②③⑤
解説 (2)アデニンとチミンの割合は等しいので，両方で 40% を占める。残りの60% は，シトシンとグアニンで半分ずつ分けあう。ゆえに，シトシンの割合は30% である。
(3)　②23対46本が正しい。
③ハーシーとチェイスが正しい。シャルガフが発見したのは，DNA に含まれるA と T，G と C の割合が等しいという

ことである。
⑤ヒトのゲノムにおいて，遺伝子が占める割合はおよそ25%である。

5 解答 (1)　2.4倍　(2)　1.5倍
(3)　(i)1250塩基対
(ii)　2000塩基対　(iii)　150万個
(4)　平均的な遺伝子のサイズが大きい。または遺伝子の間が大きく空いている。
解説 原核生物の遺伝子は近接して存在している。一方，真核生物の遺伝子はゲノム上に点在しており，遺伝子どうしの間隔は大きく空いている。

定期テスト対策問題 2　p.84

1 解答 ②，③，⑥
解説 ①誤り。核分裂は前期から後期にかけて起こる。細胞質分裂は終期に起こる。細胞質分裂により，細胞は 2 つの娘細胞になり，細胞分裂は完了する。
②正しい。
③正しい。
④誤り。間期は，G_1 期，S 期，G_2 期を合わせた期間である。
⑤誤り。染色体が中央（赤道面）に並ぶのは，M 期の中期である。
⑥正しい。
⑦誤り。染色体が分離して移動を始めるのは，M 期の後期である。
⑧誤り。娘細胞と母細胞の DNA は全く同じである。当然，量も同じである。

POINT
細胞周期では，DNA の複製は間期に，分配は分裂期に行われている。

2 解答 (1)　TACCGTCGAT　(2)　半保存的複製
(3)　(a)(ア)　(b)(ウ)　(c)(イ)
(d)(オ)　(e)(エ)
解説 (1)　DNA の塩基の相補性に従って，答えればよい。
(2)　複製された 2 本鎖の DNA のうち，

一方は新しく作られたものだが，片方はもとの DNA であるため，半保存的複製という。

(3) DNA の合成にともない，DNA 量が増える時期が S 期である。図では(b)が S 期にあたる。S 期の前は G_1 期，後は G_2 期である。G_1 期・S 期・G_2 期を間期という。(d)が間期である。(e)は分裂期で，前期・中期・後期・終期がある。終期に細胞質分裂が起き，DNA 量ももとに戻る。

3 解答 (1) 16 時間 (2) 12 分
(3) ADECBF

解説 (1) A が間期で B〜F が分裂期であるから，分裂期の細胞数は B〜F の細胞数を足して 80，細胞周期全体での細胞数は 560＋80 で 640 である。分裂期は 2 時間であるから，細胞周期：分裂期＝640：80 より，細胞周期＝$2 \times \dfrac{640}{80}$ となる。

(2) 後期は B である。したがって，後期：分裂期＝8：80，分裂期は 120 分だから，後期＝$120 \times \dfrac{8}{80}$ となる。

(3) E は中期に赤道面に並ぶ前の状態と考える。

定期テスト対策問題 3　p.97

1 解答 (1) リン酸 (2) ヌクレオチド
(3) デオキシリボース
(4) リボース (5) チミン
(6) ウラシル (7) 2 (8) 1

(9) 転写 (10) 翻訳

解説 遺伝子の情報をもとにタンパク質が合成されることを遺伝子発現という。遺伝子発現では，まず DNA の塩基配列が RNA に写し取られる(転写)。次に RNA の塩基配列の情報がアミノ酸の配列に読みかえられ，タンパク質がつくられる(翻訳)。タンパク質はさまざまな働きをし，形質にかかわる。

2 解答 (1) ①ウラシル ②シトシン
③グアニン ④アデニン
(2) ③

解説 RNA は，A と U，G と C が対をつくる。DNA は 2 本鎖であり，A と T，G と C が対になるため，A と T，G と C の割合は等しくなる。一方，RNA は 1 本鎖であるから，A と T，G と C の割合が等しくなることはない。

3 解答 (1) CGUAGGUACUUC
(2) 1 つ目　アルギニン－アルギニン－チロシン－フェニルアラニン
2 つ目　バリン－グリシン－トレオニン

(3) RNA の塩基は 4 種類あるため，3 つの塩基の並びのパターンは 64 通りとなる。一方，2 つの塩基の並びでは，16 通りにしかならない。アミノ酸は 20 種類あるため，それをカバーするには 3 つの塩基の並びが必要であり，2 つの塩基の並びでは対応できない。

解説 (2) 「CGU ／ AGG ／ UAC ／ UUC」というコドンの読み枠が適応さ

れる場合，アルギニン(CGU)－アルギニン(AGG)－チロシン(UAC)－フェニルアラニン(UUC)というアミノ酸鎖ができる。「C／GUA／GGU／ACU／UC」というコドンの読み枠が適応される場合，バリン(GUA)－グリシン(GGU)－トレオニン(ACU)というアミノ酸鎖ができる。

「CG／UAG／GUA／CUU／C」というコドンの読み枠が適応されると，UAG は終始コドンなので対応するアミノ酸はなく，そこで翻訳は終了となり，アミノ酸鎖はできない。

4 解答 ①アーセントラルドグマ　②イーコドン　③ウー tRNA（転移 RNA，運搬 RNA）

エーアンチコドン　④オー発現

⑤カー細胞分化

解説 ②③－ tRNA はアンチコドンで mRNA と相補的に結合し，mRNA のコドンが指定しているアミノ酸を運んでくる。そしてアミノ酸が連結され，タンパク質がつくられる。

④⑤－すべての体細胞は同じ遺伝子をもつが，発現している遺伝子に違いがある。細胞によって特徴・機能が異なるのはそのためである。

5 解答 ③

解説 まず，遺伝暗号表をもとにグリシンを指定する 3 つの塩基(コドン)を調べる。グリシンを指定するコドンは 4 種類あるが，ここでは「GGA」という配列しか見当たらない。そこで，各コドンの切れ目が以下のようになっていることが推測できる。

AA/GCC/ACU/GGA/AUG/CAU/C

POINT

どこから翻訳を始めるかによってアミノ酸の指定が変わってしまうことに注意。

定期テスト対策問題 1 p.122

1 解答 (ア)中枢　(イ)自律　(ウ)交感
(エ)副交感　(オ)脳幹　(カ)間脳
(キ)脳死
①促進　②抑制　③縮小　④収縮

解説 脳は，大脳・小脳・脳幹の 3 つの部位に大きく分けられる。脳幹に属する間脳は，自律神経系を支配している。自律神経系には，交感神経と副交感神経があり，接続している器官に対して互いに反対の作用をする。

POINT

交感神経―活動的なときに，よく働く。
副交感神経―リラックスしているときに，よく働く。

2 解答 (ア)ホルモン　(イ)血液
(ウ)標的器官　(エ)受容体
(オ)タンパク質　(カ)インスリン
(キ)B　(ク)糖尿病

解説 ホルモンは内分泌腺から血液中に分泌され，標的器官の標的細胞にある受容体で受け取られる。

3 解答 (ア)視床下部　(イ)バソプレシン
(ウ)甲状腺　(エ)アドレナリン
(オ)グルカゴン　(カ)上げ
(キ)インスリン　(ク)下げ

解説 脳下垂体後葉から分泌されるバソプレシンは，視床下部でつくられている。

4 解答 (1)　①副交感神経　②交感神経
③脳下垂体前葉
④すい臓ランゲルハンス島
⑤副腎　⑥肝臓　⑦消化管
⑧副腎皮質刺激ホルモン
⑨インスリン　⑩グルカゴン
⑪アドレナリン
⑫糖質コルチコイド
(2)　ア⑬　イ①　ウ⑨　エ⑮

解説 高血糖濃度に対応するしくみは 1 通りだが，低血糖濃度に対応するしくみは

複数ある。血糖濃度が低くなりすぎると生命にかかわるため，何通りもの対応経路が備わっている。

5 解答 (1) A－間脳視床下部
B－脳下垂体後葉
C－脳下垂体前葉
(2) ①④⑤⑥⑦
(3) ア ⑦
イ ⑦ ウ ④
(4) ②，⑥

解説 (2) ②③は，ホルモンの流れを示している。

(3) 甲状腺刺激ホルモンと副腎皮質刺激ホルモンは，脳下垂体前葉から分泌されるため，⑦が正解となる。成長ホルモン放出ホルモンは，視床下部の神経分泌細胞から分泌されるため，④が正解となる。

POINT
脳下垂体後葉は視床下部の一部が変化してきたもの（発生的に脳下垂体後葉は視床下部に由来している。脳下垂体前葉は由来が違う）。

定期テスト対策問題 2 p.141

1 解答 ①物理 ②リゾチーム ③ア－食作用 イ－樹状 ウ－マクロファージ ④ア－炎症 イ－マクロファージ ⑤ア－血小板 イ－フィブリン

解説 ①②－リゾチームの作用や胃酸の強い酸性などによって，病原体の侵入を阻止することを，化学的防御という。
③－食作用は自然免疫の中心となる免疫反応である。

POINT
自然免疫：もともと体に備わっている免疫。
獲得免疫：生まれてから身につけていく免疫。

2 解答 ア－樹状 イ－ヘルパーT ウ－抗原 エ－B オ－抗体産生 カ－抗体 キ－抗原抗体

解説 ア－樹状細胞が抗原提示すること

で，獲得免疫が発動する。
ウ－樹状細胞はキラーT細胞にも抗原提示をする（細胞性免疫）。
エ－B細胞自身も，抗原の情報を認識することができる。そして，その抗原と同じ抗原を認識するヘルパーT細胞によって，活性化される。

POINT
自然免疫：食細胞やNK細胞が活躍。
体液性免疫：抗体が中心となる免疫。
細胞性免疫：キラーT細胞が活躍する免疫。

3 解答 ①体液性 ②キラーT ③免疫寛容 ④免疫記憶 ⑤アレルゲン ⑥自己免疫疾患

解説 ③自分の体の細胞や成分に反応してしまうT細胞やB細胞は，働きが抑制されたり死滅したりする。
④ある病原体に感染すると，その病原体の抗原情報を記憶したT細胞やB細胞が記憶細胞として体内に残る。そして，同じ病原体が侵入すると，直ちに反応して感染や発症を防ごうとする。
⑥1型糖尿病は自己免疫疾患の1つである。免疫細胞がインスリンを分泌する細胞を攻撃してしまうことなどが原因である。

POINT
予防接種は免疫記憶を利用している。記憶細胞をあらかじめ作らせておくことで，二次応答を起こさせることが目的。

4 解答 (1) ①
(2) 1回目の注射のあと，抗原Aを認識するB細胞とヘルパーT細胞が記憶細胞として体内に残っていた。そのため，2回目の注射で記憶細胞が速やかに増殖して抗体産生細胞となり，抗体を産生したから。

解説 2回目の注射では，抗原Aに対する抗体が1回目よりも短時間で素早く応答している。そのため，1回目が初回の侵入であると考えられる。もしすでに経験

している抗原であれば，1回目の注射で2回目のような応答をするはずである。抗原Bに対しては，2回目の注射が初めての侵入である。

二次応答は一次応答よりも抗体量が多く，応答も早い。二次応答は，記憶細胞による。

第4部 **生物の多様性と生態系**

定期テスト対策問題 1 p.163

1 解答 (1) ①光補償点 ②光飽和点
③見かけの光合成速度
④呼吸速度 ⑤光合成速度
(2) 階層構造 (3) (ア)高木層
(イ)亜高木層 (ウ)低木層
(エ)草本層
(4) (エ)層の植物，陰生植物

解説 (1) ③見かけの光合成速度＝⑤光合成速度－④呼吸速度，で表される。
④呼吸速度は光の強さが変化しても一定であるとみられてきたが，呼吸速度は光が強くなると小さくなることがわかってきた。ただ，この問題の図1では，呼吸速度が一定であるものとして表している。
(4) A植物は陰生植物で，光補償点が小さいので弱い光で生育できる。光飽和点が小さく，強い光があたっても光合成速度は大きくならない。B植物は陽生植物で，光補償点が大きく，弱い光では生育できない。光飽和点が大きく，強い光で高い光合成能力を発揮する。

見かけの光合成速度＝光合成速度－呼吸速度
（陰生植物）
光補償点・光飽和点：小さい
**　　　　　　　→弱い光でも育つ**

（陽生植物）
光補償点・光飽和点：大きい
**　　　　　　　→強い光でよく育つ**

2 解答 (1) 遷移 (2) ①(ア) ②(エ)
(3) (a)草原 (b)陽樹 (c)陰樹
(4) 非生物的環境：光
作用：陽樹林の林床は暗くなるので陽樹の幼木は生育できないが，陰樹の幼木は生育できるので，時間とともに陽樹林から陰樹林に移行することになる。
(5) 極相

解説 (2) この問題の図で扱われている遷移は模式的に表したものである。つまり，実際には，裸地・荒原→草原→低木林→陽樹林→陽樹と陰樹の混交林→陰樹林（極相）に至る遷移のようにならないことが多い。極相をつくる陰樹の老木が枯死（倒木）したときや，遷移の途中で台風や土砂崩れ・雪崩・洪水などのかく乱が起きたときなどに，遷移は部分的に逆戻りしているといえる。
(4) 遷移の(b)陽樹林から(c)陰樹林への移行は，光環境の変化にともなって起きるものである。遷移の初期では，土壌の形成が関係している。
(5) 遷移の(c)陰樹林（極相）でも安定した状態が続くわけではない。倒木は森林のどこかで度々起きており，ここにできたギャップが小さければ林床に届く光が弱いので陰樹が育つ。ギャップが大きければ林床に届く光が強いので陽樹が成長してくる。

〔遷移のモデル〕
裸地・荒原→草原→低木林→陽樹林→陽
樹と陰樹の混交林→陰樹林（極相）
ギャップ（小）
→林床に弱い光→陰樹が育つ
ギャップ（大）
→林床に強い光→陽樹が育つ→極相林
（陰樹林）に陽樹が混じる

3 〔解答〕(1) ①j, 雨緑樹林 ②f, 熱帯多
雨林 ③h, ステップ (2) ア－年
平均気温 (3) イ－低, ウ－高
(4) 草原－h, i 荒原－a, g

〔解説〕(1) ①東南アジアで雨季と乾季があ
る地方に成立するバイオームは，乾季に
落葉する雨緑樹林である。②熱帯多雨林
の樹高は，高いものでは50 mに達する。
樹高が高く，つる植物・着生植物も多い
とあるので，熱帯多雨林が適当であろう。
③バイオームで草原といえば，熱帯地方
に広がるサバンナか，温帯地方のステッ
プである。気候が「乾燥と冬の低温」と
あるので，ステップ（温帯草原）が適当で
ある。
(2) バイオームを決める気候要因は，年
降水量と年平均気温である。(3) 図で，
年降水量の多・少で4種類のバイオーム
がみられるのが，年平均気温の高い熱帯
地方である。ウが「高」と答える。

世界のバイオーム
（年平均気温の高い地方）
年降水量「多」→「少」の順に，熱帯多
雨林→雨緑樹林→サバンナ→砂漠
（年降水量の多い地方）
年平均気温「高」→「低」の順に，熱帯
多雨林→亜熱帯多雨林→照葉樹林→夏緑
樹林→針葉樹林→ツンドラ

4 〔解答〕(1) 水平分布 (2) 垂直分布
(3) B－(イ) C－(ウ)
D－(エ) E－(ア) (4) (イ)
(5) B－(ウ) C－(イ)
D－(エ) E－(ア) (6) ア

〔解説〕(3) 日本列島を南から北に平地を移

動すると，バイオームは亜熱帯多雨林→
照葉樹林→夏緑樹林→針葉樹林へと変化
する（水平分布）。ある緯度でのバイオー
ムは，平地から標高が高くなるにつれて
気温が下がるので，南から北への水平分
布の変化と同じ順にバイオームが変化す
る（垂直分布）。
(4) （ア）は照葉樹。葉は厚いクチクラ層
でおおわれ，夏の高温・乾燥期に葉から
水分が逃げるのを防ぐ。
（イ）は夏緑樹。冬に葉をつけていても，
低温で光が弱く，光合成が十分できない
ので落葉する。その前に，紅葉・黄葉す
るものが多い。
（ウ）は針葉樹。葉はとがっているものが
多く，クチクラ層におおわれ，冬の低温
に耐えられるつくりとなっている。
(5) 垂直分布で，バイオームが森林であ
るのは(E)から(B)までで，図の(A)は
高山植物や低木のハイマツがみられる高
山草原である。

定期テスト対策問題 2 p.180

1 〔解答〕(1) （ア）生態系 （イ）作用
（ウ）環境形成作用 （エ）有機
（オ）生産 （カ）消費
（キ）生態ピラミッド
(2) 光，温度，水，湿度，酸素，二
酸化炭素，土壌などから3つ
(3) 分解者

〔解説〕(3) 消費者は，生産者が生産した有
機物を直接または間接的に取り込んで栄
養源にする生物をいうので，菌類や細菌
なども消費者の一部に含まれる。消費者
のうちで，枯死体・遺体・排出物に含ま
れる有機物を無機物に分解する過程に関
わる生物を特に分解者という。

2 〔解答〕(1) ウニ （ア）
ジャイアントケルプ （イ）
(2) ジャイアントケルプが減り，魚
の産卵場所が減り，魚が少なくなっ
たから。

(3)　（ア）　(4)　間接効果

解説 (1)　ウニを食べるラッコが減るので，ウニは増える。ウニが増えると，ウニが食べるジャイアントケルプが減る。
(3)　食物網の上位にあって生態系全体に影響を及ぼす種をキーストーン種という。

3 解答 (1)　（イ）

(2)　藻類が光合成をさかんに行ったから。

解説 有機物を含む汚水が流入すると有機物を消費して呼吸を行う細菌が繁殖し，酸素が減る。分解者である細菌の活動で栄養塩類濃度が高まると，光合成を行う藻類が増え，酸素が供給される。酸素濃度が高くなると，藻類を食べる魚や水生昆虫が増える。

4 解答 (1)　（ア）生態系のバランス
　　　　（イ）自然浄化　　（ウ）富栄養化
　　　　（エ）生物濃縮　　（オ）排出
　　　　（カ）外来生物　　（キ）在来生物
　　　　(2)　赤潮
　　　　(3)　マングース，アライグマ

解説 （ア）生態系は常に変動しているが，その変動が一定の範囲内にあることを「生態系のバランス」とよぶ。
（イ）自然浄化は，微生物により有機物が分解されることだけでなく，希釈や沈殿も含む概念である。
（カ）外来生物の移入によって生態系がくずれ，外来生物が一気に増えることがある。
(2)　外来生物の例として，以下のようなものがある。
植物…セイヨウタンポポ，セイタカアワダチソウ，オオカナダモなど
動物…オオクチバス，ブルーギル，マングース，アメリカザリガニ，ウシガエルなど

生物　　　解答・解説

第1部　生物の特徴

定期テスト対策問題 1　p.197

1 解答 ③

解説 熱水噴出孔は原始海洋中に多く存在していたと考えられ、メタンやアンモニア、硫化水素や水素が発生する。

2 解答 アー46　イー酸素　ウー化学進化　エー膜

解説 生命体には、代謝系を外界から隔離し、自己複製するしくみが必要である。

3 解答 ⑤

解説 植物、昆虫などの無脊椎動物、脊椎動物の順に陸上進出した。

4 解答 ④

解説 ストロマトライトについて述べている文を選択する。

5 解答 (1)　好気性細菌
　　(2)　独自の DNA をもつ。または、二重の膜に包まれている。

解説 原核細胞が細胞膜を凹ませて DNA を包んだことで核が生じ、真核細胞の誕生につながった。

6 解答 (ア)紀　(イ)示準化石　(ウ)三葉虫またはフズリナ　(エ)アンモナイト

定期テスト対策問題 2　p.220

1 解答 (1)　アー欠失　イー挿入
　　ウー鎌状赤血球症
　　(2)　塩基配列が変化しても、指定するアミノ酸が変わらなければ、正常なタンパク質がつくられるから。
　　(3)　フレームシフト

解説 (2)(3)　1 塩基の置換が起きた場合、指定するアミノ酸が変わらないこともあれば、終止コドンに変化して、そこでアミノ酸鎖の生成が終わってしまうこともある。1 塩基または 2 塩基の欠失・挿入

が起きた場合、コドンの読み枠がずれてしまうため、それ以降のアミノ酸鎖がすべて変わってしまい、大きな影響が出ることがある。

POINT

変異が起きた場合、アミノ酸の配列にどのような影響が出るかを考えよう。

2 解答 (1)　アー有性　イー配偶子
　　ウー減数分裂
　　(2)　エー遺伝子座　オー対立遺伝子
　　(3)　カー常　キー性

解説 (3)　ヒトの体細胞の染色体は 2 本一組で合計 46 本。44 本は常染色体、2 本は性染色体。

3 解答 (1)　AC, ac, Ac, aC
　　(2)　AB, ab

4 解答 (1)　ACDB（または BDCA）
　　(2)　2%

解説 組換えが起こりやすい遺伝子どうしほど、染色体上で離れていると考えることができる。

5 解答 (例)ミトコンドリアは細胞内に複数あるため、突然変異を起こしていないミトコンドリアが正常なタンパク質を合成するから。

定期テスト対策問題 3　p.238

1 解答 (1)　a －生殖的隔離　b －染色体
　　c －遺伝子プール　d －対立遺伝子
　　e －遺伝的浮動
　　(2)　④　(3)　③

解説 (2)　1 世代の時間が短い生物に、強い選択圧がかかるような場合は、短期間でも自然選択が起こる。④が適当。
(3)　中立な突然変異とは、生存や繁殖にとって有利でも不利でもない突然変異のこと。遺伝子ではない部分が変化する変異や、指定するアミノ酸が変化しない変

異などが挙げられる。③が適当。

2 [解答] ②④

[解説] 遺伝的浮動は，偶然による遺伝子頻度の偏りであり，遺伝子の不利・有利は関係ないため，①は不正解。遺伝子プールとは，集団内の全ての対立遺伝子のことである。遺伝子プールが変化する場合，対立遺伝子頻度は変化するため，③は不正解。ハーディー・ワインベルグの法則とは，世代が変わっても対立遺伝子頻度が変化しないという法則のことである。遺伝的浮動は，偶然による遺伝子頻度の偏りのことであり，⑤は不正解。

3 [解答] (b)，(d)

定期テスト対策問題 4　p.260

1 [解答] (1)　④　(2)　ドメイン

[解説] (1)　階層が高い方から順に，界→門→綱→目→科→属となる。
(2)　ウーズは，全生物は細菌ドメイン，アーキアドメイン，真核生物ドメインのいずれかに分けられると考えた。これを3ドメイン説という。

2 [解答] ②

[解説] ①誤り－ヒトの顎の方が類人猿の顎よりも小さい。
②正しい
③誤り－ヒトでは眼窩上隆起は消失している。
④誤り－ヒトの出現は約30万年前と考えられている。

POINT
人類の特徴
直立二足歩行／大後頭孔が真下に向いて開いている／眼窩上隆起の消失／顎の小型化

3 [解答] アー維管束をもつ
イー種子をつくる
ウー子房をもつ

[解説] アーコケ植物は維管束をもたないが，ほかの植物はもつ。
イーシダ植物は種子をつくらないが，裸子植物と被子植物はつくる。
ウー裸子植物は子房をもたないが，被子植物の胚珠は子房につつまれている。

4 [解答] ②

[解説] ①誤り－西アフリカのF型は，中央アフリカのF型よりも，東アフリカのF形により近縁である。
②正しい
③誤り－アジアのU型は北アメリカ東南のU形に最も近縁である。
④誤り－東アフリカのU型は，北アメリカ西南のU型に最も近縁である。

第2部　**生命現象と物質**

定期テスト対策問題 1　p.292

1 [解答] (1)　④
(2)　③

[解説] (1)　光合成は葉緑体，呼吸はミトコンドリア，老廃物の貯蔵は液胞，物質の分解はリソソーム。
(2)　脂質二重層を容易に通過できるのは，疎水性である糖質コルチコイドだけ。

POINT
グルコースはグルコース輸送体によって脂質二重層を通過する。

2 [解答] ④

[解説] ①らせん構造（α－ヘリックス）やジグザグ構造（β－シート）は二次構造。
②凝集ではなく変性。
③補酵素ではなく酵素。
⑤ジスルフィド結合は，異なるポリペプチド鎖の間でも形成される。

3 [解答] (1)　①，③
(2)　⑦

[解説] (1)　②－酵素は反応の前後で変化しない。
④－基質の濃度が高い方が，反応速度が上昇する。ただし，一定の濃度を超えてしまうと，反応速度は上昇しなくなる。
⑤－酵素によって，最適なpHは異なる。

酸性に適した酵素もある。

⑥－反応が終わっても失活しない。酵素は何度でも反応を繰り返す。

(2) ア－ホメオスタシスとは，体の内部の状態を一定に保とうとする性質。

イ－補酵素とは，酵素がはたらくときに必要となる低分子の有機物。

> **POINT**
>
> アロステリック効果：基質以外の物質がアロステリック部位に結合し，酵素の立体構造が変化し，酵素活性がかわること。

定期テスト対策問題 2 p.319

1 解答 (1) ⑤
(2) ①
(3) ⑦

解説 (1) イ－解糖系では，1分子のグルコースあたり2分子のATPが使われ，4分子のATPが合成される。ウ－解糖系でつくられるのはNADHである。FADH₂はクエン酸回路でのみつくられる。

(2) ①－正解　クエン酸回路では，6分子の水が取り込まれて使われている。そのため，水が使われる反応を触媒する酵素ははたらいている。

②－誤り　1分子のクエン酸は，1分子のアセチルCoAと1分子のオキサロ酢酸が結合してつくられている。

③－誤り　クエン酸回路では二酸化炭素がつくられている。そのため，二酸化炭素が生じる反応を触媒する酵素ははたらいている。

④－誤り　クエン酸回路では，ピルビン酸1分子あたり，1分子のATPがつくられる。

⑤－誤り　クエン酸回路では，ピルビン酸1分子あたり，4分子のNADHがつくられる。

(3) 電子伝達系は，ミトコンドリア内膜にある。ATP合成酵素は，内膜と外膜

の間に蓄積されたH⁺の濃度勾配を利用してATPを合成する。このATP合成は，酸素による酸化をともなう酸化的リン酸化である。

> **POINT**
>
> クエン酸回路ではグルコース1分子あたり，8分子のNADHと2分子のFADH₂がつくられる。

2 解答 ③

解説 ア・イ－チラコイドには光化学系I・IIがあり，光エネルギーを光合成色素が吸収する。ストロマのカルビン回路には，光は直接的に関係することはない。

ウ－吸収スペクトルとは，どの波長の光をどのくらい吸収するかを示したものである。

第3部 生命現象と物質

定期テスト対策問題 1 p.346

1 解答 ア－オペロン　イ－オペレーター
ウ－抑制

解説 イ・ウ－リプレッサーがオペレーターに結合していると，RNAポリメラーゼはプロモーターに結合できない。そのため，転写が抑制される。

2 解答 ④

解説 ①②－ラクトースに由来する物質とRNAポリメラーゼが結合することはない。

③－リプレッサーはラクトースに由来する物質と結合すると，オペレーターに結合できなくなる。

⑤⑥－ラクトースがあってもなくても，リプレッサーは常につくられている。

3 解答 ④

解説 「1－2－3－4」「1－2－4」「1－3－4」「1－4」という4つのパターンがあり得る。

4 解答 ②

解説 1秒あたり1500ヌクレオチドが合

成されるので，450万塩基対の合成には
3000秒かかることになる。しかし，複
製は一方方向ではなく，複製起点から両
方向に進んでいくため，半分の1500秒
（＝25分）で合成は完了する。

POINT

原核生物の DNA は環状で，複製起点は
ひとつ。複製起点から両方向に複製は進
行する。

定期テスト対策問題 2　p.372

1 [解答] (1)　A－灰色三日月環　B－背側
C－母性因子　D－眼胞　E－形成
体　F－誘導　G－誘導の連鎖
(2)　(オ)(ウ)(ア)(エ)(イ)
(3)　(ウ)(オ)(ク)

[解説] (1)　A・B－表層回転によって灰色
三日月環ができる。灰色三日月環側が将
来的に背側となる。C－卵に蓄えられた
mRNA やタンパク質は，母性効果遺伝
子からつくられた母性因子である。D・E・
F－神経管から脳ができ，脳の一部が膨
らんで眼胞ができる。眼胞は形成体とし
て表皮にはたらきかけ，水晶体原基を誘
導する。G－眼の形成では，誘導が連
鎖的に起こる。
(2)　カエルの発生は，桑実胚→胞胚→原
腸胚→神経胚→尾芽胚の順に進行する。
(3)　中胚葉からは，脊索，体節，腎節，
側板が分化する。体節からは(ウ)骨格筋
や(ク)脊椎骨ができる。腎節からは(オ)
腎臓ができる。

POINT

胚のある領域が，その近くの領域に作用
して分化を引き起こすことを誘導とい
う。誘導は連鎖的に起こることがある。

2 [解答] (1)　(ア)中胚葉誘導　(イ)神経誘導
(2)　ウ－コーディン　エ－ノギン
（順不同）(3)　外胚葉－(a)(d)　内胚
葉－(c)(e)(h)(i)

[解説] (1)　(イ)カエルの中胚葉は，予定外

胚葉にはたらきかけ，神経組織を誘導す
る。
(2)　カエルの胞胚期には，情報伝達物質
の BMP が発現している。BMP を受け
取った予定外胚葉は表皮に分化する。し
かし，ノギンとコーディンタンパク質は
BMP と結合し，BMP が受容体に受け取
られるのを妨げる。その結果，神経誘導
が起こる。
(3)　外胚葉－胚の表皮からは，水晶体や
角膜ができる。神経管からは脳や脊髄，
網膜ができる。内胚葉－消化管の上皮や
肝臓・すい臓・気管・肺ができる。

3 [解答] ア－ゼリー層　イ－先体
ウ－表層粒　エ－受精膜　オ－卵割
[解説] イ－精子がゼリー層に到達し，先体
が崩壊して内容物が放出され，精子の頭
部から突起が出るまでの一連の反応を先
体反応という。また，精子の先端に形成
される突起を先体突起という。
ウ－表層粒の内容物が細胞膜と卵黄膜の
間に放出されることを表層反応という。

定期テスト対策問題 3　p.391

1 [解答] (1)　①－(ク)　②－(キ)　③－(イ)
(2)　[A]－(エ)　[B]－(カ)　[C]
－(ウ)
(3)　高温に耐えられる DNA ポリメ
ラーゼではないから。／ヒトの
DNA ポリメラーゼは高温では失活
してしまうから。　など
(4)　(ウ)

[解説] (1)　①－鋳型 DNA にプライマーが
結合し，DNA ポリメラーゼがはたらい
て，基質であるヌクレオチドを連結して
いく。
②－大腸菌やアグロバクテリウムはプラ
スミドをもっている。染色体 DNA とは
別に増殖する。
③－DNA 断片の末端と，直鎖状にした
プラスミドの末端の塩基配列が相補的で
あれば，DNA リガーゼによって連結さ

せることができる。

(2) 95℃で熱変性により，DNA 2 本鎖を解離させる。→ 60℃に下げてプライマーを結合させる。→ 72℃で DNA 鎖を伸長させる。

(3) ヒトの DNA ポリメラーゼは 95℃の高温で失活してしまう。PCR 法では，好熱菌由来の耐熱性 DNA ポリメラーゼが用いられる。

(4) （ア）適当。反復配列の繰り返しの回数が異なれば，PCR 法によって増幅される DNA 断片の長さに差がでる。

（イ）適当。ターゲットとする遺伝子が存在しなければ，PCR 法を行っても DNA 断片は増幅されない。

（ウ）不適当。塩基配列の解析まで行わないと確認できない。

（エ）適当。PCR 産物が得られれば，外来 DNA の組み込みが成功したといえる。

POINT
一塩基多型を調べたいのなら，DNA の配列解析（サンガー法など）が必要。

第4部 生物の環境応答

定期テスト対策問題 1 p.426

1 解答 (1) ③ (2) ア－シナプス小胞
イ－神経伝達物質
ウ－イオンチャネル

解説 (1) ①④⑤－誤り 有髄神経線維も無髄神経線維も，閾値よりも強い刺激によって興奮が生じ，一旦興奮した部位はしばらくの間は興奮が起きない。また，有髄神経線維も無髄神経線維も，活動電位が発生するときはナトリウムイオンの流入が起こる。しかし，これらのことと有髄神経線維の方が活動電位の伝導速度が速いこととは関係がない。

③－正しい 有髄神経線維の軸索は，ランビエ絞輪の部分を除いて，絶縁作用を

もつ髄鞘に包まれており，興奮はランビエ絞輪からランビエ絞輪へと飛び飛びに伝導する。そのため，有髄神経線維の方が活動電位の伝導速度が速い。

⑥－誤り 有髄神経線維も無髄神経線維も，活動電位が両方向に伝導することはある。しかし，このことと有髄神経線維の方が活動電位の伝導速度が速いこととは関係がない。

(2) 神経伝達物質がシナプス後細胞の伝達物質依存性イオンチャネルに結合すると，イオンチャネルが活性化して開き，イオンが細胞内に流入して膜電位が変化する。

POINT
有髄神経線維では跳躍伝導が起こるため，活動電位の伝導速度が速い。

2 解答 (1) ア－筋繊維 イ－筋原繊維
ウ－ Ca^{2+} エ－アクチン
オ－ミオシン
(2) ⑥

解説 (2) アクチンフィラメント(c)とミオシンフィラメント(b)の長さは変わらない。

アクチンフィラメントがミオシンフィラメントに滑り込むように見えるため，サルコメア(d)と(a)は短くなる。

3 解答 ⑤

解説 遠くのものを見るとき，毛様体は緩み，チン小帯は引っ張られて緊張し，水晶体は薄くなる。

4 解答 ①

解説 反射は受容器→感覚神経→反射中枢→運動神経→効果器という経路で起こる。大脳(及び延髄)は経由しない。膝蓋腱反射の経路は，筋紡錘→背根→脊髄→腹根→伸筋である。

POINT
膝蓋腱反射や屈筋反射の中枢は脊髄である。

1 解答 (1)　②　(2)　③

解説 (1)　①－誤り　感覚ニューロンの活動電位に変化はない。②－正しい　運動ニューロンの電位変化は少しずつ弱くなっている。③－誤り　通常，伝達効率の低下により慣れが生じる(図から読み取ることはできない)。④－誤り　鰓引っ込め反応の大きさは，途々に小さくなっている。⑤－誤り　通常，慣れが生じると閾値は上がる(図から読み取ることはできない)。

(2)　ブザーの音を認識するのは聴覚中枢である。ブザーの音を聞くと唾液の分泌が起こるようになったということは，聴覚中枢と唾液分泌中枢との間で，新たな連絡路が生じたということである。

POINT

繰り返し与えられる刺激が無害であると，感覚ニューロンの末端から放出される神経伝達物質の量が減り，シナプスの伝達効率が低下する。→慣れが生じる

2 解答 ①②④⑤

解説 ③は学習にもとづく知能行動，⑥は学習にもとづく試行錯誤行動である。

1 解答 ア－花粉母細胞　イ－雄原細胞
　　　ウ－胚のう細胞　エ－3
　　　オ－重複受精

解説 ウ－胚珠の胚のう母細胞は減数分裂を行い，4個の娘細胞ができる。そのうち3つは退化し，1個の胚のう細胞が残る。胚のう細胞は3回の核分裂を行い，8個の核をもつ胚のうとなる。

2 解答 (1)　ア－葉　イ－茎　ウ－根
　　　エ－根端　オ－茎頂
　　　(2)　①　(3)　子葉
　　　(4)　光受容体－フィトクロム
　　　植物ホルモン－ジベレリン

(5)　B，C　(6)　フロリゲン

解説 (1)　根端分裂組織と茎頂分裂組織を合わせて頂端分裂組織という。植物の分裂組織には，この頂端分裂組織と形成層がある。

(2)　Aクラス遺伝子が欠損すると，Aクラス遺伝子の発現領域でCクラス遺伝子が発現する。そのため，Aクラス遺伝子が単独で発現していた領域ではCクラス遺伝子が単独で発現することになり，めしべがつくられる。Aクラス遺伝子とBクラス遺伝子が発現していた領域では，Bクラス遺伝子とCクラス遺伝子が発現することになり，おしべがつくられる。

〈正常な個体〉

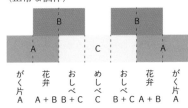

	花弁	おしべ	めしべ	おしべ	花弁	
がく片						がく片
A	A＋B	B＋C	C	B＋C	A＋B	A

〈Aクラス遺伝子欠損〉

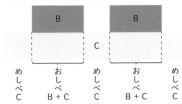

めしべ	おしべ	めしべ	おしべ	めしべ
C	B＋C	C	B＋C	C

(3)　マメ科の種子などの無胚乳種子では，胚乳のかわりに子葉に栄養分が蓄えられる。

(4)　光発芽種子の胚が赤色光を受けると，細胞内ではPfr型のフィトクロムが増える。Pfr型はジベレリン合成にかかわる遺伝子の発現を促進する。合成されたジベレリンは，発芽にかかわる遺伝子の発現を促進する。

(5)　連続暗期が限界暗期よりも長いとき，短日植物は花芽形成する。Dは光中断によって連続暗期が途切れてしまっているので，花芽形成できない。

3 解答 A－青　B－フォトトロピン
C－オーキシン
D－クリプトクロム　E－青
F－フィトクロム
①－b　②－a　③－b

解説 青色光を受容するのは，フォトトロピン，クリプトクロム。赤色光・遠赤色光を受容するのはフィトクロム。
Pfr型は茎の伸長成長を抑制する。フィトクロムのPfr型が遠赤色光を吸収すると，不活性型のPr型になり，伸長成長の抑制から解除されるため，茎が伸長する。

POINT
Pr型（不活性型）
Pfr型（活性型：発芽促進，伸長成長抑制）

第5部 生態と環境

定期テスト対策問題 1 p.501

1 解答 (1)　標識再捕法
(2)　378匹

解説 (2)　$27 \times \frac{42}{3} = 378$（匹）

2 解答 (1)　成長曲線
(2)　環境収容力
(3)　b a c
(4)　食物の不足，排出物の増加，生活空間の不足

解説 (3)　個体群の成長速度とは，単位時間当たりに増加した個体数をいう。a，b，c各点において，グラフの傾きの大きいところほど，個体群の成長速度は大きい。

3 解答 (1)　生存曲線
(2)　A型－(エ)　C型－(キ)
(3)　A型－(ウ)(カ)
B型－(ア)(オ)
C型－(イ)(エ)

解説 (3)　通常，昆虫はA型の生存曲線を示す。しかし，ミツバチは社会性昆虫で，子(幼虫)は働きバチの保護を受けて育つため死亡率が低くなり，C型になる。

POINT
ミツバチは，ヒトやサルと似た生存曲線を示す。

4 解答 (ア)－孤独　(イ)－群生
(ウ)－長く　(エ)－相変異

解説 個体群密度の変化にともない，個体群を構成する個体の発育や生理，形態などが変化することを密度効果という。バッタの相変異も密度効果である。

5 解答 (1)　図1－(イ)　図2－(ウ)
図3－(ア)
(2)　(イ)

解説 (2)　生態的地位(ニッチ)の重なりが大きいとは，この問題の場合，生物A，Bの食物が共通している割合が高いことを指し，両者の間では食物をめぐって競争が起きる。生物A，Bが同じ場所で生活していても，食物が異なっていれば競争は起きず，共存できる。

6 解答【呼称】(ア)－b　(イ)－f
(ウ)－d
【動物名】(ア)－e　(イ)－g
(ウ)－j

解説 イタチとテンはともに雑食で，ウサギやネズミなど小型の哺乳類やカエルなどの両生類，果実を食べる。ヒメウとカワウは同じ場所でともに潜水して食物をとるが，ヒメウは浅いところにいる魚類を，カワウは底にいる魚類や甲殻類などを食べる(食いわけ)。ヤマメは河川の下流域に生息し，イワナはその上流域に生息することが多い(すみわけ)。

定期テスト対策問題 2 p.525

1 解答 (1)　生産構造図
(2)　①－エ　②－ウ　③－イ
④－ア
(3)　①下部　②細い　③届く

2 解答 (1)　1690（g/m^2/年）

(2) 430 (g/m²/年)

(3) 森林の主な生産者は樹木である。樹木は，非光合成器官である幹の呼吸量が大きいため，純生産量が少なくなる。沿岸域の主な生産者は藻類で，体のほぼ全部が光合成器官であるため純生産量は多くなる。

解説 (1) 純生産量＝総生産量－呼吸量＝5100－3410＝1690

(2) 成長量＝純生産量－(枯死量＋被食量)＝1690－1260＝430

3 **解答** (1) 13%

(2) 栄養段階が高くなるほどエネルギー効率が高くなる。

解説 (1) 表の生産者は「植物プランクトン，その他の水生植物」，一次消費者は，「動物プランクトン，底生動物」，二次消費者は「魚」である。一次消費者のエネルギー効率(%)＝一次消費者の総生産量/生産者の総生産量×100＝$\frac{14}{111}$×100＝12.6…(%)

(2) 生産者のエネルギー効率(%)＝生産者の総生産量/太陽からの入射光×100＝$\frac{111}{118872}$×100＝0.093…(%)，二次消費者のエネルギー効率(%)＝二次消費者の総生産量/一次消費者の総生産量×100＝$\frac{3}{14}$×100＝21.4…(%)

4 **解答** ア－二酸化炭素　イ－生産者
ウ－二次消費者　エ－呼吸　オ－→

解説 ア－大気中に窒素を供給できるのは，脱窒素細菌だけである。この図では，生産者や一次消費者からも ア に向かう矢印があるので，答えは二酸化炭素である。

イ－二酸化炭素を吸収したり，排出したりしており，生産者だとわかる。

エ－二酸化炭素を排出しているので，呼吸である。

オ－炭素の移動を示している。炭素は，生産者→一次消費者→二次消費者という

流れで移動して行く。

POINT

脱窒は脱窒素細菌だけしかできない。

5 **解答** (1) (ア)－乱獲　(イ)－生息地
(ウ)－局所個体群　(エ)－近親交配
(オ)－ホモ
(2) 絶滅危惧種

NOTE

NOTE

NOTE

MY BEST
よくわかる高校生物基礎＋生物

監　修	赤坂甲治(東京大学大学院理学系研究科　名誉教授・特任研究員)
イラストレーション	FUJIKO
執筆協力	早﨑博之
編集協力	佐野美穂　高木直子　平山寛之　山本翔大　佐藤玲子　三本木健浩
	株式会社ダブルウィング
図版作成	有限会社熊アート
	株式会社ユニックス
写真協力	東樹宏和(京都大学　生態学研究センター)
写　真	株式会社アフロ　株式会社フォトライブラリー
制作協力	株式会社エデュデザイン
データ作成	株式会社四国写研
印刷所	株式会社リーブルテック